教育部高等学校材料类专业教学指导委员会规划教材

冶金专业教材和工具书经典传承国际传播工程
Project of the Inheritance and International Dissemination of Classical Metallurgical Textbooks & Reference Books

普通高等教育“十四五”规划教材

冶金工业出版社

冶金原理

(第2版)

李林波　王碧侠　邢相栋
邹　冲　俞　娟　赵俊学　编著

本书数字资源

北　京
冶金工业出版社
2025

内 容 提 要

本书综合考虑钢铁冶金和有色金属冶金的工艺原理，按照冶金过程的特点分为3篇14章。第1篇为冶金物理化学基础，内容包括冶金热力学基础、冶金反应动力学基础、相图基础；第2篇为火法冶金原理，内容包括冶金熔体、还原反应、氧化反应、硫化矿的火法冶金、氯化冶金、粗金属的火法精炼；第3篇为湿法冶金原理，内容包括物质在水溶液中的稳定性、矿物浸出、浸出液净化、结晶过程、电解过程。

本书可作为冶金工程及相关的专业基础课教材，也可作为从事相关领域工程技术人员、管理人员的参考书。

图书在版编目（CIP）数据

冶金原理 / 李林波等编著. -- 2版. -- 北京 ：冶金工业出版社，2025. 7. --（教育部高等学校材料类专业教学指导委员会规划教材）（普通高等教育“十四五”规划教材）. -- ISBN 978-7-5240-0073-0

Ⅰ. TF01

中国国家版本馆 CIP 数据核字第 202406X6E3 号

冶金原理（第2版）

出版发行	冶金工业出版社	**电　　话**	(010)64027926
地　　址	北京市东城区嵩祝院北巷39号	**邮　　编**	100009
网　　址	www. mip1953. com	**电子信箱**	service@ mip1953. com

责任编辑　曾　媛　美术编辑　吕欣童　版式设计　郑小利

责任校对　郑　娟　责任印制　范天娇

三河市双峰印刷装订有限公司印刷

2012年6月第1版，2025年7月第2版，2025年7月第1次印刷

787mm×1092mm　1/16；22. 5印张；539千字；335页

定价 59. 00 元

投稿电话　(010)64027932　投稿信箱　tougao@cnmip. com. cn

营销中心电话　(010)64044283

冶金工业出版社天猫旗舰店　yjgycbs. tmall. com

（本书如有印装质量问题，本社营销中心负责退换）

冶金专业教材和工具书
经典传承国际传播工程
总　　序

钢铁工业是国民经济的重要基础产业，为我国经济的持续快速增长和国防现代化建设提供了重要支撑，做出了卓越贡献。当前，新一轮科技革命和产业变革深入发展，中国经济已进入高质量发展新时代，中国钢铁工业也进入了高质量发展的新时代。

高质量发展关键在科技创新，科技创新离不开高素质人才。党的二十大报告指出："教育、科技、人才是全面建设社会主义现代化国家的基础性、战略性支撑。必须坚持科技是第一生产力、人才是第一资源、创新是第一动力，深入实施科教兴国战略、人才强国战略、创新驱动发展战略，开辟发展新领域新赛道，不断塑造发展新动能新优势。"加强人才队伍建设，培养和造就一大批高素质、高水平人才是钢铁行业未来发展的一项重要任务。

随着社会的发展和时代的进步，钢铁技术创新和产业变革的步伐也一直在加速，不断推出的新产品、新技术、新流程、新业态已经彻底改变了钢铁业的面貌。钢铁行业必须加强对科技进步、教育发展及人才成长的趋势研判、规律认识和需求把握，深化人才培养体制机制改革，进一步完善相应的条件支撑，持续增强"第一资源"的保障能力。中国钢铁工业协会《"十四五"钢铁行业人力资源规划指导意见》提出，要重视创新型、复合型人才培养，重视企业家培养，重视钢铁上下游复合型人才培养。同时要科学管理，丰富绩效体系，进一步优化人才成长环境，造就一支能够支撑未来钢铁行业高质量发展的人才队伍。

高素质人才来源于高水平的教育和培训，并在丰富多彩的创新实践中历练成长。以科技创新为第一动力的发展模式，需要科技人才保持知识的更新频率，站在钢铁发展新前沿去思考未来，系统性地将基础理论学习和应用实践学习体系相结合。要深入推进职普融通、产教融合、科教融汇，建立高等教育+职业教育+继续教育和培训一体化行业人才培养体制机制，及时把钢铁科技创新成果转化为钢铁从业人员的知识和技能。

一流的专业教材是高水平教育培训的基础，做好专业知识的传承传播是当代中国钢铁人的使命。20世纪80年代，冶金工业出版社在原冶金工业部的领导支持下，组织出版了一批优秀的专业教材和工具书，代表了当时冶金科技的水平，形成了比较完备的知识体系，成为一个时代的经典。但是由于多方面的原因，这些专业教材和工具书没能及时修订，导致内容陈旧，跟不上新时代的要求。反映钢铁科技最新进展和教育教学最新要求的新经典教材的缺失，已经成为当前钢铁专业人才培养最明显的短板和痛点。

为总结、提炼、传播最新冶金科技成果，完成行业知识传承传播的历史任务，推动钢铁强国、教育强国、人才强国建设，中国钢铁工业协会、中国金属学会、冶金工业出版社于2022年7月发起了“冶金专业教材和工具书经典传承国际传播工程”（简称“经典工程”），组织相关高校、钢铁企业、科研单位参加，计划用5年左右时间，分批次完成约300种教材和工具书的修订再版和新编，以及部分教材和工具书的对外翻译出版工作。2022年11月15日在东北大学召开了工程启动会，率先启动了高等教育和职业教育教材部分工作。

“经典工程”得到了东北大学、北京科技大学、河北工业职业技术大学、山东工业职业学院等高校，中国宝武钢铁集团有限公司、鞍钢集团有限公司、首钢集团有限公司、河钢集团有限公司、江苏沙钢集团有限公司、中信泰富特钢集团股份有限公司、湖南钢铁集团有限公司、包头钢铁（集团）有限责任公司、安阳钢铁集团有限责任公司、中国五矿集团公司、北京建龙重工集团有限公司、福建省三钢（集团）有限责任公司、陕西钢铁集团有限公司、酒泉钢铁（集团）有限责任公司、中冶赛迪集团有限公司、连平县昕隆实业有限公司等单位的大力支持和资助。在各冶金院校和相关钢铁企业积极参与支持下，工程相关工作正在稳步推进。

征程万里，重任千钧。做好专业科技图书的传承传播，正是钢铁行业落实习近平总书记给北京科技大学老教授回信的重要指示精神，培养更多钢筋铁骨高素质人才，铸就科技强国、制造强国钢铁脊梁的一项重要举措，既是我国钢铁产业国际化发展的内在要求，也有助于我国国际传播能力建设、打造文化软实力。

让我们以党的二十大精神为指引，以党的二十大精神为强大动力，善始善终，慎终如始，做好工程相关工作，完成行业知识传承传播的使命任务，支撑中国钢铁工业高质量发展，为世界钢铁工业发展做出应有的贡献。

中国钢铁工业协会党委书记、执行会长

2023 年 11 月

第2版前言

《冶金原理》教材在修订过程中，按照创新型人才培养目标的要求，注重原理的系统性、完整性、先进性，强化理论与实践相结合，具有以下特点：

结构安排合理：为满足“厚基础，宽口径”大冶金创新人才培养需要，本教材在内容编排上，以冶金物理化学、火法冶金原理与湿法冶金原理为框架，在综合介绍冶金热力学、冶金动力学、相图、冶金熔体等基础知识后，重点阐述氧化与还原熔炼、硫化矿火法冶炼、氯化冶金、矿物浸出与浸出液净化、结晶过程、水溶液电解与熔盐电解等冶金过程的物理化学原理。教材综合考虑了钢铁冶金与有色金属冶金的工艺特点，突出了不同工艺过程的共通理论。

紧跟行业发展更新内容：聚焦行业发展趋势，反哺教学，更新教材内容。例如对“双碳”目标中冶金绿色发展的前沿技术所需的氢冶金、真空冶金等新工艺基础理论的篇幅进行了扩充；增加了结晶过程、离子交换、萃取等现代冶金过程原理等。

注重理论与实践的统一：教材内容设置兼顾研究型和应用型本科教学的具体需求，既重视基础理论的阐述，又重视理论在冶金过程中的应用分析。为此，增补了冶金过程应用场景案例、例题及习题，使读者在学习理论知识的同时，实践能力得到培养。

参与本教材编写的有李林波、王碧侠、邢相栋、邹冲、俞娟、赵俊学、李小明、方钊等；西安建筑科技大学冶金工程学院的多位老师参与本课程的理论教学和实验教学工作，对本教材的建设作出了很多贡献；教材也获得了教育部高等学校材料类专业教学指导委员会和西安建筑科技大学教务处的支持。在此，一并表示衷心的感谢。

本书在编写过程中参考了相关国内外文献资料，书中仅列出部分参考文献，在此向有关作者表示衷心的感谢。

冶金原理属于发展中的学科，还有很多问题有待进一步研究，由于编者水平所限，书中难免存在不妥，殷切希望读者批评指正。

编　者
2024年4月于西安

第1版前言

本书是编者在多年从事冶金原理和冶金学相关课程教学的基础上，吸收相关教材的特点，结合自己的教学经验和理解整理编写而成的。在内容编排上，考虑到和基础课"物理化学"的有机结合，本教材中增加了冶金物理化学基础部分。按照冶金方法，分别按火法冶金、湿法冶金进行归类成篇。对电冶金的内容，只介绍电解，不涉及电热法冶金问题（火法冶金基本原理已基本涵盖了其原理的内容），因这部分内容相对较少，未单独成篇。水溶液电解和熔盐电解分别归并到湿法冶金和火法冶金中。这样，本书的内容由三个部分组成：第1篇为冶金物理化学基础，简要地介绍和归纳物理化学的基本概念和定律，并将相图基础和冶金动力学基础等安排在这一篇。第2篇为火法冶金原理，以火法冶金过程的基本反应为主线，介绍火法冶金过程的物理化学及其基本原理。因冶金工程的研究已越来越多地涉及金属的凝固和控制，本部分增加了金属凝固的相关内容。第3篇为湿法冶金原理，介绍湿法冶金的物理化学及基本原理。

本书第1~4章由赵俊学编写，第5、6、9章由李小明编写，第7、8、11章由赵俊学和方钊编写，第12~14章由王碧侠编写，第10、15章由李林波编写。全书由赵俊学统稿。

由于编者水平所限，不当之处在所难免，殷切希望读者批评指正。

最后向本书引用的文献作者表示感谢。

编　者

2012年3月于西安

符号使用说明

1. 物理量名称、符号表

ΔU　过程内能变化（J）	A　表面积（cm^2或 m^2）
ΔH　体系焓变（J）或化学反应的焓变（J/mol）	t，τ　时间（s）
ΔG　过程吉布斯自由能变化（J）	Γ　吸附量（mol/m^2）
ΔS　过程熵变（J/K）	σ　表面张力（N/m）
$\Delta_r G^{\ominus}$　化学反应标准吉布斯自由能变化（J/mol）	μ　动力黏度或动力粘滞系数（pa·s）
$\Delta_r G$　化学反应吉布斯自由能变化（J/mol）	υ　运动黏度或运动粘滞系数（m^2/s）
$\Delta_f G^{\ominus}$　标准生成吉布斯自由能（J/mol）	λ　导热系数（W/(m·℃)）；分配系数
C_P　摩尔定压热容（J/K·mol）	α　导温系数（m^2/s）；物质的解离度
C_v　摩尔定容热容（J/K·mol）	D　扩散系数（m^2/s）
Q　热量（J）；电量（C）	v 或 v_R　化学反应速率
T　热力学温度（K）	v_D　扩散速率
k　反应速率常数；传质系数；波茨曼常数；常数性质系数	f　相律中自由度，动力学中为转化率
μ_i　组元 i 的化学势（J/mol）	P　相数
$k_{H,i}$，$k_{\%,i}$　亨利常数，分别用于摩尔分数浓度和质量分数浓度	C　相律中独立组元数
p_i　组元 i 的蒸气压力（MPa）	E　电动势（V）；活化能（J/mol）
$p^{\ominus}$　标准态大气压（101325 Pa）	F　法拉第常数（96500 C/mol）；作用力
V　体积（m^3）	z　电荷数
K　平衡常数	ε　固体中的气孔率；电极电势（V）
J　与平衡常数相对应的非平衡态活度积	ξ　迷宫系数
x_i　组元 i 的摩尔分数	I　离子强度；电流（A）
[%i]　组元 i 的质量百分数	η　超电势（V）；黏度（Pa·s）；电流效率
[i]　组员 i 的质量分数	ρ　密度（kg/m^3）；电阻率（$\mu\Omega \cdot cm$）
a_i　组元 i 的活度	J_i　物质 i 的流量（$mol/m^2 \cdot s$）
f_i，γ_i　组元 i 1%标准态和纯物质标准态活度系数	c_i　物质 i 的物质的量浓度（mol/m^3）
ε_i^j　以纯物质为标准态时组元 j 对组元 i 的活度作用系数	L　分配比
e_i^j　以 1%溶液为标准态时组元 j 对组元 i 的活度作用系数	r_i　粒子半径（m）
γ　电导率（S/m 或 Ω/m）	M_i　组元 i 的相对分子质量
θ　润湿角（°）；吸附分子所占面积比	D_e　电流密度（A/cm^2）
δ　边界层厚度（m）	M　物质的摩尔质量

续表

R 气体常数（8.314 J/K · mol）	q 电化当量，g/(A · h)
W 功（J）；物质质量（kg）	ω 电能效率
n_i 物质的量（mol）	φ 气体体积分数（%）

2. 上下标变量符号及其他

上标：	⊖	标准态	下标：	(s)	固态
	i	界面位置值		(l)	液态
	e	平衡值		(g)	气态
				0	初始值
				r	可逆过程值
				ir	不可逆过程值
				isol	隔离状态
[ ]	火法冶金中为金属溶液中组元；湿法冶金中为水溶液中组元				
( )	炉渣中组元				

目　录

第1篇　冶金物理化学基础

第2篇 火法冶金原理

第3篇 湿法冶金原理

第 1 篇

冶金物理化学基础

1 冶金热力学基础

本章要点

本章是对物理化学相关知识的浓缩与总结，是本书内容的基础，相关知识点较多，主要有如下几个方面：

（1）化学反应的吉布斯自由能变化；

（2）化学平衡及反应方向判定；

（3）溶液的基本定律；

（4）活度的概念及其应用；

（5）活度的测定与计算；

（6）表面现象及其热力学。

1.1 引言

热力学是自然科学的一个重要分支，按它的实际内容，它是研究物质的热运动和运动形式相互关系的一门科学。热力学适用于宏观体系，它的基础主要是热力学第一定律和热力学第二定律。这两个定律是人类长期实践经验的总结，有其广泛、坚实的实验基础。将热力学基本原理用于研究冶金过程、化学变化及相关的物理现象即为热力学。其中第一定律用于研究这些变化中的能量转化问题，第二定律用于研究上述变化过程的方向、限度以及化学平衡和相平衡。

热力学方法的特点是既不考虑物质内部的微观结构，也不涉及过程的速率和机理。这一特点决定了它的局限性，即只指出某一变化在一定条件下能否发生，若能发生，则只能确定其方向和限度，而无法解释其发生的原理，也不可能预测实际产量。只预测反应发生的可能性，而不问其现实性；只指出反应的方向、变化前后的状态，而不能得出变化的速率。

对于冶金过程而言，需要解决的问题主要包括冶金反应能否进行，反应能进行到什么程度，过程的能量消耗如何等，这些都是典型的冶金热力学问题。

本章对化学反应的吉布斯自由能变化进行了推导，介绍了化学反应等温式的应用、平衡常数的应用、溶液的基本定律、活度的概念及应用、活度的测定与计算方法，最后介绍了表面现象及其热力学。

1.2 化学平衡及反应方向判定

1.2.1 化学反应的吉布斯自由能变化的推导

1.2.1.1 热力学第一定律和第二定律的合并式

已知热力学第一定律和第二定律的数学表达式分别为:

$$\delta Q = \mathrm{d}U + p\mathrm{d}V + \delta W' \tag{1-1}$$

$$\delta Q \leqslant T\mathrm{d}S \tag{1-2}$$

合并两式，得到热力学第一、第二定律的联合表达式:

$$T\mathrm{d}S \geqslant \mathrm{d}U + p\mathrm{d}V + \delta W' \tag{1-3}$$

1.2.1.2 亥姆霍次自由能及等温、等容过程的判据

在等温、等容条件下，$T\mathrm{d}S = \mathrm{d}(TS)$，故式（1-3）变为:

$$\mathrm{d}(TS) \geqslant \mathrm{d}U + \delta W' \quad 或 \quad -\mathrm{d}(U - TS) \geqslant \mathrm{d}W' \tag{1-4}$$

式中，$(U - TS)$ 即为亥姆霍次自由能，以 A 表示。

$$A = U - TS \tag{1-5}$$

因 U、T、S 均为状态函数，A 也必然为状态函数。

将式（1-5）代入式（1-4），可得:

$$-\mathrm{d}A \geqslant \delta W' \tag{1-6}$$

若体系为隔离体系，则:

$$-\mathrm{d}A \geqslant 0 \tag{1-7}$$

式中，“=”表示可逆过程；“>”表示不可逆过程。可以看出，在等温、等容且不涉及体积功的条件下，过程自发地向亥姆霍次自由能降低的方向进行。

1.2.1.3 吉布斯自由能及等温、等压条件下的判据

在等温、等压条件下，$T\mathrm{d}S = \mathrm{d}(TS)$，$p\mathrm{d}V = \mathrm{d}(pV)$，故式（1-4）可表示为:

$$\mathrm{d}(TS) \geqslant \mathrm{d}U + \mathrm{d}(pV) + \delta W' \tag{1-8}$$

和

$$-\mathrm{d}(U + pV - TS) \geqslant \delta W' \tag{1-9}$$

$(U + pV - TS)$ 称为吉布斯自由能，以 G 表示，即:

$$G = U + pV - TS = H - TS \tag{1-10}$$

因 U、p、T、S、H 均为状态函数，G 也必为状态函数。将式（1-10）代入式（1-9），可得:

$$-\mathrm{d}G \geqslant \delta W' \tag{1-11}$$

若体系在等温、等压条件下，且 $W'=0$，则有:

$$-\mathrm{d}G \geqslant 0 \quad 或 \quad \Delta G \leqslant 0 \tag{1-12}$$

式中，“=”表示平衡或可逆过程；“>”表示不可逆过程。可以看出，在等温、等压和不涉及体积功的条件下，过程只能自发地向吉布斯自由能降低的方向进行，直到 G 达到最小，即 $\Delta G=0$ 为止，此时过程达到平衡态。

由于冶金过程主要发生在等压条件下，吉布斯自由能具有特殊的意义。

1.2.2 自由能变化与 ΔH、ΔS 的关系

G、A、S 均为状态函数，均具有以下特点：(1) 绝对值的不可知性，相对值或变化值的可测算性。(2) 可选择某一状态为零点，确定其他状态的相对值。(3) 可通过叠加组合方式求算。(4) "Δ" 是指末态与初始态函数之差。热力学函数值增大，ΔH、ΔS 或 ΔG 等大于零；反之，则小于零。(5) 函数值确定与反应式等相对应，如果对于反应 A+B→C，ΔH、ΔS 或 ΔG（亦即 $\Delta_r G$）等为负值，则 C→A+B，ΔH、ΔS 或 ΔG 等为正值。

对于恒温过程，有：

$$\Delta A = \Delta U - T\Delta S,\ \Delta G = \Delta H - T\Delta S \tag{1-13}$$

对于不做体积功的可逆过程：

$$\mathrm{d}A = -S\mathrm{d}T - p\mathrm{d}V$$
$$\mathrm{d}G = -S\mathrm{d}T + V\mathrm{d}p \tag{1-14}$$

在定压下可推得：

$$\left[\frac{\partial(\Delta G/T)}{\partial T}\right]_p = \frac{-\Delta H}{T^2} \tag{1-15}$$

这就是吉布斯-亥姆霍次方程，根据这一方程，可利用 ΔH 求得 ΔG。

不同热力学函数之间可以依上述关系进行互算。

1.2.3 化学反应的方向及平衡条件

在等温、等压条件下，有几种物质参加的化学反应可写为：

$$a\mathrm{A} + d\mathrm{D} = q\mathrm{Q} + r\mathrm{R} \tag{1-16}$$

对此反应有：

$$\Delta_r G = (qG_\mathrm{Q} + rG_\mathrm{R}) - (aG_\mathrm{A} + dG_\mathrm{D}) = \sum G_\mathrm{prod} - \sum G_\mathrm{react} \tag{1-17}$$

式中，G_react、G_prod 分别为生成物和产物的吉布斯自由能。

若 $\Delta_r G < 0$，反应向正方向进行；若 $\Delta_r G > 0$，反应逆向进行；若 $\Delta_r G = 0$，反应达平衡。

反应平衡可认为是一种可逆状态，从动力学上讲，平衡是正反应和逆反应速率相等的状态。

自由能是温度、压力等的函数，状态不同，自由能值不同。如果限定参与反应的物质分压为 101325 Pa 或活度为 1，则自由能将是温度的函数，用 $\Delta_r G^\ominus$ 表示。反应的物质分压为 101325 Pa 或活度为 1 的状态称为标准态。

自由能的绝对值是不可知的，但其相对值可求也更有使用价值。参照标准焓的计算方法，设定一参比点的自由能值为零点，这样可确定其他状态自由能的相对值 $\Delta_r G^\ominus$。可取在 298 K、101325 Pa 条件下稳定存在的单质的吉布斯自由能为零，相应地提出了标准生成自由能的概念，它是指处于标准状态下的最稳定单质生成处于标准状态下的物质（1 mol）的自由能变化，符号为 $\Delta_f G^\ominus$，单位为 J/mol 或 kJ/mol。

$\Delta_f G^\ominus$ 是冶金理论分析中最常用的热力学函数之一，其计算主要有如下几种方法：

(1) 在 298 K、101325 Pa 条件下，许多物质的 $\Delta_f G^\ominus$ 可由有关手册查到或间接计算

得到。

（2）类似于用物质的标准生成焓计算化学反应焓变一样，也可由物质的标准生成自由能计算化学反应的 $\Delta_r G^\ominus$：

$$\Delta_r G^\ominus = \sum \Delta_f G^\ominus_{prod} - \sum \Delta_f G^\ominus_{react} \tag{1-18}$$

式中，$\Delta_f G^\ominus_{react}$、$\Delta_f G^\ominus_{prod}$ 分别为反应物和产物的标准生成自由能。

（3）由于反应的 $\Delta_r G^\ominus$ 只取决于反应的初始态和终态，故可以根据盖斯定律，通过已知反应方程的 $\Delta_r G^\ominus$ 值经代数运算得到所求方程的 $\Delta_r G^\ominus$。

（4）可按照 $\Delta_r G^\ominus = \Delta H^\ominus - T\Delta S^\ominus$ 的关系进行计算。

（5）可以利用平衡常数、电池电动势等进行计算。

1.2.4 化学反应的 $\Delta_r G^\ominus$ 与温度的关系

由于计算 ΔH 所用的 C_p 与温度的关系常采用多项式表示，计算中常选择低次项而忽略高次项。在冶金过程中，常需采用简单直观的图解法或根据数学中的回归分析法将多项式处理为简单的线性二项式。对于标准自由能的变化，有：

$$\Delta_r G^\ominus = A + BT \tag{1-19}$$

式中，A、B 为回归系数。根据 $\Delta_r G^\ominus = \Delta H^\ominus - T\Delta S^\ominus$ 可知，A、B 两数的热力学含义分别为 $\Delta H^\ominus$ 和 $\Delta S^\ominus$。现在有关手册中有大量反应的 $\Delta_r G^\ominus$-T 二次关系式可供查用。

图 1-1 为各种氧化物的 $\Delta_r G^\ominus$-T 关系图，可以反映纯物质和氧气生成氧化物的标准自由能变化，$\Delta_r G^\ominus = RT\ln(p_{O_2}/p^\ominus)$，故也称氧势图。由图可以看出：

（1）氧化物的氧势线越低，该氧化物越稳定，对应的金属元素越活泼。因此在标准状态下，氧势线在下的氧化物的对应元素可以还原氧势线位置在上的元素氧化物。

（2）如果二氧势线在某温度下相交，则在该温度下，对应的两个氧化物的稳定性相同，也可以说两种氧化反应同处平衡状态。此温度称为转化温度。

（3）由碳和氧生成 CO 的反应的氧势线向右下方倾斜，而绝大多数氧化物的氧势线却向右上方倾斜。二者必然相交，交点所对应的温度就是碳还原该氧化物的温度，如果温度高于该值，则还原反应可以进行。所以从理论上讲，只要温度足够高，碳就可还原所有金属氧化物，这就是用碳还原法生产金属的基本原理。

（4）氧势线的折点对应物质形态的变化。

可以根据图示或 $\Delta_r G^\ominus$-T 函数关系，判断各金属及其化合物的相对稳定性，为冶金反应的控制及工艺制订提供依据。

同理，对各种化合物的标准生成自由能变化及同类反应均可绘制出相应的 $\Delta_r G^\ominus$-T 关系图，如氮化物和碳化物标准生成自由能与温度的关系图、硫化物标准生成吉布斯自由能与温度的关系图、氯化物标准生成自由能和温度的关系图、硫酸盐标准生成自由能和温度的关系图等。

1.2.5 化学反应等温式

1.2.5.1 $\Delta_r G^\ominus$ 的适用性

$\Delta_r G^\ominus$ 是标准状态下的反应吉布斯自由能变化，只能作为标准状态下反应的方向性判

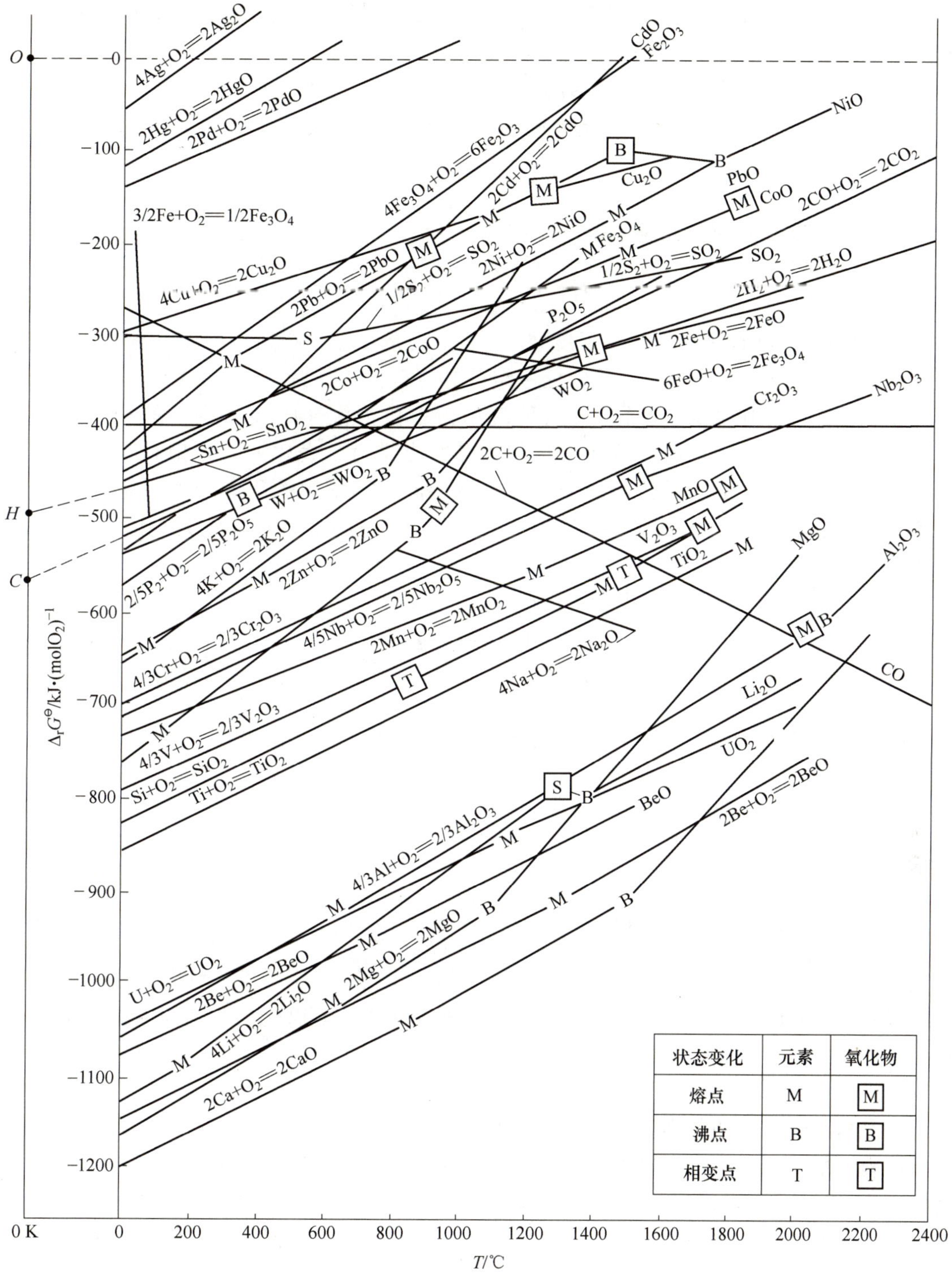

图 1-1　氧化物的标准生成自由能与温度的关系图（$\Delta_r G^\ominus$-T 关系图）

据。化学反应常常发生在非标准状态下，此时不能采用 $\Delta_r G^\ominus$ 分析反应过程，而应考虑应用 $\Delta_r G$。某些情况下可用 $\Delta_r G^\ominus$ 代替 $\Delta_r G$ 判断反应进行的方向。一般认为当 $|\Delta_r G^\ominus|>$

41.8 kJ/mol时，其 $\Delta_r G^\ominus$ 的正负基本上决定了 $\Delta_r G$ 的符号。但应注意，该方法主要适用于常温下的反应，而在高温下则不一定成立。

1.2.5.2 理想气体的吉布斯自由能表达式

将 $dG = -SdT + Vdp$ 应用于 1 mol 纯理想气体，$S=0$，定温下有如下关系式：

$$dG = Vdp = \frac{RT}{p}dp \tag{1-20}$$

在温度 T 下由 $p^\ominus$ 至 p 积分，得

$$G = G^\ominus + RT\ln\left(\frac{p}{p^\ominus}\right) \tag{1-21}$$

式中，G 表示 1 mol 纯理想气体在温度 T、压力 p 时的摩尔吉布斯自由能。对于理想气体，因为分子之间没有相互作用力，其中任一组分都将符合式（1-21）的关系。

由于原来的热力学数据体系中，气体的压力单位为大气压（atm）。在采用国际单位制（SI）后，压力单位为 Pa，为了与原热力学数据结合，表述上改为相对压力，即压力与标准大气压之比 $p/p^\ominus$，其值与以 atm 表示时相同，本书中的压力均采用此表示法，代数式中为表述简便，部分表达式做了约简，这样 p 统一采用 Pa 或 kPa 为单位。

1.2.5.3 气相化学反应等温式

设体系在等温、等压下发生如下反应：

$$a\text{A} + d\text{D} = q\text{Q} + r\text{R} \tag{1-22}$$

其中各物质均为气体，分压分别为 p'_A、p'_D、p'_Q、p'_R，反应体系的自由能变化为：

$$\Delta_r G = (qG_Q + rG_R) - (aG_A + dG_D) = q\left[G_Q^\ominus + RT\ln\left(\frac{p'_Q}{p^\ominus}\right)\right] + r\left[G_R^\ominus + RT\ln\left(\frac{p'_R}{p^\ominus}\right)\right] - a\left[G_A^\ominus + RT\ln\left(\frac{p'_A}{p^\ominus}\right)\right] - d\left[G_D^\ominus + RT\ln\left(\frac{p'_D}{p^\ominus}\right)\right] \tag{1-23}$$

化简，得：

$$\Delta_r G = \Delta_r G^\ominus + RT\ln\left[\frac{(p'_Q/p^\ominus)^q \cdot (p'_R/p^\ominus)^r}{(p'_A/p^\ominus)^a \cdot (p'_D/p^\ominus)^d}\right] = \Delta_r G^\ominus + RT\ln J \tag{1-24}$$

式（1-24）称为化学反应等温式，可用来判断等温、等压条件下反应在任一指定条件下进行的方向和限度。热力学主要解决方向与限度问题，所以化学反应等温式是非常重要的一条关系式。

1.2.5.4 多相化学反应的等温式

若参与化学反应的各物质不处于同一相中，如碳燃烧反应、渣-钢反应等，此时无法以分压表示凝聚相的影响。对于凝聚相，因其体积很小，可以认为其吉布斯自由能不随温度的变化而变化，因而其在 $RT\ln J$ 项中没有反映，它的影响只表现在 $\Delta_r G^\ominus$ 项中。

对于有溶液中组元参加的反应，常常以浓度或活度代替分压，详细情况将在 1.5 节中介绍。

1.2.5.5 化学反应等温式的应用

化学反应等温式的应用大致有两个方面：一是对反应方向的判断，如反应在某条件下能否进行，多个反应存在的体系中哪个反应能优先进行。二是有关反应限度的计算，如在给定反应温度和部分反应物浓度时，求另一反应物的平衡浓度；或在给定反应物浓度时，

求反应温度等。

例 1-1 在冶炼铜、铅、锌的废气中含有大量的 SO_2，为防止污染大气需对废气进行综合利用，可将 SO_2作为硫酸的原料。其中关键步骤为：

$$SO_{2(g)} + 1/2O_{2(g)} \xlongequal{} SO_{3(g)}$$

试问在 727 ℃时，以上反应在下列条件下向哪个方向进行?

(1) $p'_{SO_2} = 10132.5\ Pa$，$p'_{O_2} = 10132.5\ Pa$，$p'_{SO_3} = 101.325\ Pa$

(2) $p'_{SO_2} = 5066.25\ Pa$，$p'_{O_2} = 9119.25\ Pa$，$p'_{SO_3} = 3165\ Pa$

解：本题属方向判定问题。由有关手册查得各物质的标准生成自由能 $\Delta_f G^{\ominus}$：

$$\Delta_f G^{\ominus}_{SO_2} = -362300 + 72.0T,\ J/mol$$

$$\Delta_f G^{\ominus}_{SO_3} = -456900 + 160.5T,\ J/mol$$

所以题中反应的 $\Delta_r G^{\ominus} = \Delta_f G^{\ominus}_{SO_3} - \Delta_f G^{\ominus}_{SO_2} = -94600 + 88.5T,\ J/mol$

(1) 由式 (1-19) 可得：

$$\Delta_r G = \Delta_r G^{\ominus} + RT\ln\left[\frac{(p'_{SO_3}/p^{\ominus})}{(p'_{SO_2}/p^{\ominus})\ (p'_{O_2}/p^{\ominus})^{1/2}}\right] = \Delta_r G^{\ominus} + RT\ln J$$

$$= (-94600 + 88.5 \times 1000) + 8.314 \times 1000 \times \ln\left[\frac{101.325/101325}{(10132.5/101325)\ (10132.5/101325)^{1/2}}\right]$$

$$= -34620\ J/mol$$

因为 $\Delta_r G<0$，所以反应将向生成 SO_3 的方向进行。

(2) 同理，结合条件 (2) 可得 $\Delta_r G=0$，所以反应在此条件下达到平衡。

例 1-2 (1) 试问在 0.1333 Pa 的真空条件下，用炭粉还原固态 MnO 生成纯 Mn 及 CO 的最低温度 T 是多少? (2) 在上述的反应条件下，还原反应 $2MnO_{(s)} + C_{(s)} = 2Mn_{(s)} + CO_{2(g)}$ 能否进行?

解：(1) 由题意可知，本题为限度求算问题，还原反应为：

$$MnO_{(s)} + C_{(s)} \xlongequal{} Mn_{(s)} + CO(g)$$

$$\Delta_r G^{\ominus} = 268650 - 158.4T\ ,\ J/mol$$

$$\Delta_r G = \Delta_r G^{\ominus} + RT\ln(p'_{CO}/p^{\ominus})$$

$$= \left[(268650 - 158.4T) + 8.314 \times T \times \ln\frac{0.1333}{101325}\right]$$

$$= 268650 - 270.98T,\ J/mol$$

令 $\Delta_r G=0$，得 $T=991$ K，即当 $T>991$ K 时，$\Delta_r G<0$，反应最低温度 T 为 990 K 左右。

(2) 此题为方向判定题。对于反应式 $2MnO_{(s)} + C_{(s)} = 2Mn_{(s)} + CO_{2(g)}$，可查得反应的标准自由能变化为：

$$\Delta_r G^{\ominus} = 374510 - 149T\ ,\ J/mol$$

$$\Delta_r G = \Delta_r G^{\ominus} + RT\ln(p'_{CO_2}/p^{\ominus})$$

$$=(374510 - 149.0T) + 8.314 \times T \times \ln\frac{0.1333}{101325}$$

$$=374510 - 261.58T,\ J/mol$$

当 $T=991$ K 时，$\Delta_r G=115284$ J/mol>0，所以此反应无法进行。

例 1-3 在用硅还原 MgO 的过程中，工业上用的方法是在添加 CaO 的条件下（形成 Ca_2SiO_4）进行真空冶炼，试分析其基本依据，并计算真空冶炼过程体系所允许的最大压力。已知：

$$Si_{(s)} + O_2 = SiO_{2(s)} \qquad \Delta_r G_1^\ominus = -905800 - 175.7T,\ \text{J/mol}$$

$$Si_{(l)} + O_2 = SiO_{2(l)} \qquad \Delta_r G_2^\ominus = -940150 + 195.8T,\ \text{J/mol}$$

$$2Mg_{(g)} + O_2 = 2MgO_{(s)} \qquad \Delta_r G_3^\ominus = -1428800 + 387.4T,\ \text{J/mol}$$

$$2CaO_{(s)} + SiO_{2(s)} = Ca_2SiO_{4(s)} \qquad \Delta_r G_4^\ominus = -126360 - 5.02T,\ \text{J/mol}$$

解： 本题属于工艺分析与计算题，以限度问题为核心展开。

（1）计算用 Si 还原 MgO 的最低还原温度。反应式为：

$$Si_{(l)} + 2MgO_{(s)} = 2Mg_{(g)} + SiO_{2(s)}$$

因还原温度高，故应选用生成液态 SiO_2 的式子，即有：

$$Si_{(l)} + 2MgO_{(s)} = 2Mg_{(g)} + SiO_{2(l)}$$

$$\Delta_r G^\ominus = \Delta_r G_2^\ominus - \Delta_r G_3^\ominus = -488650 - 191.6T,\ \text{J/mol}$$

令 $\Delta_r G^\ominus=0$，$T=T_{最低}=2550$ K。这一温度远高于冶金反应器的使用温度，所以这个反应在工程上是难以实现的。

（2）当加入 CaO 形成 Ca_2SiO_4 后，反应式为：

$$2CaO_{(s)} + Si_{(l)} + 2MgO_{(s)} = 2Mg_{(g)} + Ca_2SiO_{4(s)}$$

$$\Delta_r G^\ominus = \Delta_r G_2^\ominus - \Delta_r G_3^\ominus + \Delta_r G_4^\ominus = 362290 - 196.66T,\ \text{J/mol}$$

令 $\Delta_r G^\ominus=0$，可求得 $T=T_{最低}=1843$ K。可以看出，还原温度已降低了很多，但此温度仍然较高。

（3）当采用真空冶炼时，由于还原温度会进一步降低，可用反应式为：

$$2CaO_{(s)} + Si_{(s)} + 2MgO_{(s)} = 2Mg_{(g)} + Ca_2SiO_{4(s)}$$

$$\Delta_r G^\ominus = \Delta_r G_1^\ominus - \Delta_r G_3^\ominus + \Delta G_4^\ominus = 396640 - 216.72T,\ \text{J/mol}$$

$$\Delta_r G = \Delta_r G^\ominus + RT\ln(p'_{Mg}/p^\ominus)^2$$

$$= \left[(396640 - 216.7T) + 8.314T\ln\frac{p_{Mg}^2}{101325^2}\right]$$

令 $\Delta_r G=0$，可以看出，随着真空度的降低，镁的蒸气压力降低，还原温度相应降低。在工业上采用的温度为 1200 ℃，即 1473 K 时，可求得体系所允许的最大压力约为 4300 Pa。也就是说，欲使硅和 MgO 的反应在 1200 ℃时能够顺利进行，体系真空的压力不能高于 4300 Pa，真空压力越低，$\Delta_r G$ 越负，还原反应越容易进行。

由此还可以看出，通过改变温度、压力等，可使原来无法实现的反应得以进行。

1.2.6 平衡常数

1.2.6.1 平衡常数及其意义

对于有理想气体参加的反应，$aA + dD = qQ + rR$，反应达平衡时，$\Delta_r G=0$，此时各反应物质的分压将由任意状态转向平衡态，即 p'_A、p'_D、p'_Q、$p'_R \rightarrow p_A$、p_D、p_Q、p_R，故式（1-24）可改写为：

$$\Delta_r G^{\ominus} = -RT\ln\left[\frac{(p_Q/p^{\ominus})^q(p_R/p^{\ominus})^r}{(p_D/p^{\ominus})^d(p_A/p^{\ominus})^a}\right] \tag{1-25}$$

令

$$K^{\ominus} = \frac{(p_Q/p^{\ominus})^q(p_R/p^{\ominus})^r}{(p_D/p^{\ominus})^d(p_A/p^{\ominus})^a}$$

则有：

$$\Delta_r G^{\ominus} = -RT\ln K^{\ominus} \tag{1-26}$$

式中，$K^{\ominus}$即为反应的标准平衡常数，在本书中简称为平衡常数，常以 K 表示。因 $\Delta_r G^{\ominus}$是物质温度的函数，K 也是温度的函数，所以当温度确定，反应达平衡时，各物质的分压（或浓度、活度）之间是相互关联的，必须受 K 的制约。虽然平衡态可因各种条件的改变而改变，即所谓的平衡移动，但当温度一定时，K 值保持不变。

将式（1-26）代入式（1-24），可得：

$$\Delta_r G = -RT\ln K + RT\ln J \tag{1-27}$$

这是化学反应等温式的另一种形式。可以看出，若 $K>J$，反应可自发进行；若 $K=J$，反应达平衡态；若 $K<J$，反应逆向进行。

1.2.6.2 平衡常数的计算

可根据反应的标准吉布斯自由能变化 $\Delta_r G^{\ominus}$的二项式计算化学反应的平衡常数，即由 $\Delta_r G^{\ominus}=A+BT$，得：

$$\ln K = \frac{-\Delta_r G^{\ominus}}{RT} = \frac{-A}{RT} - \frac{B}{R} = \frac{A'}{T} + B' \tag{1-28}$$

在专业手册中，既有大量反应的 $\Delta G^{\ominus}$-T 二项式，也有大量的平衡常数二项式关系可供查阅。

1.2.6.3 影响化学平衡的因素

化学平衡是动态平衡，当体系所处的条件发生变化时，原有的平衡将被打破，反应再度进行，直至在新的条件下建立新的平衡。这种平衡的移动将导致反应限度的改变。所以可通过控制影响平衡的因素控制反应进行的程度，使之向要求的方向发展。通常影响平衡的因素有温度、分压（浓度）、总压及惰性气体的存在等。

（1）温度的影响。根据吉亥方程及标准自由能变化和平衡方程的关系，有：

$$\frac{\mathrm{d}\ln K}{\mathrm{d}T} = \frac{\Delta H^{\ominus}}{RT^2} \tag{1-29}$$

可以看出，对于吸热反应，$\Delta H>0$，K 随温度的升高而增大，升温有利于平衡向正方向移动，即产物量增大；对于放热反应，$\Delta H<0$，K 随温度的升高而减小，升温有利于平衡逆向移动。

（2）分压（浓度）的影响。前已述及，反应达平衡时，各物质的分压或浓度必受平衡常数的制约，增大反应物中某物质的分压或浓度，平衡将向生成产物的方向移动；提高反应物中某一物质的分压或浓度，适当降低反应物中其他物质的分压或浓度，可以得到相同的产物浓度，这可用于提高某反应物的转化率。

（3）总压的影响。增加总压，平衡向生成气体或体积增大的方向移动；反之，则平衡向着气体量减少的方向移动。如对于反应 $C+CO_2=2CO$，总压增大，将使平衡向碳析出的方向移动；反之，则向碳气化的方向移动，气相中的 CO 含量增大。又如对于由 Nb_2O_5 制取 Nb 的反应，$Nb_2O_5+5C_{(s)}=2Nb_{(s)}+5CO$，提高真空度，即降低总压，将有利于 Nb_2O_5 的还原。

在反应总压一定的情况下，惰性气体的存在实际上起了稀释作用，应与减小反应体系的总压效应是一样的。

总结以上各因素对平衡的影响，可得出一个普遍的规律：若改变影响平衡的因素，原平衡将发生移动，其结果总是朝着抵消这些因素改变的方向进行，直至建立新的平衡，这就是吕·查得理（Le Chatelier）原理。

1.2.6.4 平衡常数的应用

平衡常数的用途有很多，大致可归为如下三个方面：(1) 计算化学反应达平衡时，各物质的浓度、平衡转化率等；(2) 通过指定态与平衡态的对比，判定反应的方向，进而创造条件以改变反应的方向和限度；(3) 分析体系中各组元变化对体系的影响。

由于平衡常数直接反映体系平衡时各组分之间的对应关系，因此利用其分析各组分变化对体系的影响更为方便直接。工程应用上常依此绘制各种区位图，应用十分方便。这将在后面的章节中做进一步介绍。

1.2.7 化合物分解平衡

碳酸盐、硫酸盐、氧化物、氯化物的分解反应是高温反应中经常遇到的多相反应。

化合物在分解时一般只产生一种气体。如石灰石的分解反应为：

$$CaCO_{3(s)} = CaO_{(s)} + CO_2(g) \qquad K_p = p_{CO_2}$$

K_p 是温度的函数，所以定温下 CO_2 的平衡分压为定值，此值称为石灰石在该温度下的分解压。

同理，当其他化合物在定温下分解产生一种气体并达平衡时，该气体的分压称为该化合物的分解压。根据化合物的分解压大小，可以衡量该化合物的热力学稳定性。分解压大的化合物，稳定性小，易分解。

对于石灰石的分解反应，如取 p_{CO_2} 为分解压，p'_{CO_2} 为环境的 CO_2 分压，则根据平衡常数表示的化学反应等温式有：

(1) 当 $p_{CO_2}>p'_{CO_2}$ 时，$CaCO_3$ 可自发分解；

(2) 当 $p_{CO_2}=p'_{CO_2}$ 时，反应处于平衡状态；

(3) 当 $p_{CO_2}<p'_{CO_2}$ 时，CaO 与 CO_2 化合生成 $CaCO_3$。

可见，只有将化合物加热到使其分解压大于环境气氛中相同气体的实际分压时，化合物才能分解，此温度称为化合物开始分解温度。当加热化合物使其分解压等于环境气氛总压时，化合物将会更强烈地分解，相应温度称为化合物的化学沸腾温度。如将 $CaCO_3$ 加热到约 1183 K，其分解压可达 101325 Pa，1183 K 即为石灰石分解的沸腾温度。

1.3 溶液的基本定律

1.3.1 拉乌尔定律

1887 年，法国化学家拉乌尔（Raoult）在研究含有非挥发性溶质的稀溶液的行为时发现了拉乌尔定律（Reoult's Law）：在某一温度下，稀溶液中溶剂的蒸气压等于纯溶剂的饱和蒸气压乘以溶液中溶剂的摩尔分数，即：

$$p_i = p_i^* x_i \tag{1-30}$$

式中，p_i^* 为纯溶剂 i 的蒸气压，Pa，其大小主要与温度有关，而压力的影响不大；p_i 为溶液中组分 i 的蒸气压，Pa；x_i 为组分 i 的摩尔分数，其定义为 $x_i = \frac{n_i}{\sum n}$，其中 n_i 为 i 组分的物质的量，mol，$\sum n$ 为各组分物质的量的总和。

在所有浓度范围内都满足拉乌尔定律的溶液称为理想溶液。严格地说，拉乌尔定律只适用于如同素异形体那种物质间极为类似的溶液，但其仍是用于讨论溶液时的基本重要定律。

1.3.2 亨利定律

1803 年，英国化学家亨利（Henry）根据实验，总结出稀溶液中溶质的蒸气压与其浓度的关系，即亨利定律（Henry's law）。

当使用摩尔分数表示浓度时，亨利定律可描述为：

$$p_i = k_{H,i} x_i \tag{1-31}$$

使用质量分数表示浓度时，亨利定律可描述为：

$$p_i = k_{\%,i} w_{i,\%} \tag{1-32}$$

式中，x_i 及 $w_{i,\%}$ 为稀溶液中溶质的浓度；p_i 为溶质 i 的蒸气压；$k_{H,i}$ 及 $k_{\%,i}$ 为亨利常数，Pa，其值与温度、压力、溶剂和溶质的性质有关。如图 1-2 所示，将亨利定律直线外延至 $x_i = 1$ 的纵轴上的截距即是 $k_{H,i}$。$k_{H,i}$ 并不在实际的蒸气压曲线上，所以它是虚设的组分 i 的蒸气压，又称为假想纯物质 i 的蒸气压。

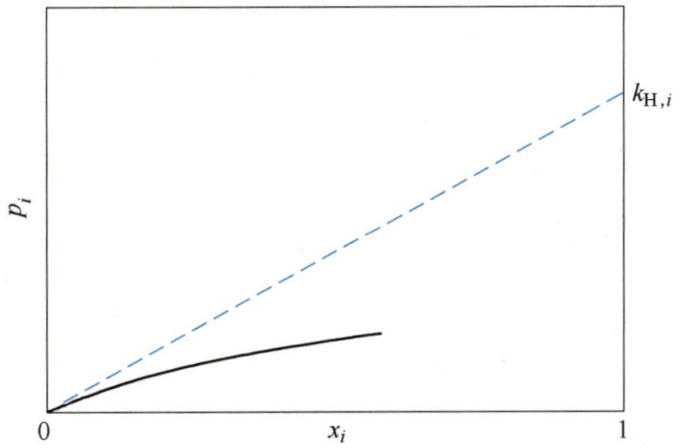

图 1-2 亨利定律图

需要指出的是，质量分数的定义为 $w_i = \frac{m_i}{\sum m}$，其中 m_i 为组分 i 的质量，$\sum m$ 为各组分的质量总和。为了沿用已有的热力学数据与公式，同时又使用质量分数这一概念，引入质量百分数 $w_{i,\%}$，其值等于 100 倍的 w_i。为了书写方便，在本教材中，将 w_i、$w_{i,\%}$ 的表达式分别简化为 i 和 $\%i$。则亨利定律表示为 $p_i = k_{\%,i}\%i$。再如，生铁中碳的质量分数为

4%，质量百分数为4，则表示为 [C]=4%，[%C]=4。

1.3.3 拉乌尔定律与亨利定律的比较

拉乌尔定律和亨利定律可以从以下三个方面进行比较：

（1）拉乌尔定律的特点：

1）描述溶剂组分 i 在液相中的浓度与其在气相中的蒸气压的线性关系，在 $x_i \to 1$ 时成立（图1-3中直线 c）；

2）线性关系的斜率为纯溶剂 i 的蒸气压；

3）组分 i 的浓度必须用摩尔分数。

（2）亨利定律的特点：

1）描述溶质组分 i 在液相中的浓度与其在气相中的蒸气压的线性关系；在 $x_i \to 0$ 或 $w_{i,\%} \to 0$ 时成立（图1-3中线 d 与 e）；

2）线性关系的斜率是从服从亨利定律的线性关系延长到 $x_i = 1$ 的蒸气压（当浓度用摩尔分数时，实际上是假想纯物质 i 的蒸气压）或从服从亨利定律的线性关系延长到 $w_{i,\%} = 1$ 的蒸气压（当浓度用质量分数时，实际上是假想质量分数为1%溶液的蒸气压）；

3）组分 i 的浓度可以用摩尔分数，也可以用质量分数。究其原因是在稀溶液中（$w_i \to 0$），组分 i 的摩尔分数与质量分数成正比。

图1-3中曲线 a 与 b 为真实溶液中组分 i 的蒸气压与浓度之间的关系曲线。

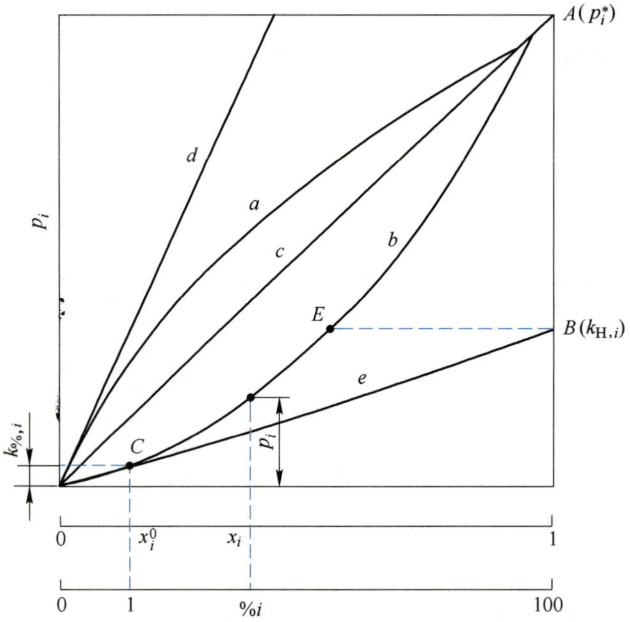

图1-3 真实溶液中组分蒸气压与浓度的关系

1.3.4 理想溶液的热力学性质

$$\Delta V^{\mathrm{M}} = 0 \tag{1-33}$$

$$\Delta H^{\mathrm{M}} = 0 \tag{1-34}$$

$$\Delta G^{\mathrm{M}} = RT \sum x_i \ln x_i \tag{1-35}$$

$$\Delta S^{\mathrm{M}} = - R \sum x_i \ln x_i \tag{1-36}$$

实际上，只有少数溶液在全部浓度范围内是理想的，只有组元之间的作用极其相似才能达到。在冶金中，性质相近的组元组成的溶液，如 MnO-FeO 溶液、Fe-Mn 合金熔体、Au-Ag、Ni-Cu、Pb-Bi、KCl-NaCl、AlCl-$PbCl_2$等可以认为是理想的。

1.4 活度

1.4.1 活度的概念

在真实溶液中，由于组成溶液的各组分的分子大小，结构以及同类分子之间或异类分子之间的作用力均变得比较复杂，其组分的蒸气压规律已不再符合拉乌尔定律及亨利定律。因此，用来描述理想溶液以及稀溶液的热力学关系式就不再适用于真实溶液。

如图 1-3 所示，曲线 a 与 b 为真实溶液组分 i 的蒸气压与浓度之间的关系曲线，直线 c 描述的是拉乌尔定律，而曲线 d 与 e 描述的是亨利定律。可以看出，真实溶液中很大一部分浓度范围内，组元的蒸气压已不再符合拉乌尔定律及亨利定律。为了保留拉乌尔定律和亨利定律的简单表示形式，采用了保留真实溶液的组元蒸气压不变而修正浓度的方法。例如对于溶质组元 i，修正引入的系数 f_i 即为活度系数，修正后的浓度 a_i 即为活度，则有表示式：

$$p_i = k_{\mathrm{H},i}(f_i\, x_i) = k_{\mathrm{H},i} a_i \qquad a_i = f_i\, x_i \tag{1-37}$$

引入活度的概念之后，有溶液参加的化学反应中，溶液中组元的分压可以活度来表示，如对高炉中固体 C 还原渣中（SiO_2）的反应：

$$2\mathrm{C}_{(\mathrm{s})} + (\mathrm{SiO_2}) = [\mathrm{Si}] + 2\mathrm{CO}_{(\mathrm{g})} \tag{1-38}$$

式中，(　) 表示渣中组元；[　] 表示金属中组元，反应的 $\Delta_r G$ 可表示为：

$$\Delta_r G = \Delta_r G^{\ominus} + RT\ln \frac{(p_{\mathrm{CO}}/p^{\ominus})^2 \cdot a_{\mathrm{Si}}}{a_{\mathrm{SiO_2}} \cdot a_{\mathrm{C}}} \tag{1-39}$$

固相或饱和溶液中溶质组元活度可作 1 处理，所以 $C_{(s)}$ 活度为 1。

由于活度是由浓度和活度系数两部分构成的，所以当有溶液中组元参与反应时，影响因素除浓度以外还有活度系数。而活度系数的确定，则成为关键所在。

应该说，活度概念的提出是人类对溶液认识局限性的反映。人们希望通过对溶液结构的研究，能在将来全面揭示活度的内涵及其变化规律。

1.4.1.1 活度的标准态

活度的标准态可定义为：“浓度的数值为 1 且符合拉乌尔定律或亨利定律，同时活度也为 1 的状态”。

当分别采用拉乌尔定律和亨利定律来考察溶液中组分 i 的行为时，为保持 p 与实际溶液一致，需选用不同的浓度修正系数。当以拉乌尔定律为基础时，选用纯物质标准态，则有：

$$p_i = p_i^*(\gamma_i \cdot x_i) = p_i^* \alpha_{R,i} \qquad a_{R,i} = \frac{p_i}{p_i^*} \qquad \lim_{x_i \to 1} \frac{a_{R,i}}{x_i} = 1 \qquad \lim_{x_i \to 1} \gamma_i = 1 \tag{1-40}$$

式中，γ_i 为拉乌尔活度系数，是以拉乌尔定律为基础的活度系数，它反映了组分 i 对拉乌尔定律的偏差。

当以亨利定律为基础进行修正时，有：

$$p_i = k_{H,i}(f_{H,i} x_i) = k_{H,i} a_{H,i} \qquad a_{H,i} = \frac{p_i}{k_{H,i}} \qquad \lim_{x_i \to 0} \frac{a_{H,i}}{x_i} = 1 \qquad \lim_{x_i \to 0} f_{H,i} = 1 \tag{1-41}$$

$$p_i = k_{\%,i}(f_{\%,i} \% i) = k_{\%,i} a_{\%,i} \qquad a_{\%,i} = \frac{p_i}{k_{\%,i}} \qquad \lim_{\% i \to 0} \frac{a_{\%,i}}{\% i} = 1 \qquad \lim_{\% i \to 0} f_{\%,i} = 1 \tag{1-42}$$

式中，$f_{H,i}$、$f_{\%,i}$ 为以亨利定律为基础的活度系数，反映了实际溶液对亨利定律的偏差。对以亨利定律为基础的活度，标准态不同，活度系数不同，浓度表示方法也不同。$a_{H,i}$ 采用假想纯物质标准态。冶金中常用质量分级表示金属中组元含量，活度选用假想质量分数1%溶液标准态，以 $a_{\%,i}$ 表示。

1.4.1.2 活度标准态的转换

在指定的多组元体系中，活度值将随所选的标准态的不同而异，但组元的分压 p_i 是定值，与所选的标准态无关。设组分 i 在浓度为 x_i 时的蒸气压为 p_i，则：

$$p_i = p_i^* a_{R,i} \qquad p_i = k_{H,i} a_{H,i} \tag{1-43}$$

$$p_i^* \gamma_i x_i = k_{H,i} f_{H,i} x_i \tag{1-44}$$

依此可以建立不同标准态活度之间的转换。

$$\frac{a_{R,i}}{a_{H,i}} = \frac{k_{H,i}}{p_i^*} = \frac{\gamma_i}{f_{H,i}} \tag{1-45}$$

若用 $\gamma_i^{\ominus}$ 代表稀溶液中（$x_i \to 0$）溶质的活度以纯物质为标准态时的活度系数，则有：

$$\frac{a_{R,i}}{a_{H,i}} = \frac{\gamma_i}{f_{H,i}} = \gamma_i^{\ominus} \tag{1-46}$$

若令 $i=1\%$（$i\%=1$）所对应的摩尔分数为 $x_i^{\ominus}$，则根据式（1-40）、式（1-42）并利用图1-3中的三角形相似关系可得：

$$\frac{a_{R,i}}{a_{\%,i}} = \frac{k_{\%,i}}{p_i^*} = \frac{k_{H,i} x_i^{\ominus}}{p_i^*} = \gamma_i^{\ominus} x_i^{\ominus} \tag{1-47}$$

令 M_i 和 M_1 分别表示组分 i 和溶剂的摩尔质量。当溶液很稀，即 $i\% \to 0$，或 M_i 和 M_1 相差很小，即 $\Delta M \to 0$ 的条件下，可以推导出如下的公式：

$$x_i^{\ominus} = \frac{M_1}{100 M_i} \gamma_i^{\ominus} \tag{1-48}$$

$$\frac{a_{R,i}}{a_{\%,i}} = \frac{M_1}{100 M_i} \gamma_i^{\ominus} \tag{1-49}$$

$$\frac{a_{H,i}}{a_{\%,i}} = \frac{M_1}{100 M_i} \tag{1-50}$$

三种不同活度标准态之间的数值关系如图 1-4 所示。当 $\gamma_i^{\ominus} = 0.2$，$M_i = M_1$（即 $x_i^{\ominus} = 100$）的情况下，三种不同活度标准态之间的数值关系如表 1-1 所示。

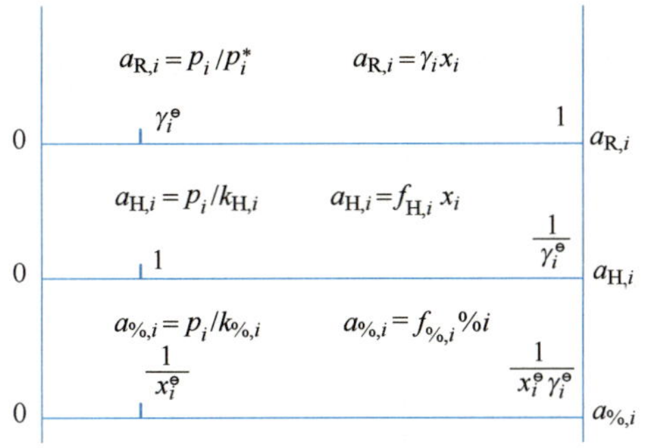

图 1-4 不同活度标准态之间的关系

表 1-1 不同活度标准态之间的数值关系（$\gamma_i^{\ominus} = 0.2$，$M_i = M_1$（$x_i^{\ominus} = 100$））

$a_{R,i}$	$a_{H,i}$	$a_{\%,i}$
0	0	0
0.2	1	100
0.4	2	200
0.6	3	300
0.8	4	400
1	5	500

选择不同的活度标准态，会有不同的活度值，相应地 $\Delta_r G^{\ominus}$ 也会不同。但 $\Delta_r G = -RT\ln K/J$，标准状态不同只是在 K 和 J 中同时乘了个系数，不会影响 $\Delta_r G$ 值。

1.4.2 活度相互作用系数

在铁基及其他金属溶液构成的二元系中，只存在单一溶质组分与溶剂的相互作用。但当溶解多种元素时，除了溶剂与溶质组分的相互作用，溶质组分之间也存在相互作用，因此每个溶质组分的活度系数会因为其他溶质组分的存在而改变。钢水和铁水均是以铁为溶剂，以金属和非金属元素为溶质的多元溶液。由于溶剂和溶质组分或溶质组分和溶质组分之间存在相互作用，钢水和铁水的行为偏离了拉乌尔定律或亨利定律，只有根据它们的相互作用关系研究活度及活度系数的计算方法，才能顺利地解决冶金反应热力学分析中的计算问题。

对于多元组分溶液内溶质组分的活度系数，瓦格纳（C. Wagner）于 1952 年提出了 $\ln\gamma_i$ 函数，按照麦克劳林级数展开成组分浓度的多项式，带入实验测定的相互作用系数，就可计算多元系中组分的活度系数，这个方法叫作瓦格纳模型。

以 Fe-i-j-…-m 多元体系为例，在等温、等压下，组分 i 的活度系数 f_i 是各组分浓度的函数。当组分 i 活度采用假想质量分数 1%溶液标准态时，$a_i = f_i \cdot [\%i]$，则有：

$$\lg f_i = \lg f_i(0, 0, \cdots, 0) + \sum_{j=2}^{m} \frac{\partial \lg f_i}{\partial[\%j]}[\%j] + \frac{1}{2}\sum_{j=2}^{m}\frac{\partial^2 \lg f_i}{\partial[\%j]^2}[\%j]^2 +$$

$$\sum_{\substack{j,k=2\\ j<K}} \frac{\partial^2 \lg f_i}{\partial[\%j]\partial[\%k]}[\%j][\%k] + \cdots \tag{1-51}$$

式中，$[\%j]$，$[\%k]$，…为各组元的质量百分数。

当组分 i 和其他溶质组分的浓度都趋近于 0 时，溶液服从亨利定律，组分 i 的活度系数 $f_i(0,0,\cdots,0)=1$，故 $\lg f_i(0,0,\cdots,0)=0$。

如果 $[\%i]$，$[\%j]$，…，$[\%m]$ 均很小，在稀溶液中式（1-51）的高次项小到可以忽略不计，则式（1-51）变为：

$$\lg f_i = \sum_{j=2}^{m} r_i^j \cdot [\%j] \tag{1-52}$$

将 $\left(\dfrac{\partial \lg f_i}{\partial[\%j]}\right)_{k\neq j}$ 定义为 e_i^j，称为定浓度活度相互作用系数，以下简称活度相互作用系数。其物理意义为，在稀溶液中，除了组分 j 外，其余组分（溶质）的浓度保持不变时，j 组分的质量分数每增加 1%时，所引起的组分 i 活度系数对数值的改变。

以假想质量分数 1%溶液为标准态时，多元系稀溶液中组分 i 的活度系数可近似表示为：

$$\lg f_i = e_i^i[\%i] + e_i^j[\%j] + e_i^k[\%k] + \cdots \tag{1-53}$$

当组分 i 的活度采用纯物质标准态时，$\alpha_i = \gamma_i \cdot x_i$，式（1-51）改写为下式：

$$\ln\gamma_i = \ln\gamma_i^0 + \sum_{j=2}^{m}\frac{\partial \ln\gamma_i}{\partial x_j}x_j + \frac{1}{2}\sum_{j=2}^{m}\frac{\partial^2\ln\gamma_i}{\partial x_j^2}x_j^2 + \sum_{\substack{j,k=2\\ j<k}}^{m} = \frac{\partial^2\ln\gamma_i}{\partial x_j\partial x_k}x_jx_k + \cdots \tag{1-54}$$

式中，x_j，x_k，…为各组元的摩尔分数；当 $x_i \to 0$ 时，$\gamma_i \to \gamma_j^0$，而 γ_i^0 为一不为零的常数。

当组分 i 的活度以纯物质为标准态时，活度相互作用系数 $\varepsilon_i^j = \dfrac{\partial \ln\gamma_i}{\partial x_j}$，此时多元系中组分 i 的活度系数可近似表示为：

$$\ln\gamma_i = \ln\gamma_i^0 + \varepsilon_i^i x_i + \varepsilon_i^j x_j + \varepsilon_i^k x_k + \cdots \tag{1–55}$$

1.4.3 溶液中组元的化学势

热力函数随温度、压力、体积及不同组元的物质的量不同而变化，因此，对于含有 C 个组元（1，2，3，…，C）的溶液，自由能的变化可表示为：

$$dG = \left(\frac{\partial G}{\partial T}\right)_{p,n_i}dT + \left(\frac{\partial G}{\partial T}\right)_{T,n_i}dp + \sum_{i=1}^{C}\left(\frac{\partial G}{\partial n_i}\right)_{T,p,n_i}dn_i \tag{1-56}$$

式中，$\left(\dfrac{\partial G}{\partial n_i}\right)_{T,p,n_i}$ 表示在恒压、恒温条件下向溶液加入 dn_i 摩尔溶质时自由能变化。由于溶液的体积非常大，以致其他组元的摩尔分数不会发生变化。它是溶液中组元的偏摩尔自由能，常用 $\overline{G}_i$ 表示，也称为溶液中组元的化学位，以 μ_i 表示。

$$\mu_i = \overline{G}_i = \left(\frac{\partial U}{\partial n_i}\right)_{S,V,n_j} = \left(\frac{\partial H}{\partial n_i}\right)_{S,p,n_j} = \left(\frac{\partial G}{\partial n_i}\right)_{T,V,n_j} \tag{1-57}$$

在恒温、恒压下，式（1-56）可表示为：

$$dG = \sum \mu_i dn_i = \sum \overline{G}_i dn_i \tag{1-58}$$

根据式（1-58），自由能的变化取决于组元的物质的量 n_i，溶液的总自由能可由式（1-58）积分得到。

$$G = \sum \mu_i n_i = \sum \overline{G}_i n_i \tag{1-59}$$

$\overline{G}$ 为广延函数，而 μ_i 为强度函数，与溶液组元的物质的量无关，所以：

$$\mu_i(\gamma_i n_i) = \mu_i \gamma_i \tag{1-60}$$

$$\overline{G}_i(\gamma_i n_i) = \overline{G}_i(n_i) \tag{1-61}$$

在恒温、恒压下，一个组元的化学位只取决于溶液的组成，而与它的量无关。

1.4.4 组元在各项间的分配

两个相 α 和 β 与一个公共组元接触，保持在相同的温度和压力之下，其中可发生 A 从一相至另一相的转移：

$$A_\alpha = A_\beta \tag{1-62}$$

如果 dn_A 的 A 由 α 相转移到 β 相，则体系的自由能变化为：

$$dG = \mu_A^\alpha dn_A^\alpha + \mu_A^\beta dn_A^\beta = (-\mu_A^\alpha + \mu_A^\beta) dn_A^\beta \tag{1-63}$$

反应达平衡时，$dG=0$，而 $dn_A \neq 0$，从而有：

$$\mu_A^\alpha = \mu_A^\beta \tag{1-64}$$

即平衡条件下，两相中化学位相同。

式（1-64）可扩展应用到多相（α、β、γ、…）组成的多元体系，可得到：

$$\mu_A^\alpha = \mu_A^\beta = \mu_A^\gamma = \cdots \tag{1-65}$$

若转移过程 $dG<0$，则有：

$$\mu_A^\alpha < \mu_A^\beta \tag{1-66}$$

由此可见，在恒温、恒压体系中，物质 A 总是自发地由化学势高的相向化学势低的相转移，直至各相间的化学势相等。

对于冶金过程反应，主要是相间反应，如从金属中去除杂质，这就要求炉渣或气氛中的杂质元素的化学位必须比金属中低。

1.4.5 有溶液参加的多元体系中的反应实例

例 1-4 在 1830 K 条件下，向钢水中加入 1%的钒，问钢水中的氧含量必须降低到多少才能防止钒的氧化（钒的氧化产物为 $V_2O_{3(s)}$）?

已知 $2V_{(s)} + \frac{3}{2}O_{2(g)} = V_2O_{3(s)}$ $\Delta_r G^\ominus = -1231350 + 247.9T$, J/mol

解：钢水中钒氧化反应式为：$2[V] + 3[O] = V_2O_{3(s)}$

查有关手册，可得：

(1) $V_{(s)} = [V]$ $\Delta_r G^\ominus_{(1)} = -20711 - 45.6T$, J/mol

(2) $1/2O_2 = [O]$ $\Delta_r G^\ominus_{(2)} = -117150 - 2.89T$, J/mol

(3) $2V_{(s)} + 3/2O_2 = V_2O_{3(s)}$ $\Delta_r G^\ominus_{(3)} = -1231350 + 247.9T$, J/mol

(3) $-2\times(1)-3\times(2)=$原反应式，相应的有：

$$\Delta_r G^\ominus = \Delta_r G^\ominus_{(3)} - \Delta_r G^\ominus_{(1)} - 3 \times \Delta_r G^\ominus_{(2)} = -838480 + 347.77T, \text{ J/mol}$$

进一步可求得：

$$K = 585960$$

因 [%V] 和 [%O] 的数值均很小，近似地有 $a_{[V]} = [\%V]$，$a_{[O]} = [\%O]$

$$K = \frac{a_{V_2O_3(s)}}{a^2_{[V]} a^3_{[O]}} = \frac{1}{[\%V]^2 [\%O]^3}$$

将有关数值代入，可求得 [%O]=0.01195。故钢水中的氧含量降低到 0.01195%以下可防止钒的氧化。

例 1-5 高炉炉缸中硅的还原反应为：

$$(SiO_2) + 2C_{(s)} = [Si] + 2CO \quad \Delta_r G^\ominus = 596242 - 39434T, \text{ J/mol}$$

设炉缸内 $p_{CO}=175.5$ Pa，$a_{SiO_2}=0.097$，[%C]=4.0，已知 $e^C_{Si} = 0.288$，$e^{Si}_{Si} = 0.11$，求 1500 ℃时生铁中的平衡硅含量。

解：

由反应 $\Delta_r G^\ominus$的表达式可得：

$$\lg K = \frac{-\Delta_r G^\ominus}{2.303RT} = -\frac{31140}{T} + 20.60$$

$$K = \frac{f_{Si}[\%Si]\left(\frac{p_{CO}}{p^\ominus}\right)^2}{a_{SiO_2} a^2_C}$$

$$\lg K = \lg f_{Si} + \lg[\%Si] + 2\lg\left(\frac{p_{CO}}{p^\ominus}\right) - \lg a_{SiO_2}$$

将有关数据代入，得：

$$\frac{-31140}{1773} + 20.60 = 0.11[\%Si] + 0.288 \times 4.0 + \lg[\%Si] + 2\lg\left(\frac{175.5}{101325}\right) - \lg(0.097)$$

整理后得：

$$\lg[\%Si] + 0.11[\%Si] - 0.394 = 0$$

用牛顿迭代法求解，得平衡硅含量为：

$$[\%Si] = 1.64$$

需要指出的是，选用不同的体系组元活度标准态时，对应的反应标准自由能 $\Delta_r G^\ominus$会有所不同。对于有溶液参加的反应，一般取金属中组元为 1%标准态，同时炉渣中组元取纯物质标准态，气体组元则取 $p_i/p^\ominus$的形式。如不遵从此约定，应有明确说明。

1.5 活度的测定与计算

1.5.1 蒸气压法

蒸气压法是利用公式 $a_i=p_i/p_{标}$，由测定组分的蒸气压来计算活度的方法。$p^\ominus_{标}$的选择与标准态有关，当以纯物质为标准态时，p_i 可由纯物质测定蒸气压获得。当采用假想纯物质标准态或假想 1%溶液标准态时，需要借助参考态，由实验测定 $k_{H,i}$或 $k_{\%,i}$。

1.5.2 分配定律法

当组分 i 溶解于互不相溶的两相中时，如果已知一相中的活度，则可通过测定分配常数，求出该组分在另一相中的活度。

两相（A，B）中组分化学势为：

$$\mu_{i(A)} = \mu_{i(A)}^{\ominus} + RT\ln a_{i(A)} \tag{1-67}$$

$$\mu_{i(B)} = \mu_{i(B)}^{\ominus} + RT\ln a_{i(B)} \tag{1-68}$$

平衡时，$\mu_{i(A)} = \mu_{i(B)}$，故由式（1-67）得：

$$\ln \frac{a_{i(B)}}{a_{i(A)}} = \frac{\mu_{i(A)}^{\ominus} - \mu_{i(B)}^{\ominus}}{RT} \tag{1-69}$$

令

$$L_i = a_{i(B)}/a_{i(A)}$$

则

$$\ln L_i = \ln \frac{a_{i(B)}}{a_{i(A)}} = \frac{\mu_{i(A)}^{\ominus} - \mu_{i(B)}^{\ominus}}{RT} \tag{1-70}$$

式中，L_i 为分配常数，$L_i = \exp[(\mu_{i(A)}^{\ominus} - \mu_{i(B)}^{\ominus})/(RT)]$。

如两相中的组分 i 均选纯物质标准态，则 $\mu_{i(A)}^{\ominus} = \mu_{i(B)}^{\ominus}$，平衡时，$L_i = 1$，$a_{i(B)} = a_{i(A)}$，即两相中组分 i 的活度相同。如两相中组分 i 的标准态不同（分别为纯物质标准态和假想纯物质标准态），则 $L_i \neq 1$，$a_{i(B)} \neq a_{i(A)}$。

$$L_i = \frac{a_{i(B)}}{a_{i(A)}} = \frac{x_{i(B)}}{x_{i(A)}} \times \frac{\gamma_i}{f_{H,i}} = L_i' \times \frac{\gamma_i}{f_{H,i}} \tag{1-71}$$

式中，L_i' 为表观分配常数，是两相中组分 i 的浓度之比。

由式（1-71）可知，分配常数 L_i 由标准化学势确定，一定温度下为常数；表观分配常数 L_i' 受活度系数的影响，一般不为常数。当 $x_i \to 0$ 时，$\gamma_i = f_{H,i} = 1$，而 $L_i' = L_i$，以 $\lg L_i'$-x_i 关系作图，曲线外推到 $x_i \to 0$，可得到 $L_i' = L_i$，此时根据组分 i 在两相内位于理想稀溶液范围内的浓度求得 $f_{H,i} = 1$，因而这时 $a_{i(B)} = x_{i(B)}$。

1.6 表面现象及其热力学

物质内部分子受其周围分子引力的作用，在各个方向基本相同。物质表面分子受内部分子和外部分子的引力不同，故物质表面层的性质和物质内部有些不同。因而会产生一些特殊现象，即表面现象。随着物质离散程度的提高，表面性质的作用越来越显著。物质的离散程度称为分散度，常用单位体积的物质所具有的比表面积来表示。在许多冶金反应中，均涉及大比表面积物质的反应问题，如催化、泡沫渣、选矿中的浮选等。所以对表面现象进行研究具有现实意义。

1.6.1 表面张力和表面吉布斯自由能

1.6.1.1 表面张力的概念

液体表层分子受到内部分子的吸引，趋于挤向液体内部，使液体的表面趋于缩小，结果在表面的切线方向产生缩小表面的力，即表面张力，常用 σ 表示，单位为 N/m。

和液体表面一样，任何界面都存在这种由分子受力的不平衡而产生的表面切线方向的力，称为界面张力。

表面张力随物质种类、成分、温度等的变化而变化。一般随分子作用力的增强、温度的降低而增大；不少液-液界面的界面张力等于两种液体的表面张力之差。

1.6.1.2 表面吉布斯自由能

当液体表面积增加了 ΔA，则消耗的功为 $\Delta A \cdot \sigma$，而根据热力学第二定律，在等温、等压条件下，消耗的功即为吉布斯自由能变化，即有：

$$\Delta G = -W_{\sigma} = \Delta A \cdot \sigma \tag{1-72}$$

可以看出，在等温、等压条件下，过程总是向着表面积减小的方向移动，即使 ΔG 趋向于零。

1.6.2 微小液滴（或颗粒）表面性质

1.6.2.1 蒸气压与液滴（或颗粒）曲率半径的关系

液体蒸气压与其曲率之间的关系可由热力学方法推导得出，即：

$$\ln \frac{p}{p_0} = \frac{2\sigma}{r\rho} \cdot \frac{M}{RT} \tag{1-73}$$

式中，p_0 为平面（曲率半径为∞）液体的蒸气压；p 为曲率半径为 r 的液滴的蒸气压；M 为组元的物质的量。式（1-73）称为凯尔文（Kelvin）公式。从式中可以看出，凸面液体的蒸气压大于平面液体的蒸气压，液滴越小，蒸气压越大。对于大小不同的两个液滴，则有：

$$\ln \frac{p_{r_1}}{p_{r_2}} = \frac{2\sigma M}{RT\rho}\left(\frac{1}{r_1} - \frac{1}{r_2}\right) \tag{1-74}$$

式中，p_{r_1}、p_{r_2}分别为曲率半径为 r_1、r_2 的液滴的曲率半径。可以看出，当 r_2 趋于无穷大时，式（1-73）和式（1-74）相同。

若在玻璃板上放一个大水滴，在其旁边放一个小水滴，然后罩一个玻璃罩，过一段时间可以发现，小水滴逐渐减小以致消失，而大水滴则逐渐长大，这个现象说明曲率大的小液滴的蒸气压 $p_{小}$大于曲率小的大液滴的蒸气压 $p_{大}$。当罩内环境压力为 p 时，存在 $p_{小}>p>p_{大}$的关系，环境对大液滴为过饱和，而对小液滴为不饱和，最终导致这一现象。

对于凹面液体，例如液体中的微小气泡，由于它的半径为负值（对气液表面来说，$r<0$），所以其内蒸气压较平面液体小。

凯尔文公式同样适用于固体，即微小固体粒子对应的蒸气压大于大颗粒对应的蒸气压。

1.6.2.2 微小液滴（或颗粒）表面性质作用的工程应用

A 饱和蒸气和过热液体

如果金属或其化合物蒸气内不存在任何凝结中心，则蒸气可达到很高的过饱和度，这主要是因为它最初产生的液滴极其微小，而微小液滴的蒸气压力很大，不易稳定形成，如向其中加入凝结核心，则可大大降低其过饱和度。还原法炼锌时，发生反应 ZnO+C ═

$Zn_{(g)}$+CO，锌蒸气从密闭的蒸馏罐中排出，在冷凝器中凝结，锌蒸气的过饱和度很大，所以必须把冷凝器温度控制在正常凝结温度以下。

对于无气泡形成核心的液体，内部新生微小气泡的蒸气压力大于正常液体的表面蒸气压力，所以液体加热沸腾时会出现过热现象。

B 微小晶粒的熔点和过冷液体

当晶粒很小时，其熔点将明显低于普通晶体，这是由微小晶粒的蒸气压较大引起的。反之，在冷却过程中，液体冷却到凝固点时，由于初析出的微小晶粒低于正常熔点，无法稳定存在，所以凝固温度需进 步降低，即过冷。向过冷液体中投入人粒晶体作为结晶种子，可促使过冷液体快速结晶。

微小晶粒的这一特性，会促进微小晶体向溶液中溶解，使其溶解度增大。如半径为 3×10^{-7}cm 的 $CaSO_4$ 颗粒在水中的溶解度为 18.2 mol/L，而半径为 2×10^{-6} cm 的 $CaSO_4$ 颗粒在水中的溶解度为 15.33 mol/L。

在 $CaCO_3$ 的热分解过程中，随着粒度的降低，其分解压增大，如表 1-2 所示。

表 1-2 粒度变化对 $CaCO_3$ 分解压的影响 (kPa)

粒度	分解压					
	500 ℃	600 ℃	700 ℃	800 ℃	900 ℃	1000 ℃
大颗粒	1.01×10^{-2}	0.213	2.33	17.2	88.1	344
高分散度	1.98×10^{-2}	0.375	3.95	26.3	131	496

Al、Mg、Zr 等在正常情况下是不易燃的，但其细粉却极易着火，这也有表面现象的作用。

C 新相的生成

在相变过程中，如金属凝固过程，新相的生成除伴随有体积自由能变化外，还有新的界面产生，总的自由能变化为：

$$\Delta G = \Delta A \cdot \sigma + V\Delta G_V \quad (1\text{-}75)$$

式中，ΔG_V为单位体积新相生成的体积自由能变化；V 表示新相体积。

假定新相核心为球形（如气泡、液滴等），则式（1-75）可表示为：

$$\Delta G = n\left(4\pi r^2\sigma + \frac{4}{3}\pi r^3\Delta G_V\right) \quad (1\text{-}76)$$

式中，n 表示核心数目；r 为新相核半径。

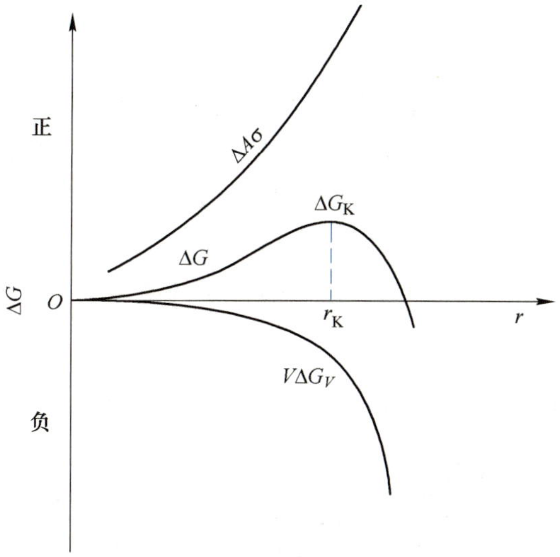

图 1-5 新相生成自由能与晶体尺寸的关系

其各相的尺寸变化与 ΔG 的关系如图 1-5 所示。可以看出，当新相半径小于 r_K时，新相长大过程的 ΔG 增大，为非自发过程；当新相半径大于

r_K时，随核心长大，ΔG 减小，即长大过程可自发进行。r_K为临界半径，其值可表示为：

$$r_K = -\frac{2\sigma}{\Delta G_V} \tag{1-77}$$

可以看出，σ 越小，ΔG_V越负，r_K越小。

因为新相刚形成时的尺寸很小，不易稳定存在，所以新相形成常常发生在已有界面上。如钢液脱碳反应常在炉壁、炉底表面形成气泡核心。金属凝固过程中过冷液体的产生等也可用此解释。

1.6.3 润湿现象

由于界面张力的作用，当液滴滴于不同固体物质表面时，会产生不同的液滴铺展形状，称为润湿现象。物质表面润湿程度常以接触角 θ（也称润湿角）表示，它是由气-液-固（或气-液 1-液 2）三相点所引出的液相（或液 1）表面张力线与液-固（或液 1-液 2）界面的张力线的夹角。θ 越小，则液体对固体的润湿性越好；θ 越大，液体对固体的润湿性越差，越易于分离。液体对固体的润湿角如图 1-6 所示。

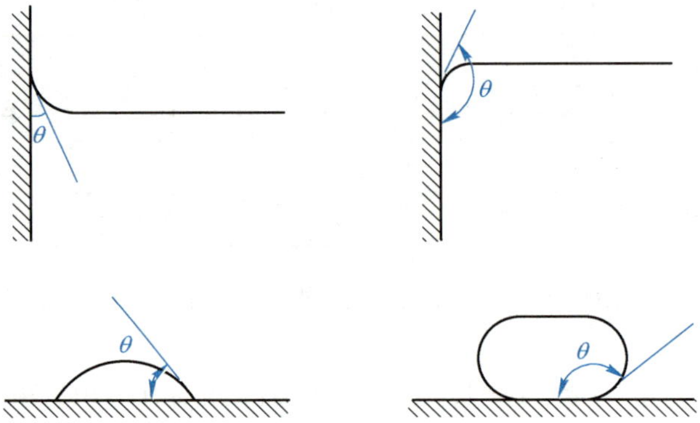

图 1-6 液体对固体的润湿角

火法冶金过程中，金属熔体对夹杂物的润湿性较差时，将有利于夹杂物的上浮去除。对耐火材料的润湿性较差时，将有利于耐火材料的保护。炉渣对金属的润湿性好有利于金属与炉渣之间的反应。电解法制铝时，如熔融电解质对碳阳极的润湿性不好，则易在阳极表面产生气泡，使电阻增大。

矿物的可选浮性也与润湿性有密切关系，疏水性物质很容易浮选，而亲水性物质则很难浮选。

1.6.4 表面吸附

溶液表面的浓度常常和溶液内部不同，这是因为部分会使表面张力降低的元素会自动地向表面迁移，从而使表面自由能降低，这一现象即为表面吸附。凡是能够降低表面张力的物质均称为表面活性物质或表面活性剂。能使液体表面张力升高的物质称为非表面活性物质。在火法冶金中，O、S、C、P 等是铁液的表面活性物剂，而 Co、Ni 等则是铁液的非表面活性物剂。氧化铝和氟化铝是冰晶石（$3NaF \cdot AlF_2$）的表面活性物质；P_2O_5、

SiO_2、TiO_2 等是炼钢炉渣的表面活性物质。

溶质在表面层的吸附可用吉布斯吸附等温式表示：

$$\Gamma = \frac{-\mathrm{d}\sigma}{RT\mathrm{dln}c} = \frac{-c}{RT} \cdot \frac{\mathrm{d}\sigma}{\mathrm{d}c} \tag{1-78}$$

式中，c 为溶质在液体的内部浓度；σ 为表面张力；R 为气体常数；T 为温度；Γ 为吸附量。

当 $\Gamma > 0$ 时，$\mathrm{d}\sigma/\mathrm{d}c<0$，表面吸附使表面张力降低，溶质为表面活性物质，出现正吸附；反之，溶质为表面非活性物质，出现负吸附。吸附量和浓度的关系比较复杂，浓度较小时，Γ 与浓度呈线性关系；随着浓度增大，吸附量趋于饱和，达到稳定阶段，称为饱和吸附量。固体也有吸附物质降低表面能的倾向，其吸附可发生在固-气表面，也可发生在固-液表面。

冶金过程可以利用表面现象促进冶金反应。

习题与思考题

1-1 掌握以下基本概念：状态函数，标准态，标准生成吉布斯自由能及生成焓，活度、活度系数和活度相互作用系数，分解压和分解温度，表面活性物质和表面非活性物质。

1-2 化合物生成反应的 $\Delta_r G^{\ominus}$-T 关系有什么用途？试根据 PbO、NiO、SiO_2、CO 的标准生成自由能与温度的关系分析这些氧化物还原的难易。

1-3 化学反应等温式方程联系了化学反应的哪些状态，如何应用等温方程的热力学原理来分析化学反应的方向、限度及各种因素对平衡的影响？

1-4 试谈谈你对活度标准态的认识。活度标准态选择的不同，会影响到哪些热力学函数的取值，哪些不会受到影响？

1-5 已知炼钢温度下：

$$Ti_{(s)} + O_2 = TiO_{2(s)} \qquad \Delta H_1 = -943.5\ \mathrm{kJ/mol}$$

$$[Ti] + O_2 = TiO_{2(s)} \qquad \Delta H_2 = -922.1\ \mathrm{kJ/mol}$$

$$Ti_{(s)} = Ti_{(l)} \qquad \Delta H_3 = -18.8\ \mathrm{kJ/mol}$$

求炼钢温度下，液态钛溶于铁液反应 $Ti_{(l)} = [Ti]$ 的溶解焓。

1-6 温度为 25 ℃时，以空气助燃，试查找相关数据，求出 CO 燃烧后火焰的理论温度（物质的 $C_p = f(T)$ 可取二项式）。

1-7 1 kg 的铁水在压力 101325 Pa 和熔点 1536 ℃时凝结成固态铁，已知铁水的凝固热为 274 J/g，试求出此过程的 W、Q、ΔH、ΔG、ΔS。

1-8 Si、Ti、V、Cr 等金属被合金化到不锈钢中，试问不锈钢中有哪些碳化物存在，为什么（设过程处于标准状态下）？已知：

$$3Cr + 2C = Cr_3C_2 \qquad \Delta_r G_1^{\ominus} = -87030 - 16.74T,\ \mathrm{J/mol}$$

$$Si + C = SiC \qquad \Delta_r G_2^{\ominus} = -54430 + 6.95T,\ \mathrm{J/mol}$$

$$V + C = VC \qquad \Delta_r G_3^{\ominus} = -83680 + 6.69T,\ \mathrm{J/mol}$$

$$Ti + C = TiC \qquad \Delta_r G_4^{\ominus} = -188280 + 11.72T,\ \mathrm{J/mol}$$

1-9 求反应 $[Si] + 2[O] + 2CaO_{(s)} = Ca_2SiO_{4(s)}$ 的 $\Delta_r G^{\ominus}$-T 关系。

1-10 试查找相关热力学数据，判断 CuO 、Cu_2O、FeO 和 CuS 的相对稳定性。

1-11 试根据 Kelvin 公式推导不同尺寸金属液滴（半径分别为 r_1、r_2）的蒸气压之间的关系。

2 冶金反应动力学基础

本章要点

(1) 质量作用定律的表示式及其含义，冶金反应表观速率常数、表观反应活化能等的含义；

(2) 冶金反应的动力学环节，重点是限制性环节；

(3) 冶金传输相关知识，有效边界层；

(4) 气-固反应模型——未反应核模型；

(5) 液-液反应模型——双膜理论模型。

2.1 引言

冶金反应过程的研究一般包括两个方面：一是探讨过程发生的可能性和进行的限度，这是热力学的内容，它可以不考虑时间因素，只从体系的始态和末态进行研究；二是探讨反应的速率和机理，是动力学研究的内容。

化学反应的动力学研究的核心问题是反应速率和反应机理。冶金反应多为高温多相反应，冶金过程常常伴有流体流动和传热、传质现象发生，因此，冶金动力学研究除化学反应动力学相关内容外，必然要涉及动量传递、热量传递和质量传递等冶金传输问题。找出这些问题对反应速率的影响，以便选择合适的反应条件控制反应，使之按照人们的期望进行，这就是冶金动力学研究的目的。

在实际生产过程中，既要考虑热力学问题，又要考虑动力学问题。当然，根据热力学判定是不可能的反应，也就无须进行动力学研究了。而热力学研究认为可能进行的反应，还必须进行动力学研究，使热力学上的可能性变为现实。

本章首先介绍化学反应动力学基础知识，包括质量作用定律的表示式及其含义，冶金反应表观速率常数、表观反应活化能等的含义；其次，分析冶金反应的动力学环节，重点是限制性环节；再次，介绍冶金传输相关知识；最后分析多种多相反应动力学模式的建立方法。

2.2 化学反应动力学基础

2.2.1 化学反应速率的表示方法

化学反应速率是以单位时间内反应物或生成物的变化来表示的，在恒容反应中，通常用单位时间内反应物浓度的减少值或生成物的浓度增加值表示。如反应 A+B ═AB，其速率可表示为：

$$v_A=-\frac{dc_A}{dt}\qquad v_B=-\frac{dc_B}{dt}\qquad v_{AB}=\frac{dc_{AB}}{dt} \tag{2-1}$$

式中，c_A、c_B、c_{AB}分别表示反应物 A、B 和反应产物 AB 的浓度；v_A、v_B、v_{AB}分别表示以反应物 A、B 和反应产物 AB 表示的反应速率；反应物和反应产物表示的反应速率符号相反。

必须指出，若反应方程式中反应物和生成物的化学计量数不同，则以各物质浓度随时间变化所表示的反应速率也不同。例如反应 $2C + O_2$ ═2CO 由于要消耗 2 mol C 和 1 mol O_2 才能生成 2 mol CO，显然 C 的消耗速率是氧的 2 倍，所以有：

$$\frac{1}{2}\left(\frac{-dc_C}{dt}\right)=-\frac{dc_{O_2}}{dt}=\frac{1}{2}\left(\frac{dc_{CO}}{dt}\right) \tag{2-2}$$

此外，由于物质的浓度有不同的表示方法，在处理不同类型的反应时，可采用不同的反应速率表示方法。当参加反应的物质浓度以质量分数表示时，如炼钢过程中钢液的降碳速率常用质量百分数表示，这时相应的反应速率为：

$$v_C--\frac{dc_C}{dt}=-\frac{d[\%C]}{dt} \tag{2-3}$$

在均相反应中，参加反应的溶质 A 的浓度采用单位体积内 A 物质的量的变化表示时，则：

$$v_A=-\frac{dc_A}{dt}=\frac{1}{V}\left(-\frac{dn_A}{dt}\right) \tag{2-4}$$

在流体和固体的反应中，以固体的单位质量 W 为基础，即用单位质量固体中所含物质 A 的量来表示浓度，则：

$$v_A=\frac{1}{W_s}\left(-\frac{dn_A}{dt}\right) \tag{2-5}$$

在两流体间进行的界面反应，如渣-钢反应或气-固界面反应，以界面上单位面积 S 为基础，即用单位界面上所含的物质的量来表示浓度，则：

$$v_A=-\frac{dc_A}{dt}=\frac{1}{S}\left(-\frac{dn_A}{dt}\right) \tag{2-6}$$

在气-固反应中，有时也以固体物质的单位体积为基础来表示浓度，这时有：

$$v_A=\frac{1}{V_s}\left(-\frac{dn_A}{dt}\right) \tag{2-7}$$

在气相反应中，反应前后气体物质的量不相等，体积变化很大，这时不能准确测得初始体积 V_0。在这种情况下，最好用反应物的转化率 f_A 来代表浓度。如开始时体积 V_0 中有 A 物质 n_{A_0}(mol)，当反应进行到 t 时刻时，剩下的 A 物质为 n_A(mol)，其转化速率为：

$$f_A=\frac{n_{A_0}-n_A}{n_{A_0}} \tag{2-8}$$

即 $n_A=n_{A_0}(1-f_A)$ 。所以：

$$v_A = -\frac{d(n_A/V_0)}{dt} = -\frac{d(n_{A_0}(1-f_A)/V_0)}{dt} = \frac{n_{A_0}}{V_0}\frac{df_A}{dt} = c_{A_0}\frac{df_A}{dt} \tag{2-9}$$

2.2.2 质量作用定律

一定温度下的反应速率与各个反应物的浓度的若干次方成正比。对于基元反应，每种反应物浓度的指数等于反应式中各反应物的系数。例如反应 $aA+bB=A_aB_b$ 为基元反应时，化学反应速率和反应物浓度的关系可表示为：

$$-\frac{dc_A}{dt} = k_A c_A^a c_B^b \qquad -\frac{dc_B}{dt} = k_B c_A^a c_B^b \qquad \frac{dc_{A_aB_b}}{dt} = k_{A_aB_b} c_A^a c_B^b \tag{2-10}$$

这就是化学反应的质量作用定律。式中的比例系数 k_A、k_B、$k_{A_aB_b}$ 称为反应的速率常数，其数值表示反应物的浓度为1个单位时的反应速率。显然，k 越大，化学反应的速率越大。

大多数化学反应都不是经基元反应就完成了，而是要经过若干个基元反应和反应步骤才能生成最终的反应产物，这类反应统称为复杂反应。对复杂反应不能直接应用质量作用定律，而应按照分解的基元反应分别讨论或经试验测定，确定其表观速率。

在一个反应体系中，反应生成物的浓度也会影响反应速率，即构成反应的逆反应，这种效应称为自动阻化或自动催化作用。如果一种既不是反应物，又不是生成物的物质影响反应速率，则此物质依其影响速率性质的不同，分别称为阻化剂或催化剂。

（1）反应级数。由质量作用定律表示的反应式中，各反应物浓度的指数之和称为反应的反应级数。根据反应级数的不同，可将反应分为零级、一级、二级、三级和多级。与复杂化学反应相对应的反应级数及反应速率常数分别称为表观反应级数和表观反应速率常数，意为表面上看其反应速率及速率常数，其值取决于反应的控制环节，常常只能由试验测定。

（2）温度对反应速率的影响。反应速率常数随反应温度的提高而迅速增大。对于简单的化学反应，二者的定量关系可用 Arrhenius 公式确定：

$$k = k_0 \exp\left(-\frac{E_R}{RT}\right) \tag{2-11}$$

对于复杂反应，式中的 k_0 为频率因子，E_R 为表观反应活化能，冶金反应多为复杂反应，确定冶金反应的表观速率常数、表观反应级数及表观反应活化能是动力学研究的重要方面，一般需在试验的条件下完成。

2.3 扩散与传质基础

冶金反应多是在高温下进行的多相反应，在这种情况下，一般来说化学反应的速率很快，不会成为限制性环节。而传质过程往往成为控制冶金反应速率的限制环节。因此，研究冶金反应过程的传质在冶金反应动力学研究中具有十分重要的意义。

2.3.1 扩散理论

当体系中存在某组元化学位分布不均匀时，则该组元就会从化学位高的地方向化学位低的地方迁移。一般情况下，组元化学位较高的部位，其浓度也高，因而也可以说，当组元的浓度分布存在浓度梯度时，该组元就会从高浓度区向低浓度区迁移。上述的迁移过程称为扩散，化学位差或浓度差就是扩散的推动力。必须指出，化学位的不同是产生扩散的根本原因，因为有时会发生组元从低浓度区（化学位较高）向高浓度区（化学位较低）的扩散，称为“爬坡”扩散。

2.3.1.1 稳态扩散

当扩散以相同的速率持续均匀地进行时，扩散场内各参数，如浓度不随时间的变化而变化，这种扩散称为稳态扩散，输入和输出的物质量相等，即系统内没有积累也没有消耗。这时的过程可用菲克（Fick）第一定律描述。

$$J_A = -D_A \mathrm{grad} c_A \tag{2-12}$$

对于一维扩散，有：

$$J_A = -D_A \mathrm{grad} c_A = -D_A\left(\frac{\mathrm{d}c_A}{\mathrm{d}x}\right) \tag{2-13}$$

扩散系数 D_A 的物理意义是当浓度梯度为 1 时的扩散通量。扩散系数和扩散介质、扩散物质、温度等有关。通常温度升高，扩散系数增大，温度和扩散系数之间存在如下关系：

$$D = D_0 \exp\left(-\frac{E_D}{RT}\right) \tag{2-14}$$

式中，E_D为扩散活化能；D_0为扩散频率因子，由实验确定，可在有关手册中查到。

2.3.1.2 非稳态扩散

当扩散不以等速率进行时，扩散场内的浓度随时间的变化而变化，即为非稳态扩散。如果没有化学反应发生，则体系内物质量的变化只能由流入和流出体系的物质量不相等造成。当物质的流入速率大于流入速率时，体系内的物质会出现积累，浓度升高；反之，浓度降低。

在体系内流入（流出）某一单元体的物质量的代数和称为净流入（流出或耗散）量。对于非稳态扩散，可用菲克（Fick）第二定律描述：

$$\frac{\partial c_A}{\partial t} = D_A\left(\frac{\partial^2 c_A}{\partial x^2} + \frac{\partial^2 c_A}{\partial y^2} + \frac{\partial^2 c_A}{\partial z^2}\right) = D_A D^2 T \tag{2-15}$$

式中，$D^2 = \left(\frac{\partial^2}{\partial x^2} + \frac{\partial^2}{\partial y^2} + \frac{\partial^2}{\partial z^2}\right)$，称为 laplace 算子。对于一维非稳态扩散，有：

$$\frac{\partial c_A}{\partial t} = D_A\left(\frac{\partial^2 c_A}{\partial x^2}\right) \tag{2-16}$$

要想了解浓度与各参变量之间的关系，就必须要给出初始和边界条件。求解三维非稳态扩散的二阶偏微分方程是相当复杂的，依靠现在的计算机技术，可求得其数值解。对于一维非稳态扩散的二阶偏微分方程，可求得其解析解。

如对于一维非稳态扩散方程，给出相应的边界条件：

$$\frac{\partial c_A}{\partial t} = D_A\left(\frac{\partial^2 c_A}{\partial x^2}\right) \tag{2-17}$$

初始条件：$t=0$，$x \geqslant 0$，$c=c_0$。

边界条件：$t>0$，$x=0$，$c=c_i$；$x=\infty$，$c=c_0$。

这类问题可用变量代换法、拉氏变换法等进行求解。根据变量分离法，可求得本方程的积分解：

$$\frac{c_i-c}{c_i-c_0}=\mathrm{erfc}\left(\frac{x}{2\sqrt{Dt}}\right) \tag{2-18}$$

式中，erfc( ) 称为误差函数，可用误差函数表计算。

式（2-18）的函数关系如图 2-1 所示，表示扩散物质的浓度随时间和距离的分布关系。这是一个典型的半无限体的扩散问题求解。

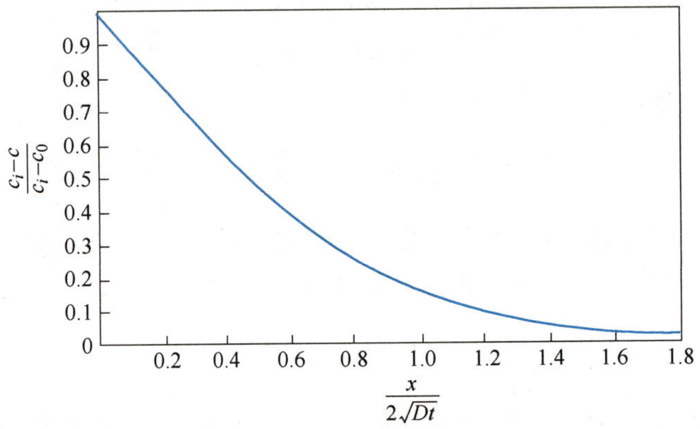

图 2-1 由误差函数计算的浸透曲线

例 2-1 将 20 号钢在 980 ℃（奥氏体区）置于还原气氛中渗碳，其反应为：

$$2CO = CO_2 + [C]$$

钢表面上碳的平衡浓度为 1.0%。假设碳在钢中的扩散速度为过程的限制环节，试计算 1 h、3 h、10 h 时碳的浓度分布曲线。已知 980 ℃时，$D_C=20\times10^{-2}$ cm²/s。

解：20 号钢平均碳含量（即初始浓度）为 $c_0=0.20\%$，取钢表面为 $x=0$，则边界条件为 $c_i=1.0\%$。这是一个半无限体的扩散问题，所以有：

$$c(x,\ t)=c_0+(c_i-c_0)\left[1-\mathrm{erf}\left(\frac{x}{2\sqrt{Dt}}\right)\right]=1.0-0.8\mathrm{erf}\left(\frac{x}{2\sqrt{Dt}}\right)$$

当 $t=1$ h=3600 s 时，对应不同的 x 可得出一系列的 $c(x,\ t)$，然后作出 c-x 图。用同样的方法作出 $t=3$ h、10 h 时的 c-x 图，如图 2-2 所示。

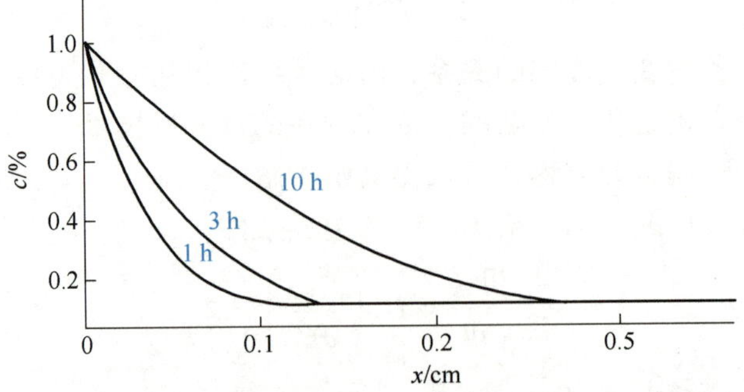

图 2-2 20 号钢渗碳过程的 c-x 曲线

2.3.1.3 对流扩散

分子扩散理论适用于描述静止介质中物质的扩散，高温冶金过程多半是在流体（冶金熔体）中进行的，其中既包括由于流体中存在浓度梯度引起的分子扩散过程，又包括流体流动而带动的质点迁移。

流体中分子扩散的物质流为：

$$J_i = -D\text{grad}c \tag{2-19}$$

流体带动质点迁移的物质流为：

$$\boldsymbol{J}_i = \boldsymbol{v}c \tag{2-20}$$

式中，$\boldsymbol{v}$ 为流体流速。所以对流扩散的总物质流为：

$$J = -D\text{grad}c + \boldsymbol{v}c \tag{2-21}$$

如果在对流扩散中有化学反应存在，即在对流传质过程中出现物质的消耗或积累，则这时的对流方程还应增加化学反应影响项。

可以看出，解决对流扩散问题必须涉及流体流动现象，所以求解方程时，除了要给出初始和边界条件外，还必须同时给出流体流动的连续方程和动量守恒方程。由于对流扩散过程相当复杂，多数情况下无法准确求解，需借助计算机进行数值法求解。而流体流动还可能和温度场分布有关，这些传输过程交织在一起，需综合考虑。

2.3.2 传质理论基础

一切冶金过程均与传输现象密切相关。各传输现象之间相互关联、相互影响。例如，流体流动，不但引起动量传输，同时还引起对流扩散。为了简便，可以将流动引起的传质做系列扩散处理，合并到扩散项中。

动量传输服从 Newton 方程：

$$\tau_{xy} = -\mu \frac{\partial v_y}{\partial x} \tag{2-22}$$

式中，μ 为动力黏度或动力黏滞系数，Pa·s；运动黏度或运动黏滞系数为 $\nu=\mu/\rho$，cm^2/s。

热量传输服从 Fourier 定律：

$$q_x = -\lambda \frac{\partial T}{\partial x} \tag{2-23}$$

式中，λ 为导热系数，W/(cm·℃)。导温系数为 $\alpha=\lambda/(\rho cp)$，cm^2/s。

质量传输服从 Fick 定律：

$$J_i = -D \frac{\partial c_i}{\partial x} \tag{2-24}$$

式中，D 为扩散系数，cm^2/s。

可以看出，运动黏度 ν、导温系数 α、扩散系数 D 具有相同的量纲，它们当中任意两个均可以构成一个无量纲装准数，如：

Prandtl 准数：

$$Pr = \frac{\nu}{\alpha} = \frac{\mu c_p}{\lambda} \tag{2-25}$$

Schmidt 准数：

$$Sc = \frac{\nu}{D} = \frac{\mu}{\rho D} \tag{2-26}$$

Lewis 准数：
$$Le=\frac{\alpha}{D}=\frac{\lambda}{\rho c_p D} \tag{2-27}$$

在处理传输问题时，常常使用这些无量纲数。

2.3.2.1 边界层的概念

当黏性流体沿固体壁面流动时，由于流体与固体表面的摩擦作用，在靠近壁面的流体薄层内，会产生很大的速率梯度。紧贴壁面的流体的流速为零，离开壁面，在垂直流动方向上，流体的速率迅速增加，直至趋近于主流速率。贴近壁面的流体薄层称为边界层（或速率边界层），黏滞阻力主要集中在边界层内，边界层外，速率梯度为零，可视为理想流体。

图 2-3 所示为流体流过平板时所形成的边界层。在边界层内不仅有层流流动，还可能有紊流流动。边界层厚度随流过的距离 x 而变化，根据动量平衡计算，在距离平板前沿 x 处的边界层厚度 δ_v 为：

层流时：
$$\frac{\delta_v}{x}=\frac{4.64}{\sqrt{Re_x}} \tag{2-28}$$

紊流时：
$$\frac{\delta_v}{x}=\frac{0.376}{{Re_x}^{1/3}} \tag{2-29}$$

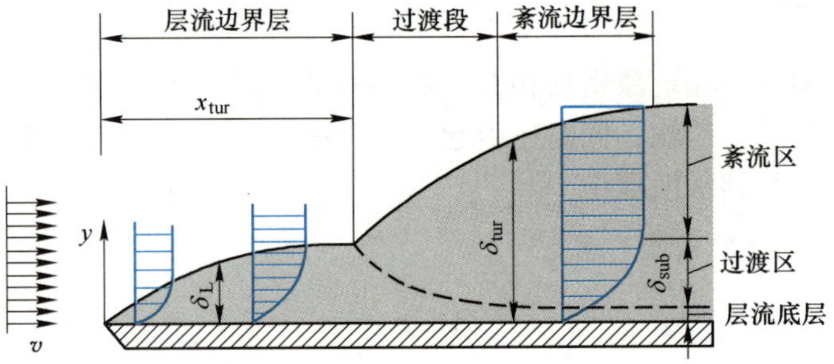

图 2-3 流体流过平板时所形成的边界层示意图

如果在流体流动过程中，同时伴随有传热或传质现象发生，则相应地把边界层附近出现温度梯度和浓度梯度的区域称为温度边界层和浓度边界层。其中传热阻力和传质阻力也相应地集中在温度边界层和浓度边界层内。因而研究流体的传输问题就转变为研究流体的边界层内的传输问题。

在层流情况下，流体流经平板时，利用传质方程可求得浓度边界层厚度 δ_c 和速率边界层厚度 δ_v 之间的关系：

$$\frac{\delta_c}{\delta_v}=Sc^{-\frac{1}{3}}=\left(\frac{\nu}{D}\right)^{-\frac{1}{3}} \tag{2-30}$$

类似地，由传热方程可求出温度边界层厚度 δ_T 和速率边界层厚度 δ_v 之间的关系：

$$\frac{\delta_T}{\delta_v}=Pr^{-\frac{1}{3}}=\left(\frac{\nu}{\alpha}\right)^{-\frac{1}{3}} \tag{2-31}$$

由上述各式可求得浓度边界层和温度边界层厚度与流过距离的关系：

$$\frac{\delta_c}{x} = 4.64 Re_x^{-\frac{1}{2}} \cdot Sc^{-\frac{1}{3}} \tag{2-32}$$

$$\frac{\delta_T}{x} = 4.64 Re_x^{-\frac{1}{2}} \cdot Pr^{-\frac{1}{3}} \tag{2-33}$$

2.3.2.2 有效边界层的概念

图 2-4 给出了流场中的浓率和速率分布曲线。可以看出，在扩散边界层内，浓度分布为曲线关系，实际上很难确定边界层厚度。为了处理问题方便，把对流扩散折算成稳态的分子扩散，在边界处（$y=0$）作浓度分布曲线，使之与主流浓度 c_A^{∞} 的延长线相交，并过交点作一平行于边界的平面，该平面与界面间的区域称为有效边界层，其厚度用 δ_c' 表示。在有效边界层内，浓度分布符合：

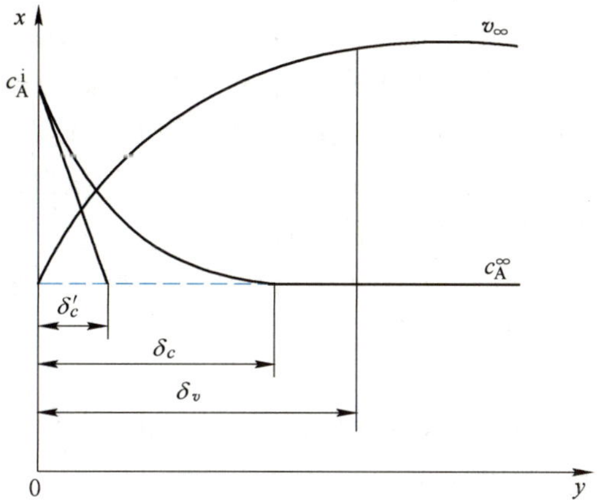

图 2-4 边界层中的速率分布和浓度分布

$$\left(\frac{\partial c_A}{\partial y}\right)_{y=0} = \frac{c_A^{\infty} - c_A^{i}}{\delta_c'} \tag{2-34}$$

主流浓度 c_A^{∞} 在传质过程不发生变化，界面浓度 c_A^i 在传质过程始终维持热力学平衡浓度。这样就把扩散边界层内的非线性浓度分布关系，转化为有效边界层内呈线性分布的浓度梯度，从而大大简化了问题。也就是说，在有效边界层内，对流扩散问题可以用 Fick 第一定律（稳态扩散）的形式来处理，即：

$$J_A = -D_A\left(\frac{\partial c_A}{\partial y}\right)_{y=0} = \frac{D_A}{\delta_c'}(c_A^i - c_A^{\infty}) \tag{2-35}$$

应当指出，这里用稳态扩散的方式处理对流扩散问题，不能认为在有效边界层内只有分子扩散，而应理解为在有效边界层内对流扩散相当于多大的分子扩散。

有效边界层的厚度约为：

$$\delta_c' = \frac{2}{3}\delta_c \tag{2-36}$$

由此可推得有效边界层厚度 δ_c' 与 x 的关系为：

$$\frac{\delta_c'}{x} = 3.09\,(Re_x)^{-\frac{1}{2}} \cdot Sc^{-\frac{1}{3}} \tag{2-37}$$

2.3.2.3 传输方程的解

如前所述，传输包括动量传输、热量传输和质量传输。由于多数情况下，传输为非稳态的传输过程，所以传输方程常常表示为二阶偏微分方程的形式。对于动量传输，可用 Newton-Stokes 方程求解：

$$\frac{Dv}{\mathrm{d}t} = v\,\nabla^2 v - \nabla\left(\frac{P}{\rho}\right) + g \tag{2-38}$$

对于热量传输，有：

$$\frac{DT}{\mathrm{d}t} = \alpha \nabla^2 T \tag{2-39}$$

式中，$\nabla = \boldsymbol{i}\frac{\partial}{\partial x} + \boldsymbol{j}\frac{\partial}{\partial y} + \boldsymbol{k}\frac{\partial}{\partial z}$，称为 Hamilton 算子；$\nabla^2 = \frac{\partial^2}{\partial x^2} + \frac{\partial^2}{\partial y^2} + \frac{\partial^2}{\partial z^2}$，称为 Laplace 算子。

对于传输方程，可用三种方法求解：

（1）解析解。选取控制微元体，依据衡算条件，建立微分方程，求解得解析解。求解二阶偏微分方程非常复杂，只有少数简单类型的方程才能求出精确解。

（2）积分解。选取控制微元体，依据衡算条件，建立积分方程，求解得解析解。

（3）数值解。选取控制微元体，依据衡算条件，建立微分方程，经转化得差分方程，利用计算机求解得数值解。

后两种方法为近似解法，在工程上应用更为普遍。通过缩小截断误差、多次运算等，可获得要求的精确度。

2.3.2.4 传质系数

引入有效边界层的概念后，可将对流扩散问题转化为有效边界层内的分子扩散问题，从而可应用 Fick 第一定律来处理：

$$J_{\mathrm{A}} = \frac{D_{\mathrm{A}}}{\delta_c'}(c_{\mathrm{A}}^{\mathrm{i}} - c_{\mathrm{A}}^{\infty}) \tag{2-40}$$

令

$$k_{\mathrm{M},x} = \frac{D_{\mathrm{A}}}{\delta_c'} \tag{2-41}$$

则

$$J_{\mathrm{A}} = k_{\mathrm{M},x}(c_{\mathrm{A}}^{\mathrm{i}} - c_{\mathrm{A}}^{\infty}) \tag{2-42}$$

式中，$k_{\mathrm{M},x}$称为等效传质系数，它是流动状态的函数，与流体的物性（如密度、黏度等）、流速、介面几何形状、大小及时间因素等有关。可以通过边界层附近的速率场和浓度场来计算，或者用量纲分析法确定。

对于平板流的情况，有：

$$\frac{k_{\mathrm{M},x}x}{D_{\mathrm{A}}} = 0.331\, Re_x^{-\frac{1}{2}} Sc^{-\frac{1}{3}} \tag{2-43}$$

式中，$k_{\mathrm{M},x}$为 x 处的传质系数。$\frac{k_{\mathrm{M},x}x}{D_{\mathrm{A}}}$是一个无因次数群，称为 Sherwood 准数，用 Sh 表示。它把流动状态下传质的有关参数联系起来，用以说明对流传质的特征。

若平板长度为 L，则整个长度上的平均传质系数 $k_{\mathrm{M},L}$ 可由下式求得：

$$k_{\mathrm{M},L} = \frac{1}{L}\int_0^L k_{\mathrm{M},x}\mathrm{d}x = 0.662\frac{D_{\mathrm{A}}}{L} Re_L^{-\frac{1}{2}} Sc^{\frac{1}{3}} \tag{2-44}$$

或

$$Sh_L = \frac{k_{\mathrm{M},L}L}{D_{\mathrm{A}}} = 0.662\, Re_L^{-\frac{1}{2}} Sc^{\frac{1}{3}} \tag{2-45}$$

若对平板紊流来说，则：

$$Sh_L = 0.037\, Re_L^{0.8} Sc^{\frac{1}{3}} \tag{2-46}$$

对于其他形状的物体，计算边界层传质速率时，通常整理成与 Sh、Re、Sc 成函数关系的实验式。例如，流体流过直径为 d 的刚性球时，其边界层内的传质系数可按下式计算：

$$Sh=\frac{k_{\mathrm{M}}d}{D_{\mathrm{A}}}=2+0.60Re_L^{\frac{1}{2}}Sc^{\frac{1}{3}} \tag{2-47}$$

这就是 Ranz 公式，适用于 $1<Re<10^3$ 的情况。用它可计算出矿石被 CO 气体还原时的边界层传质系数。

应当指出，在流体流动过程中同时发生传热、传质时，由于它们相互影响，情况比较复杂。如质量传递能改变边界附近的流速分布，即改变了边界层状态；而边界层内的速率分布又会影响传质和传热。在这种情况下，解决冶金过程的传输现象，必须涉及浓度和温度的选取问题。

对于气体，由于 $Pr\approx Sc\approx 1$，所以 $\delta_T\approx\delta_c\approx\delta$。在计算流体性质（$D$、$\mu$、$\rho$、$k_{\mathrm{M}}$）时，应选取表面和内部温度（浓度）的平均值。

对于金属溶液，由于有良好的导热性，导温系数比较大，所以 Prandt 数（ν/α）较小。这时欲计算边界层内的流体性质，以选取表面温度和内部温度为宜。

对于熔渣，由于 $Sc\gg Pr\gg 1$，所以 $\delta>\delta_T>\delta_c$。在这种情况下，当计算扩散边界层内性质时，应取表面温度。因为 δ_c 总是最小，所以当计算速率边界层和热边界层内性质时，应选取流体内部浓度。

2.4 反应动力学方程与限制性环节

2.4.1 多相反应动力学的基本特征及分类

多相反应有许多重要特征，其中反应物之间有界面是其基本特征。

2.4.1.1 反应界面的类型

依据相界面的不同，可将多相反应分为五类，即固-气、固-液、固-固、液-气和液-液。在这些反应中，不同相的反应物必须迁移到相界面上来进行反应，然后向不同相中迁移或经由界面由一个相迁移至另一相中。表 2-1 给出了部分冶金中重要的多相反应的类型及实例。

表 2-1 给出了部分冶金中重要的多相反应的类型及实例

界面	反应类型	实例	
		化学过程	物理过程
固-气	固 1+气→固 2	金属氧化	吸附
	固 1→固 2+气	碳酸盐或硫酸盐的分解	—
	固 1+气 1→固 2+气 2	硫化物的氧化或氧化物的气体还原	—
	气→固，固→气	镁蒸气凝结，锌的挥发	凝华，升华
固-液	固→液，液→固	金属的融化与凝固	熔化，凝固
	固+液 1→液 2	硫酸铜的溶解，溶液中金属盐或碱的结晶	溶解—结晶
	固+液 1→液 2+固 2	浸出	溶解
	固 1+液 1→固 2 +液 2	置换沉淀	—

续表 2-1

界面	反应类型	实例	
		化学过程	物理过程
固-固	固 1→固 2	粉末冶金，铁矿烧结	烧结，相变
	固 1+固 2→固 3+气	氧化物的碳直接还原	—
	固 1+固 2→固 3+固 4	某些氧化物或卤化物的金属热还原	—
液-气	液→气，气→液	锌液挥发	蒸馏，冷凝
	液 1+气 2→液 2+气 2	转炉炼钢；熔锍吹炼	—
	液 1+气→液 2	水溶液吸收气体	—
液-液	液 1+液 2→液 3+液 4	溶剂萃取	溶剂萃取
		熔渣-液态金属的反应	—
		熔渣-熔锍的反应	—

对于上述的反应类型，可以进一步归纳为流体与固体反应和流体与流体反应两大类。下面的章节将单独讨论这两类反应的动力学模型。

2.4.1.2 界面面积和界面几何形状

由化学反应速率和传质速率的定义，可以很容易得出多相化学反应过程表观速率与界面积成正比的结论。

$$v = -\frac{dW}{dt} = kAc^n \tag{2-48}$$

式中，W 为固体反应物在时间 t 时的质量。在有固体参加的反应中，细颗粒较粗颗粒有较大的反应速率，这是因为前者有较后者更大的反应界面面积。在气-液和液-液反应中，一般都使两相充分混合，形成细小的气泡或比表面积较大的细小液滴，从而使其充分接触，达到较大的反应速率。另外，改变曲率半径，还可改变体系中组元的化学势，从而改进反应进程。

2.4.1.3 界面几何性质

原始固体反应剂可分为坚实致密（即流体反应剂不能向其内部扩散）和疏松多孔两大类。当固体反应物为坚实致密结构且不形成固体产物层时，反应界面的变化相当于原始反应料块表面积随时间的变化。当固体物料是规则的形状时，可以方便地求得固体物料的界面积，并依次推得反应的动力学方程。如当固体反应试样是半径为 r 的球体时，其表面积 $A=4\pi r^2$，它随反应的进行逐渐减小。设球体密度为 ρ，可推得球体的质量和表面积之间的关系为：

$$A = 4\pi\left(\frac{3}{4\pi\rho}\right)^{3/2} \cdot W^{2/3} \tag{2-49}$$

将式（2-48）代入式（2-47），并在 W_0 和 W 区间积分，得：

$$W_0^{1/3} - W^{1/3} = kt \tag{2-50}$$

引入反应转化率 R 的概念，即：

$$R = \frac{W_0 - W}{W_0} = \frac{\frac{4}{3}\pi\rho(r_0^3 - r^3)}{\frac{4}{3}\pi\rho r_0^3} = 1 - \frac{r^3}{r_0^3} \tag{2-51}$$

则有：

$$1 - (1 - R)^{\frac{1}{3}} = \frac{kc^n}{r_0\rho}t \tag{2-52}$$

以 $1-(1-R)^{1/3}$ 对 t 作图，可得一直线关系。

颗粒直径减小，界面粗糙时，会使反应界面面积增大，有利于反应的进行。在有固体参加的反应中，通常在固体表面产生一层固体产物，当多相反应处于扩散区时，这一产物层孔隙的大小，直接影响反应的动力学过程。当生成疏松多孔的反应产物层时，对气体反应剂的扩散影响不大，但当形成孔隙率很小的固体产物层时，将会大大增加内扩散阻力，使之成为反应的限制步骤。

2.4.2 冶金反应的限制性环节

研究冶金反应动力学主要是确定反应速率。对多相反应多个环节而言，反应的总速率往往取决于各个环节中最慢的环节，这一环节称为限制性环节。对这个环节的理论表述可以反映整个冶金反应的动力学特征。因此，找出反应的限制性环节，对其进行动力学研究可导出整个冶金反应的动力学方程。为了简化问题，以界面一级反应加以说明。

设物质 A 由相内部扩散到相界面处，并在界面发生化学反应，其速率为：

$$J = kc_A^i \tag{2-53}$$

通过反应界面的 A 的物质流为：

$$J_A = k_M(c_A - c_A^i) \tag{2-54}$$

式中，J_A 为物质 A 的扩散流量，即单位时间通过单位截面积的物质流，mol/(cm^2 · s)；c_A 和 c_A^i 分别表示相内部和界面处 A 物质的浓度，mol/ cm^3；k_M为传质系数，cm/s。

当过程以稳态进行时（即物质的浓度不随时间的变化而变化，并以相同的速率在某点无消耗也无积累地连续进行），单位时间内传输到界面上的反应物 A 与化学反应消耗的反应物 A 应当相等，即：

$$k_M(c_A - c_A^i) = kc_A^i \tag{2-55}$$

或

$$c_A^i = \frac{k_M}{k + k_M}c_A \tag{2-56}$$

将式（2-52）代入式（2-55），可得：

$$J = \frac{k_M k}{k + k_M}c_A \tag{2-57}$$

令

$$k_\Sigma = \frac{k_M k}{k + k_M} = \frac{1}{1/k + 1/k_M} \tag{2-58}$$

或

$$\frac{1}{k_\Sigma} = \frac{1}{k} + \frac{1}{k_\Sigma} \tag{2-59}$$

$$J = k_\Sigma c_A \tag{2-60}$$

式中，k_Σ称为总反应速率常数；$1/k_\Sigma$ 表示反应总阻力；$1/k$ 表示化学反应阻力；$1/k_M$ 表示传质阻力。

由式（2-59）可以看出，反应的总阻力等于界面反应阻力和传质阻力之和。

（1）当 $k \gg k_M$ 时，即界面反应速率特别快时，其阻力可以忽略，$k_\Sigma \approx k_M$。这时过程为传质所控制，传质为限制性环节。

（2）当 $k_M \gg k$ 时，即传质系数远大于反应速率常数时，$k_\Sigma \approx k$。这时传质阻力可以忽略，过程的总速率由界面反应速率所决定，界面化学反应为限制性环节。

在以上两种情况下，反应界面附近的浓度分布如图 2-5 所示。

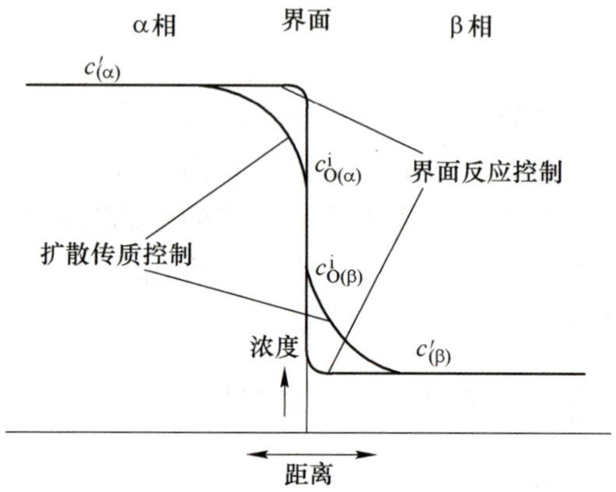

图 2-5 多相反应界面附近浓度分布

必须指出，有时多相反应的各个环节阻力相差不大，总速率同时受几个环节速率的制约，这时过程处于综合控制之中。

限制环节不是一成不变的，当外界条件改变时，限制环节可能发生相应变化。即使在同一条件下，随着反应的进行，由于反应物不断消耗，生成物逐渐增加，可能引起浓度的变化，从而使限制性环节发生改变。

既然限制性环节的表述就可反映整个冶金过程的动力学特征，所以确定限制性环节将是动力学研究中非常重要的一步。确定限制性环节有三种方法。

2.4.2.1 活化能法

活化能法是基于温度对多相反应的影响来预测限制环节的。一般情况下，界面化学反应活化能大于 150~400 kJ/mol；气相中组元的扩散活化能为 4~13 kJ/mol；铁液中组元的扩散活化能为 17~85 kJ/mol；熔渣中组元的扩散活化能为 170~400 kJ/mol。当活化能$E \gg 400$ kJ/mol时，过程处于界面化学反应控制；若 $E \ll 150$ kJ/mol，则过程为扩散传质控制。

由 Arrhenius 公式可得：

$$\ln k = \ln A - \frac{E}{R} \cdot \frac{1}{T} \tag{2-61}$$

根据实测值由 $\ln k$ 对 $1/T$ 作图，直线的斜率即为活化能，进而可由活化能确定多相反应的限制性环节。

2.4.2.2 浓度差法

当界面反应速率很快，同时有几个扩散环节存在时，其中相内与界面浓度差较大的环节为限制性环节。如果各环节的浓度差相差不大，则这些环节同时起作用。

不言而喻，出现浓度差是预示着过程受扩散传质控制的先决条件。在这种情况下，界面化学反应基本处于热力学平衡态，反之，如果在界面附近不出现浓度差或浓度差极小，则说明过程处于化学反应控制之中。

2.4.2.3 搅拌强度法

如果一个反应，温度对其反应速率影响不大，而增加搅拌强度时，反应速率迅速增大，则说明扩散传质是限制环节，因为搅拌强度对反应速率不产生影响，只对传质产生影响。

下面以 $CaO\text{-}SiO_2\text{-}MnO\text{-}Al_2O_3$ 渣中的 MnO 被铁水中硅还原的反应为例，说明如何确定限制性环节。渣铁界面两侧的相关组元浓度分布如图 2-6 所示。

设反应式为：

$$2(MnO) + [Si] \xlongequal{\quad} 2[Mn] + (SiO_2) \tag{2-62}$$

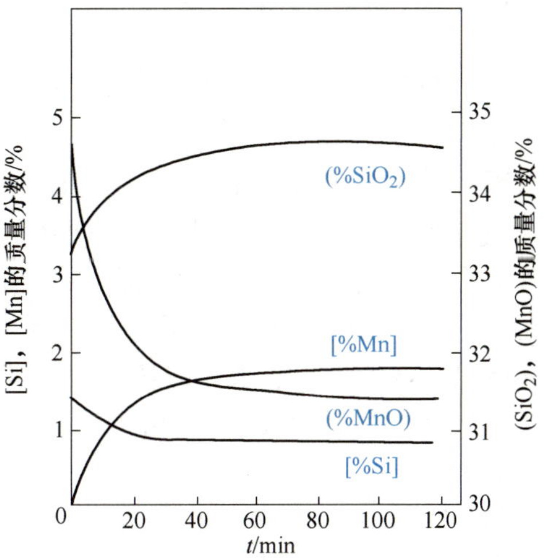

图 2-6 渣铁中组元浓度随时间的变化

先是（MnO）和［Si］向渣钢界面扩散，并且在界面发生化学反应。而后，还原出来的［Mn］和（SiO_2）离开界面进入渣相。通过试验测定（MnO）、［Si］、［Mn］和（SiO_2）随时间的变化，如图 2-6 所示。

试验结果表明，搅拌可以明显改变反应速率，说明该反应不是由界面反应控制，而是由扩散传传所控制。扩散传质有四种情况：

（1）（MnO）向反应界面的扩散；

（2）［Si］从钢液向反应界面的扩散；

（3）［Mn］离开反应界面向钢液内部的扩散；

（4）（SiO_2）离开反应界面向熔渣内部的扩散。

四种扩散中哪一种是限制性环节呢？实验表明，温度对反应速率影响较小，反应的活化能为 29.3 kJ/mol，由此可认为反应是［Mn］或［Si］扩散控制。

通过改变渣铁比，发现增加渣量并不能提高反应速率，而增加铁量则能明显提高反应速率，因此进一步证实了上述结论是正确的。

最后，改变［Si］的初始浓度，发现铁液中不同的原始硅含量计算出的 k 值并不守常，这说明［Si］的扩散不可能是限制性环节。

由此可以断定，只有［Mn］的扩散才是反应的限制性环节。

2.5 多相反应动力学

2.5.1 气-固反应动力学

在冶金过程中，有很多气-固反应，如铁矿石的还原、硫化矿的焙烧、碳酸盐的分解等。其中对铁矿石的研究较为深入，下面就以这一典型反应为例，讨论气-固反应动力学规律。

2.5.1.1 未反应核模型

对于氧化铁的还原反应，曾提出许多反应机理，如两步还原理论、吸附自动催化理论等，但这些理论只能定性地说明问题。为了定量说明氧化铁还原过程的动力学问题，研究人员提出了各种数学物理模型，如未反应核模型、准均相模型、层状模型等。其中未反应核模型因其数学处理简单，且较接近反应实际，获得了广泛的应用。

铁有多种氧化物形式，从高价到低价有 Fe_2O_3、Fe_3O_4、FeO、Fe 等形式。根据热力学分析，在还原性气氛中，铁氧化物将逐级还原：

$$Fe_2O_3 \rightarrow Fe_3O_4 \rightarrow FeO \rightarrow Fe$$

将一个致密的矿球，置于浓度足够高的还原气体中，在一定温度下，经过一段时间后取出矿球，将其剖开，可以看到图 2-7 所示的各种铁氧化物层状分布的情况。这说明各还原反应是在各层之间的界面上进行的。由于扩散阻力的影响，从矿球表面到未被还原的 Fe_3O_4 核心表面，还原剂 CO 的浓度逐渐降低，因而产生了逐层还原的情况。依此提出了未反应核模型，其反应步骤为：

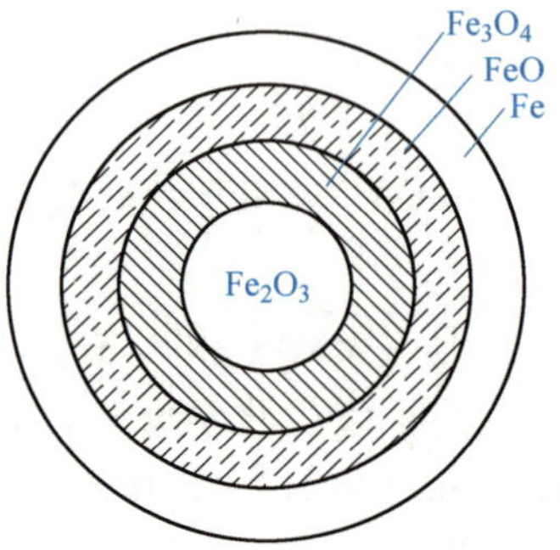

图 2-7 铁矿石逐层还原示意图

(1) 还原气体 A 通过气相边界层向矿球表面扩散，即外扩散；

(2) 气体 A 通过多孔的产物层向反应界面扩散，同时铁离子也通过产物层向内部扩散，称为内扩散；

(3) 在反应界面上气体 A 与铁氧化物发生还原反应，其中包括还原剂的吸附和气体产物的脱附；

(4) 气体产物通过固体产物层向矿球表面扩散；

(5) 气体产物离开矿球表面向气相内部扩散。

设矿球的半径为 r_0，随着还原反应的进行，反应界面不断向矿球内部推移，未反应的核心半径 r_1 不断缩小。由于铁氧化物还原产物的体积逐渐缩小，因而随着反应的进行，矿球体积有收缩的趋势，从而在矿球的产物层中产生了许多孔隙和裂纹，这些孔隙和裂纹弥补了整个矿球的收缩，可以认为反应前后矿球的体积未变。

由于未反应的核心比较致密，而还原产物层是疏松的，所以可认为还原反应的化学反应区很薄，可以近似按界面反应处理。这一点已被实验证实。因而可得到如图 2-8 所示的经简化的未反应核模型。

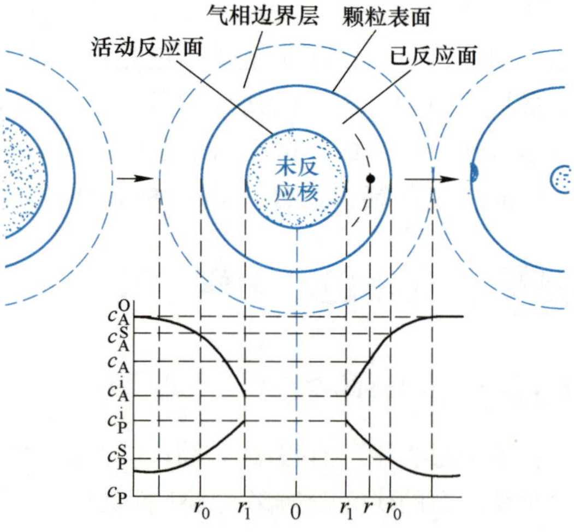

图 2-8 简化的未反应核模型

为简化起见，先讨论 FeO 一步还原为铁的情况。图 2-8 中 c_A^O，c_A^S 和 c_A 分别为气体还原剂在气相内部、矿球表面和反应界面上的浓度。c_P^O，c_P^S 和 c_P^i 为气体产物相 P 的相应浓度。由于扩散阻力的影响，A 的浓度自外向内逐渐降低；而产物相 P 的浓度则自外向内逐渐升高。两者分压之和为一个常数，不会因压力差而引起流动。由于反应界面不断向内推进，反应应视为非稳态过程，但是由于大多数气-固反应界面的移动速率远比反应气体和产物气体在产物层内的扩散速率小，可以忽略不计，因而未反应核模型可按稳态处理。

铁矿石的还原反应过程是一个串反应，当过程达到稳态时，各步骤的速率相等，可以用任意步骤或几个步骤组合来推导速率方程。取整个还原过程由外扩散、内扩散和界面化学反应三个步骤混合控制，可列出各步骤的速率方程。

气体还原剂在气相边界层内的扩散速率为：

$$J_G = 4\pi R^2 k_G (c_A^O - c_A^S) \tag{2-63}$$

式中，k_G为气相变节层内传质系数，与气体的流速、矿球直径、气体黏度和气体的扩散系数有关，可由 Ranz 公式计算：

$$\frac{2k_G R}{D} = 2 + 0.60\, Re^{\frac{1}{2}} Sc^{\frac{1}{3}} \tag{2-64}$$

还原气体在多孔产物层中的扩散速率为：

$$J_S = 4\pi R^2 D_e \left(\frac{\partial c_A}{\partial r}\right)_{r=r_i} = \frac{4\pi r_i}{r_0 - r_i} D_e (c_A^O - c_A^i) \tag{2-65}$$

式中，D_e 为有效扩散系数，它由下式决定：

$$D_e = \varepsilon \xi D \tag{2-66}$$

式中，D 为气体还原剂在气相中的扩散系数；ε 为固体产物层中的气孔率；ξ 为迷宫系数，可反映出产物层内气体扩散路径迂回曲折的程度。

界面化学反应包括气体还原剂的吸附、吸附的还原剂与氧结合生成产物以及产物气体的脱附等过程。为了简化起见，按一级可逆反应来处理。

氧化物的还原反应：

$$CO_{(g)} + FeO_{(s)} = CO_{2(g)} + Fe_{(s)} \tag{2-67}$$

可简化为：

$$A_{(g)} = P_{(g)} \tag{2-68}$$

其速率方程为：

$$J_R = k4\pi r_i^2 c_A^i - k4\pi r_i^2 c_P^i = 4\pi r_i^2 k \left(c_A^i - \frac{c_P^i}{K}\right) \tag{2-69}$$

式中，K 为平衡常数。由于反应前后气体的量不变，所以：

$$c_A^i + c_P^i = c_A^e + c_P^e = \text{const.} \tag{2-70}$$

式中，上角标“e”表示平衡浓度。

因为：

$$K = \frac{c_P^e}{c_A^e} \tag{2-71}$$

所以：

$$c_P^i = (1 + K) c_A^e - c_A^i \tag{2-72}$$

将式（2-71）代入式（2-70），得：

$$J_R = 4\pi r_i^2 k \frac{1 + K}{K} (c_A^i - c_A^e) \tag{2-73}$$

如果把矿石的还原过程做稳态处理，则各步骤的速率相等，即：

$$J_G = J_S = J_R = J_A \tag{2-74}$$

将式（2-71）、式（2-72）和式（2-73）联立，消去不能直接测定的浓度项 c_A^i、c_A^S，得：

$$J_A = \frac{4\pi r_0^2(c_A^0 - c_A^e)}{\frac{1}{k_G} + \frac{r_0}{D_e}\frac{r_0 - r_i}{r_0} + \frac{K}{k(1+K)}\frac{r_0^2}{r_i^2}} \tag{2-75}$$

式中，$c_A^0-c_A^e$ 表示扩散过程的推动力，c_A^e 可根据热力学数据计算得出。分母代表总阻力，其中第一项为气相边界层的扩散阻力；第二项为气体还原剂通过多孔产物层的阻力；第三项为化学反应阻力。总阻力等于各步阻力之和，即：

$$\frac{1}{k_\Sigma} = \frac{1}{k_G} + \frac{r_0}{D_e}\frac{r_0 - r_i}{r_i} + \frac{K}{k(1+K)}\frac{r_0^2}{r_i^2} \tag{2-76}$$

式中，k_Σ为总反应速率常数，据此有：

$$J_A = 4\pi r_0^2 k_\Sigma (c_A^0 - c_A^e) \tag{2-77}$$

r_i 表示未反应核半径，无法直接测定，可引入转化率f（或还原度）将其消去。

$$\frac{df}{dt} = -3\frac{r_i^2}{r_0^2}\frac{dr_i}{dt} \tag{2-78}$$

而

$$\frac{dr_i}{dt} = -\frac{J_A}{4\pi r_0^2 \rho_0} \tag{2-79}$$

所以有：

$$\frac{df}{dt} = \frac{3J_A}{4\pi r_0^2\rho_0} = \frac{1}{r_0\rho_0}\frac{3(c_A^0 - c_A^e)}{\frac{1}{k_G} + \frac{r_0}{D_e}[(1-f)^{-\frac{1}{3}} - 1] + \frac{K}{k(1+K)}(1-f)^{-\frac{2}{3}}} \tag{2-80}$$

积分上式，得：

$$\frac{f}{3k_G} + \frac{r_0}{6D_e}[1 - 3(1-f)^{\frac{2}{3}} + 2(1-f)] + \frac{K}{k(1+K)}[1-(1-f)^{\frac{1}{2}}] = \frac{c_A^0 - c_A^e}{\rho_0 r_0}t \tag{2-81}$$

这就是根据未反应核模型导出的铁矿石还原过程的速率方程，表示了还原度与反应时间的关系。

2.5.1.2 还原速率方程的讨论

上面的还原速率方程是在三步混合控制的条件下导出的。随着反应条件的变化，控制环节也将发生变化。在某些条件下，过程可能变为由一个环节控制、两个环节控制或三个环节同时控制。

当还原温度较低，产物层气孔率较大，且气流速率较快（即 k_M，$D_e \gg k$）时，气相边界层和产物层内的扩散阻力较小，可以忽略。这时还原过程为界面化学反应所控制，式(2-80）变为：

$$\frac{K}{k(1+K)}[1-(1-f)^{\frac{1}{2}}] = \frac{c_A^0 - c_A^e}{\rho_0 r_0}t \tag{2-82}$$

或

$$t = \frac{K}{k(1+K)}[1-(1-f)^{\frac{1}{2}}]\frac{\rho_0 r_0}{c_A^0 - c_A} \tag{2-83}$$

由此可见，矿球还原的时间与其半径成正比，且 t 与 $[1-(1-f)^{1/3}]$ 呈直线关系，由直线的斜率可求出速率常数 k。

当还原温度较高、气流速率较快（即 k，$k_M \gg D_e$）时，化学反应和外扩散阻力可以忽略，还原过程为内扩散控制，这时有：

$$\frac{r_0}{6D_e}[1-3(1-f)^{\frac{2}{3}}+2(1-f)]=\frac{c_A^0-c_A^e}{\rho_0 r_0}t \tag{2-84}$$

在这种情况下，矿球完全还原时间和其半径的平方成正比，t 与［$1-3(1-f)^{2/3}+2(1-f)$］呈直线关系。由直线斜率可求得有效扩散系数 D_e。

当温度较高、固体产物层较疏松，而且气流量很小（即 k，$D_e \gg k_G$）时，在气相边界层厚度大于矿球直径的情况下，外扩散也可成为限制性环节，这时有：

$$\frac{f}{3k_G}=\frac{c_A^0-C_A^e}{\rho_0 r_0}t \tag{2-85}$$

在气流量较小、产物层致密的情况下，当温度较高时，这时应当同时考虑内、外扩散阻力，此时，式（2-84）变为：

$$\frac{f}{3k_G}+\frac{r_0}{6D_e}[1-3(1-f)^{\frac{2}{3}}+2(1-f)]=\frac{c_A^0-c_A^e}{\rho_0 r_0}t \tag{2-86}$$

必须指出，在上述情况下，增大气体流量会加速反应。但当气体流量增至一定程度时，反应速率不再增加。

当同时考虑内扩散和化学反应的阻力时，则有：

$$\frac{r_0}{6D_e}[1-3(1-f)^{\frac{2}{3}}+2(1-f)]+\frac{K}{k(1+K)}[1-(1-f)^{\frac{1}{2}}]=\frac{c_A^0-c_A^e}{\rho_0 r_0}t \tag{2-87}$$

将式（2-86）做简化处理，并取：

$$t_D=\frac{K}{k(1+K)}\cdot\frac{\rho_0 r_0}{c_A^0-c_A} \tag{2-88}$$

$$t_C=\frac{\rho_0 r_0^2}{6D_e(c_A^0-c_A^e)} \tag{2-89}$$

得：

$$\frac{t}{1-(1-f)^{\frac{1}{3}}}=t_D[1-(1-f)^{\frac{1}{3}}-2(1-f)^{\frac{2}{3}}]+t_C \tag{2-90}$$

可以看出，$\frac{t}{1-(1-f)^{\frac{1}{3}}}$ 与［$1-(1-f)^{\frac{1}{3}}-2(1-f)^{\frac{2}{3}}$］呈直线关系。直线的斜率和截距分别为 t_D 和 t_C，从 t_D 和 t_C 可求得 D_e 和 k。

从物理意义上讲，t_D 和 t_C 分别表示内扩散控制时的完全还原时间和界面反应控制时的完全还原时间。

反应过程中各步骤的阻力不是一成不变的，随着还原反应的进行和反应条件的改变，过程的限制性环节发生相应的变化，如图 2-9 所示。可

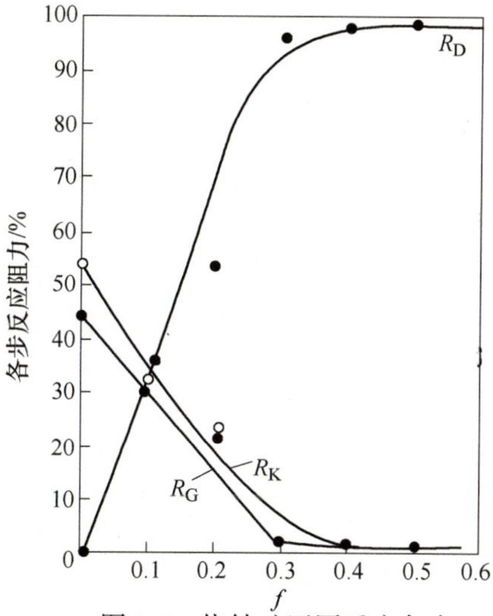

图 2-9 烧结矿还原反应各步阻力变化与还原度的关系

以看出，当温度较低时，界面化学反应阻力较大，成为限制性环节；随着温度的升高，化学反应的阻力迅速降低，而产物层内的扩散阻力却急剧增大，限制性环节由界面反应转变为内扩散；一般情况下，气相边界层的外扩散阻力比较小，不会单独成为限制性环节。

2.5.2 液-液反应动力学

2.5.2.1 液-液相反应的基本规律——双膜理论

液-液相反应是指两个不相混溶的液相之间进行的多相反应。在冶金过程中，有许多液-液相反应，主要是金属和炉渣之间的反应。

液-液相反应的特点是反应物由各自的相内传输至两相界面，然后进行化学反应，最后反应产物离开反应界面扩散进入两液相。因此液-液相反应主要步骤如下：

（1）反应物分别由各自的相内向两相界面扩散；

（2）反应物在反应界面发生化学反应；

（3）产物离开界面分别向两相内部扩散。

双膜理论认为，在两种流体界面两侧，由于摩擦力的作用，各存在一层静止不动的液体“薄膜”，不管相内流动的湍动程度如何，由于膜的抑制，湍流无法到达两相界面。各相中的传质独立进行，互不干扰。虽然这种假设不符合实际情况，但由于双膜理论数学描述简单、直观，仍然广泛地应用于液-液相反应动力学的描述。下面以渣-钢反应为例，对双膜理论作一说明。

2.5.2.2 利用双膜理论对传质过程的分析

图2-10所示为渣-钢两相反应的双膜理论示意图。组元A在金属相的浓度为 $c_{[A]}$，当其扩散到界面时，浓度下降为 $c^{i}_{[A]}$，经界面反应转变为产物，其浓度为 $c^{i}_{(A)}$。然后产物离开界面向渣内部扩散，其浓度下降为 $c_{(A)}$。整个过程由串联的三个步骤构成，每一步的速率表达式为：

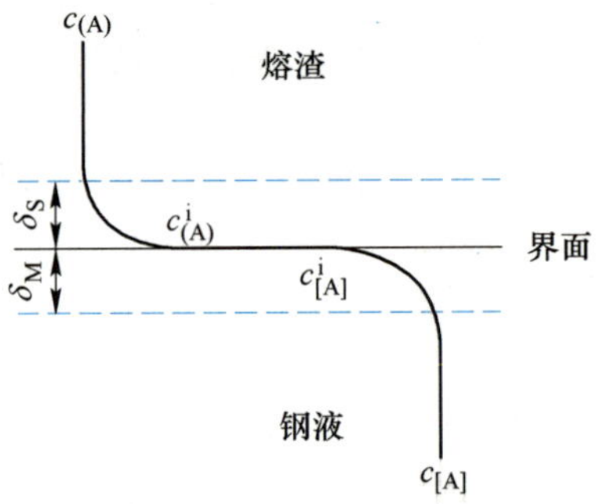

图2-10 渣-钢两相反应的双膜理论示意图

钢液中扩散通量为：

$$J_M = k_M(c_{[A]} - c^{i}_{[A]}) \tag{2-91}$$

界面化学反应速率为：

$$v_R = k(c^{i}_{[A]} - c^{i}_{[A]}) \tag{2-92}$$

熔渣中的扩散通量为：

$$J_S = k_S(c^{i}_{(A)} - c_{(A)}) \tag{2-93}$$

一般情况下，高温冶金过程的界面化学反应速率很快，可以认为出于平衡态，界面浓度趋于平衡浓度，即有：

$$K = \frac{c^{e}_{(A)}}{c^{e}_{[A]}} = \frac{c^{i}_{(A)}}{c^{i}_{[A]}} \tag{2-94}$$

因而，界面化学反应速率可表示为：

$$v_R = k\left(c^{i}_{[A]} - \frac{c^{i}_{(A)}}{K}\right) \tag{2-95}$$

设过程处于稳态进行之中，即：

$$J_{M} = v_{R} = J_{S} = v_{A} \tag{2-96}$$

消去无法直接测定的界面浓度 $c^{i}_{(A)}$ 和 $c^{i}_{[A]}$，并经整理得：

$$v_{A} = \frac{c_{[A]} - \dfrac{c_{(A)}}{K}}{\dfrac{1}{k_{M}} + \dfrac{1}{k} + \dfrac{1}{Kk_{S}}} \tag{2-97}$$

式（2-96）即为钢-渣界面反应总速率方程。等式右边分子为过程的推动力，分母为过程的阻力，由反应物扩散阻力、界面化学反应阻力和产物扩散阻力构成。

由于高温冶金过程的化学反应速率很快，不会成为限制性环节，所以对应的化学反应阻力项可忽略，过程速率可表示为：

$$v_{A} = \frac{c_{[A]} - \dfrac{c_{(A)}}{K}}{\dfrac{1}{k_{M}} + \dfrac{1}{Kk_{S}}} = \frac{c_{[A]} - \dfrac{c_{(A)}}{K}}{\dfrac{1}{k_{\varepsilon}}} \frac{1}{k_{\varepsilon}} \tag{2-98}$$

当 $\dfrac{1}{k_{M}} \leqslant \dfrac{1}{Kk_{S}}$ 或 $K \ll \dfrac{k_{M}}{k_{S}}$ 时（即 $K \leqslant 20 \sim 100$ 时），表明钢液的传质阻力较小，过程由渣中传质控制。

当 $\dfrac{1}{k_{M}} \geqslant \dfrac{1}{Kk_{S}}$ 或 $K \gg \dfrac{k_{M}}{k_{S}}$ 时，表明渣中的传质阻力较小，过程由钢液中传质控制。

可以看出，作为热力学参数的平衡常数对传质速率也有很大影响。

液-液相反应只有在两相接触时才能实现传质，因而一相运动必然要影响到另一相。所以两相的传质系数 k_{M} 和 k_{S} 是相互关联的。

Richardson 在研究界面两侧流体运动的速率分布时，发现存在下述关系：

$$\frac{k_{M_2}}{k_{M_1}} \approx \left(\frac{\nu_2}{\nu_1}\right)^{0.5} \left(\frac{D_2}{D_1}\right)^{0.7} \tag{2-99}$$

式中，k_{M_1}、k_{M_2} 为两相的传质系数；ν_1、ν_2 两相的运动黏滞系数；D_1、D_2 为两相的扩散系数。

钢液和炉渣的物理性质如表 2-2 所示。

表 2-2 钢液和炉渣的物理性质

类别	μ/Pa·s	ρ/g·cm^{-2}	D/cm^{2}·s^{-1}
钢液	0.025	7.2	$10^{-5} \sim 10^{-4}$
熔渣	0.20	3.5	$10^{-7} \sim 10^{-6}$

由此可得：

$$\frac{k_{S}}{k_{M}} = \left(\frac{7.2 \times 2.0}{3.5 \times 0.025}\right)^{0.5} \times (10 \sim 100)^{0.7} \approx 20 \sim 100 \tag{2-100}$$

也就是说，正常情况下，钢液中的元素扩散系数远大于渣中组元的扩散系数，在扩散动力相近时，钢液侧的扩散不会成为限制性环节。

习题与思考题

2-1 冶金过程的动力学一般有哪些基本环节，不同环节的影响因素又有哪些？

2-2 试述化学反应等温式，并说明为何在冶金中广泛使用表观化学反应级数、表观反应速率常数和表观化学反应活化能的概念。

2-3 试述确定反应限制性环节对动力学研究的意义。

2-4 “冶金反应动力学问题主要是传质问题”，这个说法对吗，你怎样理解？

2-5 铁精矿球团在 1123 K 用 CO 还原。通过减重法测得还原深度 R 与还原时间 t 的关系如下：

t/min	10	20	30	40	50	60	70
R/%	12	23	32	40	46	52	59

试判断还原反应的速率限制步骤。

2-6 试绘出完整的气-固反应模型示意图（固相有一个产物层和一个未反应核），说明反应包括哪几个环节，写出各环节分别为速率限制步骤时的速率方程并进行分析。

2-7 液相 A、B 之间发生反应，在 A 相强烈搅拌的条件下，A 的传质速率足够快而不成为速率限制步骤。试利用双膜理论模型推导反应的动力学方程。（提示：反应受界面化学反应及 B 相的扩散步骤控制，可设各相中的物质浓度，用符号表示）

2-8 某片状矿物呈现强烈的各向异性，在浸出时浸出反应只在如图 2-11 所示的环面上进行，而上下两平面呈惰性。假定浸出反应受化学反应步骤控制，试导出浸出反应的动力学方程。

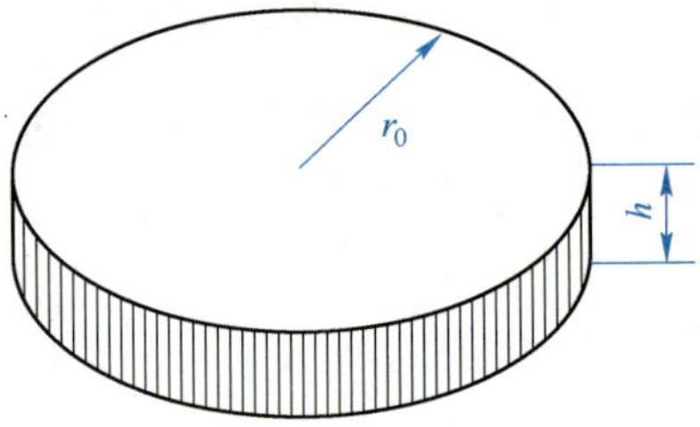

图 2-11 2-8 题图

2-9 液-固反应的动力学环节有哪些，如何改善反应的动力学条件？

2-10 双膜理论的要点有哪些方面？试利用双膜理论分析钢-渣反应过程的动力学影响因素，并提出改善反应动力学条件的措施。

3 相图基础

本章要点

(1) 二元及三元相图中点、线、面的意义；
(2) 三元相图中的浓度三角形表示及相关规则；
(3) 三元相图的等温线投影图；
(4) 不同组成物系点的冷却过程物相变化，重点关注液相线（面）附近的物相变化。

3.1 引言

相图是用图解的方法表示体系中成分、温度与存在相的关系，可反映温度和成分变化时，在体系中出现的相的变化。和相律一样，相图一般表示的是平衡时的体系状态，即一种理想状态。在实际冶金过程中，一般没有足够的时间完成平衡过程，会使体系偏离平衡状态，但其相变趋势等是一致的。如过程进行得很慢，可以近似按平衡相图分析。

因为平衡相图是建立在热力学基础上的，所以，相图实际上也是建立在热力学平衡基础上的一种区位图。由于目前还缺少建立平衡相图的精确的热力学数据，平衡相图主要用实验方法测定，其中应用最广泛的是热分析法，利用当冷却通过相变点时或者由于比热的改变或相变时潜热的释放，改变其冷却速率，从而测出相变温度。利用计算法建立平衡相图将是一个发展方向；反之，利用相图也可以提取相关的热力学数据。

对于多元体系，由于各组元在化学性质上的相似性或差异性不同，其平衡相图的形式是种多样的，有的平衡相图是十分复杂的。下面将先讨论简单的平衡相图，复杂相图可看成是由简单平衡相图组成的。

冶金过程需要确定金属、炉渣的熔点，冶金反应温度，某些组元的在金属或炉渣中的溶解，冷却过程中组元的析出等，这些主要涉及液相与固相转变温度附近的区域，即液相线附近的区域。对固相之间的转变涉及较少，对于稀散的金属元素，需要在渣中富集与进一步分离时，才需要研究固相之间的转化。

虽然相图不研究不同组元之间的化学反应，但多相反应的反应物及反应产物在不同相之间的浓度直接影响到冶金过程中的化学反应过程。

本章首先对二元相图的基本知识进行介绍，在此基础上分析三元相图的类型和解读方法，重点对生成异分熔点化合物三元相图进行分析。

3.2 二元系相图的基本知识

对于二元体系，因独立组元数 $C=2$，而相数至少为 1，根据相律有：

$$f = 2 - 1 + 1 = 2 \tag{3-1}$$

体系的自由度为2，即体系的平衡状态可由温度和其中一个组元的浓度确定。

在二元相图中，由若干条曲线、横线及垂线将其分隔成若干个单相区和多相区。曲线是单相区和两相区的分界线，也是溶解度线，当曲线为液相线时它是熔点线。垂直线表示二组元生成化合物，这种化合物分稳定和不稳定两种。利用表示稳定化合物的垂直线又可将相图分为几部分，便于分别分析和讨论。在横线的温度下表示有相变过程或相变反应发生。所谓相变过程，是指同质异形的晶体相变，这种变化不引起化学组成的变化，在相图上呈现出上下的两个相区，其界限基本是连续的。所谓相变反应，与相变过程不同，其特点是相变反应横线上下的二相区的界限是不连续的，有旧相的分解或化合反应发生，产生新相。

从冷却过程看，相变反应可分为两种基本类型。

（1）分解类型。

共晶反应：由液相转化为两个固相。固相可能是纯组元，也可能是固溶体或化合物。

共析反应：由固溶体或固体化合物转化成两个固相的反应。

单晶反应：即由一液相转化成一个固相和另一组成的液相。

（2）化合类型。

包晶反应：即液相与固相转化成为另一固相。

包析反应：由两个固相转化成另一固相。

共晶与共析类似，包晶与包析类似，所以二元相图有如图3-1所示的三种基本结构简单相图，复杂相图均可由这些简单相图组合而成。

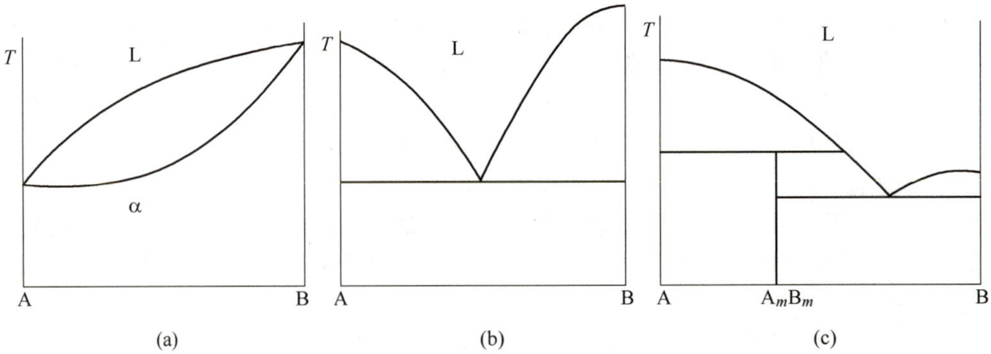

图3-1 几种简单二元相图

（a）匀晶相图；（b）共晶相图；（c）包晶相图

冶金中的二元相图往往比较复杂，如 $CaO\text{-}SiO_2$ 二元系平衡相图，如图3-2所示。

图中CS、C_2S 成分点对应化合物能在体系能化为完全液相之前的所有温度下存在，为稳定化合物，又称同分熔点化合物；而 C_3S_2 则只能在一定温度范围内存在，为不稳定化合物，又称异分熔点化合物。

同分熔点化合物稳定性好，熔点高，在相图中为一条贯穿整个固相区的垂线。通过同分熔点化合物组成点对应的垂线，可将复杂相图切分成简单相图。这时的体系变化只与此简单相图有关。对于图3-2，可以通过 C_2S、CS 点对应的垂线，将相图分为 $CaO\text{-}C_2S$（共晶相图）、C_2S-S（包晶+共晶）、$CS\text{-}SiO_2$（共晶）三个简单相图。当体系组成位于某一对

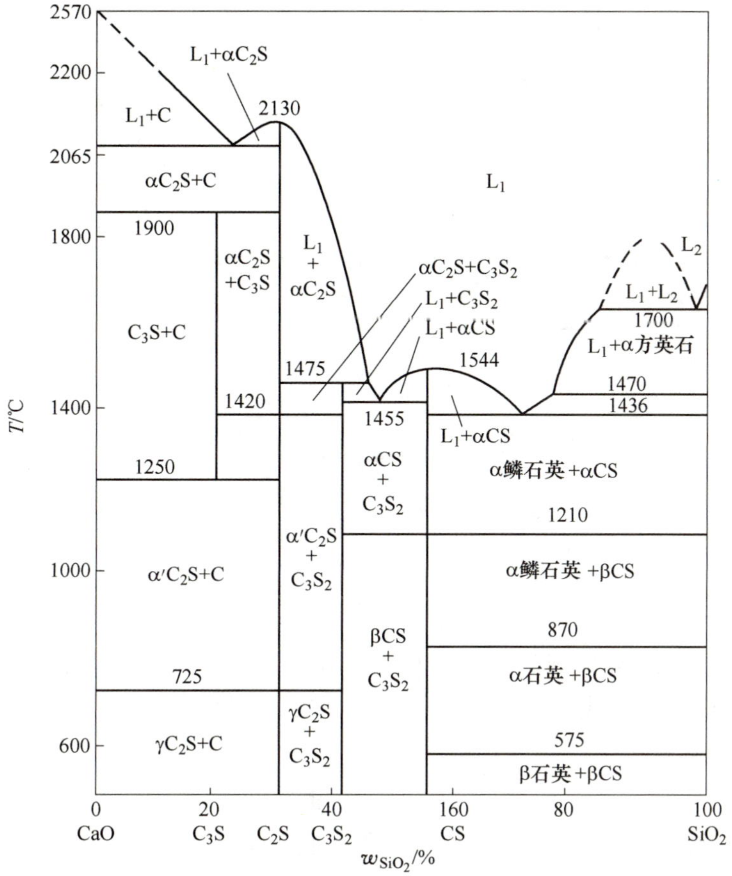

图 3-2 CaO-SiO_2 二元相图

应区间时，可以通过对应的简单相图，研究体系的变化。

组成规则和杠杆规则是二元相图极为重要的规则。组成规则能解答出在某一温度下，两相区中的某一相是什么相，其各自的化学组成是什么。而杠杆规则则能解答出两个相的重量各是多少。

3.2.1 组成规则

在某温度下欲求两相区中两个相的组成，则先对应于该温度画一条平行于横坐标的横线，横线与两相区的界限相交的两个点所对应的组成即为两个相的组成。

如图 3-3 所示的 AB 二元相图。图中 1 表示体系化学组成为 84%A 和 16%B，此时的温度是 T_1，为单一溶液相；当温度降低至 T_2 时，则开始自溶液中析出固体 A 并开始进入两相区；待温度降至 T_3 时，已进入两相区中，两个相的组成可用组成规则求出，即过 T_3 点画一条与横坐标平行的横线，与两相区界限相交于 T_3 和 3′两点，T_3 点代表固相的组成为纯组元 A，而 3′点则代表液相的组成为 70%A 和 30%B。

3.2.2 杠杆规则

设 W_s 为固相质量，W_l 为液相质量，W_t 为体系的总质量，当固相与液相平衡并共存

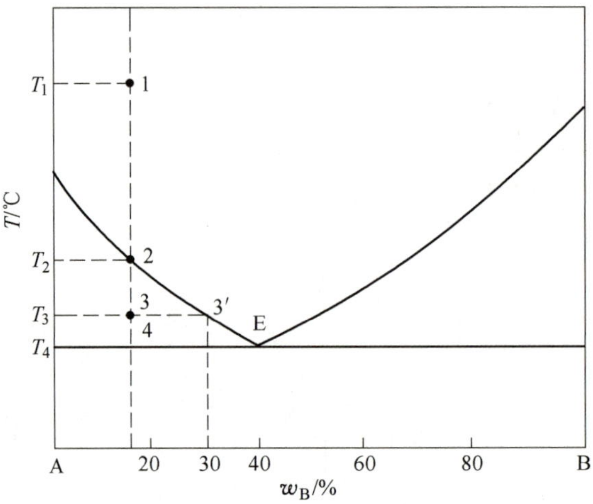

图 3-3 二元相图中的杠杆规则示意图

时，则有：

$$W_t = W_s + W_l \tag{3-2}$$

W_s、W_l的数值可用杠杆规则求得：仍以图中成分 1 为例，当温度降至 T_3 时，过 T_3 点作一条平行于横轴的横线，交成分线于 3 点，交液相线于点 3′，利用杠杆规则有下述关系：

$$\frac{W_t}{W_s} = \frac{\overline{T_3 3}}{\overline{33'}} \quad 或 \quad \frac{W_l}{W_t} = \frac{\overline{T_3 3}}{T_3 3'} \tag{3-3}$$

即以“3”为支点，3′和 T_3 分别代表固相量 W_s和液相量 W_l，它们间的质量与杠杆臂距成反比，这就是杠杆规则。

不难看出，当图中成分点为“1”的合金或熔渣温度下降到 T_1时，开始自液相中析出固相组元 A，此时因组元 A 的杠杆臂距为零，所以固相组元析出量为零。随着温度的继续下降，组元 A 的杠杆臂距逐渐增大，如在温度 T_3 时，组元的杠杆臂距为 33′；当温度下降到 T_E（T_4）时，组元 A 的杠杆臂距为 4E。在降温过程中，固相组元 A 的杠杆臂距在不断加长，说明固相组元 A 的析出量在不断加大，也就是说液相中组元 A 的量在不断减少，组元 B 的浓度在不断增加。液相的组成沿 2E 线变化。

3.3 三元系相图基本知识

3.3.1 三元系浓度三角形

对三元体系，因独立组元数为 $C=3$，而相数至少为 1，根据相律有：

$$f = 3 - 1 + 1 = 3 \tag{3-4}$$

体系的自由度为 3，即体系的平衡状态与温度和两个组元的浓度有关，当确定了温度和两个组元的浓度后便可确定体系的平衡态。因此要完整表示三元系的状态，必须要用三个坐标的立体图。

三元系的组成可用浓度三角形表示，常用的是罗策布浓度三角形法。组元的浓度可用质量分数或物质的量浓度表示。

罗策布浓度三角形是一个等边三角形，见图 3-4。所依据的定理是：由等边三角形内任意一点，分别向三条边作平行线，按顺时针方向或逆时针方向读取平行线在各边所截取的三条线段，三条线段之和等于该等边三角形任一边之长，即为常数。这样，只要把三角形的每一条边分为 100 等份，每一等份即代表 1%浓度，每个顶点其组元浓度为 100%，即纯组元，每一边对应一个二元系。在图 3-4 所示的情况下，M 点所表示的三元体系中组元 A、B 和 C 的浓度的确定，可过 M 点分别作三条边的平行线，即 FF′∥AB，EE′∥BC，GG′∥AC。按上述比例顺时针方向量取平行线在三条边上的截距 BE=$a\%$，组元 C 在三元系 M 中的浓度为 AF=$c\%$，组元 B 在三元系 M 中的浓度为 CG=$b\%$。$a\%+b\%+c\%=1$。相应地，若已知成分，可通过作平行线找出该成分在浓度三角形上的对应点。

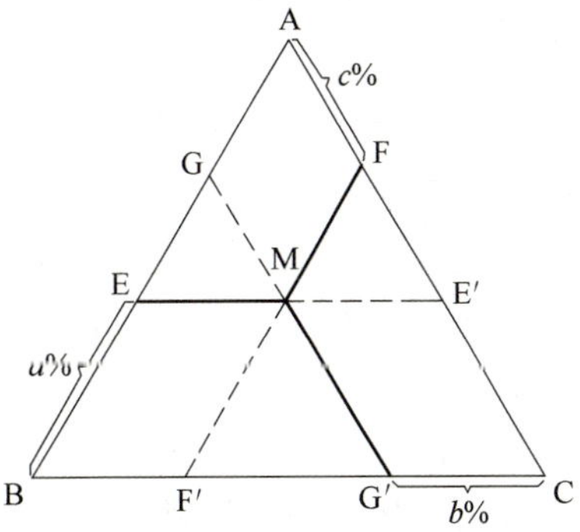

图 3-4 罗策布浓度三角形表示法

3.3.2 浓度三角形的性质及规则

3.3.2.1 等含量规则

在浓度三角形 *ABC* 中的任一直线，当其平行于三角形中某一边时，则在该直线上任一点对应顶点组元的浓度是相等的。在图 3-5 中，当 EE′∥BC 时，则在 EE′线上各物系点对应顶点组元 A 的含量是相等的，均为 $a\%$；当 GG′∥AC 时，则在 GG′线上各物系点中组元 B 的含量是相等的，均为 $b\%$；当 FF′∥AB 时，则在 FF′线上各物系点中组元 C 的含量是相等的，均为 $c\%$。

3.3.2.2 定比例规则

通过浓度三角形某一顶点到对边的任意直线，如图 3-6 中直线 Ag，直线上各物系点中所含两个顶点所表示的组元的含量之比是一定的。在图 3-6 所示的情况下，有下述关系：

$$c_1\%/b_1\% = c_2\%/b_2\% = c_3\%/b_3\% = \cdots = \text{常数} \tag{3-5}$$

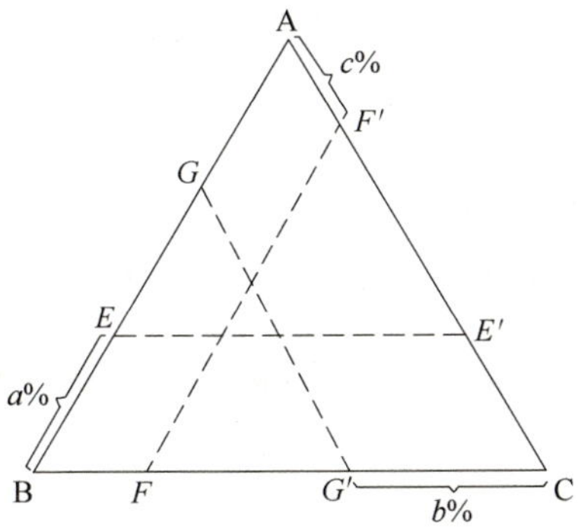

图 3-5 等含量规则示意图

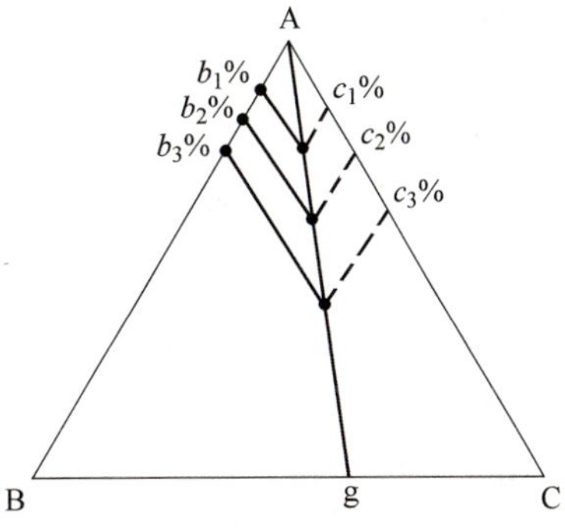

图 3-6 等比例规则示意图

这一关系符合相似三角形或四边形的原理。

3.3.2.3 背向原理

这一规则在分析冷却过程方向是十分重要的。为讨论方便，先分析二元系的情况，然后再讨论三元系。

图3-7为二元系相图。在AB二元系中任取一液相的组成为P，其初始温度为T_0℃，当冷却到与液相线相交的O点时，开始自液相中析出固相A，再继续冷却，则从液相不断析出固相A，而剩余液相将沿液相线ON变化。可见在冷却过程中，液相组成随温度的变化而变化，但其方向总是背向组元A的一侧，这就是所谓的背向规则。

对于ABC组成的三元系（图3-8），在浓度三角形中任取一物系点O，当冷却至与液相面相交时，开始自液相中析出固相A，继续冷却时，剩余的液相将沿AO延长线变化，并不断析出固相A，即液相组成的变化方向总是背向折出组元A的方向。

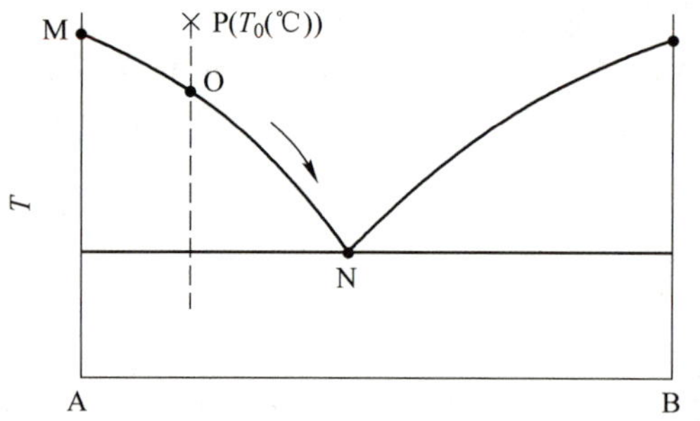

图3-7 二元系背向规则示意图

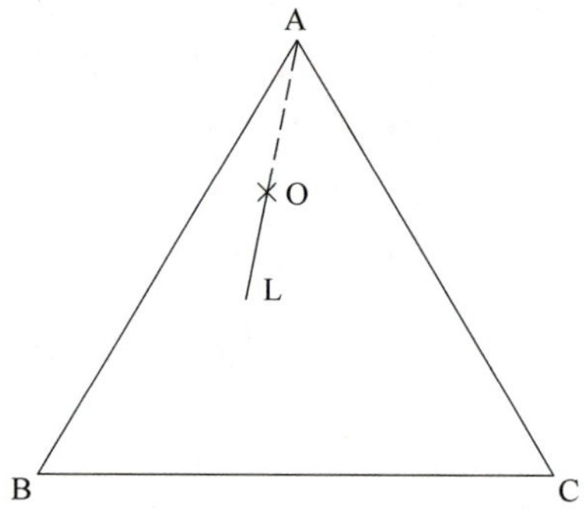

图3-8 三元系背向规则示意图

3.3.2.4 直线规则

将二元系的杠杆规则推广到三元系，则成为直线规则和重心规则。在图3-9所示的浓度三角形ABC内，任取两个三元系物系点，它们可能是单相的或多相的混合物。当由a和b混合成另一新体系c时，那么c应位于浓度三角形中a和b的连线上，这就是直线规则。

设W_a为物系点a的质量，W_b为物系点b的质量，W_c为物系点c的质量，则有：

$$W_a = W_b + W_c \tag{3-6}$$

根据直线规则，c的位置务必位于ab线段上，其具体位置可由杠杆规则决定，即：

$$W_a/W_b = bc/ac(\text{或 } W_a/W_b = ef/df\text{，或 } W_a/W_c = bc/ab) \tag{3-7}$$

证明如下：

过a、b和c点作三条垂直于BC边的垂线，即ad、be、cf，并让ak∥BC，cl∥BC。其中ad对应物系点a中含组元A的质量分数；be对应物系点b中组元A的质量分数；cf对应物系中含组元A的质量数。就组元A的含量而言，有下述关系：

$$W_c \cdot cf = W_a \cdot ad + W_b \cdot cb \tag{3-8}$$

因为$W_c = W_a + W_b$，所以有：

$$(W_a + W_b) \cdot cf = W_a \cdot ad + W_b \cdot bc\text{，即 } W_a(cf - ad) = W_b(be - cf) \tag{3-9}$$

从图中还可看到如下关系：

$$(ef - ad) = cm, \ (bc - ef) = bl \tag{3-10}$$

$$W_a \cdot cm = W_b \cdot bl \tag{3-11}$$

根据相似关系可知：

$$bl/cm = bc/ac \tag{3-12}$$

即有：

$$W_a/W_b = bc/ac \tag{3-13}$$

3.3.2.5 重心规则

所谓重心规则，是指在浓度三角形 ABC 内，当由物系点 E、D 和 F 构成一新的物系点 M 时，则 M 必落在三角形 EDF 的“重心”上，此重心是物理重心。用重心规则可确定出物系点 M 的化学组成和相组成，见图 3-10。

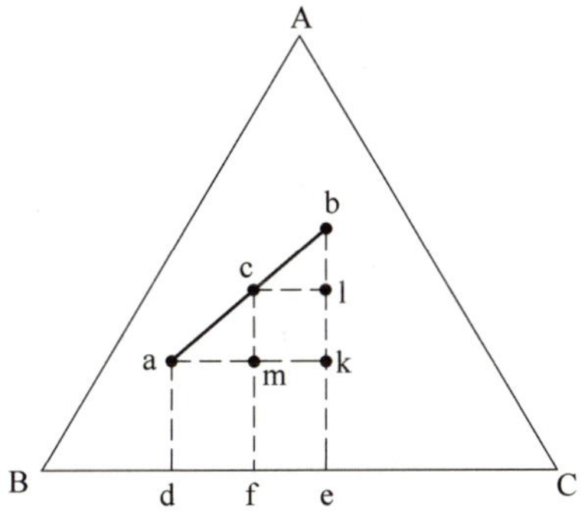

图 3-9 直线规则示意图

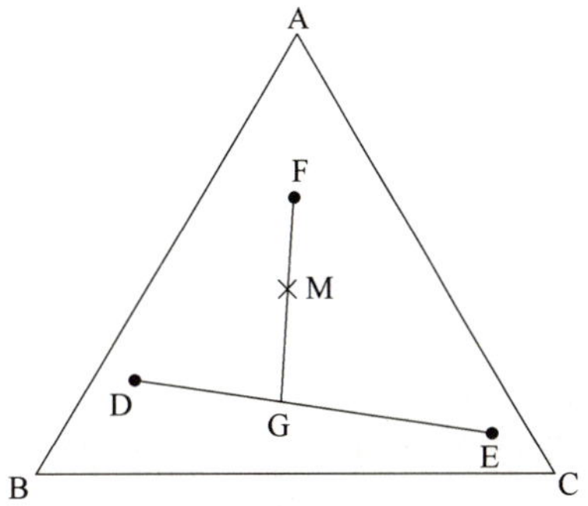

图 3-10 重心规则示意图

（1）物系点 M 化学成分的确定。物系点 M 化学成分的确定其实质是确定 M 点的位置，其方法有两种。

第一种方法是应用杠杆规则的作图法。例如由 A、B 及 C 三个组元构成三个新物系点（如母合金）E、D 和 F，它们的成分可由浓度三角形内 D、E、F 点表示。假定 D、E、F 的质量分别为 3 kg、2 kg 和 5 kg，由这三个母合金配制成一个新合金 M 时，则 M 的质量 W_M 为：

$$W_M = 3 + 2 + 5 = 10 \text{ kg} \tag{3-14}$$

新合金 M 在浓度三角形内位置的确定方法是：先以 D 与 E 形成一中间合金 G，则 G 的质量为 W_G：

$$W_G = 3 + 2 = 5 \text{ kg} \tag{3-15}$$

而且 G 必落在 DE 线内，其具体位置必须满足下述关系：

$$W_D/W_E = GE/GD = 3/2$$

即 G 的位置必在距 D 点为 2 个单位，距 E 点为 3 个单位之处。再由 G 与 F 构成一新物系点 M，则其重量 W_M 为：

$$W_M = W_G + W_F = 5 + 5 = 10 \text{ kg} \tag{3-16}$$

M 点的位置必在 G 与 F 的连线间，并满足：

$$W_G/W_F = 5/5 \tag{3-17}$$

即在 GE 线段的中点处。

第二种方法即用计算法确定新物系点 M 的化学组成的方法。

设三元体系中物系点 D、E、F 和 M 的质量分别为 W_D、W_E、W_F和 W_M；组元 A、B、C 在三元物系点 D 的浓度分别为 c_A^D、c_B^D、c_C^D；组元 A、B、C 在三元系物系点 E 中的浓度分别为 c_A^E、c_B^E、c_C^E；组元 A、B、C 在三元系物系点 F 中的浓度分别为 c_A^F、c_B^F、c_C^F；组元 A、B、C 在三元系物系点 M 中的浓度分别为 c_A^M、c_B^M、c_C^M。

对组元 A 而言，按平衡关系有：

$$W_M \cdot c_A^M = W_D \cdot c_A^D + W_E \cdot c_A^E + W_F \cdot c_A^F \tag{3-18}$$

所以

$$c_A^M = (W_D \cdot c_A^D + W_E \cdot c_A^E + W_F \cdot c_A^F)/W_M \tag{3-19}$$

同理对组元 B 和 C 而言，有下述关系：

$$c_B^M = (W_D \cdot c_B^D + W_E \cdot c_B^E + W_F \cdot c_B^F)/W_M \tag{3-20}$$

$$c_C^M = (W_D \cdot c_C^D + W_E \cdot c_C^E + W_F \cdot c_C^F)/W_M \tag{3-21}$$

其中：

$$W_M = W_D + W_E + W_F \tag{3-22}$$

利用以上各式，当计算出 c_A^M、c_B^M和 c_C^M后，便可在浓度三角形内确定 M 点的位置，即 M 点是位于质量分别为 W_D、W_E和 W_F的三个物系点 D、E、F 的重心上，确定 M 点位置后，便可知其化学组成了。

（2）平衡相组成的计算。已知成分和质量的三元系物系点 M，当其分离成已知成分的三个平衡相 D、E、F 时，利用重心规则，由已知成分和质量的物系点 M，可求得与其平衡的 D、E、F 相的质量，方法有两种（与确定化学成分类似）。图 3-11 为利用重心规则计算平衡相组成示意图。

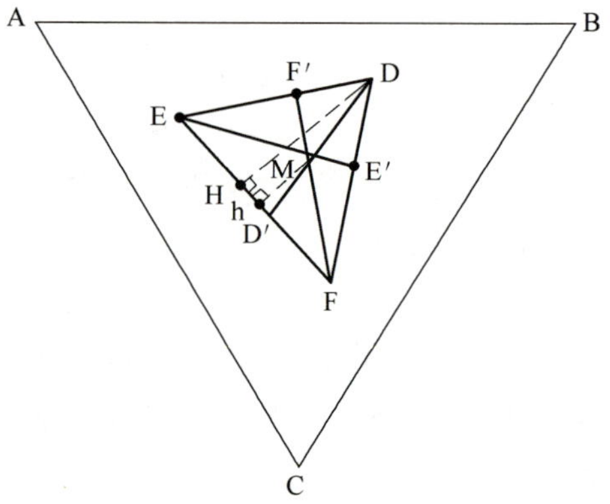

图 3-11　利用重心规则计算相组成示意图

第一种方法是利用杠杆规则，作图求平衡过程各相的量。如图 3-11 所示，已知成分和质量的三元物系点 M，分离成三个平衡相 D、E、F，其连线构成三角形 DEF，连接 DM 线再延长与 EF 边相交于 D′点。用同样方法，连接并延长 M_F与 M_E线，分别交 E_D边于 F′点，交 DF 边于 E′点。当已知物系点 M 的质量为 W_M时，应用杠杆规则可得 D 相的质量 W_D，即：

$$W_D/W_M = MD'/DD' \quad 或 \quad W_D = MD'/DD' \cdot W_M \tag{3-23}$$

E 相的质量为：

$$W_E/W_M = ME'/EE' \quad 或 \quad W_E = ME'/EE' \cdot W_M \tag{3-24}$$

若分别由 M 点和 D 点向对边作垂线 DH 和 Mh，可得下述关系式：

$$W_D/W_M = MD'/DD' = \triangle MEF/\triangle DEF \tag{3-25}$$

用同样方法可得：

$$W_E/W_M = MD'/EE' = \triangle MDF/\triangle DEF \tag{3-26}$$

$$W_F/W_M = MD'/FF' = \triangle MED/\triangle DEF \tag{3-27}$$

故 WD：WE：WF = △MEF：△MDF：△MDE，即三个平衡相质量之比等于对应的三个三角形面积之比。

第二种方法又称分析计算法。因为对于多元体系平衡相图已无法用三维空间来表达了，所以上述平衡相组成的计算方法已不适用。但是只要已知体系的组成及平衡成分，用分析计算法即可计算出体系中各平衡相的质量分级。

根据质量守恒原理——重心规则，某一平衡相的量与体系中各原始组元浓度之间的关系可用下式表示：

$$X = (b_1c_1 + b_2c_2 + b_3c_3 + \cdots + b_nc_n) \tag{3-28}$$

式中，X 为物系点 M 中平衡相的相对数量（质量分数）；c_1，c_2，…，c_n为物系点 M 中原始组元 1，2，…，n 的浓度（质量分数）；b_1，b_2，…，b_n为常数，由边界条件确定。

由此可列出不同相的物质恒算式，可计算出多元系中平衡相的相对数量。

3.4 三元系相图的类型与解读方法

3.4.1 简单三元共晶相图的立方图与平面投影

由 A、B 和 C 组成一个共晶的三元相图称为简单的三元共晶相图，如图 3-12 和图 3-13 所示。图中 A-B、B-C、A-C 均为二元共晶体系，共晶点分别为 e_1、e_2、e_3，对应的在浓度三角形中的水平投影分别为 E_1、E_2、E_3。A-B-C 三元体系的共晶点为 E。

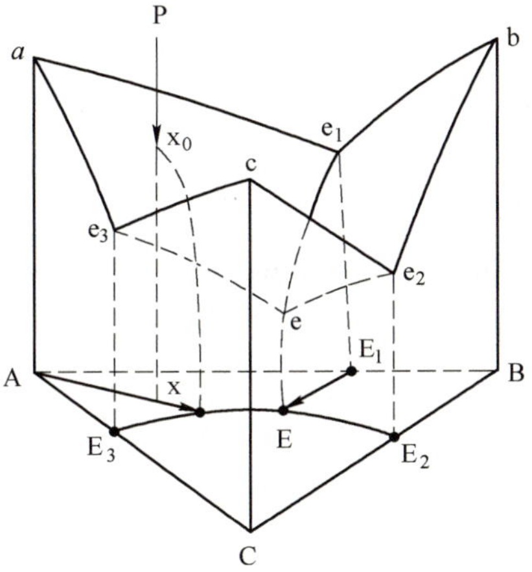

图 3-12 三元共晶相图

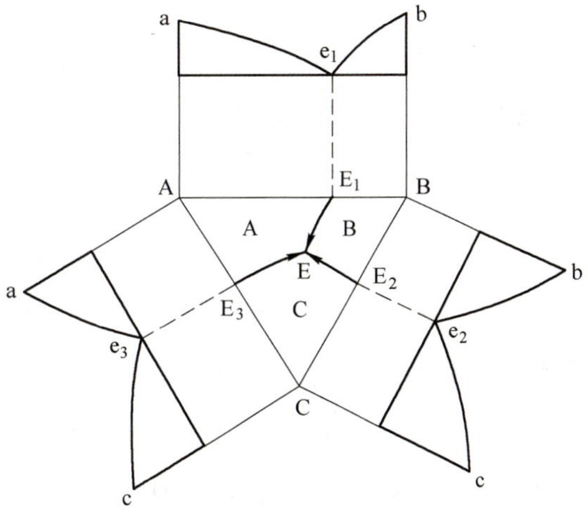

图 3-13 三元共晶投影图与二元相图的关系

当体系的压力固定时，三元体系的自由度 f=4−2+1，所以自由度最多是 3，即温度和两个组元浓度参数。因此，三元相图必须用立体图表示：底面是三个组元 A、B、C 的浓度三角形，而高是温度坐标。简单的三元共晶相图的立体图和在浓度三角形上的投影如图 3-12 和图 3-13 所示，其特点是三元组元 A、B、C 在液态时完全互溶，而在固态时则不完全互溶，形成机械混合物，三个组元只形成一个共晶。

下面进一步分析这种相图的一些特点——浓度三角形中的线、面和点的性质。

3.4.1.1 线

AE_1和AE_2线为组元A的初晶线，即A-B和A-C二元系中组元A的初晶线ae_1、ae_3在浓度三角形的投影；对应的有：BE_1和BE_2为组元B的初晶线；CE_2和CE_3为组元C的初晶线。

EE_1、EE_2和EE_3为三个液相面AE_1EE_3，BE_1EE_3和CE_1EE_3的交线，均为共晶线。EE_1线是组元A和B的共晶线。当液相冷却至与此线相交时，则在液相中同时析出组元A和B，即：

$$L \rightarrow A + B \tag{3-29}$$

在体系压力不变的情况下，因C=3（即A、B和C），相数为3，由相律可知，自由度为1，即在一定温度下，有一个确定的三相共存（A、B和L三相）平衡状态。温度不同，三相共存可以保持，但三相共存的状态不同。

同理，EE_2线是组元B和C的共晶线，在此线上发生共晶反应L→C+B，共存相为(L+B+C)。EE_3线是组元A和C的共晶线，在此线上发生共晶反应L→C+A，共存相为(L+A+C)。

与二元相图比较可以看出，二元相图的共晶点，在三元相图中转化成一条线；二元共晶在定温下完成，三元相图中的二元共晶则在变温下进行。

3.4.1.2 面

图3-13所示的相图和有三个面，即AE_1EE_3、BE_1EE_3和CE_1EE_3，均为初晶面。其中，AE_1EE_3面是组元A的初晶面，当液体冷却至与此液相面相交时，开始自液体中析出组元A，即L→A。由相律可知，此时自由度$f=3-2+1=2$，确定一个温度和一个组成，即可确定一个状态。同理，BE_1EE_3和CE_1EE_3分别为组元B和C的初晶面。

在二元相图中的初晶线，在三元相图中转化为了初晶面。

3.4.1.3 点

在浓度三角形中，有一个点E，此点为三条二元共晶线EE_1、EE_2与EE_3的交点，是组元A、B和C的共晶点，即有：L→C+B+A，共存相为（A+B+C）。此时的自由度为0，是一个特定的点，任何一个因素变化，均会导致新相的生成。

3.4.2 简单三元共晶相图冷却过程的相组成及其相对量

在简单三元共晶相图中任取一物系点P（图3-14和图3-15），在冷却过程中，当与初晶面AE_1EE_2相交于X点时，则开始由液相析出组元A，即：

$$L_P \rightarrow A \tag{3-30}$$

剩余的液相将按背向浓度三角形纯组元A的方向移动，此过程直至与E_2E线相交于M点为止。此时，初晶A的相对量可用XM/AM线段长度比来表示。

继续冷却时，液相成分线沿二元共晶线E_2E移动，同时析出A和C的二元共晶，其反应为：

$$L \rightarrow A + C \tag{3-31}$$

当冷却至X_1时，液相的相对量可用NX/NX_1表示。二元共晶与C的相对总量为（1-

NX/NX_1），而 A 与 C 共晶相各自的量是多少，可由杠杆规则求得，N 点的相组成为 A+C，其中 A 的量用线段 CN 长表示，C 的量用线段 AN 长表示。

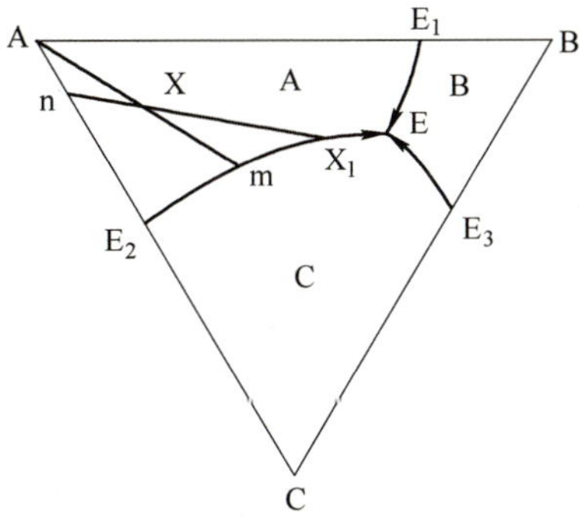

图 3-14 某三元系冷却过程示意图

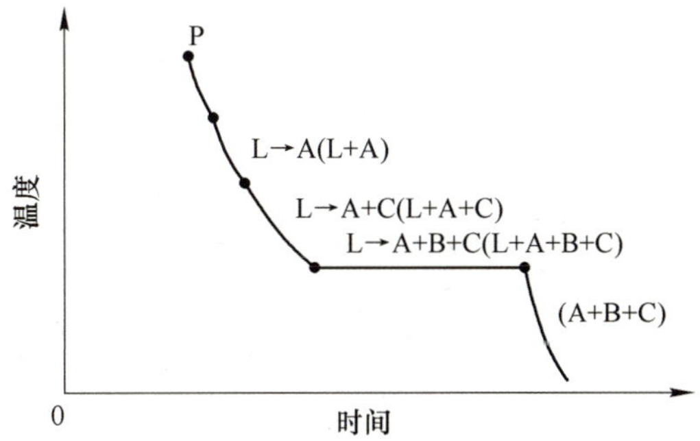

图 3-15 物系点 P 的冷却曲线

当冷却至 E 时，剩余的液相发生三元共晶反应，即：

$$L \longrightarrow A + B + C \tag{3-32}$$

在 E 点，其自由度 $f=3-4+1=0$，即此过程（三元共晶反应）的温度不变，在冷却曲线上出现平台。继续冷却时，则剩余的液相 L 全部耗尽，变为固相（A+B+C）。

3.4.3 简单三元共晶相图的等温线和等温截面

3.4.3.1 等温线

为了更详细地表示液相面的变化情况，在投影图上标出若干条等温度的线，称此种线为等温线。它是立体图液相面与若干个等温面交线在投影面（浓度三角形）上的投影。因液相面为曲面，其与等温线的交线为曲线，在投影面上的投影多为弧形。通常等温面的温度间隔相等，且取为整数，投影后等温线的距离可能会不同。在同一条等温线上的各物系点的熔点是相同的。等温线上所标的温度越低，则该处物系点的熔点越低。越接近于纯组元的等温线，其温度值越高。另外，等温线间距离越小，则该处液相面越陡。当实际物系点位于两条等温线之间时，其熔点可大致按比例用内插法确定。Pb-Sn-Bi 三元共晶相图的等温线如图 3-16 所示。加上等温线的水平投影图，就可以在平面上反映三元相图液相面的立体结构。需要说明的是，这种表示方法可以推广应用到三元体系其他物理化学性质，如黏度、活度等的表示。

3.4.3.2 等温截面

Pb-Sn-Bi 三元共晶相图在 150 ℃时的等温截面如图 3-17 所示。这是利用等温线画出的三元共晶相图的等温截面。

图 3-17 中 Bi-c-d、Pb-a-f、Sn-f-b 三个区域均是两相区，区域内任一物系点的自由度为 1，即只选定某物系点中一个组元的组成后，其他两个组元的组成也就确定了。例如，若选定组元 Bi 的组成为 m 时，根据等含量规则，从 m 划一条平行于 Pb-Sn 的线，此线与 af 线相交于 n 点，n 就代表了组元 Bi 含量为 m 时在两相区（L+Pb）中液相的组成。连接线 Pb-n 的两端点代表了处于平衡的两个相，一个液相 L_n 和纯固相 Pb 的组成。如果该物系点的组成以 x_0 表示时，由重心规则可知，x_0 点必位于 Pb-n 连接线上，平衡的液相与纯固相之比为：

$$L_n/Pb = \overline{Pb - x_0}/\overline{x_0 - n} \tag{3-33}$$

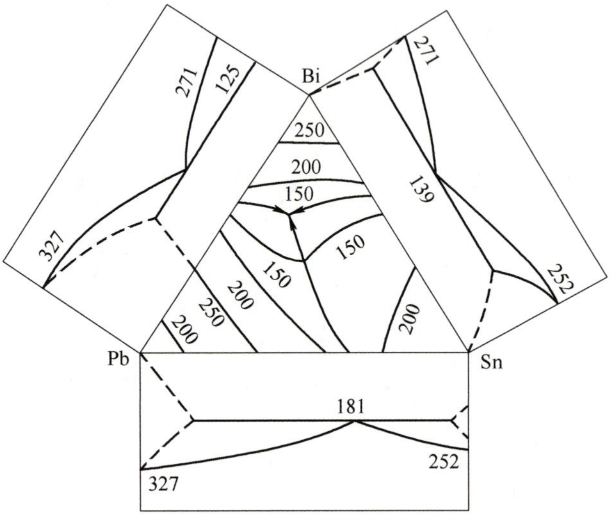

图 3-16 Pb-Sn-Bi 体系等温线

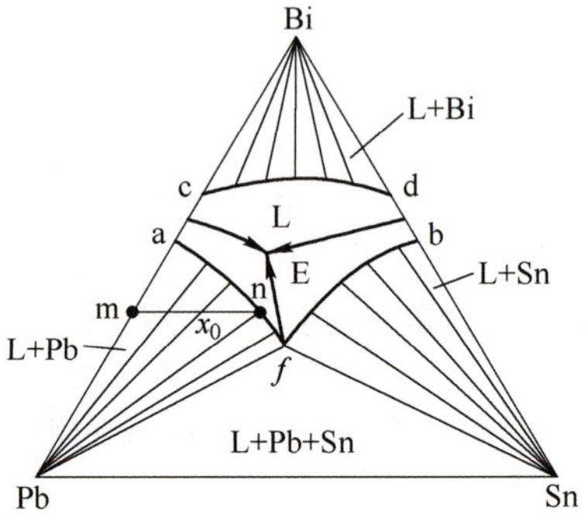

图 3-17 Pb-Sn-Bi 150 ℃等温截面图

图 3-17 中 Pb-f-Sn 区域为三相区，因为 *f* 是一个在液相面上的物系点，它表示该点的液相组成，另一方面，*f* 点位于二元共晶线上，又有纯 Pb 和纯 Sn 的共晶析出，所以，在 Pb-f-Sn 区域内任一物系点平衡的三相为纯 Pb、纯 Sn 和液相 L_f。这三个相的相对量，则要根据物系点总组成在三角形 Pb-f-Sn 中的位置，用重心规则计算。

等温截面图主要用于冶金温度一定的情况下，炉渣或合金体系对应相之间关系的表述。如需要回答如下问题：用 Pb-Sn-Bi 配制合金，要求熔点低于 150 ℃，合金成分如何选择？冶金温度为 1600 ℃，$CaO-SiO_3-FeO$ 形成的炉渣成分应如何确定？这些都可以通过等温截面图解决。

除等温截面外，也可根据实际问题的需要，对三元相图作等含量截面（即以等含量线为基础作的垂直截面）和等比例截面（即以等比例线为基础作的等比例截面）。

3.5 生成异分熔点化合物的三元相图

3.5.1 异分熔点二元化合物的三元相图的特点分析

化合物发生相变时，生成的异相成分与原成分不同，则这种化合物为异分熔点化合物。如图 3-18 所示，组元 A 与 B 形成一化合物 AB。实质上，该化合物是由包晶反应生成的，即：

$$L + A \longrightarrow AB \tag{3-34}$$

在图 3-18 所示的异分熔点二元化合物 AB 的三元相图中，与三元相图共晶相图的不同之处在于组元 A 与 B 除形成一共晶 e_1 外，还生成一异分熔点二元化合物 AB。这一变化导致在浓度三角形 ABC 中面、线和点的特点不同，现讨论分析如下。

3.5.1.1 面

(1) IJEe_1 面：异分熔点二元化合物 AB 的初晶面。从 A-B 二元相图看，投影线 Ie_1是 AB 化合物的初晶线，当其中加入第三组元 C 后，Ie_1线将变成一个面 IJEe_1，此面为异分熔点化合物 AB 的初晶面。

(2) AIJe_3 面：组元 A 的初晶面。

(3) Ce_2EJe_3 面：组元 C 的初晶面。

(4) Be_1Ee_3 面：组元 B 的初晶面。

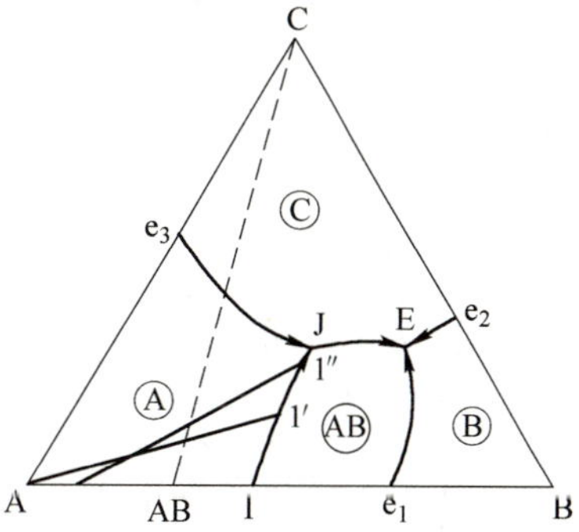

图 3-18 异分熔点化合物三元相图组分 1 的冷却过程

3.5.1.2 线

(1) e_3J：组元 A 和 C 的共晶线，其反应为 L→A+C。

(2) JE：组元 AB 和 C 的共晶线，其反应为 L→AB+C。

(3) IJ：包晶线。在 A-B 二元相图上的 I 点为包晶点，而在三元相图 A-B-C 中则变为一条包晶线，在此线上的自由度 $f=3-3+1=1$，即其共存的相为 AB+A+L，其包晶反应为 A+L→AB，在冷却时液相 L 的组成沿 IJ 线变化。

(4) e_1E：组元 AB 与 B 的共晶线，其反应为 L→AB+B。

(5) e_2E：组元 C 和 B 的共晶线，出反应为 L→B+C。

3.5.1.3 点

在图 3-19 所示的浓度三角形 ABC 中只有两个点：

(1) E 点：共晶点，即组元 AB、C 和 B 的三元共晶点，其共存相为 AB+B+C+L。

(2) J 点：包晶点，其包晶反应为 A+L_J → AB+C，其共存相为 AB+A+C+L，自由度 $f=3-4+1=0$，该点为一特定点，在冷却曲线上出现平台。

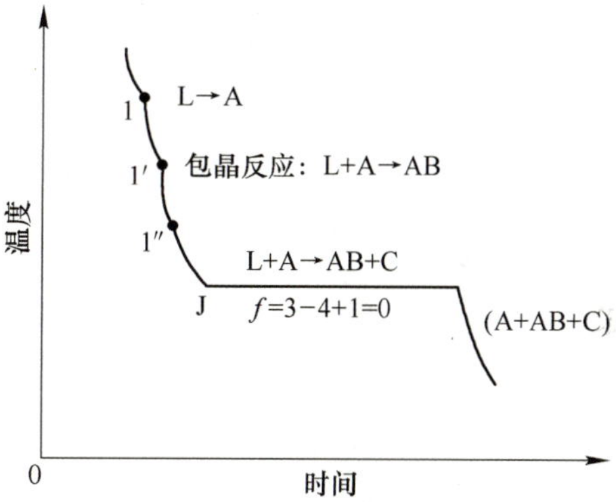

图 3-19 异分熔点化合物三元相图物系点 1 的冷却曲线

3.5.2 物系点的冷却过程

这类相图在冷却过程中，当物系点 P 在相图中位置不同时，其冷却过程也不同。现就几种具体情况讨论如下：

(1) 物系点 1 在小浓度三角形 A-AB-C 中，其冷却过程如图 3-19 所示。

因物系点 1 在 A-AB-C 液相面上，当冷却时将先从液相 L 中析出固相 A，即 L→A，剩余液相组成的变化方向是背向组元 A，即为 A1 方向。当冷却 至与包晶线相交于 1′点后，再继续冷却时，开始发生包晶反应 L+A →AB，此反应自 I 点开始到 J 点结束。在此阶段中，平衡的相组成为液相 L 和固相 A 与 AB 三个相，其组元为 A、AB 和 C，故此过程的自由度 $f=3-3+1=1$。

过程着将不断消耗液相 L 而析出固相（A+AB）。当冷却至 1″时，析出的固相量 W_s 和

与其平衡的液相量 W_l 的关系，可由杠杆规则确定，即

$$W_s/W_l = \overline{11''}/\overline{a_1} \tag{3-35}$$

又因固相是由固相A和AB组成的，则固相总量 W_s 为A和AB的量 W_A 和 W_{AB} 之和，即：

$$W_s = W_A + W_{AB} \tag{3-36}$$

平衡的固相量 W_A 和 W_{AB} 的关系可由重心规则确定，即：

$$W_A/W_{AB} = \overline{a \cdot AB}/\overline{Aa} \tag{3-37}$$

当冷却至J点，将发生三元包晶反应：

$$L_J + A \rightarrow AB + C \tag{3-38}$$

在J点为三个组元（A+AB+C）和四个相（L_J+A+AB+C），所以其自由度f=3−4+1=0，即J点为一个特定点，表现在冷却曲线上出现平台。

又因为原始物系点1在组元A、AB和C组成的小浓度三角形中，故在J点处液相L_J全部耗尽后，最后平衡的固相为A+AB+C，而不会沿JE线冷却至E点。

（2）物系点P在小浓度三角形AB-B-C中的AB-J-e_3-A区域中，其冷却过程如图3-20所示。在冷却过程中，冷却路线为2→2′→J点时，包括J点在内，其冷却过程的特点与（1）相似，其冷却曲线如图3-21所示。但是，因原始物系点2在小浓度三角形AB-B-C中，在J点产生的四元包晶反应L_J+A→AB+C将使组元A耗尽。剩余的液相在冷却时将沿JE线方向变化。即在JE线上发生包晶反应，由剩余液相中析出两个共晶固相（AB+C），即L→AB+C。

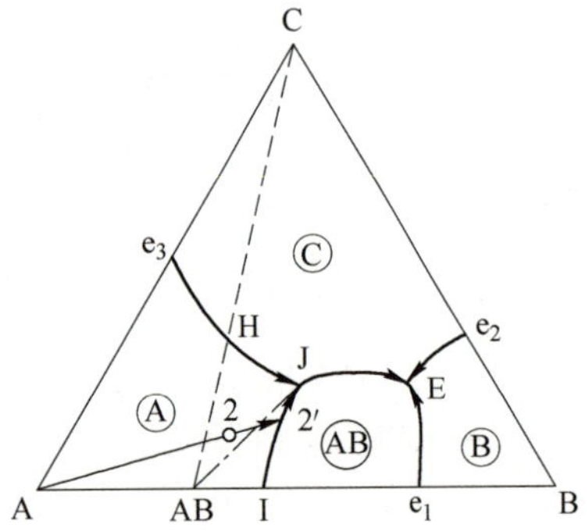

图3-20 组分点2的位置与冷却过程示意图

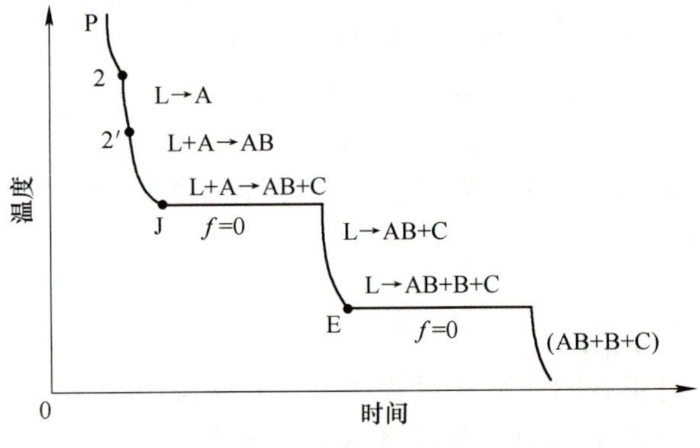

图3-21 组分点2的冷却曲线

当冷却至共晶点E时，再冷却时将发生三元共晶反应L→AB+B+C，此时f=3−4+1=0，故E点为一特定的点，在冷却曲线上表示为一个平台。

最后在E点液相全部耗尽，平衡存在的固相为AB+B+C，与物系点2的原始组成一致。

（3）当物系点P点在小浓度三角形内AB-B-C的AB-I-J区域中，如图3-22所示。在冷却过程中，自点3→3′→3″的过程及冷却曲线如图3-22，图3-23所示，即：

3→3′段：L→A；

3′→3″段：包晶反应，L+A →AB。

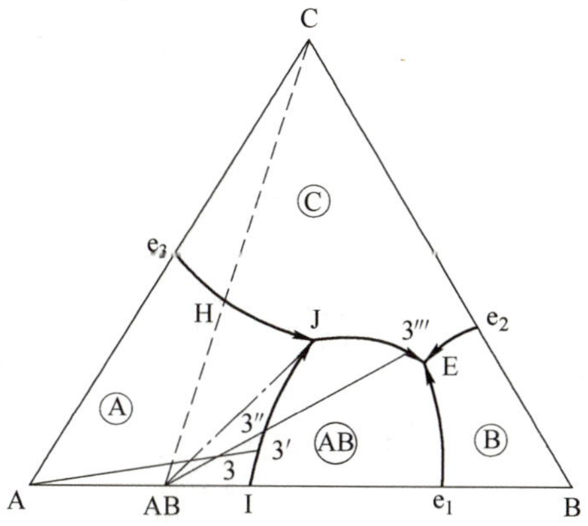

图 3-22 组分点 3 的位置和冷却过程示意图

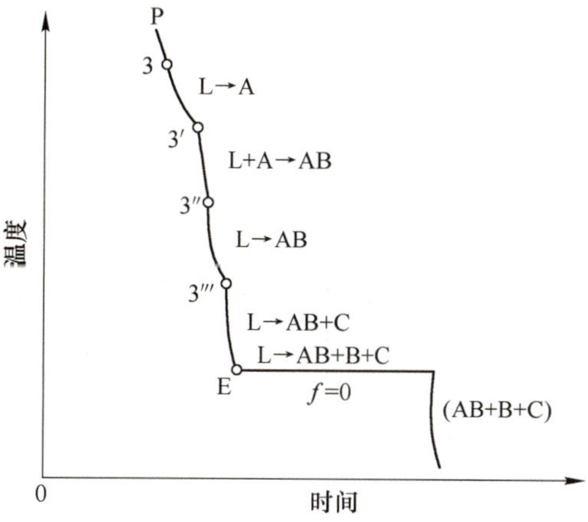

图 3-23 成分点 3 的冷却曲线

当冷却到 3″时，即 3″点和 3 点与 AB 点处在一条直线上，再冷却时，在 3″点剩余的液相中将析出 AB（即包晶反应 L+A→AB 结束），L→AB。继续冷却时，液相变化的方向将不是 3″→J，根据背向规则，液相的变化方向是 AB→3→3″，直至与液相线 JE 相交于 3″点时，L→AB 结束。

再冷却时，剩余的液相将沿 3″→E 方向变化，因 3″E 线为共晶线，故发生共晶反应 L→AB+C，最后到 E 点结束。

在 E 点处，继续冷却时，因 E 点为三元共晶点，剩余的液相发生三元共晶反应 L→AB+B+C。因自由度 $f=3-4+1=0$，故在图 3-23 中冷却曲线上出现平台。最后液相耗尽时，共存的固相为三元共晶（AB+B+C）。

应指出的是，在图 3-22 中，AB-I-J 区域内的所有物系点均有类似的冷却过程。

3.5.3 异分熔点化合物构成的三元相图的一些特殊情况

（1）化合物在二元系时是同分熔点化合物，而在三元系中却发生包晶反应，如图 3-24 所示。这类相图的特点是，在浓度三角形中的 e_1J 线段上如何确定哪一段是包晶线，哪一段是共晶线。这可用切线规则来确定：过 A 点作 e_1J 线的切线，k 点是切点，则 e_1k 段为共晶线，kJ 段为包晶线。因为在 e_1k 线上任一点的切线均交于 A · AB 直线的延长线 AA′上，此时的反应为 L+AB→A，故 kJ 为包晶线。

（2）化合物 AB 在二元系中是异分熔点化合物，而在三元系中即变成同分熔点化合物，如图 3-25 所示。这时 IE_1 线是由包晶线与共晶线构成的。其划分方法是，过 AB 点作 Ie_1线切线，切于 k 点，则 Ik 线段为共晶线，其反应为：I+A →AB，直至 k 点时的包晶反应结束。而 Ke_1 段为共晶线，其反应为 L→A+AB。

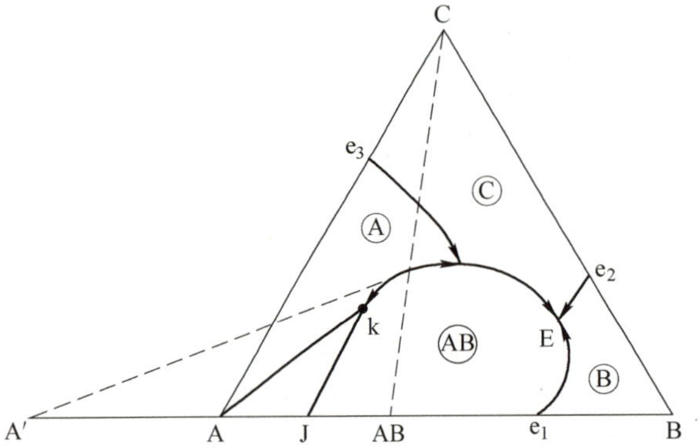

图 3-24 切线规则示意图（1）

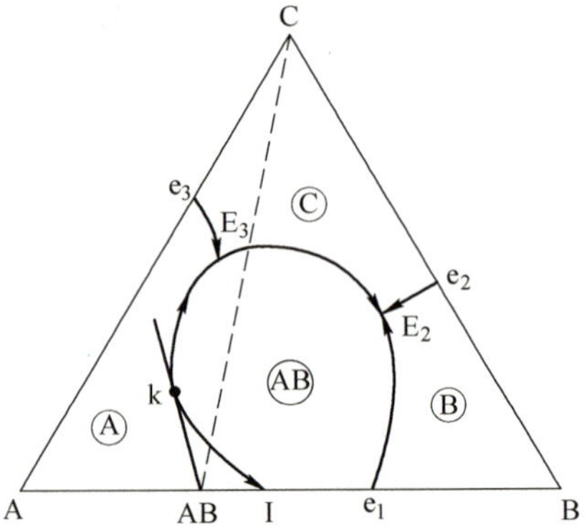

图 3-25 切线规则示意图（2）

3.6 生成三元化合物和同分熔点化合物的三元相图

3.6.1 生成三元化合物的三元相图

由组元 A、B 和 C 形成一三元化合物 D（$A_mB_nC_p$），这一化合物是同分熔点化合物，如图 3-26 所示。

连接 AD、BD、CD 线，将 A-B-C 三元相图分割为三个简单的共晶相图，即 ABD、BDC 和 CDA 三元共晶相图。在三条共晶线 E_1E_2、E_2E_3 和 E_3E_1上的温度最高点分别为 a、b 和 c。

3.6.2 生成两个以上同分熔点化合物的典型三元相图

如图 3-27 所示，组元 B 与 C 和 A 与 C 同时生成两个同分熔点化合物 BC 和 AC，在三元系中又有三个三元共晶点 E_1、E_2 和 E_3。这类相图可用连线的方法将其分割为三个简单三元共晶图。对图的具体情况而言，可以连接 A · BC 和 BC · AC 两条直线，因为在浓度三角形 ABC 中，与三条边相交的线，如 e_1E_1，e_2E_1，e_3E_3，e_4E_3 和 e_5E_2 线等均称为侧界线，E_1E_2 和 E_2E_3 等不与三条边相交的线为内界线，在浓度三角形内的连接线只能通过内界线而不能通过侧界线，故连接线 A · BC 和 AC · BC 合理，而连接线 AC · B 不合理。而且，连接线 A · BC 和 AC · BC 与内界线 E_2E_3 和 E_2E_1 上的交点 a 和 b 为温度最高点，温度降低时，其液相变化方向如图 3-27 所示。这样一来，连接 A · BC 和 AC · BC 将三元相图分割为三个共晶相图：在浓度三角形 A · BC · AC 中，最终共存相为 AC+C+BC 三元共晶。这一结论是符合重心规则的，同时也证明连接线 A · BC 和 AC · BC 是正确的，而 AC · B是不正确的。

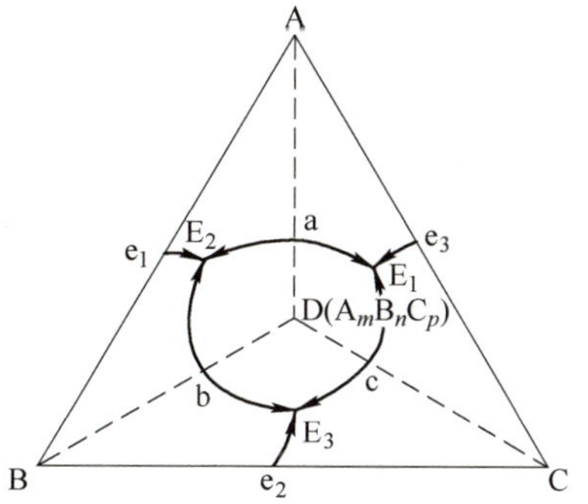

图 3-26 生成三元化合物的三元相图

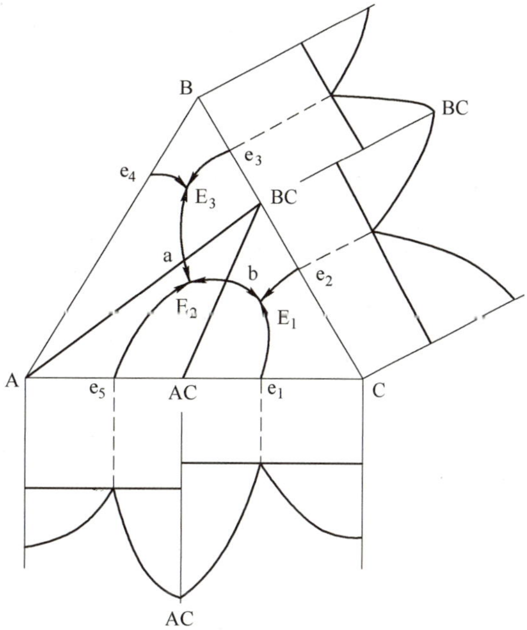

图 3-27 生成两分熔点二元化合物的三元相图

3.7 冶金领域应用的典型相图简介

如何把相图基础理论与冶金的生产实际结合，是相图学习的根本目的。在实际应用中的相图远较前面介绍的复杂，一方面是炉渣的化学组成复杂；另一方面是炉渣处于不断的温度和成分变化过程中。因冶金反应主要涉及液态炉渣，所以在研究复杂相图时，主要研究液相面附近区域。

3.7.1 CaO-SiO_2-Al_2O_3 三元相图及其应用

复杂的 CaO-SiO_2-Al_2O_3 三元相图如图 3-28 所示。如何阅读和分析这种较复杂的实际相图，可以遵循如下步骤：

（1）确定图中的同分熔点化合物及异分熔点化合物。应该注意的体系既包含二元化合物，也包含三元化合物。

同分熔点化合物有：$CaO \cdot SiO_2$（简称 CS），硅灰石，熔点 1548 ℃；$2CaO \cdot SiO_2$（C_2S），正硅酸钙或硅酸二钙，熔点 2130 ℃；$12CaO \cdot 7Al_2O_3$（$C_{12}A_7$），熔点 1415 ℃；$CaO \cdot Al_2O_3$（CA），熔点 1600 ℃；$3Al_2O_3 \cdot 2SiO_2$（A_3S_2），莫来石，熔点 1750 ℃；$CaO \cdot Al_2O_3 \cdot 2SiO_2$（$CAS_2$），钙长石，熔点 1557 ℃；$2CaO \cdot Al_2O_3 \cdot SiO_2$（$C_2AS$），钙铝黄长石，熔点 1596 ℃。

异分熔点化合物有：$3CaO \cdot 2SiO_2$（C_3S_2），硅钙石，熔点 1910 ℃；$3CaO \cdot SiO_2$（C_3S），硅酸三钙，分解温度约 2070 ℃；$3CaO \cdot Al_2O_3$（C_3A），铝酸三钙，分解温度 1535 ℃；$2CaO \cdot Al_2O_3$（C_2A），铝酸二钙，分解温度 1360 ℃；$CaO \cdot 6Al_2O_3$（CA_6），六

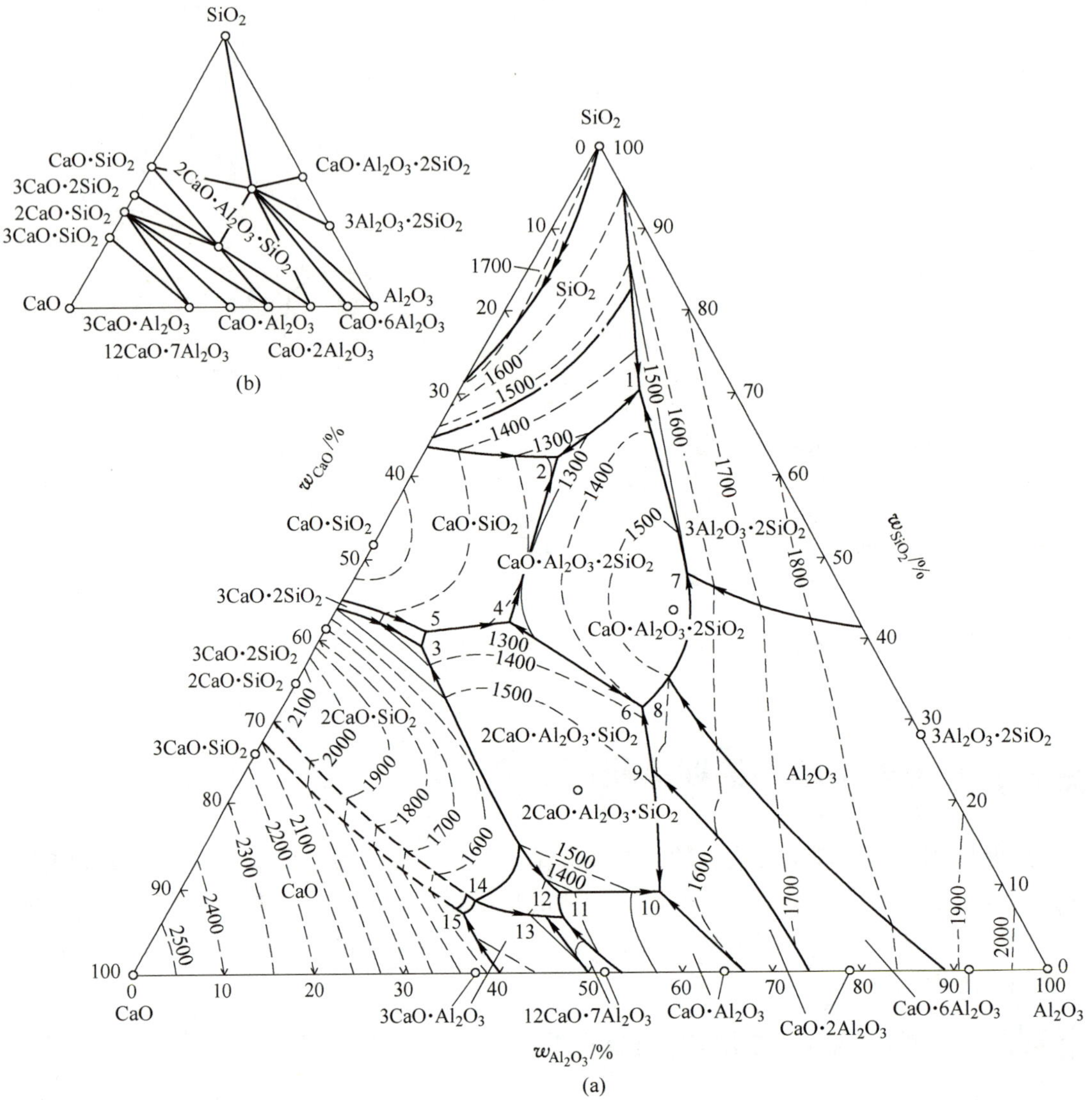

图 3-28 $CaO-SiO_2-Al_2O_3$ 相图

(a) 三元相图；(b) 相图中的相面

铝酸钙，分解温度 1850 ℃。

每个化合物都有一个对应的初晶区。此外，在 CaO 角还有一个石灰相区；在 Al_2O_3 角有一个刚玉相区；在 SiO_2 角有三个相区，即液相区、方英石区及鳞石英区。

本相图总计有 17 个相区，分别用粗实线表示于图中。

(2) 把相邻相区同分熔点化合物的成分点用直线连起来，将 $CaO-Al_2O_3-SiO_2$ 复杂的三元系划分为若干个小的简单三元系，如图 3-28 (b) 所示。

1) CAS_2-CS-S 小三元系：由一个液态互溶型二元系与两个共熔型二元系组成。

2) CS-CAS_2-C_2AS 小三元系：典型共晶三元系。

3) CS-C_2AS-C_2S 小三元系：典型的生成一个不稳定二元化合物的三元系。

4）$C_{12}A_7$-C_2S-C 小三元系：生成两个不稳定二元化合物的三元系。

……

（3）确定共晶点及包晶点，用“直线规则”和“切线规则”来确定各分界线上的最高温度点及每条线的性质。可用不同的线型表示不同的反应。图中用单箭头表示共晶线，用双箭头表示包晶线，用三箭头表示液相分层区的分溶线，用点划线表示晶型转变等温线。

（4）针对所研究的炉渣成分范围，选定对应的切分后的简单相图，按照前面学习的简单相图进行分析即可。

在具体的工程应用中，可与等温截面、等含量截面、等比例截面等结合使用。由于该相图中的组元是冶金矿物中常见的脉石组分或熔剂组分，主要用于金属初炼或精炼造渣中。

3.7.2 CaO-FeO_n-SiO_2 三元相图及其应用

CaO-FeO_n-SiO_2 三元相图如图 3-29 所示。这个相图广泛地应用于钢铁冶金领域，其分析分方法与 CaO-SiO_2-Al_2O_3 三元相图一样。

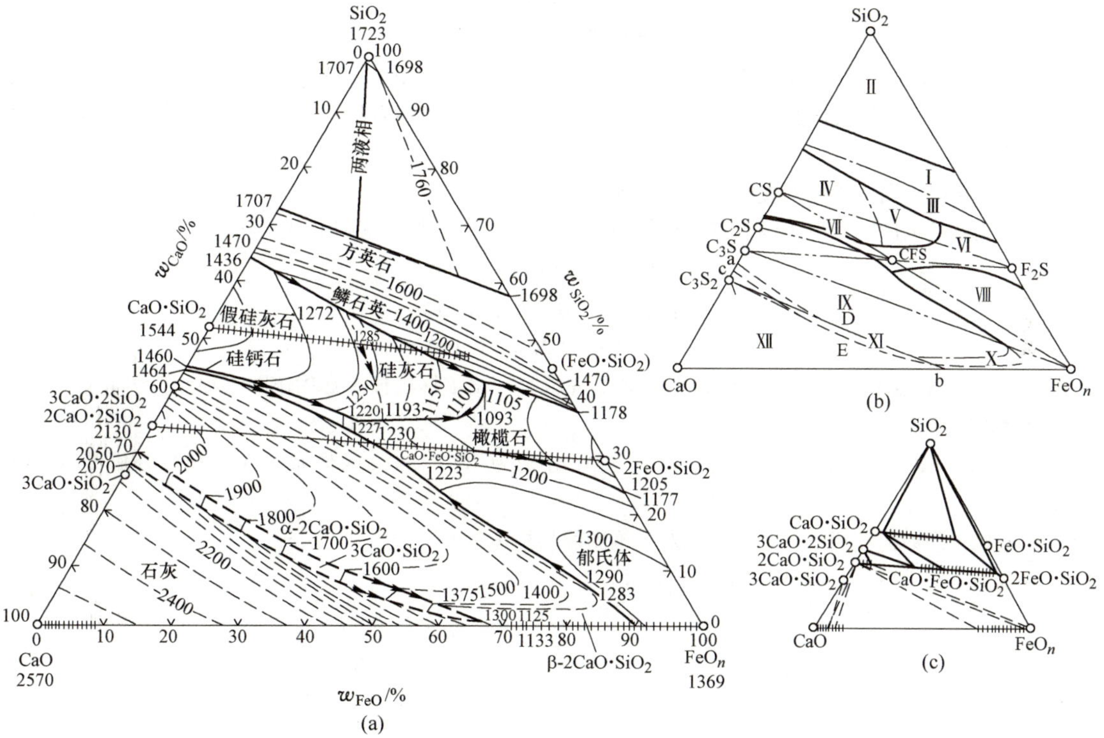

图 3-29 CaO-SiO_2-FeO 三元相图

（a）三元相图；（b）相图中的线面；（c）相图中的切分线

稳定化合物有：CaO·SiO_2（简称 CS），硅灰石，熔点 1544 ℃；2CaO·SiO_2（C_2S），正硅酸钙，熔点约 2130 ℃，2FeO·SiO_2（F_2S），铁橄榄石，熔点 1208 ℃；CaO·FeO·SiO_2（CFS），钙铁橄榄石，熔点 1230 ℃。

不稳定化合物有：$3CaO \cdot 2SiO_2(C_3S_2)$，硅钙石，1464 ℃分解。$3CaO \cdot SiO_2(C_3S)$，硅酸三钙，1800~1250 ℃分解。

共有 12 个相区：如图 3-29（b）所示，Ⅰ为方英石区；Ⅱ为二液相区：Ⅲ为鳞石英区：Ⅳ为α硅灰石区；Ⅴ为β硅灰石区；Ⅵ为橄榄石区；为硅钙石区；为浮氏体区(Fe·Ca)O 区；Ⅸ为α正硅酸钙区；Ⅹ为β正硅酸钙区；Ⅺ为硅酸三钙区；Ⅻ为石灰(Ca·Fe)O 区。

图 3-29 中标记的意义：单箭头表示共熔（晶）线；双箭头表示包晶线，三箭头表示双液相区的分溶线；点划线表示晶型转变等温线；梳形线表示组元或化合物间的固溶范围。如图 3-29（b）所示，C_3S 相区二条边界线 ab 及 bc，由 C_3S 点分别作 ab 及 bc 的切线得切点 D 及 E，由切线规则知 aD 及 Eb 线是共晶线，Db 及 cE 线为包晶线。图中数字为温度（℃）。

方英石，鳞石英为 SiO_2，假硅灰石为 α-$CaO \cdot SiO_2$，硅灰石为 β-$(Ca, Fe)O \cdot SiO_2$，硅钙石为 $3CaO \cdot 2SiO_2$，石灰为 (Ca,Fe)O。

该相图主要用于有色金属火法冶炼造渣及粗金属氧化精炼中。

习题与思考题

3-1 掌握基本概念：相，组元，独立组元，自由度，物系点，液相线，液相面，固相线，共晶线，共晶点，包晶点，开始凝固和凝固终了温度，固熔点，同分熔点化合物，异分熔点化合物，等温线，等温截面。

3-2 试述等含量规则、等比例规则和背向规则。

3-3 在三元系的浓度三角形中画出下列熔体的组成点，并说明其变化规律。

X：A 10%，B 70%，C 20%

Y：A 10%，B 20%，C 70%

Z：A 70%，B 20%，C 10%

若将 3 kg X 熔体与 2 kg Y 熔体和 5 kg Z 熔体混合，试依据杠杆规则用作图法和计算法求出混合后熔体的组成点。

3-4 利用 CaO-SiO_2 系相图（图 3-7），叙述 SiO_2 分别为 10%、30% 的体系，在冷却过程中相成分的变化。

3-5 三元相图是如何利用平面图像实现对三维图像的描述的？

3-6 说明图 3-30 中 1、2、3 点的冷却过程。

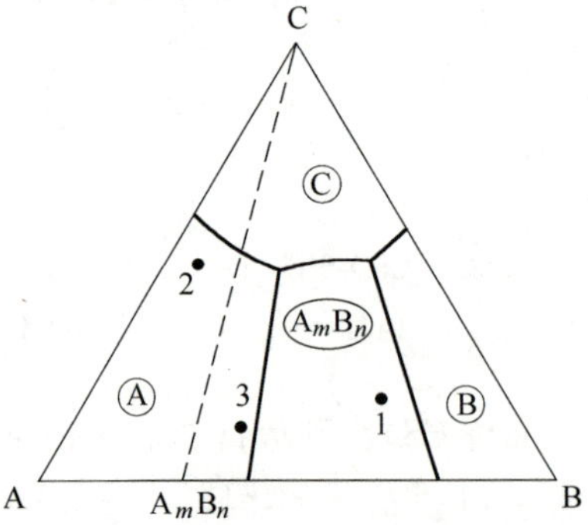

图 3-30 3-6 题图

3-7 冶炼温度为 1550 ℃，要求炉渣的熔点要低于 1400 ℃，如果选择的炉渣体系为 CaO-SiO_2-Al_2O_3，试画出可选的炉渣成分范围。

3-8 炉渣碱度为(%CaO)/(%SiO_2)= 2，在 1600 ℃下，当渣中含 58%FeO 时，炉渣是否全部处于液态？如果炉渣碱度不变，因脱碳反应使渣中 FeO 含量降至 20%时，在此温度下炉渣是否有固相析出，固相组成和含量是多少？

3-9 图 3-31 为 Zn-Pb 相图，试回答：

(1) 如何处理含 Pb2%的粗锌，以除去其中的杂质 Pb，理论上温度最低可降低到多少度，除 Pb 最低可达到什么限度？

(2) 将熔体缓慢冷却，使其中杂质析出的方法叫熔析精炼，含 2%Pb 的粗锌 1000 kg 在 430 ℃经熔析精炼后，能得到多少 Zn，其中含有多少 Pb，析出的粗 Pb 中还有多少 Zn？

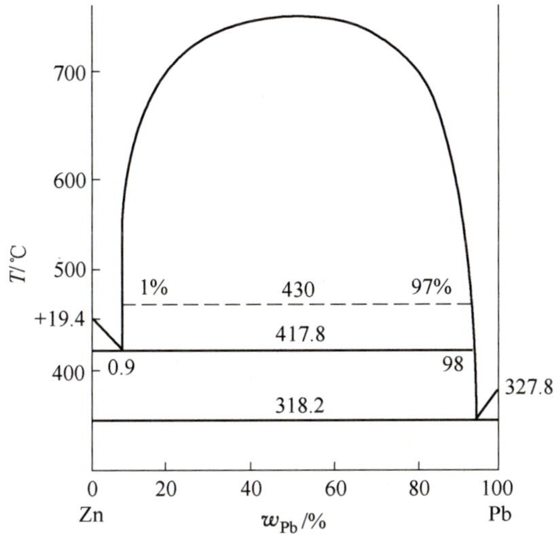

图 3-31 Zn-Pb 相图

3-10 分析 Bi-Sb 相图（图 3-32），试回答：

(1) 20%Sb 的合金在多少温度开始融化，在多少温度完全熔化？

(2) 60%Sb 的合金在 300 g 冷却到多少温度开始凝固，刚刚凝固出的固相温度是多少？

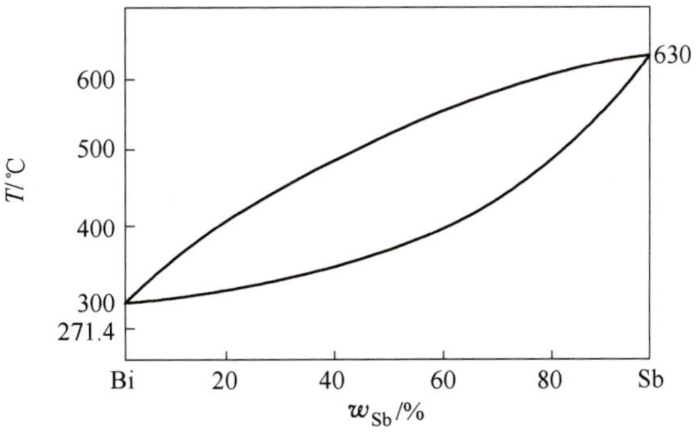

图 3-32 Bi-Sb 相图

(3) 冷至 500 ℃时，共存相的量各是多少，各相中的 Bi 和 Sb 各是多少？

3-11 如何读取复杂三元相图？

3-12 在读取三元相图时，常用哪些截面？

第 2 篇

火法冶金原理

4 冶金熔体

本章要点

本章是对冶金溶体的概括，主要介绍了金属溶体的结构、物理性质，以及元素在金属熔体中的溶解和溶解的各种元素的相互作用，讨论了炉渣的来源、化学组成及作用，概要介绍了熔融炉渣的结构、物理性质、化学性质以及熔渣相图。主要知识点为：

(1) 冶金熔体的物理化学性质及其应用；

(2) 熔体结构与物理化学性质的关系，熔体物理化学性质的控制；

(3) 冶金熔体组元的活度计算问题；

(4) 建立冶金熔体相关物理化学性质的量化概念。

4.1 引言

冶金熔体是在冶金过程高温下呈熔融态的物质的总称，包括金属熔体、熔渣、锍和熔盐。在火法冶金的冶炼和铸锭过程中，许多物理化学反应都与金属熔体和熔渣的物理化学性质有密切的关系。例如炼钢过程中的脱碳、脱磷、脱硫和脱氧反应，铸锭过程中各种元素的偏析和非金属夹杂物的排除等，均与钢液中参与该反应的元素的浓度和活度有密切的关系，同时也与钢液的黏度、表面张力和各元素在钢液中的扩散性有关。因此，研究熔体的物理化学性质对冶金过程十分重要。由于高温熔体本身的复杂性和高温下的实验研究比较困难，至今对它们的物理化学性质的研究还很不充分。很多数据差别较大，还有许多问题尚待进一步研究。下面将集中讨论金属熔体的结构、金属熔体的物理性质、各种元素在金属熔体中的溶解度和相互作用、熔渣的结构、熔渣的物理性质、熔渣的化学性质和熔渣相图等问题。锍在性质上更接近于金属熔体，而熔盐则是炉渣的一种特殊形式，它们的详细情况将在其他章节介绍。

4.2 金属熔体

4.2.1 金属熔体的结构

在冶金过程中，金属熔体的温度一般只比其熔点高 100～150 ℃，在这种情况下，金属熔体的性质和结构是与固体相近的。下列事实可以作为证明：

(1) 金属熔化时体积增加很少，通常只有 3%左右，纯铁熔化时体积只增加 3.5%，即熔化时质点间的距离只增大 1%左右。这就说明各种金属在液态时其质点之间的距离是与固体相近的。

（2）各种物质在熔化时的熔化潜热和熵变比蒸发和升华时的潜热及相应的熵变要小得多。这就说明固体在熔化时质点间的作用力变化不大，并且体系的无秩序排列程度增加不多。

（3）金属在熔化时的热容变化不大。这就证明液体中质点的热运动特点与固体中的很相近，而没有很大的变化。

（4）用X射线衍射法研究金属熔体的结构，证明在熔点附近其结构与固体相近。

根据有关研究结果，纯铁在熔化时原子间的平均距离和配位数都有所增加，与中心原子相邻近的原子，在几个原子半径的范围内，像在固态的晶体中那样有序地排列起来。熔铁的结构近似于δFe的结构。

综上所述，可以认为纯金属原子结构的二维模型如图4-1所示，在固体中是远距有序排列，在熔化时原子间的平均距离有所增加，并且形成较多的空隙和空穴使自由体积增加，金属熔体的温度在熔点附近时，在几个原子半径的范围内其结构与原来的固体相近，保持着近距有序排列。

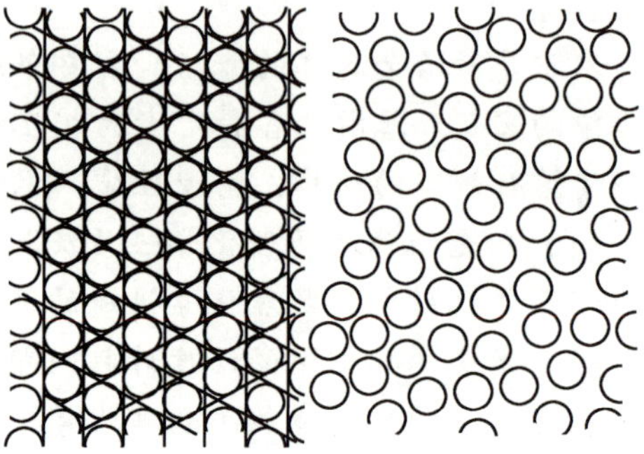

(a) (b)

图4-1 纯金属原子结构的二维模型

（a）固态金属；（b）液态金属

4.2.2 金属熔体的物理性质

金属熔体的物理性质与冶炼和铸锭过程中发生的各种现象和进行的各种反应有密切的关系，而且也是研究熔融状态的结构、各种原子之间相互作用力大小的重要依据。

4.2.2.1 密度

金属熔体的密度ρ是研究熔融状态结构和计算黏度及表面张力等所必需的物性值，另一方面，它也是阐明金属与熔渣、非金属夹杂物的分离与夹杂物上浮等有关现象的重要性质。测定熔融金属的密度，通常用阿基米德法、气泡最大压力法和悬浮熔化法等。

对于熔态钢铁，密度约7.0×10^3 kg/m^3，铝约2.7×10^3 kg/m^3，镁约1.55×10^3 kg/m^3。

纯金属熔体的密度和其原子半径及排列方式有关。图4-2给出了原子半径和原子序数之间的关系。原子半径大的其密度均比较小。

熔态合金的密度与其组成有关，不同的添加元素会对合金密度产生不同的影响。如对于Fe，当温度在1550 ℃附近时其密度为7.0×103 kg/m^{3}左右。其他合金元素对其密度的影响大致如下：加入Al、Mn、P、S、Si和V等元素，能使熔融铁合金的密度减小；加入Co、Cu和Ni等元素，能使其密度增大。

4.2.2.2 黏度

黏度是衡量流动性的一个指标。金属熔体的黏度η对于冶炼和浇铸操作及产品质量等都有很大的影响。例如，扩散速率、非金属夹杂物的排除、钢锭的结晶和偏析等都与金属熔体的黏度有密切的关系。同时它也是阐明熔融金属结构的重要性质。测定熔融金属的

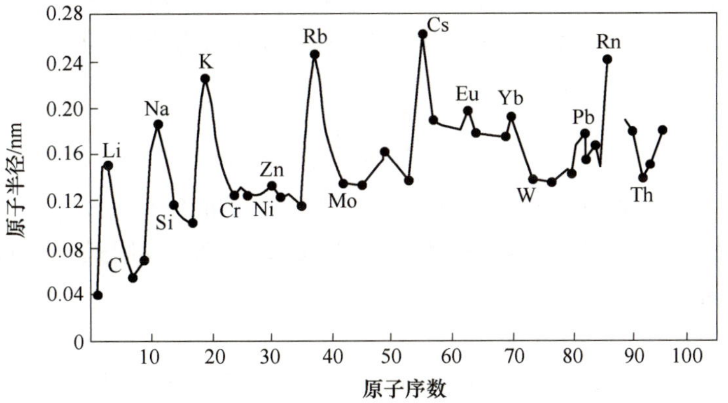

图 4-2 原子半径和原子序数之间的关系

黏度主要用旋转振动法。

黏度和金属熔体中粒子的大小、排列及结合方式有关。在合金中，由于元素原子之间会结合形成原子团，可能会对黏度产生不同影响，如 Fe-C 合金，随着 C 含量的不同，黏度和密度均出现非线性变化。

其他元素对熔铁的黏度的影响大致如下：Ni、Co、Cr 等元素，对熔铁的黏度影响较小；Mn、Si、Al、P 和 S 等元素，能使熔铁的黏度下降，特别是 Al、P 和 S 等元素，很少的含量就能使熔铁的黏度大大降低；V、Nb、Ti 和 Ta 等元素，能使熔铁的黏度增大。必须注意，当熔铁中存在悬浮的固体质点（如 Al_2O_3 和 Cr_2O_3 等）越多时，则黏度就越大。

熔融铁合金的黏度随温度而变化，在距熔点不是很远的温度范围内可用下式表示：

$$\eta = A_0 \exp\left(\frac{E_\eta}{RT}\right) \tag{4-1}$$

式中，A_0为常数，与熔体的性质有关；E_η为黏滞流动活化能，也与熔体的性质有关。E_η的值可通过测定该熔体在不同温度时的黏度，并以 $\lg\eta$ 对 $1/T$ 作图求出。

4.2.2.3 扩散系数

金属熔体中各种元素的扩散，通常认为它是与反应速率控制环节有关的重要物理性质，而且它也是阐明金属熔体结构的重要性质。扩散系数通常有自扩散系数和互扩散系数。在纯物质中质点的迁移称为自扩散，这时得到的扩散系数称为自扩散系数。在溶液中各组元的质点进行相对的扩散，这时得到的扩散系数称为互扩散系数。通常所说的扩散系数，在没有特别说明时一般指的是互扩散系数 D。测定金属熔体中各种元素的扩散系数，通常用毛细管浸没法、扩散偶法和电化学法等。

金属中元素的扩散系数 D 是 $10^{-5} \sim 10^{-4}$ cm^2/s 级，这比熔渣中的扩散系数大 10～100 倍。

扩散系数与温度的关系为：

$$D = D_0 \exp(-E_D/RT) \tag{4-2}$$

式中，E_D为扩散活化能。

扩散系数和黏度都是流体的传输性质，它们进行的机理有相似性，所以扩散活化能

E_D与黏滞流动活化能 E_η几乎是相同的数量级，可以认为金属熔体的自扩散系数 D 与黏度 η 之间有一定的关系，斯托克斯、爱因斯坦根据流体动力学理论得到了下列著名的关系式：

$$D = \frac{kT}{6\pi r\eta} \tag{4-3}$$

式中，k 为玻耳兹曼常数；r 为刚体球半径，当把原子看成刚体球时，r 就是原子半径；T 为绝对温度。这样，如果测定了某一温度下的黏度值，就可以用式（4-3）计算出该温度下的自扩散系数值。

4.2.2.4 熔点

金属的熔点 T_f是研究它们质点间作用力大小的重要性质，也是确定冶炼和浇铸温度的重要根据。各种金属熔点的高低在一定程度上反映了金属中基本质点之间作用力的大小，质点间的作用力越大，则其熔点就越高。而原子体积的大小也在一定程度上表征了键的牢固程度。所以金属熔点的高低与原子体积的大小有密切的关系。若以元素熔点分别对原子序数作图，就得到如图 4-3 所示的关系。由此可见，元素的原子序数（与原子半径对应）和熔点都呈周期性变化，图 4-2 中那些位于波底（即原子半径小）的元素都有较高的熔点。图 4-3 中那些具有电子键的金属元素都有较高的熔点，一般都在 1400 ℃以上，但是其中 Mn 是例外，只有 1244 ℃。

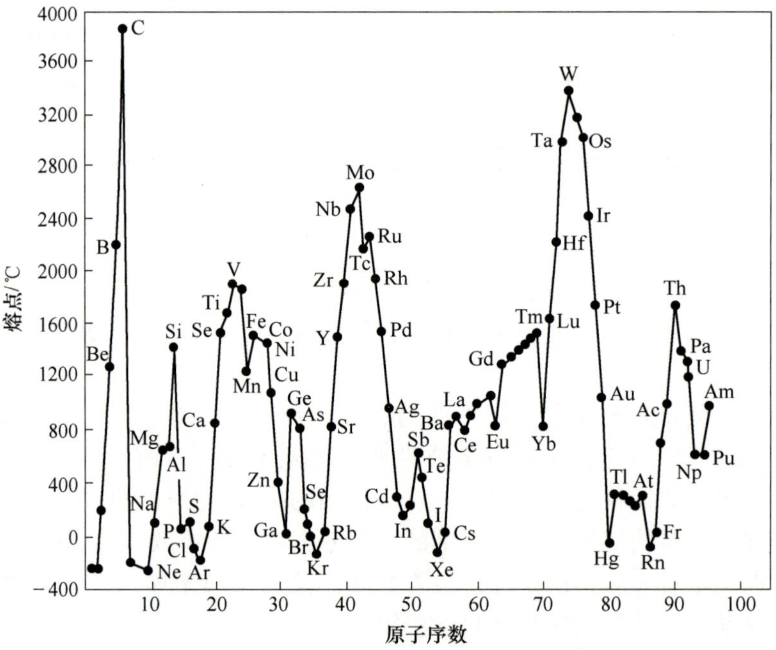

图 4-3 元素的熔点与原子序数的关系

对溶液而言，添加溶质可使溶剂的凝固点（即熔点）下降，这同样适用于金属熔体。熔铁中溶有其他元素后，将使铁原子之间的作用力减弱，因此铁的熔点就下降。各元素使纯铁熔点降低的程度，取决于加入元素的浓度、相对分子质量和凝固时该元素在熔体与析出的固体之间的分配。各元素使纯铁熔点的降低值 ΔT 可用式（4-4）计算：

$$\Delta T = \frac{1020}{M_j} \times ([\%j]_{(l)} - [\%j]_{(s)}) \tag{4-4}$$

式中，M_j为溶质元素j的相对分子质量，而$[\%j]_{(l)}$和$[\%j]_{(s)}$分别为元素j在液态和固态铁合金中的质量百分数。元素j在固态和液态铁合金中的含量之比，可以近似地看作常数，即$[\%j]_{(l)}/[\%j]_{(s)} = K$（称为分配系数），则式（4-4）可以写成：

$$\Delta T = \frac{1020}{M_j} \times \{[\%j]_{(l)}(1 - K)\} \tag{4-5}$$

式中，1−K值称为偏析系数，它与钢锭中的偏析有密切的关系。由此可知，溶质元素的相对分子质量越小、浓度和偏析系数越大，则铁的熔点降低值ΔT就越大。

根据式（4-5）计算的铁中溶入1%某种元素时使铁的熔点降低值ΔT和分偏析系数（1−K）等见表4-1。在炼钢生产中必须知道各种钢的熔点，并以此为依据再结合生产实际条件来确定合适的浇铸温度和出钢温度。因钢中含有多种元素，需要利用表4-1中的数据，按下式确定钢的熔点的近似值：

$$T_f = 1538 - \sum \Delta T \times [\%j], \quad ℃ \tag{4-6}$$

式中，ΔT为钢中某元素含量增加1%时使铁的熔点降低值；$[\%j]$为钢中某元素的质量分数；1538为纯铁的熔点，℃。

表4-1 某些元素在固态和液态铁合金中的分配和对铁的熔点降低值

元素	原子量	液相中含1%某种元素时使δFe的熔点降低值ΔT/℃	δFe的K值	偏析系数（1−K）	
				δFe	γFe
Al	26.98	5.1	0.92	0.08	—
B	10.82	100	0.11	0.89	(0.95)
C	12.01	90	0.20	0.80	0.70
Cr	52.01	1.8	0.95	0.05	(0.15)
Co	58.94	1.7	0.94	0.06	0.05
Cu	63.54	2.6	0.90	0.10	(0.30)
H	1.00	1300	0.27	0.73	0.55
Mn	54.94	1.7	0.90	0.10	0.25
Mo	95.95	1.5	0.86	0.14	(0.40)
Ni	58.71	2.9	0.83	0.17	0.05
N	14.00	90	0.25	0.75	0.52
O	16.00	65	0.02	0.98	(0.97)
P	30.98	28	0.13	0.87	0.94
Si	28.09	6.2	0.83	0.17	(0.50)
S	32.07	40	0.02	0.98	(0.95)
Ti	47.90	17	0.40	0.60	(0.70)
W	183.86	<1	0.95	0.05	(0.50)
V	50.95	1.3	0.96	0.04	—

例 4-1 计算滚珠轴承钢 GCrl5SiMn 的熔点，其化学成分为 C 1.0%、Si 0.5%、Mn 1.0%、Cr 1.5%、P 0.02%、S 0.01%。

解： 各元素的 ΔT 值可从表4-1 中查得，钢中气体（O、N、H）因它们的含量较低，可以不单独计算，一般认为它们能使铁的熔点降低约 2 ℃，而它们与其他元素在一起又能综合降低熔点约 5 ℃，这样钢中气体能使铁的熔点降低约 7 ℃，则：

$$
\begin{aligned}
T_f &= 1538 - \sum \Delta T \times [\%j] \\
&= 1538 - (90 \times 1.0 + 6.2 \times 0.5 + 1.7 \times 1.0 + 1.8 \times 1.5 + 28 \times 0.02 + 40 \times 0.01 + 7) \\
&= 1433\ ℃
\end{aligned}
$$

由表 4-1 可知，碳是降低铁熔点的最显著的元素。碳素钢在冶炼终点时，钢中其他元素含量很低，其熔点主要取决于碳含量，这样也就可以根据熔点快速地确定其碳含量。现在国内外在炼钢生产中广泛应用的“结晶定碳仪”就是利用迅速测定终点钢水的凝固点而确定其碳含量的。

4.2.2.5 表面张力

金属熔体的表面张力是阐明金属冶炼过程中各种界面现象所不可缺少的重要性质。例如金属熔体内气泡的生成和长大，脱氧产物的生成、凝聚和排除，金属与熔渣的分离和金属液的凝固等，都与金属熔体液的表面张力有密切的关系。并且金属熔体的表面张力与其质点间的作用力大小有密切的关系。表面张力与原子序数的关系如图 4-4 所示。

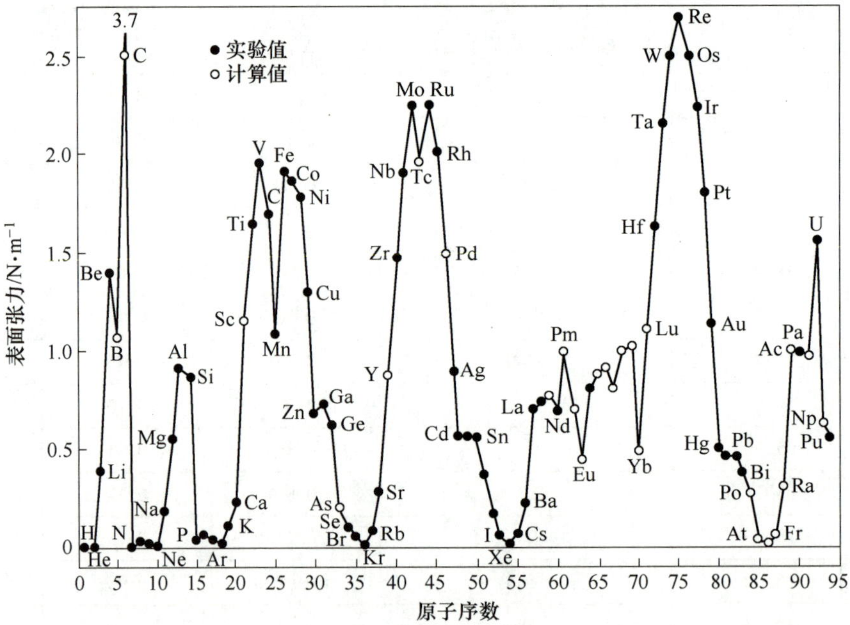

图 4-4 表面张力与原子序数之间的关系

金属熔体的表面张力与其熔点 T_f 和摩尔体积 $M/\rho_{(1)}$ 有一定的关系（其中 M 为相对原子质量，$\rho_{(1)}$ 为熔体的密度）。若以金属在熔点时的表面张力对 $T_f(M/\rho_{(1)})^{-2/3}$ 作图，则得到如图 4-5 所示的关系，由此可以得到下列函数关系：

$$\sigma = \frac{3.6T_f}{(M/\rho_{(1)})^{2/3}} \tag{4-7}$$

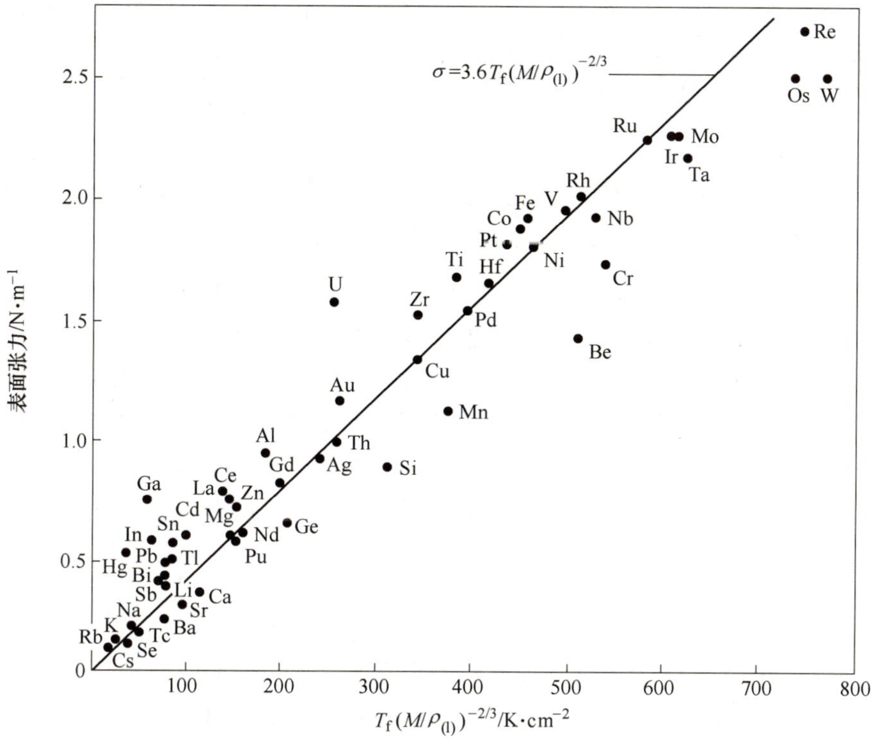

图 4-5 金属熔体在熔点时的表面张力与 T_f $(M/\rho_{(1)})^{-2/3}$ 的关系

从图 4-5 和式（4-7）可知，金属元素的熔点越高、摩尔面积越小，则表面张力就越大。通常冶金熔体表面张力还与其化学键性质有着密切的关系。某些冶金熔体的表面张力值见表 4-2。可以看出，具有强结合力的金属键熔体的表面张力值最大，其次是共价键熔体，再次是离子键熔体，而分子型熔体具有弱结合的范德华力，所以它们的表面张力都非常小，其中 H_2O 为极性分子，它的表面张力又稍大些。熔融二元硅酸盐的表面张力介于共价键熔体和离子键熔体之间，这说明熔渣中这两种形式的键都可能存在。

表 4-2 某些熔体的表面张力

类 型	熔 体	温度/℃	表面张力/N · m^{-1}
金属键熔体	Fe	1550	1.865
	Ni	1453	1.778
	Pb	327	0.468
共价键熔体	SiO_2	1800	0.307
	Al_2O_3	2050	0.690
硅酸盐熔体	$CaO \cdot SiO_2$	1600	0.420
	$MnO \cdot SiO_2$	1570	0.415
	$Na_2O \cdot SiO_2$	1400	0.284

续表 4-2

类　型	熔　体	温度/℃	表面张力/N·m^{-1}
离子键熔体	NaCl	800	0.114
	CaF_2	1500	0.297
	CuCl	450	0.092
分子型液体	H_2O	20	0.0728
	C_6H_6	20	0.0289
	C_2H_5OH	20	0.022

从上面的分析可知，凡是影响表面层质点力场状况的因素都会引起表面张力的变化，在各种影响因素中主要是温度和组分。温度对熔体的表面张力有较大影响，单组元熔体的表面张力一般随着温度的升高而减小，在达到沸点时，液相和气相之间的界面消失，则表面张力为零。熔融铁合金的表面张力也随着温度的升高而减小。在熔体中溶解某些元素后，它的表面张力也会发生变化。凡是能降低表面张力的元素，便会自发地移到溶液表面，使表面浓度大于内部浓度，这时称为正吸附，并把该元素称为表面活性物质；反之，若表面浓度低于内部浓度，则相应地称为负吸附和表面非活性物质。溶质在表面层的过剩浓度可以用吉布斯吸附等温式计算。

测定熔融合金的表面张力，可以用气泡最大压力法、卧滴法、悬滴法等。

溶质元素对熔剂表面张力的影响程度取决于它的性质与熔剂的差别，如果溶质元素的性质与熔剂相近，则溶质原子与熔剂原子之间的作用力和熔剂原子本身之间的作用力大体相似，对熔剂的表面张力影响较小；反之，溶质元素的性质与熔剂差别越大，则对熔剂表面张力的影响就越大。一般来说，金属元素对熔铁表面张力的影响较小，而非金属元素的影响则较大。C、N、O 和 S 对熔铁表面张力的影响如图 4-6 所示，由此可见，S 和 O 是很强的表面活性物质，只要含有很少量的 S 和 O 就能使熔铁的表面张力大大下降，N 的影响小些，而 C 在浓度低时影响很小。熔融铁合金中求得的 S、O、N 和 C 的表面吸附量及其影响如图 4-7 所示。

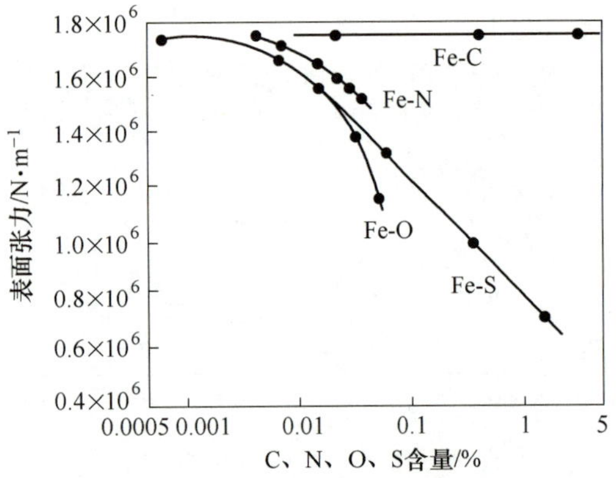

图 4-6　C、N、O、S 对熔铁表面张力的影响

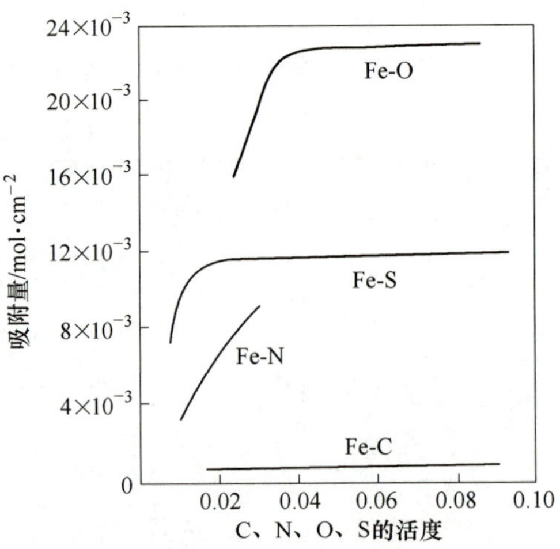

图 4-7　熔铁中 C、N、O、S 的表面吸附量

其他各种元素对熔融铁合金表面张力的影响为：Ni、Cr、Co 等元素的影响较小；Si 和 Mn 等元素能使其表面张力稍有下降；Sn 的影响较大。

4.2.2.6 蒸气压

各种物质的蒸气压大小及其随温度的变化程度，不仅提供了物质在凝聚状态的知识，而且与工业上防止蒸发或促进蒸发等技术有关。蒸气压也是确定溶液中各组元活度的重要性质。

各种元素的蒸气压随着温度的升高呈指数关系增大，通常可以用下式近似地表示它们之间的关系：

$$\lg p = \frac{-\Delta H_b}{2.303RT} + B \tag{4-8}$$

式中，p 为元素的蒸气压；ΔH_b 为每摩尔蒸气的蒸发热；T 为绝对温度；B 为常数。

元素的蒸发热 ΔH_b 也能表示原子间键的强度，元素的蒸发热越大，则表示原子间的吸引力越大。铁的蒸发热为 0.35×10^6 J/mol，锰的蒸发热为 0.23×10^6 J/mol，铁原子之间的作用力比锰的大得多，同时铁的熔点和表面张力也比锰的大得多。

式（4-8）通常写成下列形式：

$$\lg p = \frac{A}{T} + B \tag{4-9}$$

式中，A 和 B 在一定温度范围内可以看作常数。某些元素的 A 和 B 值可由有关手册查得。根据有关数据可以计算出在 1873 K 时，铁的蒸气压为 0.87×10^{-5} MPa，锰的蒸气压为 5.9×10^{-2} MPa。由此可见，锰的蒸气压为铁的 680 倍，这说明在高温下锰的蒸发损失要大得多。

4.2.2.7 电阻率

熔融金属和合金的电阻是金属熔体的电磁输送、电磁搅拌和感应加热等设备的操作和设计的重要基础数据，是研究熔融金属的电子结构和电子状态的重要物理性质。金属熔体电阻率随温度的升高而增大。从熔点到 1660 ℃的温度范围内，熔铁的电阻率 ρ（μΩ · cm）和温度 T(℃) 的关系式如下：

$$\rho = 112.3 + 0.0154T \tag{4-10}$$

C、Si、Al 和 Cu 对熔铁电阻率的影响如图 4-8所示。

对 Fe-C 熔体而言，其电阻率随着 C 浓度的增加而增大。在 C 浓度在从零到 0.2%～0.4%范围内时，其电阻率随 C 浓度的增加而急剧增大；当 C 浓度大于 0.4%时，其电阻率随 C 浓度的增加而稍有增加。C 在熔体中以正离子状态存在时，它的价电子转移到铁的 $3d^6$ 层上，降低了能导电的电子浓度和形成很多分散的离子杂质，增加了电阻率。Si 与 C 一样，能使熔铁的电阻率增加，但其影响程度比 C 小得多。Al 和 Cu 能降低熔铁的电阻率。

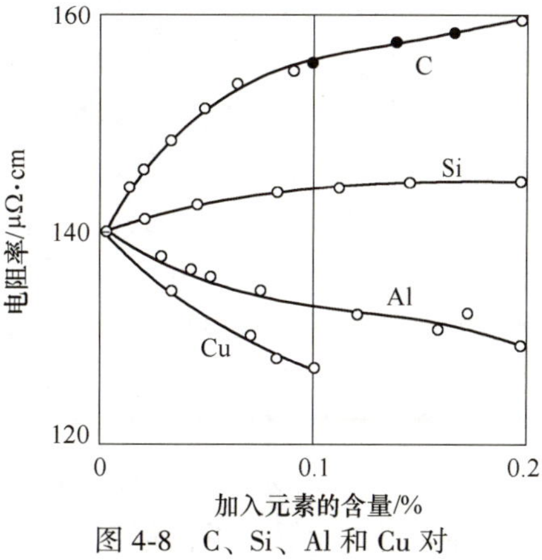

图 4-8 C、Si、Al 和 Cu 对熔铁电阻率的影响（1873 K）

4.2.3 元素在金属熔体中的溶解和相互作用

冶金过程中的金属熔体中溶有各种非金属元素和金属元素。为了改善金属的机械性能和使金属有各种特殊性能，可向金属中加入各种合金元素，如向 Fe 中加入 Si、Mn、Cr、Ni、Co、W、Mo、V、Ti、Nb、Zr、B 和稀土元素等。因此，必须研究各种元素在金属熔体中的溶解度、它们与金属形成的溶液的性质、各种元素在熔融金属中的相互作用及与此有关的各种热力学数据。这对于充分利用各种有益元素和最大限度地去除各种有害元素和非金属夹杂物是十分重要的；对于发展金属溶液理论也起着非常重要的作用。

4.2.3.1 金属溶液

金属溶液可分为理想溶液和实际溶液，理想溶液的规律比较简单，应用方便，只要把理想溶液的规律加以修正就可应用于实际溶液，所以理想溶液的规律是溶液理论的基础。

(1) 理想溶液。理想溶液是由物理性质及化学性质极其近似的物质所组成。若由 A 和 B 两种物质组成溶液，由于质点 A-A、B-B、A-B 之间的作用力完全相同，形成溶液时没有吸热、放热现象，体积也不变。溶液中组元符合拉乌尔定律和亨利定律。如 Fe-Mn、FeO-MnO、Au-Ag、NaCl-KCl 等形成的溶液，溶质和熔剂性质相近，可以近似按照理想溶液处理。

(2) 实际溶液。实际上所有金属溶液（包括其他熔体）都是非理想溶液，同拉乌尔定律和亨利定律存在偏差，为了保留拉乌尔定律和亨利定律的基本形式，引入了修正系数，即活度系数。对于实际溶液，需用活度表述其热力学性质。对于金属溶液中的溶质组元活度，一般采用无限稀溶液或1%溶液标准态，以质量分数表示浓度；对于炉渣中的组元，则常取纯物质标准态，以摩尔分数表示浓度。

(3) 稀溶液。实际溶液中，当溶质浓度稀释到一定程度时，溶质的蒸气压符合亨利定律，这时溶液称为稀溶液。如 H、N 等在钢液中溶解形成的溶液，由于溶解度非常低，可以按照稀溶液处理。

(4) 规则溶液。规则溶液是实际溶液的另一种特殊简化处理方式。规则溶液的定义是：在形成溶液时的混合熵 ΔS 与理想溶液的相同，但是混合焓 ΔH 不等于零，可以是正的或负的任何数值。如果溶液在整个浓度范围内具有 $\Delta S_i = -R\ln x_i$ 和 $\Delta H_i = RT\ln\gamma_i$ 的性质，则这种溶液称为规则溶液。如果对理想行为是正偏离（即 $\gamma_i>1$），则 ΔH_i 是正的，在混合成规则溶液时会吸热；反之则是负偏离（即 $\gamma_i<1$），ΔH_i 是负的，在混合时会放热。Cu 基合金和许多其他合金在一定浓度范围为近似规则溶液。如果实际溶液对理想行为的偏离程度较小时，则比较简单的处理办法是应用规则溶液的概念。

某些 Fe-j 系的活度系数 $\lg\gamma_j$ 与 x_{Fe}^2 的关系如图 4-9 所示。由图可见，Fe-Mn 和 Fe-Ni 系几乎是水平线，因为它们近似理想溶液，活度系数近似等于 1。Fe-Cu 和 Fe-A1 系一般认为近似于规则溶液。Fe-Si 系中硅的摩尔分数小于 0.57 时，$\lg\gamma_{Si}$ 与 x_{Fe}^2 成比例，在 1873 K 时可用下式表示：

$$\lg\gamma_{Si} = -3.10x_{Fe}^2 + 0.35 \tag{4-11}$$

4.2.3.2 各种元素在熔铁中的溶解度和溶解过程的标准自由能变化

各种元素在熔铁中的溶解度和溶解 1%（质量分数）时的标准自由能变化 $\Delta G_i^{\ominus}$ 可查表求得。各元素在熔铁中的溶解度差别很大，有的能完全溶解，而有的则只能溶解极微量。

各种元素在熔铁中溶解度的大小与其原子大小、晶格类型以及与铁原子的相互作用力有关。元素的原子半径与铁原子半径（1.22×10^{-10} m）越相近，晶格与铁的晶格越相同，其性质与铁原子越相似，则它们与铁原子之间的相互作用力与铁原子本身间的作用力就越相近，就越容易溶解。

各种元素溶解于熔铁中的偏摩尔自由能 $\overline{G}_i$ 可按下式计算：

$$\overline{G}_i = G_i^{\ominus} + RT\ln a_i \tag{4-12}$$

由于采用的标准状态的不同，溶质的活度 a_i 就有不同的值，而 $G_i^{\ominus}$ 也有不同的值，但是无论采用哪一种标准状态，溶质的偏摩尔自由能 $\overline{G}_i$ 的值是不变的，所以：

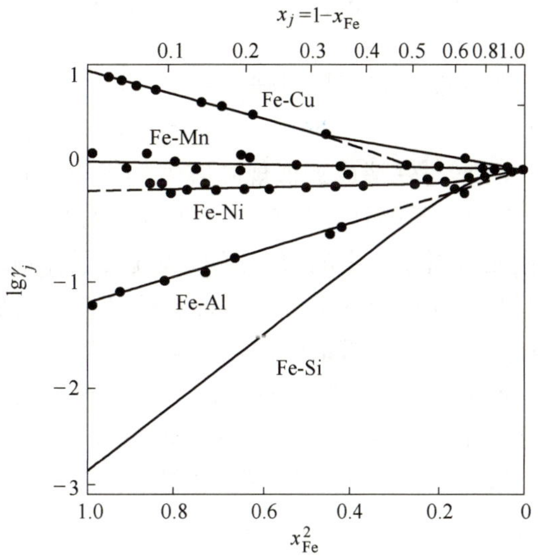

图 4-9 某些 Fe-j 体系中 j 的活度系数

$$\overline{G}_i = G_{R,i}^{\ominus} + RT\ln a_{R,i} = G_{\%,i}^{\ominus} + RT\ln_{a_{\%,i}} \tag{4-13}$$

或

$$\Delta G_i^{\ominus} = G_{\%,i}^{\ominus} - G_{R,i}^{\ominus} = RT\ln\frac{a_{R,i}}{a_{\%,i}} \tag{4-14}$$

根据活度之间的相互关系有：

$$\Delta G_i^{\ominus} = RT\ln\gamma^{\ominus}(M_1 /\!/ 100M_2) \tag{4-15}$$

式（4-15）就是元素 i 溶解于某溶剂生成 1% 的溶液时标准自由能变化 $\Delta G_i^{\ominus}$ 的计算公式。

如果元素 i 溶解于熔铁中，铁的原子量 $M_{Fe}=55.85$，则式（4-15）成为：

$$\Delta G_1^{\ominus} = RT\ln\gamma^{\ominus}\left(\frac{0.5585}{M_i}\right) \tag{4-16}$$

根据元素的性质、其与铁形成的溶液的性质和在熔铁中的溶解度，可以把它们分为下列 5 组：

（1）与铁形成近似理想溶液的元素，它们是 Mn、Co、Ni、Cr、Mo、Nb 和 W 等金属元素。其中 Mn、Co、Ni 在 1873 K 时能完全溶解，而 Cr、Mo、Nb、W 在该温度下只能部分溶解，因为它们的熔点高于 1873 K，在更高的温度下能完全溶解。上述这些元素在周期表中的位置与 Fe 较近，它们的性质和原子半径与铁原子相近，晶格形式也与铁的相似。所以，习惯上认为这些元素与铁形成的溶液近似于理想溶液，可以应用理想溶液的定律。

例 4-2 计算在 1873 K 时，液态纯 Cr 和固态纯 Cr 在熔铁中溶解 1%（质量分数）时的标准自由能的变化。纯 Cr 的熔化热为 1922 J/mol。

解： 因 Fe-Cr 熔体是近似的理想溶液，所以 $\Delta H=0$ 和 $\gamma_{Cr}^{\ominus}=1$，则式（4-16）成为：

$Cr_{(l)} = [Cr]$ $\Delta G_1^{\ominus} = RT\ln(0.5585/M_{Cr}) = 19.12T\lg(0.5585/51.996) = -2.16T$ ，J/mol

因 Cr 的熔点为 2133 K，在 1873 K 时是固体，Cr 的熔化热已知为 19228 J/mol，则熔化熵为 19228/2133=9.125 J/(mol·K)。因此：

$$Cr_{(s)} \xlongequal{} Cr_{(l)} \qquad \Delta G_f = 19228 - 9.13T,\ J/mol$$

将上面两式相加得到：

$$Cr_{(s)} \xlongequal{} [Cr] \qquad \Delta G_2^\ominus = 19228 - 11.29T,\ J/mol$$

(2) 与铁形成近似规则溶液的元素，它们有 Cu 和 Al 等元素，在 1873 K 时能完全溶解。Fe-Cu 系熔体对拉乌尔定律有较大的正偏离；而 Fe-Al 系熔体却有较大的负偏离。它们在元素周期表中的位置离 Fe 较远，其性质和原子半径也与铁原子有一定的差别，所以它们与熔铁形成的溶液不是理想溶液，但近似于规则溶液，可以应用规则溶液的各项公式来计算它们形成溶液时的热力学函数的变化。

例 4-3 计算在 1873 K 时，液态纯 Cu 溶解于熔铁中形成 1%（质量分数）溶液时的标准自由能的变化。在 1873 K 时的 $\gamma_{Cu}^\ominus = 8.6$。

解：Fe-Cu 系熔体近似规则溶液，当形成 1% 的标准规则溶液时，根据式（4-16），则有：

$$\Delta G^\ominus = RT\ln\gamma_{Cu}^\ominus + RT\ln\left(\frac{0.5585}{M_{Cu}}\right) = 19.12 \times 11873\lg 8.6 + 19.12T\lg(0.5585/63.5)$$

$$= 33440 - 40.96\ T,\ J/mol$$

(3) 与铁形成稀溶液的元素，如 N 和 H 等，它们在熔铁中的溶解度非常小，这样的溶液可以看作稀溶液。当然，当其他元素在熔铁中的浓度很小时都可以看作稀溶液。N 和 H 在元素周期表中的位置离 Fe 更远，它们是非金属元素，性质与铁原子相差很大，原子半径比铁的小得多，这就限制了它们在熔铁中的溶解度。N 和 H 溶解在熔铁中时的标准自由能变化，可以用平衡实验得到。

(4) 与铁形成实际溶液的元素，它们是 C、P、O 和 S 等非金属元素及 Si、Ti、V 和 Zr 等金属元素。C 和 O 等非金属元素在熔铁中的溶解度有一定的限制，它们在元素周期表中的位置离 Fe 较远，其性质、原子半径都与铁原子有很大的差别，它们与铁形成实际溶液。Si、Ti、V 和 Zr 等金属元素在元素周期表中的位置也离 Fe 较远，其性质、原子半径也与铁原子有一定的差别，它们与铁形成的溶液也是实际溶液。在 1873 K 时，Si 能完全溶解于铁中，而 V、Ti 和 Zr 等因其熔点较高，只能部分溶解，在更高的温度下能完全溶解。上述这些元素溶解在熔铁中的标准自由能的变化，可以通过平衡实验等方法求得。

(5) 在熔铁中溶解度很小的元素，它们有 Pb、Ag、Ca 和 Mg 等金属元素。其中，Ca 和 Mg 在炼钢温度下已成为蒸气，测定它们在熔铁中的溶解度更为困难，至今只有很少数的实验测定值，它们的真实溶解度现在还不太清楚。这些元素在周期表中的位置都离 Fe 较远，其性质和原子半径都不同于铁原子，它们在熔铁中的溶解度都很小。

4.2.4 熔铁中各种元素的相互作用和相互作用系数

熔铁中各种元素不仅与铁发生作用，而且各溶质元素之间也发生相互作用。熔铁中各元素之间的相互影响，可以通过彼此对活度系数的影响显示出来。对于具有更多溶质元素的多元系溶液，为了确定它们的活度系数，常引入相互作用系数 ε_i^j 或 e_i^j 表示组元 j 对 i 活度的影响。其中，ε_i^j 表示以纯物质为标准态时的活度相互作用系数；e_i^j 表示以 1%溶液为标准态时的活度相互作用系数。它们是温度的函数，当溶质 j 加到 Fe-i 系中时，如果 j–i 间的吸引作用大于Fe对它们的吸引作用，则 ε_i^j 是负值，i 的活度系数就变小；反之，若 j 和 i 之间有较大的排斥作用，则 ε_i^j 是正值，i 的活度系数就变大。对 e_i^j 也是如此。

不同标准态相互作用系数之间存在下列关系：

$$\varepsilon_i^j = \varepsilon_j^i \tag{4-17}$$

$$\varepsilon_i^j = 230\frac{M_i}{M_A}e_i^j + \frac{M_A - M_i}{M_A} \tag{4-18}$$

$$\varepsilon_i^j = 230\frac{M_j}{M_A}e_i^j + \frac{M_A - M_j}{M_A} \tag{4-19}$$

$$\varepsilon_j^i = 230\frac{M_i}{M_A}e_j^i + \frac{M_A - M_i}{M_A} \tag{4-20}$$

$$\varepsilon_i^j = \frac{M_i}{M_j}e_j^i + \frac{1}{230}\left(\frac{M_j - M_i}{M_j}\right) \tag{4-21}$$

式中，M_A、M_i、M_j分别为溶剂 A 和溶质 i、j 的相对分子质量。熔铁中各种元素的相互作用系数 ε_i^j 和 e_i^j 可查表求得。

例 4-4 如果铁水成分为 0.05%S、1.0%Si、4.0%C、1.0%Mn 和 0.20%P，求铁水中硫的活度系数 f_S。

解：从表中查出 e_S^j，则有：

$$\begin{aligned}\lg f_S &= e_S^S[\%S] + e_S^{Si}[\%Si] + e_S^C[\%C] + e_S^{Mn}[\%Mn] + e_S^P[\%P]\\ &=(-0.028)\times0.05+0.063\times1.0+0.11\times4.0+(-0.026)\times1.0+0.029\times0.2\\ &=0.482\end{aligned}$$

$$f_S \approx 3.0$$

由此可知，当铁水中含有 C、Si 等元素时，硫的活度系数为同样温度和硫浓度下钢水的 3 倍，因此对铁水脱硫比对钢水脱硫有利得多。

4.3 冶金炉渣

4.3.1 炉渣的来源、化学组成及其作用

4.3.1.1 炉渣的来源和化学组成

冶金的目的是从矿石或精矿中提取各种金属或合金。在火法冶炼中，除了获得金属或合金外，同时还产生一定数量的另一熔体——熔渣，其来源如下：

(1) 来源于矿石或精矿中的脉石。这些脉石在冶金过程中未被还原，如在高炉冶炼中来源于铁矿石中脉石的氧化物有 SiO_2、Al_2O_3、CaO 等。

(2) 在冶金过程中，部分粗炼和精炼的金属被氧化产生的氧化物。如在氧化精炼中产生的 FeO、Fe_2O_3、MnO、TiO_2、P_2O_5等。

(3) 被浸蚀和冲刷下来的炉衬材料。如在碱性炉中炼钢时，由于炉衬被浸蚀，使渣中含 MgO。

(4) 根据冶炼要求加入的熔剂，如 CaO、SiO_2、CaF_2 等。

冶金熔渣的主要成分是各种氧化物及少量其他化合物，一般由 5~6 种以上化合物组

成，是一种极复杂的体系，其化学组成因冶炼方法和要求的不同而不同。表4-3列出了钢铁冶金炉渣的主要化学组成范围，表4-4列出了某些有色冶金炉渣的成分。

表4-3 钢铁冶金炉渣的化学组成（质量分数） （%）

组分	SiO_2	AL_2O_3	CaO	FeO	MgO
高炉渣	35~40	10~12	35~50	0.5~1.0	1~5
转炉渣	15~25	6~7	36~40	8~10	5~7
电炉氧化渣	10~20	3~5	40~50	8~15	7~12
精炼渣	15~18	6~7	50~55	<1.0	0~10
电渣重熔渣	—	30	—	—	—

表4-4 某些有色冶金炉渣的成分（质量分数） （%）

炉渣成分	SiO_2	CaO	FeO	Al_2O_3	MgO	ZnO
钢反射炉渣锍熔炼	34~49	5~13	38~50	3~7	—	—
冰铜转炉吹炼	22~28	—	$FeO+Fe_3O_4$ 60~70	1~5	0.3~0.5	—
硫化镍矿电炉造锍熔炼	35~45	3~5	30~50	5~10	5~20	—
铅鼓风炉还原熔炼	20~27	9~20	25~35	1~4	—	5~30
锌鼓风炉还原熔炼	14~32	16~30	30~42	5~9	—	4~10
锡精矿电炉熔炼	26~32	32~36	3~5	10~20	—	—

4.3.1.2 炉渣在冶金过程中的作用

（1）在冶炼过程中，熔渣起熔炼和精炼金属的作用，熔渣几乎容纳了炉料中的大部分杂质，如脱硫、脱磷等精炼反应均在钢-渣界面进行，其产物进入熔渣中。

（2）熔渣能汇集、分离有用金属或合金。

（3）炉渣覆盖在金属熔体表面上，使金属不被空气直接氧化，同时减缓气氛中 H_2O、N_2 等有害气体溶入金属熔体。

（4）在焙烧过程中，渣料起黏合剂作用，使烧结块或烧结球团具有一定强度。

（5）在电渣重熔中，熔渣不但对金属进行渣洗精炼，更主要的是熔渣为熔炼过程的发热体。

（6）炉渣可得到综合利用。如高炉渣制作水泥和建筑材料；炼钢所得高磷渣可制作肥料。我国复合共生矿冶炼中产生的炉渣有时比金属还贵重，如高炉产生的稀土渣；在电炉中还原冶炼钛铁矿富砂时，产生的高钛渣是提取钛的原料，而金属却是副产品；氧化吹炼含钒或铌铁水所得的钒渣或铌渣等。

（7）炉渣对炉衬有浸蚀作用，使炉子寿命缩短。另外，如果炉渣物理化学性质控制不当，炉渣中将夹有金属颗粒和未还原的金属氧化物，使金属回收率降低。这些作用对冶炼是有害的。

合理地选择炉渣成分，可获得所需的物理化学性能。

4.3.2 熔融炉渣的结构

冶炼过程要求炉渣具有良好的物理化学性质，如熔点、黏度、密度等。炉渣的性质与炉渣的结构有着内在的联系。由于炉渣熔化温度高，故目前对熔渣的研究方法和实验手段尚不完善，难于直接观察熔渣的结构。目前有关熔渣的结构理论是通过固态渣的结构和熔渣的某些性能间接推测得出的，因而尚不够成熟。

关于熔渣的结构目前有 3 种理论，即分子理论、离子理论和共存理论。

4.3.2.1 氧化物分类

组成炉渣的各种氧化物可分为 3 类：

（1）碱性氧化物：CaO、MnO、FeO、MgO 等，这类氧化物能供给氧离子 O^{2-}，如：

$$CaO \rightleftharpoons Ca^{2+} + O^{2-} \tag{4-22}$$

（2）酸性氧化物：SiO_2、P_2O_5 等，这类氧化物能吸收氧离子而形成配合阴离子，如：

$$SiO_2 + 2O_2^{2-} \rightleftharpoons SiO_4^{4-} \tag{4-23}$$

（3）两性氧化物：Al_2O_3、ZnO、Fe_2O_3、PbO 等，这类氧化物在酸性氧化物过剩时可供给氧离子而呈碱性，而在碱性氧化物过剩时则又会吸收氧离子形成配合阴离子而呈酸性，如：

$$Al_2O_3 \rightleftharpoons 2Al^{3+} + 3O^{2-} \tag{4-24}$$

$$Al_2O_3 + O^{2-} \rightleftharpoons 2AlO_2^- \tag{4-25}$$

炉渣的酸性或碱性取决于其中占优势的氧化物是酸性或碱性。钢铁冶金中普遍采用碱度表示炉渣的酸碱性，而对于有色冶金炉渣，习惯上常用硅酸度表明渣的酸碱性，有时也用碱度表示。

$$碱度 = 碱性氧化物的含量 / 酸性氧化物的含量 \tag{4-26}$$

$$硅酸度 = 酸性氧化物中氧的含量之和 / 碱性氧化物中氧的含量之和 \tag{4-27}$$

4.3.2.2 炉渣结构

接近熔点的炉渣，它的结构更接近于固体而不是无规则排列的气体。化合物在固态往往不是按一种键结合。氟化物、氧化物和硫化物的离子键结合百分数依次递减，共价键百分数则增大，这种键型的特点会在化合物熔化为液态时在一定程度上保留下来。由于炉渣温度很高，大部分卤化物、碱金属及碱土金属氧化物（碱性氧化物）会分解为离子态，而 O^{2-} 又会与 SiO_2 等酸性或中性氧化物结合为离子团。

熔渣的导电性和可电解性说明它本质是离子的，组成熔渣的离子化合物越多，渣中离子化程度就越高。但是熔渣中还是有部分的分子化合物存在。

研究炉渣结构，对了解炉渣物理化学性质之间的内在联系具有重要意义。

4.3.2.3 分子理论

熔渣的分子理论可归纳为如下 3 个要点：

（1）与固态渣相似，熔渣中存在有各种简单化合物（如 CaO，SiO_2，FeO，…）和复杂化合物（如 $2CaO \cdot SiO_2$，$2FeO \cdot SiO_2$，…）的分子。这些简单化合物和复杂化合物存在离解-生成的平衡。

$$2(MeO \cdot SiO_2) = 2(MeO) + (SiO_2) \tag{4-28}$$

其平衡常数为：

$$K_C = a^2_{(MeO)} \cdot a_{(SiO_2)} / a^2_{(MeO \cdot SiO_2)} \tag{4-29}$$

平衡常数 K_C 随温度的升高而增大。温度升高、复杂化合物离解程度增加，游离的简单化合物浓度加大。

（2）熔渣中只有简单化合物才能参与反应，而复杂氧化物只有离解或被置换成简单氧化物后，才能参与反应。

（3）认为熔渣是理想熔液，因而渣中简单氧化物的摩尔分数可用活度表示。

以熔渣结构的分子理论来分析有熔渣参与的反应的热力学规律和进行一些热力学计算，其结果往往符合经验公式，因而该理论得到广泛应用。然而分子理论有着明显的不足之处：

（1）就确定熔渣中简单氧化物的浓度来说，渣中某氧化物的含量可由化学分析得出，然而在熔渣中该化合物既有简单的，也有结合成各种非简单化合物的，往往只能根据经验确定生成化合物的种类进行计算，而复杂化合物的解离度也缺乏准确数据。

（2）实际上只有在稀溶液的情况下，熔渣才符合理想溶液，而一般情况下必须用活度来代替浓度进行热力学计算。

（3）分子理论与熔渣性能间缺乏有机的联系，分子理论不能说明熔渣的电导、黏度等性质。

4.3.2.4 炉渣熔体结构的离子理论

由于分子理论的缺陷，人们对熔渣的电化学进行了大量的研究工作，首先发现熔渣可电解，如用铁做电极，对（$Fe\text{-}SiO_2\text{-}CaO\text{-}MgO$）和（$Fe_2O_3\text{-}CaO$）的渣进行电解，发现在阴极上析出了金属铁。在对熔渣的其他性质进行测定时发现，熔渣具有电导值；熔渣组元的最小扩散单元为离子等。特别是近代测试技术，如X射线分析的应用，发现固态炉渣具有离子特性，即随温度升高，其离子性增强。另外，统计热力学为离子结构理论的建立提供了理论基础。

离子理论的基本观点有如下几个方面：

（1）离子理论认为，熔渣是由荷电质点所构成的，其间的作用力为库仑力，熔渣中正负离子存在形式与荷电质点作用力有关。正离子 Z^+ 与负离子 Z^- 间的作用力 F（见图4-10）由库仑定理决定，即：

$$F=(z^+e)\cdot(z^-e)/r^2=z^+z^-e^2/r^2 \quad (4\text{-}30)$$

式中，z^+ 和 z^- 为正（Z^+）、负（Z^-）离子荷电荷数；e 为电子电量；r 为正负离子中心的距离。

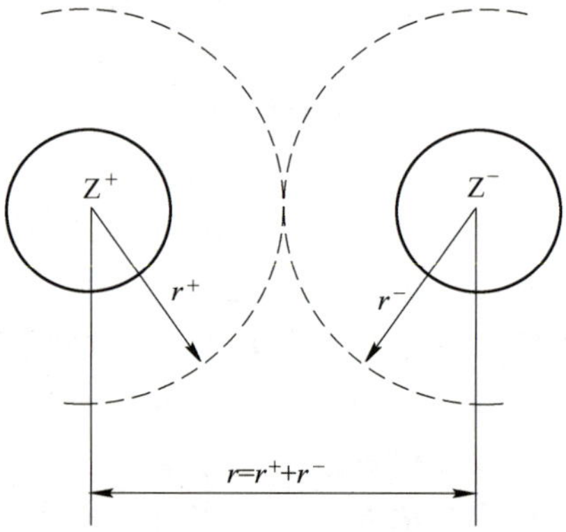

图4-10 正离子、负离子相互作用示意图

当氧化物（ZO）熔渣电离后，熔渣中的金属正离子（Z^+）和氧负离子（O^{2-}）间的相互作用力：

$$F=\frac{(z^+e)(2e)}{(r^++r_{O^{2-}})^2}=\frac{2z^+}{(r^++r_{O^{2-}})^2}e^2 \quad (4\text{-}31)$$

式中，z^+ 为金属正离子荷电荷数；r^+ 为正离子半径；$2e$ 为 O^{2-} 电荷值；$r_{O^{2-}}$ 为 O^{2-} 半径。

设
$$I=\frac{2z^+}{(r^++r_{O^{2-}})^2} \quad (4\text{-}32)$$

这里，称 I 为静电势，则式（4-31）可改写为：

$$F=Ie^2 \quad (4\text{-}33)$$

由式（4-32）和式（4-33）可知，z^+ 越大，r^+ 越小，则 I 越大，F 也越大，这说明金属氧化物中阳离子（Z^+）与阴离子（O^{2-}）间引力越大，这时，该氧化物便不易离解成简单正离子和氧负离子；反之，氧化物则易离解为简单正离子和氧负离子。

用式（4-32）计算不同氧化物中正离子与 O^{2-} 间的静电势值如表 4-5 所示。

表 4-5 氧化物中正离子半径及正离子与氧离子间的静电势

阳离子 M^{n+}	K^+	Na^+	Ca^{2+}	Mn^{2+}	Fe^{2+}	Mg^{2+}	Cr^{3+}	Fe^{3+}	Al^{3+}	Ti^{4+}	Si^{4+}	P^{5+}
离子半径 r/μm	0.133	0.095	0.099	0.080	0.075	0.065	0.060	0.050	0.068	0.039	0.034	—
I/C·μm^{-2}	0.27	0.36	0.70	0.83	0.87	0.93	0.60	1.50	1.66	1.85	2.51	3.31

（2）不同离子之间存在相互反应。碱性氧化物（如 CaO、MnO、MgO、FeO 以及硫化物 CaS 和 FeS 等），由于其中正离子的静电势 I 值较小，在高温液态时，呈简单正离子、负离子状态存在。离解反应为：

$$\left.\begin{aligned} &CaO \rightleftharpoons Ca^{2+} + O^{2-} \\ &MnO \rightleftharpoons Mn^{2+} + O^{2-} \\ &CaS \rightleftharpoons Ca^{2+} + S^{2-} \\ &\vdots \end{aligned}\right\} \tag{4-34}$$

酸性氧化物（如 SiO_2、P_2O_5 及 Al_2O_3、Fe_2O_3 等），由于其中正离子的 I 值较大，对 O^{2-} 引力较大，易形成复杂阴离子。离子反应为：

$$\left.\begin{aligned} &SiO_2 + 2O^{2-} \rightleftharpoons SiO_4^{-4} \\ &Fe_2O_3 + O^{2-} \rightleftharpoons 2FeO_2^- \\ &P_2O_5 + 3O^{2-} \rightleftharpoons 2PO_4^{3-} \\ &\vdots \end{aligned}\right\} \tag{4-35}$$

所以，熔渣是由简单离子（Ca^{2+}、Mn^{2+}、Mg^{2+}、O^{2-} 和 S^{2-} 等）和复杂阴离子（SiO_4^{4-}、FeO_2^-、PO_4^{3-} 等）组成。

碱度对熔渣中简单离子和复杂阴离子浓度的影响如下：

1）增加渣的碱度，即增中渣中碱性氧化物含量时，有利于反应式（4-35）向左进行，渣中 O^{2-} 浓度增大。

2）降低渣的碱度，即增加渣中酸性氧化物含量时，有利于反应式（4-35）向右进行，将消耗渣中 O^{2-}，渣中复杂阴离子浓度增加。

复杂阴离子的聚合和解体如下：

1）当向熔渣中添加 SiO_2 时，将使反应式（4-36）向右进行，生成 SiO_4^{4-}，其反应式为：

$$SiO_2 + O^{2-} \rightleftharpoons SiO_4^{4-} \tag{4-36}$$

硅氧四面体 SiO_4^{4-} 的结构如图 4-11 所示。这种硅氧四面体周围价键未饱和，此时再向渣中加入 SiO_2 时，将进一步发生聚合，生成更复杂的硅氧复合体。其聚合反应为：

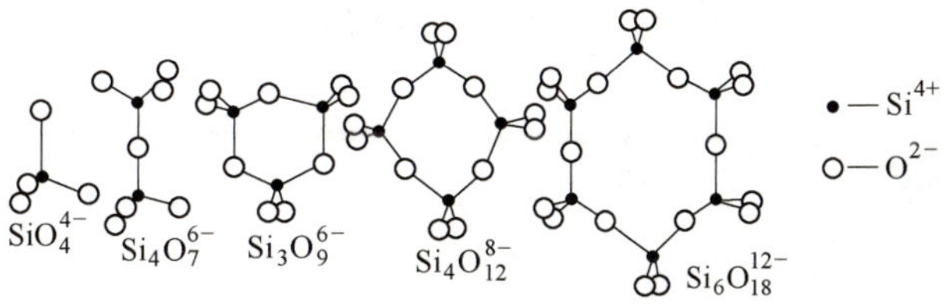

图 4-11 硅氧离子团结构及化学式

$$SiO_4^{4-} + SiO_4^{4-} \xrightleftharpoons{\text{聚合解体}} Si_2O_6^{-7} + O^{2-} \tag{4-37}$$

$$3SiO_4^{4-} \xrightleftharpoons{\text{聚合解体}} Si_3O_{10}^{8-} + 2O^{2-} \tag{4-38}$$

通式为：$Si_xO_y^{z-}$。

2）当向渣中添加碱性氧化物时（如 CaO），将使反应式（4-36）向左进行，这时复杂硅阴离子解体。

（3）利用离子浓度可以建立熔渣结构和活度之间的关系。如对 CaO，其活度由氧离子浓度和钙离子浓度决定，如能求得自由状态存在的氧离子浓度和钙离子浓度，即可得到 CaO 活度。

$$a_{MeO} = x_{MeO} = x_{Me}^{2+} \cdot x_O^{2-} \tag{4-39}$$

有些离子的形态可通过结构分析予以证实。但有些离子却无法最终确定，如对于铝氧离子，有人认为是 Al_2O_3，还有人认为是 AlO_2^- 或 $Al_2O_4^{2-}$。为此，其应用受到一定限制。

4.3.2.5 共存理论

鉴于分子理论和离子理论均有不足，提出了共存理论。共存理论对炉渣的看法可概括为：

（1）熔渣由简单离子（Na^+、Ca^{2+}、Mg^{2+}、Mn^{2+}、Fe^{2+}、O^{2-}、S^{2-}、F^-等）和 SiO_2、硅酸盐、磷酸盐、铝酸盐等分子组成。

（2）简单离子和分子间进行着动平衡反应：

$$2(Me^{2+} + O^{2-}) + (SiO_2) \rightleftharpoons (Me_2SiO_4) \tag{4-40}$$

$$(Me^{2+} + O^{2-}) + (SiO_2) \rightleftharpoons (MeSiO_3) \tag{4-41}$$

将 Me^{2+}和 O^{2-}同置于括号内并加起来的原因是 CaO、MgO、MnO 和 FeO 在固态下即以类似 NaCl 的面心立方离子晶格存在，它们由固态变液态时的离子化过程不起主导作用。

不论在固态或液态下，自由的 Me^{2+}和 O^{2-}均能保持独立而不结合成 MeO 分子，因而表示 MeO 的浓度时不能采用离子理论的形式，即式（4-39），而应采用以下形式：

$$a_{MeO} = x_{MeO} = x_{Me}^{2+} + x_O^{2-} \tag{4-42}$$

正负离子的这种性质即称为它们的独立性。

其次，由于形成 Me_2SiO_4 或 $MeSiO_3$ 时需要 Me^{2+}和 O^{2-}的协同参加，因此单独增加 Me^{2+}或 O^{2-}的任何一个不论到多大的浓度均不能促进形成更多的硅酸盐。这就是 Me^{2+}和 O^{2-}在成盐时的协同性。由于协同性，水溶液中的所谓“共同离子（common ions）”在熔渣中是不会起作用的。

（3）熔渣内部的化学反应服从质量作用定律。利用共存理论中各种化合物的平衡热力学数据，可以计算各化合物的实际浓度，即活度，为解决困扰冶金工作者的活度问题的求解提供了一条途径。

4.3.3 熔渣的物理性质

4.3.3.1 熔渣的熔点

冶金过程中炉渣一般为熔融状态，熔点的研究具有重要意义。由于炉渣的复杂性，尚无理论公式，需要通过相图加以确定。对于具有一定组成的炉渣，加热到一定温度开始有液相出现，该温度称为初熔点。当加热到某一高温度时，全部变为液相，此温度称为全熔点，一般以此为融化温度。炉渣的熔点应和冶金反应要求相适应，应低于冶炼温度 80~150 ℃。

4.3.3.2 熔渣的黏度

黏度是熔渣的主要物理性质之一，它代表熔渣内部相对运动时各层之间的内摩擦力。黏度与渣和金属间的传质和传热速率有密切关系，因而它影响着炼钢反应的反应速率和炉渣传热的能力。过黏的渣会使熔池不活跃，冶炼不能顺利进行；过稀的渣容易喷溅，而且严重浸蚀炉衬耐火材料，降低炉子的寿命。因此，冶金熔渣应有适当的黏度，以保证产品的质量和良好的技术经济指标。

黏度与工业生产中常用的流动性成反比。流动性与渣中不溶物有关，如石灰、镁砂、氧化铬等微小颗粒使渣的内摩擦力增大，增加了黏度。

由实验测得的熔渣和钢液的黏度是在均匀状态下测定的，而实际炼钢炉中熔渣的温度和组成是不均匀的，并常含有固态质点使黏度增大。表 4-6 列出了常温下某些物质的黏度和炼钢温度下钢、渣的黏度。

表 4-6 一些物质的黏度

物　质	温度/℃	黏度/Pa·s	物　质	温度/℃	黏度/Pa·s
水	25	0.00089	生铁液	1425	0.0015
松节油	25	0.0016	钢液	1595	<0.0025
轻机器油	25	0.08	稀渣	1595	0.002
甘油	25	0.50	正常渣	1595	0.02~0.1
蓖麻子油	25	0.80	稠渣	1595	>0.2

合适的炉渣黏度在 0.02~0.1 Pa·s，相当于轻机油的黏度。钢液的黏度在 0.0025 Pa·s 左右，相当于松节油的黏度。熔渣比金属熔池的黏度高 10 倍左右。

在二元渣系中，质点间的作用随组成的变化而不同，它是影响熔渣黏度的基本因素。若质点间的结合能 E 较小，则该物质的黏度较低。图 4-12 所示为 $E_{BB}>E_{AA}$ 的二元系，所以 B 的黏度略高于 A。组成熔体 AB，当 $E_{AB}\geqslant E_{BB}$ 时，黏度在等温线中部突出；当 $E_{AB}\leqslant E_{BB}$ 时，中部可出现黏度的最低点；当 E_{AB}、E_{AA}、E_{BB} 近似相等时，黏度随组成变化的曲线近似于直线。在熔体中出现某种稳定化合物时，该组成处将有较大的黏度。

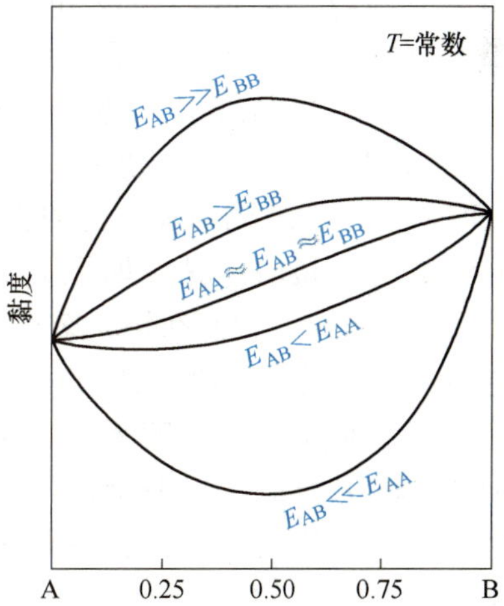

图 4-12 黏度与质点间作用力的关系

从现代熔渣结构概念出发，认为黏度升高是由于在熔体中形成复杂的离子团，它的排列有秩序，堆积得较为紧密，所以使溶体中的质点在由某个平衡位置移动到另一平衡位置时发生困难，即增大了黏滞流动的阻力。

对冶金生产来说，熔渣黏度的稳定性极为重要。所谓熔渣黏度的化学稳定性，是指一定温度下熔渣成分在一定范围内变化时，黏度不急剧变化；热稳定性是指当渣组成一定时，温度变化对黏度变化的影响大小。为了顺利地进行冶炼，不希望熔渣黏度急剧波动。三元或多元等黏度图中，等黏度线靠得很近的区域表明熔渣黏度的稳定性小，所以此成分范围的渣不宜选用。图 4-13 所示为 $CaO-SiO_2-Al_2O_3$ 渣系等黏度曲线。

由图 4-13 可以看出，1500 ℃时，当 CaO 含量高于 50%时，等黏度线很密，黏度随 CaO 含量的升高而急剧增大，表明化学稳定性变差，不适合冶炼工艺要求。

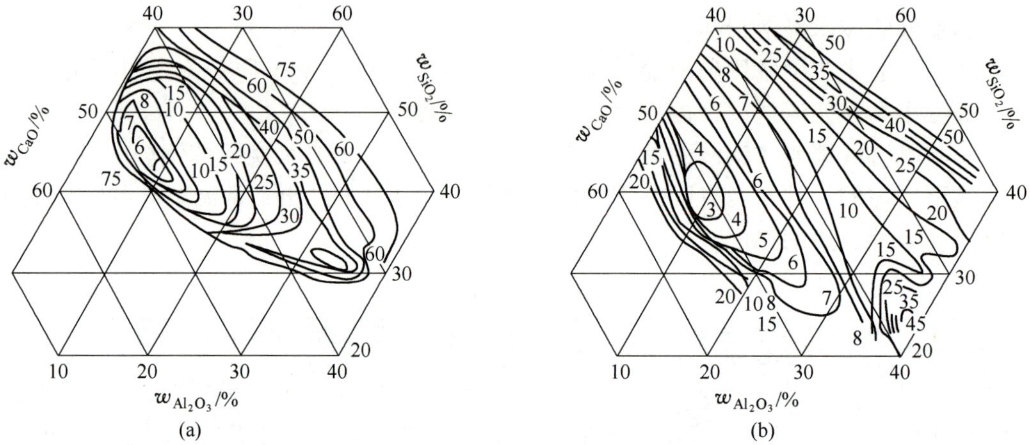

图 4-13 $CaO-SiO_2-Al_2O_3$ 渣系等黏度曲线

(a) 1500 ℃；(b) 1600 ℃

碱度对炉渣的熔化特性有明显影响。图 4-14 给出了不同碱度炉渣的黏度和温度关系曲线。从图 4-14 中可以看出，$w(CaO)/w(SiO_2)$ 的碱度从 0.9 到 3.2，温度在 1550~1600 ℃时，黏度都小于 0.075 Pa·s。碱度为 4.2 或更高，温度降低时黏度突然急剧增加，此时热稳定性变差，这种渣常称为短渣。黏度增大是由于析出 CaO 或 Ca_2SiO_4 微粒，它们都是高熔点的固体，析出得越多，黏度增加得就越快。炉渣碱度为 0.9 的酸性渣，温度降低时黏度平稳增大，这种类型的炉渣常称为长渣。一般情况下，同样温度的酸性渣比碱性渣的黏度大，主要因为渣中 SiO_2 以 SiO_4^{4-} 或更大的离子团形式存在的缘故。而当温度在 1450 ℃以下时，酸性渣比碱性渣的黏度低，因此浇注用的保护渣多为偏酸性的熔渣。

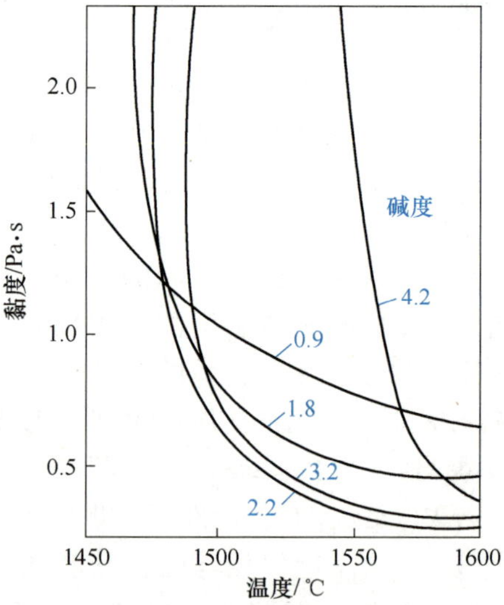

图 4-14 氧化性炉渣碱度、温度和黏度的关系

炉渣的热稳定性和温度水平有关，碱性渣在高温下热稳定性好，而酸性渣在低温下热稳定性更好些。

4.3.3.3 熔渣的密度

密度是熔渣的基本性质之一，它影响着液滴与介质间的相对运动速率，也决定了渣所占据的体积大小。组成熔渣的化合物的密度如表 4-7 所示。

表 4-7 各种化合物的密度 (kg/m^3)

化合物	密度	化合物	密度	化合物	密度
Al_2O_3	3.97×10^3	MnO	5.40×10^3	TiO_2	4.24×10^3
BeO	3.03×10^3	Na_2O	2.27×10^3	V_2O_3	4.87×10^3
CaO	3.32×10^3	P_2O_3	2.39×10^3	ZrO_2	5.56×10^3
CeO_2	7.13×10^3	Fe_2O_3	5.2×10^3	PbO	9.21×10^3
ChOs	5.21×10^3	FeO	5.9×10^3	CaF_2	2.8×10^3
La_2O_3	6.51×10^3	SiO_2	2.32×10^3	FeS	4.6×10^3
MgO	3.50×10^3	SiO_2	2.65×10^3	CaS	2.8×10^3

固态的炉渣密度可近似地用单独化合物的密度和组成计算：

$$\rho_{渣} = \sum \rho_i w_i,\ kg/m^3 \tag{4-43}$$

式中，i 为 Al_2O_3、FeO 等；w_i 为渣中各化合物的质量分数；ρ_i 为它们本身的密度。

当渣中含有大量密度大的化合物（FeO、MnO、…）时，熔渣的总密度就大。一般氧化渣密度大于还原渣的密度。

对液态渣的密度和温度及组成的关系研究得还不多，波尔纳茨基介绍的温度在 1400 ℃时熔渣密度的经验公式如下：

$$\frac{1}{\rho_{渣}} = [0.45(SiO_2) + 0.286(CaO) + 0.204(FeO) + 0.35(Fe_2O_3) + 0.237(MnO) + 0.367(MgO) + 0.48(P_2O_5) + 0.402(Al_2O_3)] \times 10^{-3},\ kg/m^3 \tag{4-44}$$

式中，各组成为质量分数。

温度高于 1400 ℃时，熔渣的密度可用下式求出：

$$\rho_T = \rho_{1400} + 70.0\left(\frac{1400 - T}{100}\right) \tag{4-45}$$

式中，ρ_T 为某一温度下熔渣的密度，kg/m^3；ρ_{1400} 为由式（4-39）求出的某组成熔渣在 1400 ℃时的密度，kg/m^3；T 为温度，℃。

用式（4-45）计算时，误差不大于 5%。

普通的液态碱性渣密度为 $3.0\times10^3\ kg/cm^3$，固态碱性渣为 $3.5\times10^3\ kg/cm^3$，而高氧化铁渣（>40%FeO）为 $4\times10^3\ kg/m^3$，酸性渣一般为 $3\times10^3\ kg/cm^3$。渣中存在弥散的气泡时，密度要低一些，占据的体积也就更大一些。

4.3.3.4 熔渣的比热容和导热性

熔渣的比热容为单位质量的熔渣温度升高或降低时所吸收或放出的热量，它的大小与熔渣热容的化学组成及温度有关。在实际生产中，熔渣的比热容常和热的利用及热平衡计算联系在一起。

0~1300 ℃时，高炉炉渣（$CaO-Al_2O_3-SiO_2$）的电热容为：

$$c_{(s)} = 0.679 + 1.785 \times 10^{-2}T - 3.570 \times 10^{-6}T^2 + 2.274 \times 10^{-9}T^3,\ kJ/(kg \cdot ℃) \tag{4-46}$$

以此可以计算炉渣的升温与熔化吸热。

熔渣的导热性对冶炼的热工制度有很大影响，这方面的数据发表的不多。硅酸铁二元渣系的传热系数和成分、温度的关系见表4-8。从表中可以看出，熔渣传热系数和成分有关，也和温度的高低有关，温度越高，传热系数越大。

表4-8 炉渣的热传导性数值

熔体成分/%		传热系数/W·(K·m²)⁻¹		
FeO	SiO_2	1350 ℃	1500 ℃	2000 ℃
66.7	33.3	5.222	6.472	15.750
57.0	43.0	1.556	2.333	5.667
50.0	50.0	0.778	1.222	3.556

炉渣在钢液搅拌沸腾时的传热系数和热绝缘系数会明显改变，见表4-9。

表4-9 不同渣在搅拌时炉渣的热传导性数值

炉渣种类	传热系数/W·$(K·m^2)^{-1}$
微流动的碱性泡沫渣	4.64~6.98
活跃的碱性沸腾渣	116.2~260.2
活跃的酸性沸腾渣	69.7~116.2

从表4-9可以看出，沸腾炉渣的导热性比静止的高20~40倍，在冶金操作中应注意并利用炉渣的这种性质，如在沸腾时供给大的电功率或热功率等。无论在平静的还是在沸腾的情况下，渣的导热性都远低于金属液。

4.3.3.5 熔渣的导电性

熔渣电导率表明熔渣导电能力的大小，电导率越大，导电能力越大，电导率 γ 是电阻率的倒数，又称比电导，单位是 $(\Omega\cdot cm)^{-1}$。

根据熔渣的电导率可以判断熔渣导电是离子导电特征。第一，熔渣的电导率在 10^{-1}~1.0 $(\Omega\cdot cm)^{-1}$水平，而电子导电的金属熔体的电导率为 10^4~$10^5(\Omega\cdot cm)$，第二，熔渣的电导率随温度的升高而增大，这也是电介质导电的特点。

$$\gamma = A\cdot e^{-E_\gamma/(RT)} \tag{4-47}$$

式中，E_γ为电导活化能；A 为常数。

熔渣导电能力的大小不仅取决于离子数目的多少，也取决于正离子、负离子间的相互作用力，即离子在渣中移动的内摩擦力，对于一定渣系的电导率和黏度有下列关系：

$$\gamma^n\cdot\eta = 常数 \tag{4-48}$$

式中，n 为大于1的指数。

实验证明，式（4-48）对许多熔融盐和硅酸盐都是适用的。从式（4-48）可以看出电导率增长要比黏度减小来得慢，因为电导性取决于活动性较大的离子，而黏度取决于活动性较小的离子。实际上，电导活化能比黏滞活化能小。

向FeO中加入SiO_2时，熔体的电导率随SiO_2含量的增加而减小，如1400°熔体中SiO_2含量为4.5%时，电导率为6.3/$(\Omega\cdot cm)$；含量为20.6%时，电导率为4.5/$(\Omega\cdot cm)$；含量为36%时，电导率为0.98/$(\Omega\cdot cm)$。这主要是由于SiO_2形成了SiO_4^{4-}阴离子，致使导电能

力强的 O^{2-} 离子浓度降低的缘故。Al_2O_3-SiO_2 系的电导率很小，这是因为 Al_2O_3 为两性化合物，在渣中导电质点主要是 Al^{3+}，当 Al_2O_3 浓度较小时，渣中 Al^{3+} 数量很少，而复合离子 $Si_xO_y^{z-}$ 的数量则很多，因此电导率很小；当 Al_2O_3 的浓度增大时，A1 又形成铝氧阴离子团，故导电性仍很小。

碱性氧化渣的电导率和成分的关系，根据实验确定了如下公式：

$$\begin{aligned}\lg\gamma_{1600\ ℃} = & -0.032-0.054(Al_2O_3)-0.0569(SiO_2)-0.062(P_2O_5)+ \\ & 0.015(S)+0.753(MnO)+0.34(FeO)-0.35(Fe_2O_3)- \\ & 0.13(MgO)-0.145(CaO),\ (\Omega\cdot cm)^{-1}\end{aligned} \tag{4-49}$$

式中，渣中组元的含量为质量分数，适用的范围为：Al_2O_3 5%～11%，SiO_2 18%～25%，P_2O_5 1%～3%，S 0.1%～0.3%，MnO 9%～16%，FeO 7%～14%，Fe_2O_3 0.6%～3.5%，MgO 8%～13%，CaO 24%～40%。

4.3.3.6 熔渣的表面张力和界面张力

熔渣表面张力和渣-钢界面张力是熔渣的重要性质，与冶金过程的动力学以及钢液中熔渣等杂质的排除等都有很大关系。

（1）熔渣的表面张力。熔渣的表面张力和成分有关，也和气氛的组成与压力有关，主要取决于熔体质点间化学键的性质。

在二元系熔体中，溶剂分子间的作用力如果比溶剂和溶质间的作用力大，加入的溶质分子就容易被排斥到表面，降低溶液的表面张力，这种溶质就是表面活性物质。FeO-M_xO_y 渣系中 P_2O_5、Na_2O、SiO_2、TiO_2 等都是表面活性物质，降低了熔渣的表面张力。在 CaF_2-M_xO_y 渣系中提高 Al_2O_3、MgO、CaO 的含量都会增加 CaF_2 的表面张力；相反，增加 SiO_2、TiO_2 和 ZrO_2 的含量将降低其表面张力。

如果缺乏渣系的表面张力测量值，可以用加和性规则进行估算。由二元系硅酸盐求出各种氧化物的表面张力因数 F，则多元硅酸盐渣的表面张力为：

$$\sigma_{渣} = \sum x_i F_i \times 10^{-3},\ N/m \tag{4-50}$$

式中，i=SiO_2、CaO、Al_2O_3、MnO、…。

用上述方法计算熔渣的表面张力时，各氧化物的表面张力因数见表 4-10。

表 4-10 各氧化物之表面张力因数

氧化物	表面张力因数 F_i/N·m^{-1}			氧化物	表面张力因数 F_i/N·m^{-1}		
	1300 ℃	1400 ℃	1500 ℃		1300 ℃	1400 ℃	1500 ℃
K_2O	0.168	0.153		MgO	—	0.512	0.502
Na_2O	0.308	0.299		ZrO_2		0.470	
BaO		0.366	0.366	Al_2O_3		0.640	0.630
PbO	0.140	0.140		TiO_2		0.380	
CaO		0.614	0.586	$SiO_2$①		0.285	0.286
MnO		0.653	0.641	$SiO_2$②		0.181	0.203
ZnO	0.550	0.540		Ba_2O_3		0.336	0.960
FeO		0.584	0.560				

①从 SiO_2 含量高的 Mn_xO_y～SiO_2 中算出；

②从 SiO_2 含量低的二元系算出。

例 4-5 设有熔渣组成为：$SiO_2$35.5%、$Al_2O_3$12.5%、CaO42%、MgO8.4%、FeO16%，试计算 1400 ℃时的表面张力。

解：将质量分数换算成摩尔分数，代入式（4-50）可算出 1400 ℃时的表面张力为：

$$\sigma_{渣} = 0.35 \times 285 + 0.07 \times 640 + 0.45 \times 614 + 0.12 \times 512 + 0.01 \times 584 = 0.487\ \text{N/m}$$

用最大压力法测得上述组成熔渣在 1545 ℃时的表面张力为 0.495 N/m，与计算值相差不多，说明式（4-50）可用。

（2）渣-钢界面张力。金属和渣接触时，可将熔渣、金属液与大气之间的界面张力关系简化为图 4-15 所示的平面汇交力系，力的方向是在三相平衡点处某两相的切线方向，当三个方向的力在某一点处达到平衡时，即图中各相的存在形状不变时，其合力应等于零，即：

$$\sigma_{m-g} = -\sigma_{m-s} + \sigma_{s-g}\cos\theta \tag{4-51}$$

$$\cos\theta = \frac{\sigma_{m-g} - \sigma_{m-s}}{\sigma_{s-g}} \tag{4-52}$$

式中，θ 为润湿角，从图 4-15 可以看出，润湿角越大，越有利于分离。当 $\theta = 0°$时，金属液与渣完全润湿，二者不容易分离，有利于金属液和渣间的反应；当 $\theta > 90°$时，润湿程度不好，渣钢容易分离。

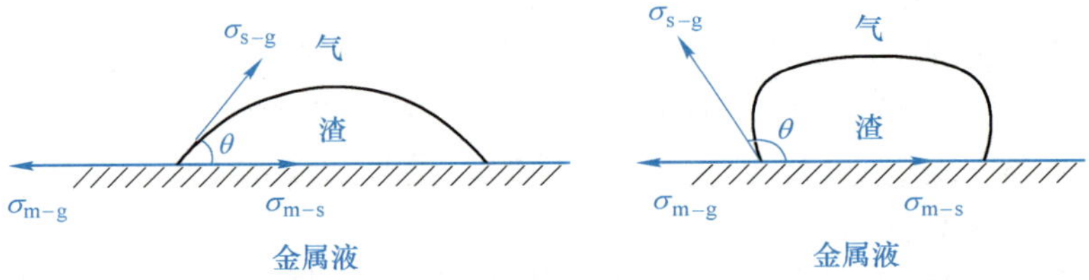

图 4-15 渣-金属液-气三相界面示意图

熔渣和钢液由分离状态转变为接触状态，自由能发生以下变化（渣、钢均为单位面积）：

$$\Delta G = \sigma_{m-s} - \sigma_{m-g} - \sigma_{s-g} \tag{4-53}$$

将式（4-51）代入式（4-53），整理得：

$$\Delta G = -\sigma_{s-g}(1 + \cos\theta) \tag{4-54}$$

分析 ΔG 可确定其润湿状态。$\theta \to 0$，$\cos\theta \to 1$，即 $\Delta G \approx -2\sigma_{s-g}$，是负值，表示熔渣和金属的润湿是自发进行的；$\theta \to 180$ ℃，$\cos\theta \to -1$，$\Delta G \approx 0$，表示熔渣和金属极易分离。实际的渣钢间的 θ 有两类：θ 在 0°～90°，润湿性良好；θ 在 90°～180°，不润湿，渣和钢液容易分离。

应当指出，界面张力和表面张力这一物理量是在两相间达到化学平衡时测得的，如果两相间产生化学变化，即未达平衡时，那么界面张力或表面张力值就较低。如两相间存在激烈的化学反应，其中的化学反应自由能负值越大，钢-渣界面张力越低；在反应趋于平衡的过程中，界面张力逐渐增大。不难看出，脱氧和渣洗过程应选择开始反应快而最终钢-渣界面张力很大的脱氧生成物和渣系，使钢中非金属夹杂和夹渣都容易降低。

4.3.3.7 熔渣中组元的扩散

熔渣中组元的扩散速率一般小于金属液中的扩散速率。在熔渣中，分子扩散系数和熔渣的黏度成反比，可写成如下的表达式：

$$\eta \cdot D = 常数 \tag{4-55}$$

式中，η 为熔渣黏度；D 为熔渣中某组元的扩散系数。

启普曼等最早用同位素 Ca^{45}成功地测量了 $CaO\text{-}Al_2O_3\text{-}SiO_2$ 系渣 Ca^{2+}的扩散系数，温度在 1600 ℃时，$D_{Ca}^{2+}=10.4\times10^{-6}\ cm^2/s$。其他测定表明，该渣系中 O^{2-}、Al^{3+}、Si^{4+}的扩散系数数值多在 $10^{-6}\sim10^{-7}\ cm^2/s$，活化能 E_D则为 209～292.6 kJ/mol，硫的扩散系数 D_{1450}^{2+}为 $(0.9\sim1.5)\times10^{-6}\ cm^2/s$。

温度在 1550 ℃时，炼钢用的 $CaO\text{-}FeO_t\text{-}SiO_2$ 系的黏度较小，渣中的有效扩散系数比 $CaO\text{-}Al_2O_3\text{-}SiO_2$ 系大 1～2 个数量级。

在一定组成和一定温度下的熔渣中，组元的扩散系数可用下述半经验公式描述：

$$D_i \cdot r_i^3 = 常数 \tag{4-56}$$

式中，D_i 为离子 i 的扩散系数；r_i 为其离子半径。从式（4-56）可以看出，离子半径大的质点扩散系数较小。

4.3.4 熔渣的化学性质

4.3.4.1 熔渣的碱度

碱度是判断熔渣碱性强弱的指标。去磷、去硫以及防止金属液吸收气体等都和熔渣的碱度有关，它还决定着熔渣中许多组元的活度，因此碱度是影响渣金属间反应的重要因素。

熔渣碱度常用碱性最强的 CaO 和酸性最强的 SiO_2 含量之比表示，氧化物含量以质量百分数或摩尔分数（x）表示，有时也用 100 g 熔渣中组元的物质的量（n）表示，如：

$$\frac{\%CaO}{\%SiO_2};\ \frac{x_{CaO}}{x_{SiO_2}};\ \frac{n_{CaO}}{n_{SiO_2}} \tag{4-57}$$

实际上，在同一熔渣中用 x_{CaO}/x_{SiO_2}和 n_{CaO}/n_{SiO_2}表示的碱度数值是相同的。

考虑到渣中酸性氧化物 P_2O_5对渣碱度的影响，可采用如下的比值表示：

$$\frac{\%CaO}{\%SiO_2 + P_2O_5};\ \frac{\%CaO - 1.18 \times \%P_2O_5}{\%SiO_2} \tag{4-58}$$

式中，系数 1.18 是考虑到生成 $3CaO \cdot P_2O_5$，应从碱性物中扣除一些 CaO（$3M_rCaO/M_rP_2O_5=3\times56/144=1.18$）。

若渣中含 CaO 40%、SiO_2 18%、P_2O_5 2%时，用质量百分数表示的碱度如下：

$$\frac{\%CaO}{\%SiO_2} = \frac{40}{18} = 2.22 \tag{4-59}$$

$$\frac{\%CaO}{\%SiO_2 + \%P_2O_5} = 2.0 \tag{4-60}$$

$$\frac{\%CaO - 1.18 \times \%P_2O_5}{\%SiO_2} = 2.08 \tag{4-61}$$

当渣中磷含量高时，计算结果是有差别的，在吹炼含磷高的铁水时要考虑采用包含 P_2O_5的碱度公式。

在讨论冶金中的理论问题时，多用摩尔分数或 100 g 熔渣中的物质的量表示：

$$\frac{x_{CaO}}{x_{SiO_2}};\ \frac{x_{CaO}+x_{MgO}}{x_{SiO_2}};\ \frac{x_{CaO}-4x_{P_2O_5}}{x_{SiO_2}};\ \frac{n_{CaO}}{n_{SiO_2}};\ \frac{n_{CaO}+n_{MgO}}{n_{SiO_2}} \tag{4-62}$$

碱度常用符号 R 表示，依据表示式中，组元的多少分为二元、三元、多元碱度。

4.3.4.2 熔渣的氧化性

熔渣的氧化能力取决于其组成和温度。通常用渣中最不稳定的氧化物（氧化铁）的多少来表示氧化能力的强弱。渣中氧化铁有 FeO 和 Fe_2O_3 两种形式，把 Fe_2O_3 折合为 FeO 有两种计算方法：（1）全氧法，$(\%\sum FeO)=(\%FeO)+1.35(\%Fe_2O_3)$，其中折算系数 $1.35=(3\times72)/160$，表示各氧化铁中全部的氧为 FeO，1 mol Fe_2O_3 可生成3 mol的 FeO；（2）全铁法，$(\%\sum FeO)=(\%FeO)+0.9(\%Fe_2O_3)$，其中折算系数 $0.9=(2\times72)/160$，表示各氧化铁中全部的铁为 FeO，1 mol 的 Fe_2O_3 可生成 2 mol 的 FeO。全铁法比较合理，因为在渣样冷却时，有少量低价铁被氧化成高价铁，使全氧法计算结果偏高，而全铁法则可避免这种误差。

因为熔渣不是理想溶液，熔渣氧化能力也和其他成分（首先是碱度）有关，因此，应该用 a_{FeO} 来表示渣的氧化能力。已知熔渣和铁液间氧的分配比，测定某种熔渣下的平衡氧含量，就可由式（4-63）计算出该种渣的 a_{FeO}。

$$\lg\frac{[\%O]}{a_{FeO}}=-\frac{6320}{T}+2.734 \tag{4-63}$$

在 CaO 饱和的 FeO-CaO 渣系中，CaO 对 FeO 的活度有影响。根据有关实验数据，由 CaO 饱和的 FeO 渣，其氧化铁的活度比纯氧化铁渣降低了 69%~70%；由 SiO_2 饱和的 FeO 渣，氧化亚铁活度也比纯氧化亚铁渣降低约 60%。氧化铁的活度计算值和 x_{FeO} 比较接近。用此数据可计算 SiO_2 饱和的 FeO-SiO_2 系熔渣下面的铁液中的氧含量。

FeO-MnO-SiO_2 三元系的等活度曲线如图 4-16 所示，可用来估计酸性熔渣（SiO_2 饱和）的氧化性。

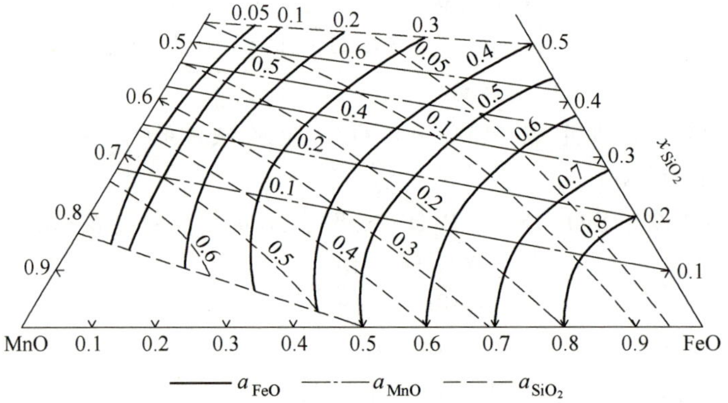

图 4-16 1550 ℃时 FeO-MnO-SiO_2 三元系的等活度（a_{FeO}，a_{MnO}，a_{SiO_2}）曲线图

碱性氧化渣中组元的活度可由 CaO-FeO-SiO_2 三元系、CaO-Al_2O_3-SiO_2 三元系等活度图查出（图 4-17、图 4-18）。

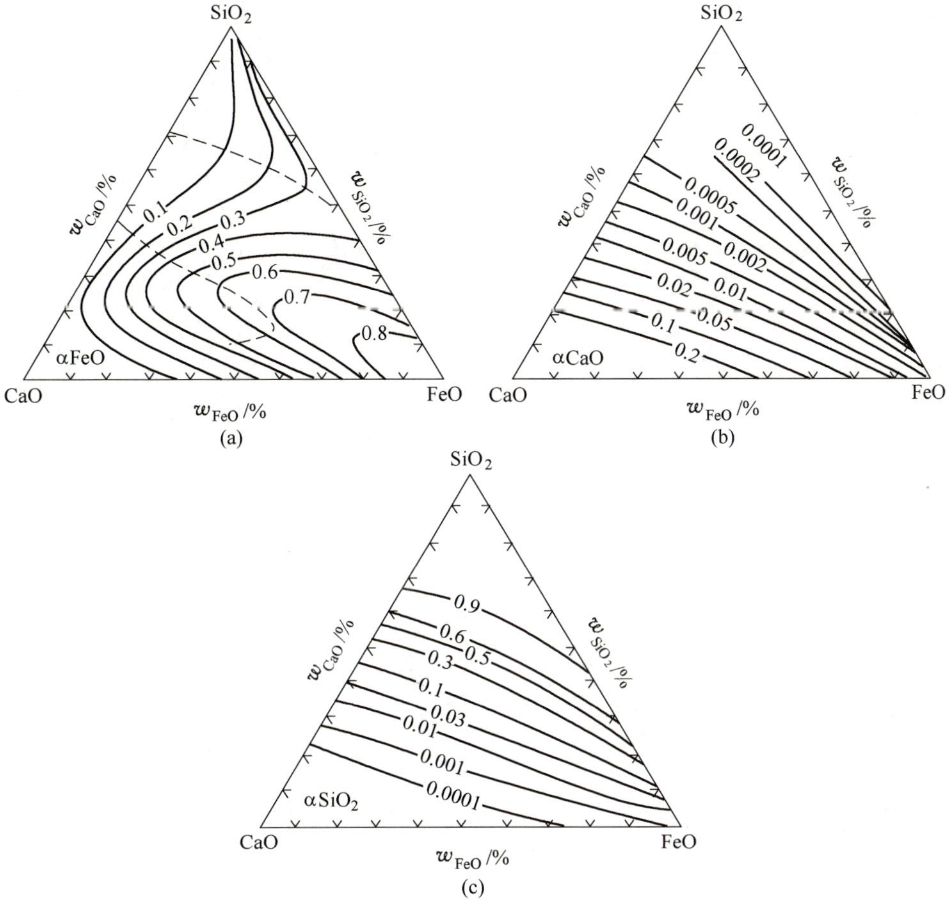

图 4-17　CaO-FeO-SiO_2 和铁液平衡时各组元的活度与组成的关系（$T=1600$ ℃）

（a）等 a_{FeO} 线；（b）等 a_{CaO} 线；（c）a_{SiO_2} 线

4.3.4.3　熔渣的还原性

在平衡条件下，熔渣的还原能力（即还原性）也主要决定于氧化铁的含量和碱度，在还原性精炼时常把降低熔渣中氧化铁的含量和选择合理的碱度作为控制金属液中氧含量的重要条件。对于电炉还原渣和炉外精炼用渣，常把（ΣFeO）降到 0.5%以下，碱度控制在 3.5~4.0。保护浇注用酸性渣，碱度要控制在 1 以下，（ΣFeO）<0.5%。在生产操作中为充分发挥熔渣的还原作用，除控制氧化铁含量和碱度外，还要控制熔渣中还原物质（C、Si 等）的数量、熔渣的流动性、搅拌程度和还原渣的保持时间，这些都和金属液中的氧含量有直接关系。

为估量 CaO-Al_2O_3-SiO_2 系渣对金属液中氧含量的影响，可采用图 4-18 所示三元系的等活度曲线。例如，某酸性渣含 CaO 20%～25%、SiO_2 50%～55%、Al_2O_3 15%～20%、FeO<0.5%，1600 ℃时，$a_{CaO}\approx0.02$，$a_{Al_2O_3}\approx0.025$，$a_{SiO_2}\approx0.5$。

应当指出的是，因为熔渣组元的活度总是小于 1，渣金属界面反应消除了脱氧生核的困难，所以实际金属液和熔渣的界面脱氧能力很强。

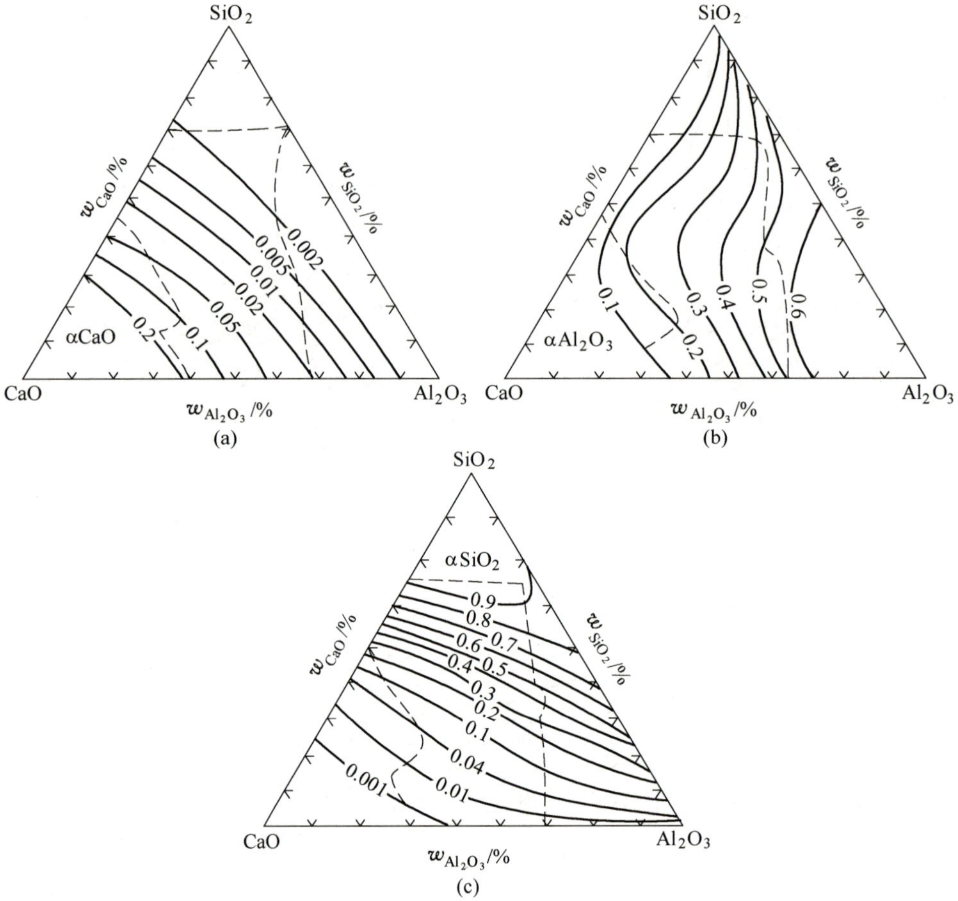

图 4-18 1600 ℃时 $CaO\text{-}Al_2O_3\text{-}SiO_2$ 熔渣中组元活度和质量分数的关系

（a）等 a_{CaO}线；（b）等 $a_{Al_2O_3}$线；（c）a_{SiO_2}线

4.3.4.4 气体在渣中的溶解

以前认为熔渣对金属熔池有隔离气体的作用，这个概念是不正确的。近年来在实验室和工业生产中都发现，熔渣能溶解气体并且有不同的透气性。

氮能溶解在熔渣中，在还原渣（电炉、高炉）中氮的溶解能力较大，而在氧化渣中溶解的数量较少。氮在碱性还原渣中可能以 CN_2^{2-}、CN^-、N^{3-}离子形式存在。

氢在渣中以 OH^-离子形式存在，由 $H_2O+O^{2-}=2(OH^-)+O^{2-}$ 反应生成。相关研究表明，溶解氢的数量和 p_{H_2O}成正比。对于 $CaO\text{-}FeO\text{-}MnO\text{-}SiO_2$ 四元系熔渣，OH^-的含量服从以下经验公式：

$$x_{OH^-} = \{[83.39 + 14.55(x_{O^{2-}})^{1/2}] \times 10^{-4} - 9.36 \times 10^{-5}(T - 1370)\} p_{H_2O}^{-1/2} \quad (4\text{-}64)$$

式中，x_{OH^-}为渣中 OH^-的摩尔分数；$x_{O^{2-}}$为渣中 O^{2-}的摩尔分数；T 为温度，℃；p_{H_2O}为水蒸气的分压力，Pa。

实验分析熔渣中的氢含量时，析出的气体基本上都是水蒸气。

由式（4-64）可知，渣中 O^{2-}越多，溶解氢的能力就越强。（O^{2-}）是碱性氧化物解离产生的，所以碱性渣溶解氢的能力比酸性渣大得多。碱度越大，氢的溶解度越大。熔渣中的氢向金属熔体的溶解可根据熔渣的离子模型写成如下反应式：

$$2(OH^-) + (Fe^{2+}) \Longrightarrow [Fe] + 2[O] + 2[H] \quad K = \frac{(OH^-)^2(Fe^{2+})}{[O]^2[H]^2} \tag{4-65}$$

根据实验数据整理得到 K 和温度及 $\Delta_r G^\ominus$ 的关系式：

$$\lg K = \frac{38800}{T} - 16.2;\quad \Delta_r G^\ominus = 155000 - 74.0T,\ J/mol \tag{4-66}$$

炉渣含 CaO 53%、Al_2O_3 42%、SiO_2 3%和 MgO 2%，当温度为 1500 ℃、氢气分压力为 101325 Pa 时，熔渣中溶解的水蒸气为 30.4 mL/100 g，其余温度下的溶解度见表 4-11，此渣和几个钢种间的氢分配比见表 4-12。

表 4-11　H_2O 在渣中的溶解度和温度的关系

T/℃	1500	1600	1700
水在渣中的溶解度/mL·(100 g)$^{-1}$	304	420	489

表 4-12　氢在渣洗用渣和钢液间的分配

钢号	40	GCr15	30CrMnSiA
(H)/[H]	1.7	4.4	4.0

氧化性熔渣中氢的溶解数量较少，所以金属熔池溶解的氢也较少。氧化熔炼的脱碳沸腾作用使渣中（OH^-）也降低了。金属熔池中的［O］较高时，也有利于［H］的降低。

熔渣传递氢的能力称为透气性，透气性可用单位渣层厚度在单位时间内吸收氢的数量来表示。透气性和熔渣的组成及物理性质有关，提高熔渣的黏度能减少其透气性。实验表明，熔渣碱度为 2.5 时，还原性熔渣黏度最低，透气性也最大；碱度超过或小于 2.5 时，黏度都增大，熔渣透气性也相应减小。

4.3.5 熔渣相图

4.3.5.1 冶金炉渣相图的特点

冶金炉渣是复杂的多元体系，利用相图进行准确表达是困难的。由于其主要组元是 CaO、Al_2O_3、SiO_2、FeO 等，所以常用主要组元构成的二元或三元相图来分析炉渣，也可将性质相近组元折算、合并后作为一个组元来考虑。这时的相图分析遵循相图基础中所述的基本方法。

二元相图比较容易理解，实际的三元相图一般比较复杂。为了简化复杂相图，首先应将同分熔点化合物找出，和纯组元连线把原来的相图划分为不同的三角形，然后在分析具体小三角形时，将不变点，即自由度为零的点（三元共晶点、三元包晶点等）连接，确定某一组元在冷凝时在哪一个三角形内变化，结晶顺序如何，再用杠杆规则和重心规则等确定结晶过程各相量之间的相对关系。一般最后凝固的是该三角区熔化温度最低的液相。

熔化温度是火法冶金过程工艺参数确定的基本依据。除此以外，还必须考虑其他物理化学性质，如黏度、稳定性等。可参考与相图对应的等熔化温度曲线、等黏度线等解决。

炉渣的稳定性分化学稳定性和热稳定性两个方面，可将其扩展到不同的物化性质。当浓度三角形中等值线较密时，表明化学成分变化的影响比较大，炉渣的化学稳定性较差；与此相对应，当温度变化时，炉渣性能参数变化较大，则表明热稳差。

4.3.5.2 炉渣相图的应用

（1）$CaO-Al_2O_3-SiO_2$ 三元系。$CaO-Al_2O_3-SiO_3$ 三元系状态图是高炉炼铁、炼钢精炼、锡冶金、铝冶金的基本炉渣状态图之一，也是各种硅酸盐材料，如水泥、耐火材料、玻璃、陶瓷等的基本状态图。因而，该状态图被研究得很细致，具有很高的实用价值。详细相图可参看图3-28。

图4-19中标明了C-A-S（$CaO-Al_2O_3-SiO_2$）三元系应用于炉渣和各种硅酸盐材料的组成范围，并绘出了等熔化温度曲线。

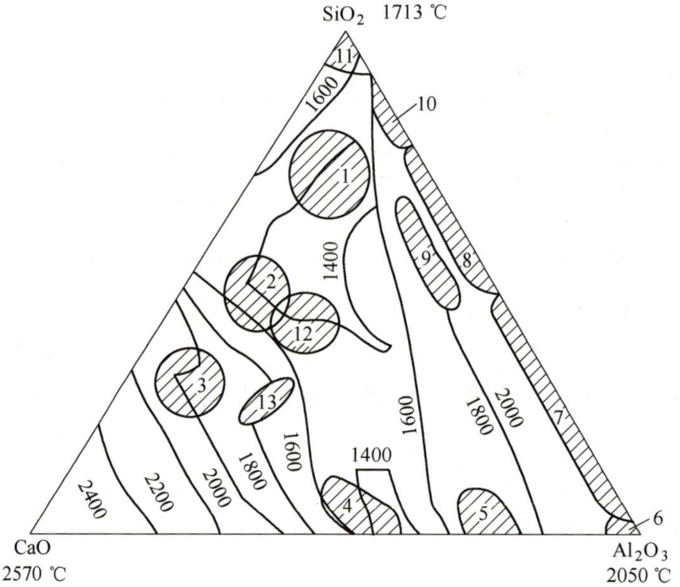

图4-19 CAS三元系中各种材料和炉渣的组成范围（各组分为质量分数）

1—玻璃；2—高炉渣；3—硅酸盐水泥；4—高铝水泥和炼钢精炼渣；5—低钙铝酸盐水泥；6—刚玉；7—高铝质耐火材料；8—黏土质耐火材料；9—陶瓷；10—半硅质耐火材料；11—硅质耐火材料；12—锡电炉炉渣；13—石灰烧结法生产氧化铝熟悉料

图3-28中标出了该渣系的等熔化温度曲线。该图可用来查出已知成分炉渣的熔化温度。如某一炉渣中含40% CaO、40% SiO_2、10% Al_2O_3，其他成分10%，先将CaO、SiO_2、Al_2O_3 三成分换算为总量100%，即44.3% CaO、44.3% SiO_2、11.4% Al_2O_3，则可在图3-28中查得该炉渣的熔化温度应低于1623 K。

（2）$CaO-SiO_2-FeO$ 三元系。纯氧化亚铁硅酸盐或纯氧化钙硅酸盐都不适宜于单独用作冶炼炉渣。在实践中，能符合冶金过程要求的炉渣是铁钙硅酸盐的熔合体，其中基本组成部分为FeO、CaO和 SiO_2。因此，$CaO-SiO_2-FeO$ 三元系是冶金炉渣的主要渣系，如图3-29所示。

炼钢温度为1600 ℃时，把图4-20（a）上的两条1600 ℃等温线单独标出，就构成图4-20（b）所示的1600 ℃等温截面图，可用于分析炼钢炉渣成渣的合理途径，揭示转炉炼钢过程炉渣“返干”的本质。

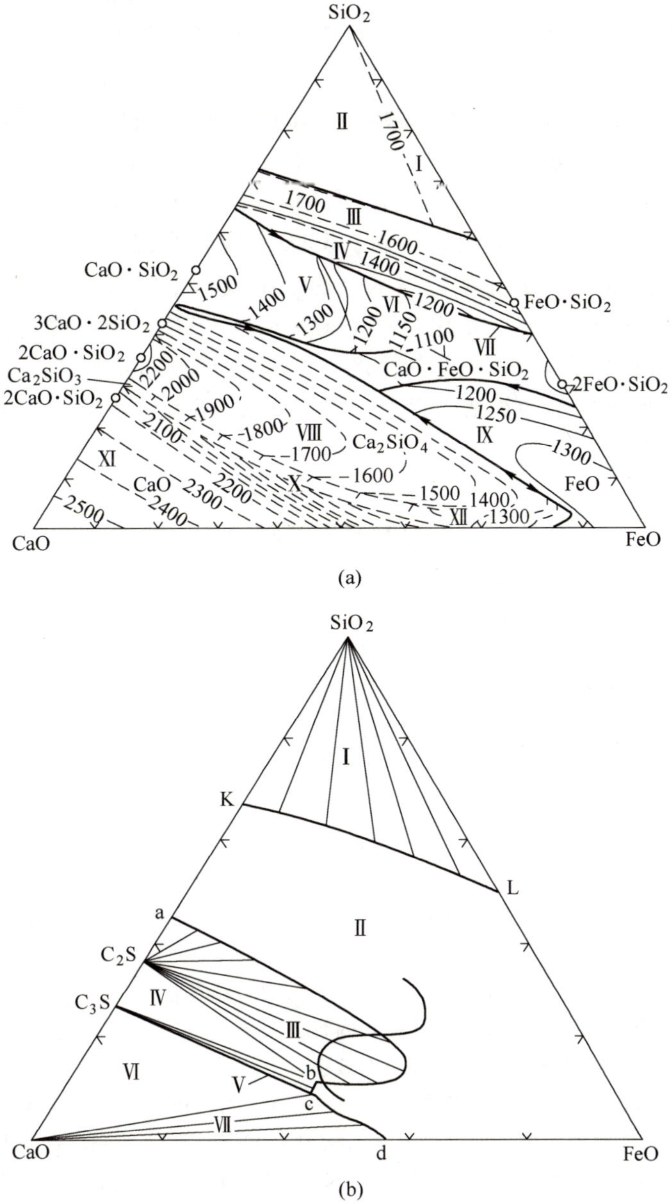

图4-20　CaO-FeO-SiO_2 在1600 ℃时的等温截面图

由图4-20（b）可以看出，a-b-c-d线和K-L两线间的区域在1600 ℃时全部为液相。有四个两相区：Ⅰ为SiO_2+液相，Ⅲ为C_2S+液相，Ⅴ为C_3S+液相，Ⅶ为CaO+液相。在两相区内的某组成的渣，可用直线将最高熔点和该组成点相连，延长并交于1600 ℃等温线，用杠杆规则求出1600 ℃时该组成渣的液相、固相比例关系。图中有两个三相区：Ⅳ为$_2$S-

C_3S-液，Ⅵ为 CaO-C_3S-液。1600 ℃时此三角形内各组成的渣的三相数量关系可按重心规则衡量。以同样方法可以画出其他温度的等温截面图。

bc 右边附近的区域，是在较低 FeO 含量下得到的碱度高的液体渣成分区，所以转炉终渣成分选在这个区域。初期渣氧化铁高、碱度低，也位于液相区。吹炼中期脱碳激烈进行，使渣中 FeO 下降，炉渣成分走入区域Ⅲ内，均匀的渣中析出固体 C_2S 颗粒，因此炉渣变稠、变干，需要用萤石等促进化渣。实际的炉渣中 FeO+CaO+SiO_2≈80%，所以液相区比图 4-20（b）要大。但它们的基本趋势是相同的，所以可以用三元相图定性地说明问题。图中靠近 SiO_2 顶角有较大范围的硅酸盐的液相分层区，而在偏 CaO 顶角则是高熔点的 CaO 存在区。在此两区之间为 1673 K 以下的单一液相区。其等温线由 CaO-SiO_2 边倾斜横越全图，直达 FeO-SiO_2 边，呈狭谷形状，其熔度最低的成分位于 45% FeO、20% CaO 和 35%SiO_2 附近，其最低温度约为 1273 K，这个组成与铅鼓风炉还原熔炼的炉渣成分大致相同。在这个系统内有一个三元化合物 CaO · FeO · SiO_2（钙铁橄榄石）。在成分接近于 2 FeO · SiO_2（铁橄榄石）的炉渣中加入一定量的 CaO，可以造出熔化温度在 1323～1423 K 且符合有色冶炼要求的炉渣。此外，加入 CaO 还可以使炉渣的密度及硫化物在炉渣中的溶解度都有所降低。

习题与思考题

4-1 什么是冶金熔体，它分为几种类型？

4-2 金属熔体有哪些物理化学性质，彼此之间有什么联系？

4-3 什么是熔渣？简述熔渣成分的主要来源及冶炼渣和精炼渣的主要作用。

4-4 炉渣有哪些物理性质，研究这些性质有什么作用？

4-5 试说明熔盐在冶金中的主要应用。

4-6 熔锍的主要成分是什么？

4-7 如何判断离子熔体中阳离子与阴离子间作用力的大小？

4-8 为什么对于同一种金属，其低价氧化物呈碱性而高价氧化物呈酸性？

4-9 金属的熔化熵和熔化热远小于其蒸发熵和蒸发热，这说明液态金属在什么方面更接近于固态金属，为什么？

4-10 试比较液态金属与固态金属以及液态金属与熔盐结构的异同点。

4-11 简述熔渣结构的聚合物理论，并说明其核心内容。

4-12 熔盐熔化时体积增大，但离子间的距离反而减小，为什么？

4-13 试利用熔渣的等黏度曲线图估计组成为 38.00% CaO、38.39% SiO_2、16.00% Al_2O_3、2.83% MgO 的高炉渣在 1400 ℃时的黏度，如果将温度提高到 1500 ℃，熔渣的黏度会降低到多少？

4-14 试利用加和性规则计算组成为 35%CaO、50%SiO_2、15%Al_2O_3 的高炉渣的表面张力。

4-15 利用 CaO-SiO_2-FeO 系熔渣的等密度曲线图说明 CaO 含量一定时 FeO 含量对熔渣密度的影响。

4-16 实验测得组成为 42.5% CaO、42.5% SiO_2、9.5% MgO、5.5% Al_2O_3 的熔渣在不同温度下的黏度如下：

T/℃	1500	1450	1400	1350	1300
黏度/Pa · s	0.75	0.91	0.11	1.34	1.63

试求出黏度与温度的指数方程及黏流活化能。

4-17 高炉低钛渣的成分为 2% TiO_2、46.11% CaO、35.73% SiO_2、3.99% MgO、9.99% Al_2O_3。用毛细

管法测得渣中硫的扩散系数如下，试求扩散系数与温度的关系式。

T/℃	1350	1400	1450	1500	1550
$D/m^2 \cdot s^{-1}$	1.69×10^{-9}	2.42×10^{-9}	3.40×10^{-9}	4.69×10^{-9}	6.35×10^{-9}

4-18 试用离子理论观点说明熔渣的温度及碱度对熔渣的黏度、表面张力、氧化能力及组元活度的影响。

4-19 什么是熔化温度，什么是熔渣的熔化性温度？

4-20 某工厂炉渣的组成为 44.5% SiO_2、13.8% CaO、36.8% FeO、4.9% MgO，试计算该炉渣的碱度和酸度。

4-21 设熔渣组成为 35.0% CaO、20.0% SiO_2、20.0% FeO、4% Fe_2O_3、5% MgO、8% MnO、8% P_2O_5，试利用等活度曲线图求出 1600 ℃时渣中 FeO 的活度及活度系数。

4-22 利用等活度曲线图求 FeO 含量为 15%（摩尔分数）及碱度为 2.5 的熔渣中 FeO 的活度。

4-23 什么是熔渣的碱度和酸度？

4-24 熔渣的氧化性是怎样表示的？

4-25 熔渣的氧化性主要取决于渣中碱性氧化物的含量，这种说法对吗，为什么？

5 还原反应

本章要点

本章是对冶金还原反应的概括，从碳氧系及氢氧碳系的燃烧反应出发，分析了C、CO、H_2 三种常用还原剂在冶金生产中引起的还原反应热力学，是冶金还原理论的基础，主要知识点包括：

(1) 碳氧系燃烧反应方程式及热力学，重点是煤气燃烧反应和碳的气化反应；
(2) 氢氧碳系燃烧反应热力学，重点是水煤气反应；
(3) 氧化物用CO及 H_2 还原的热力学计算；
(4) CO/CO_2 标尺的用途及使用；
(5) 熔体中氧化物用碳还原反应式的写法及有关计算；
(6) 铁氧化物用CO和 H_2 还原平衡图的绘制及分析；
(7) 金属热还原的意义及用途；
(8) 选择性还原的概念及应用分析。

5.1 引言

许多金属都是由氧化物还原制取的，所以金属氧化物在高温下还原为金属单质是火法冶金中非常重要的一个冶炼过程，广泛地应用于黑色、有色及稀有金属冶金中。火法还原按原料和产品的特点可分为以下几种情况：氧化矿或精矿直接还原为金属，如锡精矿和铁矿石的还原熔炼；硫化精矿经氧化焙烧后再还原，如铅烧结矿、锌焙烧矿的还原；湿法冶金制取的纯氧化物还原为金属，如三氧化钨粉的氢还原、四氯化钛的镁热还原；含两种氧化物的氧化矿选择性还原其中一种氧化物，另一种氧化物富集在半成品中，如钛铁矿还原铁后得出含高二氧化钛的高钛渣等。在冶金过程中，有时也会通过还原获得某种需要的化合物形态及物理化学性能，如铁氧化物的还原磁化焙烧，就是为了获得高磁性的铁氧化物。按所用还原剂的种类进行划分，还原过程可分为气体还原剂还原、固体碳还原、金属热还原等，以下将按还原剂类型来讨论氧化物的还原原理。由于火法冶金过程需要用燃料燃烧来获得高温，而燃料与还原剂密切相关，因此本章还将讨论燃烧反应的热力学。

5.2 燃烧反应

火法冶金所用的燃料中，固体燃料有煤和焦炭，其可燃成分为C；气体燃料有煤气和天然气，其可燃成分有CO、H_2 和 CH_4 等；液体燃料有重油等，其可燃成分主要为

C_nH_m。冶金用还原剂有时是燃料本身，如煤和焦炭；有时是燃料燃烧产物，如 CO。参与燃烧的助燃剂为 O_2，主要来自空气，部分来自氧化物中所含的氧。而燃烧和还原的气体产物则为 CO_2 和水蒸气。因而，燃烧反应是与 C-O 系和 C-H-O 系有关的反应。

5.2.1 C-O 系燃烧反应热力学

碳氧系主要有以下四个反应：

碳的气化反应（也称为贝-波反应、布多耳反应）：

$$C + CO_2 \xlongequal{} 2CO,\ \Delta_r G^\ominus = 170707 - 174.47T,\ \text{J/mol} \tag{5-1}$$

煤气燃烧反应：

$$2CO + O_2 \xlongequal{} 2CO_2,\ \Delta_r G^\ominus = -564840 + 173.64T,\ \text{J/mol} \tag{5-2}$$

碳的完全燃烧反应：

$$C + O_2 \xlongequal{} CO_2,\ \Delta_r G^\ominus = -394133 - 0.84T,\ \text{J/mol} \tag{5-3}$$

碳的不完全燃烧反应：

$$2C + O_2 \xlongequal{} 2CO,\ \Delta_r G^\ominus = -223426 - 0.8431T,\ \text{J/mol} \tag{5-4}$$

对于反应式（5-3）和反应式（5-4），由于碳在高温下与氧反应可同时生成 CO 和 CO_2，因而不能单独进行研究，通常其热力学数据由反应式（5-1）和反应式（5-2）间接求出。

图 5-1 是 C-O 系燃烧反应的吉布斯自由能与温度的关系图。由图可看出，碳的完全燃烧反应和不完全燃烧反应的 $\Delta_r G^\ominus$ 在任何温度下都是负值，并随温度升高变得更负，因而这两个反应在高温下能完全反应。当 O_2 充足时，C 完全燃烧成 CO_2；而当 O_2 不足时，则将生成一部分 CO。C 过剩时，也将生成 CO。煤气燃烧反应的 $\Delta_r G^\ominus$ 随温度的升高而增大，因而温度高时，CO 不易反应完全。对于碳的气化反应，温度低时为正值，温度高时为负值，这一特征决定了气化反应的平衡对气相成分有着明显的影响。

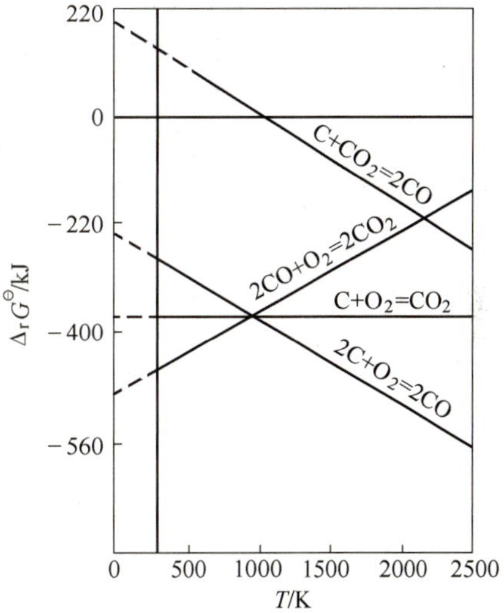

图 5-1 C-O 系燃烧反应的吉布斯自由能与温度的关系

5.2.1.1 煤气燃烧反应

煤气燃烧反应式为：

$$2CO + O_2 \xlongequal{} 2CO_2$$

$$\Delta_r G^\ominus = -564840 + 173.64T,\ \text{J/mol} \tag{5-5}$$

当用煤气作为燃料时，在温度较低时易反应完全，而在高温下燃烧时，由于 $\Delta_r G^\ominus$ 增大，CO 不能完全燃烧成 CO_2，存在不完全燃烧损失，这是煤气燃烧反应的特点。

CO 的不完全燃烧程度用 α 表示，由平衡的观点来看，α 也就是反应体系中 CO_2 的解离度，即：

$$\alpha = \frac{\text{离解为 CO 的}CO_2\text{ 物质的量}}{\text{未离解的}CO_2\text{ 物质的量} + \text{离解为 CO 的}CO_2\text{ 物质的量}}$$

列出煤气燃烧反应的平衡常数，并假定开始和平衡时该反应中的各物质的摩尔分数，可推得：

$$\alpha = \sqrt[3]{\frac{2p^{\ominus}}{K_p p}} \tag{5-6}$$

式（5-6）为计算CO不完全燃烧程度的近似式，是基于通常的燃烧温度时 α 的值很小而简化得到的。其中 $p^{\ominus}$为标准大气压，值为101325 Pa；p 为反应的总压，Pa；K_p 为反应的平衡常数，可由 $\Delta_r G^{\ominus}$求出，因而给定温度和总压即可求出 α 值。

图5-2为 CO_2 解离度 α 的等压曲线。由图可看出，在低压和高温下 α 具有相当高的值，近似公式（5-6）将不适用。

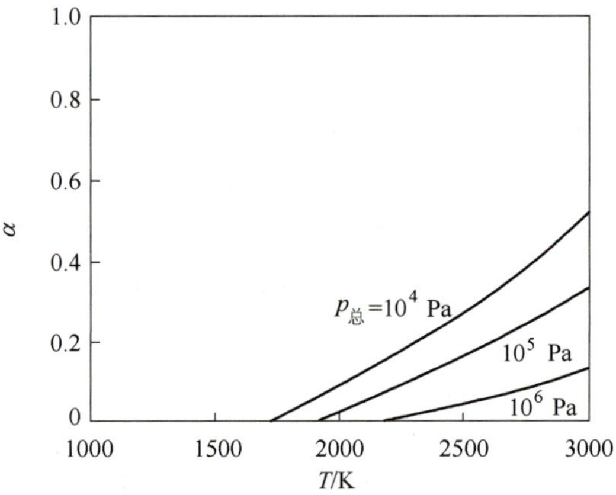

图5-2 CO_2 解离度 α 的等压曲线

5.2.1.2 碳的气化反应

$$C + CO_2 = 2CO$$

$$\Delta_r G^{\ominus} = 170707 - 174.47T,\ \mathrm{J/mol} \tag{5-7}$$

碳的气化反应是火法冶金的一个重要反应。在竖式冶金炉（如高炉、鼓风炉）内风口前空气中的 O_2 与焦炭中的C燃烧生成 CO_2，而 CO_2 将按反应（5-1）生成CO，在氧化物与C（焦炭、煤粉等）共存的料层内，还原产物 CO_2 也将与C反应生成CO，CO可以反复还原氧化物。同时，当温度降低后，炉内气体中的CO又将按反应（5-1）的逆反应生成 CO_2 和碳（在有催化剂存在时）。可见，只要C与O共存，气化反应就必定存在。

以下推导平衡气相成分与温度及总压的关系式：

由

$$K_p = \frac{p_{CO}^2}{p_{CO_2} \cdot p^{\ominus}} \tag{5-8}$$

$$p_{CO_2} + p_{CO} = p \tag{5-9}$$

得

$$K_p = \frac{p_{CO}^2}{(p - p_{CO}) \cdot p^{\ominus}} \tag{5-10}$$

$$p_{CO}^2 + K_p p^{\ominus} p_{CO} - K_p p^{\ominus} p = 0 \tag{5-11}$$

$$p_{CO} = \frac{-K_p p^{\ominus} \pm (K_p^2 p^{\ominus 2} - 4(-K_p p^{\ominus} p))^{1/2}}{2} = \frac{-K_p p^{\ominus}}{2} + \frac{(K_p^2 p^{\ominus 2} + 4K_p p^{\ominus} p)^{1/2}}{4} \tag{5-12}$$

因

$$p_{CO} = \varphi_{CO} \cdot p/100$$

故

$$\varphi_{CO} = \left[\frac{-K_p p^{\ominus}}{2} + \left(\frac{K_p^2 p^{\ominus 2}}{4} + K_p p^{\ominus} p\right)^{1/2}\right] \times 100/p \tag{5-13}$$

式中，φ_{CO}为CO的体积分数，%。式（5-13）即为平衡气相成分与温度及总压的关系式。

图5-3列出了碳的气化反应平衡气相成分的等压曲线。由图5-3可看出，压力降低和温

度升高有利于生成 CO。值得注意的是，碳的气化反应在 673～1273 K 的温度范围是很敏感的，温度低于 673 K 时，几乎全部生成 CO_2；而温度高于 1273 K 时，则几乎全部生成 CO。

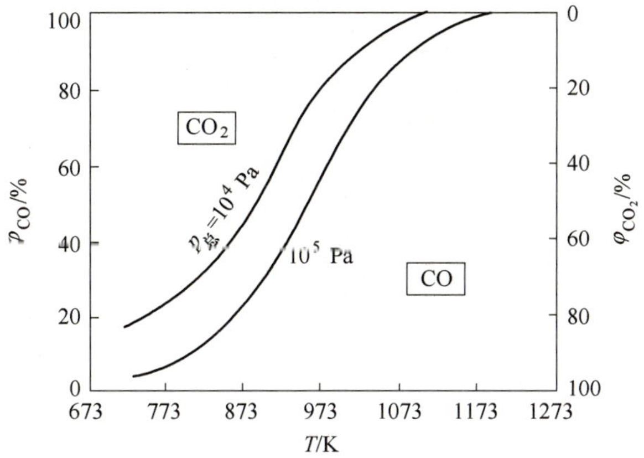

图 5-3　碳的气化反应平衡气相成分的等压曲线

图中曲线为平衡曲线，表明了给定温度下的平衡成分，若实际气体成分高于曲线的平衡值，即实际的 φ_{CO} 大于平衡的 φ_{CO}，则反应将向 CO 减少的方向进行，此时只有 CO_2 是稳定的，故曲线以上的区域是 CO_2 的稳定区；相反，曲线以下的区域是 CO 的稳定区。

5.2.1.3　碳在空气中的不完全燃烧

当用 C 作燃料时，作为助燃的空气如果过量，C 将全部燃烧生成 CO_2。

$$C + O_2(过量)(N_2) \longrightarrow CO_2(NO_2) \tag{5-14}$$

当 C 既作为燃料，又作为还原剂时，C 过量而空气不足，C 不完全燃烧，燃烧产物既有 CO_2，又有 CO。

$$C(过量) + O_2[N_2] \longrightarrow xCO + yCO_2(N_2) \tag{5-15}$$

生成 CO_2 和 CO 的相对数量（x、y 之比）取决于碳的气化反应的平衡，即取决于温度和总压。为了推导碳在空气中不完全燃烧时，气相平衡成分与温度和总压的关系式，需要建立以下关系式：

反应平衡气相产物中：

$$\varphi_{CO} + \varphi_{CO_2} + \varphi_{N_2} = 100 \tag{5-16}$$

由于平衡成分取决于气化反应，故：

$$K_{p(g)} = \frac{P_{CO}^2}{P_{CO_2} \cdot p^{\ominus}} = \frac{\left(\dfrac{\varphi_{CO}}{100} \cdot p\right)^2}{\dfrac{\varphi_{CO_2}}{100} \cdot p \cdot p^{\ominus}} = \frac{\varphi_{CO}^2}{\varphi_{CO_2}} \cdot \frac{p}{100p^{\ominus}} \tag{5-17}$$

由于气相中除 CO、CO_2 外还存在 N_2，故还需建立一关系式，根据反应前后物质的原子数不变的规律，燃烧前空气中摩尔原子数之比：

$$\frac{n_N}{n_O} = \frac{2n_{N_2}}{2n_{O_2}} = \frac{\dfrac{\varphi_{N_2}}{100} \cdot \Sigma n_{空气}}{\dfrac{\varphi_{O_2}}{100} \cdot \Sigma n_{空气}} = \frac{\varphi_{N_2}}{\varphi_{O_2}} = \frac{79}{21} \tag{5-18}$$

而燃烧产物中：

$$\frac{n_{N}}{n_{O}}=\frac{2n_{N_2}}{2n_{CO_2}+n_{CO}}=\frac{2\frac{\varphi_{N_2}}{100}\cdot\Sigma n_{产物}}{2\frac{\varphi_{CO_2}}{100}\cdot\Sigma n_{产物}+\frac{\varphi_{CO}}{100}\cdot\Sigma n_{产物}}=\frac{2\varphi_{N_2}}{2\varphi_{CO_2}+\varphi_{CO}} \tag{5-19}$$

燃烧产物中 n_N/n_O 应与空气中相等，故：

$$\frac{2\varphi_{N_2}}{2\varphi_{CO_2}+\varphi_{CO}}=\frac{79}{21} \tag{5-20}$$

联解式（5-16）、式（5-17）、式（5-20）得：

$$\varphi_{CO_2}=\frac{\varphi_{CO}^2}{K_{p(g)}}\cdot\frac{p}{100p^{\ominus}} \tag{5-21}$$

由式（5-20）得：

$$\varphi_{N_2}=\frac{79}{2\times 21}(2\varphi_{CO_2}+\varphi_{CO}) \tag{5-22}$$

式（5-21）代入式（5-22），得：

$$\varphi_{N_2}=\frac{79}{42}\left[\varphi_{CO}+\frac{\varphi_{CO}^2}{K_{p(g)}}\cdot\frac{p}{50p^{\ominus}}\right] \tag{5-23}$$

将式（5-21）、式（5-23）代入式（5-16），得：

$$\varphi_{CO}+\frac{\varphi_{CO}^2}{K_{p(g)}}\cdot\frac{p}{100p^{\ominus}}+\frac{79}{42}\left[\varphi_{CO}+\frac{\varphi_{CO}^2}{K_{p(g)}}\cdot\frac{p}{50p^{\ominus}}\right]=100 \tag{5-24}$$

整理后得：

$$\left[\frac{1}{21}\cdot\frac{p}{p^{\ominus}K_{p(g)}}\right]\varphi_{CO}^2+\frac{121}{42}\varphi_{CO}-100=0 \tag{5-25}$$

解得：

$$\varphi_{CO}=-\frac{30.25}{p}p^{\ominus}K_{p(g)}+\left(\frac{915K_{p(g)}^2\cdot p^{\ominus 2}}{p^2}+2100\frac{K_{p(g)}\cdot p^{\ominus}}{p}\right)^{1/2} \tag{5-26}$$

根据式（5-26），已知温度和总压即可求出平衡气相中 CO 的含量，再代入式（5-17）、式（5-16）即可求出 CO_2、N_2 的含量。

若 $p=p^{\ominus}=10^5$ Pa，则式（5-26）可简化为：

$$\varphi_{CO}=-30.25K_{p(g)}+(915K_{p(g)}^2+2100K_{p(g)})^{1/2} \tag{5-27}$$

5.2.2 H-O 系和 C-H-O 系燃烧反应

5.2.2.1 氢的燃烧

$$2H_2+O_2 = 2H_2O,\quad \Delta_rG^{\ominus}=-503921+117.36T,\ J/mol \tag{5-28}$$

氢燃烧反应的热力学规律与煤气燃烧反应相同，即温度升高后 H_2 的不完全燃烧程度加大，也就是 H_2O 的解离度 α 加大。

比较 H_2 和 CO 燃烧反应的 $\Delta_rG^{\ominus}$-T 图（图 5-4）可以看出，两直线有一交点，交点温度时两反应的 $\Delta_rG^{\ominus}$ 相等：

$$-503921 + 117.36T_{转} = -564840 + 173.64T_{转} \tag{5-29}$$

据此可求出转换温度：

$$T_{转} = 1083\ \text{K}$$

在转换温度以下，CO_2 比 H_2O 更稳定，CO 与 O_2 反应的能力（还原能力）大于 H_2；而温度在 1083 K 以上时则相反，H_2 的还原能力大于 CO。

5.2.2.2 水煤气反应

$$CO + H_2O \Longrightarrow H_2 + CO_2,\ \Delta_r G^\ominus = -304591 + 28.14T,\ \text{J/mol} \tag{5-30}$$

水煤气反应及反应的 $\Delta_r G^\ominus$ 值可由煤气燃烧反应与氢燃烧反应之差求出，其 $\Delta_r G^\ominus$-T 图见图 5-4。由图 5-4 可看出，1083 K 时反应的 $\Delta_r G^\ominus = 0$，$K_p = 1$，温度低于此温度时，$\Delta_r G^\ominus$ 小于零，CO 转变为 CO_2；而高于此温度时，H_2 转变为 H_2O。

5.2.2.3 水蒸气与碳的反应

用空气来燃烧碳时，由于空气中含有水蒸气，因而存在 H_2O 与 C 的反应：

$$2H_2O + C \Longrightarrow 2H_2 + CO_2,\ \Delta_r G^\ominus = 109788 - 118.32T,\ \text{J/mol} \tag{5-31}$$

$$H_2O + C \Longrightarrow H_2 + CO,\ \Delta_r G^\ominus = 140248 - 146.36T,\ \text{J/mol} \tag{5-32}$$

H_2O-C 反应与 O_2-C 反应一样，生成 CO、CO_2 的两个反应是同时进行的，因而其热力学数据也是通过间接计算求出的。式（5-31）、式（5-32）两反应的吉布斯自由能-温度曲线见图 5-5。两直线交点仍为 1083 K，温度低时生成 CO_2 的趋势大，温度高时生成 CO 的趋势大。

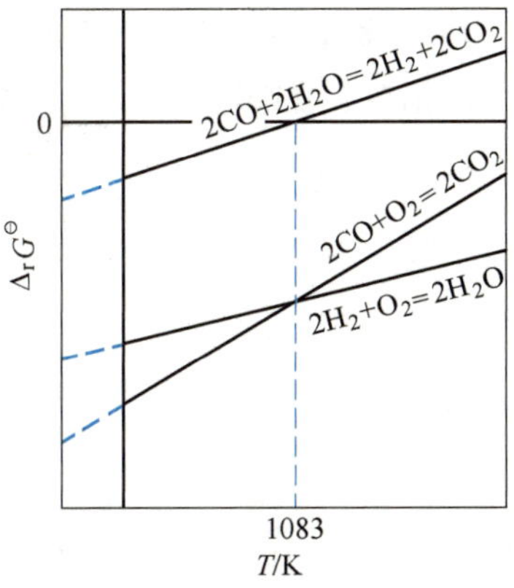

图 5-4 CO 和 H_2 燃烧反应的 $\Delta_r G^\ominus$-T 图

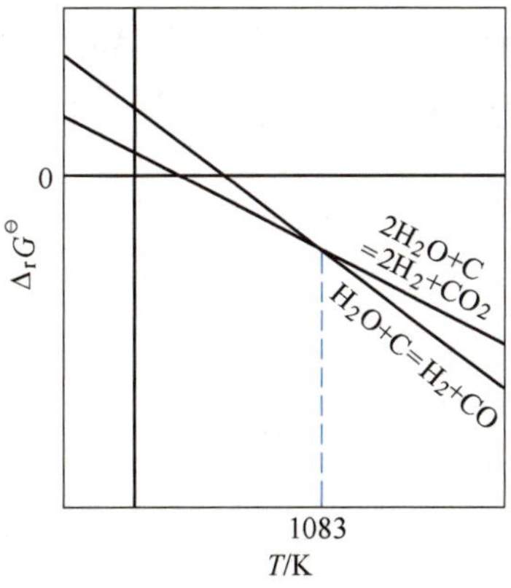

图 5-5 H_2O 与 C 反应的 $\Delta_r G^\ominus$-T 图

5.3 金属氧化物的 CO 还原

冶金所用矿物主要以氧化物和硫化物形态存在。硫化物也常常经过氧化焙烧转化为氧化物，而后各种氧化物采用气体或固体碳或金属等还原为金属。因此，氧化物的还原是冶金生产中重要的反应环节。本节主要介绍氧化物用 CO 还原的热力学。

5.3.1 氧化物用 CO 还原

氧化物用 CO 还原的反应可表示为：

$$MeO + CO \xlongequal{} Me + CO_2 \quad (5\text{-}33)$$

当 MeO 和 Me 都是纯凝聚相，且因压力对反应平衡无影响而不加考虑时，影响反应平衡的条件只有温度和气体成分。

平衡气相成分与温度的关系可表示为：

$$\Delta_r G^{\ominus} = -RT\ln\frac{p_{CO_2}/p^{\ominus}}{p_{CO}/p^{\ominus}} = -RT\ln\frac{(\varphi_{CO_2}/100)p}{(\varphi_{CO}/100)p} = -RT\ln\frac{\varphi_{CO_2}}{\varphi_{CO}} \quad (5\text{-}34)$$

即

$$\lg\frac{\varphi_{CO}}{\varphi_{CO_2}} = \frac{A+BT}{19.15T} = \frac{A'}{T} + B' \quad (5\text{-}35)$$

同时

$$\varphi_{CO} + \varphi_{CO_2} = 100 \quad (5\text{-}36)$$

当给定 MeO 时，即可求出 A'、B'值，联解上两式，即可求出 φ_{CO} 与 T 的关系。当反应为吸热反应时，$A'>0$，φ_{CO} 随温度升高而降低；而对于放热反应，$A'<0$，φ_{CO} 随温度升高而增大。

图 5-6 为某 MeO 用 CO 还原（放热反应）反应的平衡图，图中曲线表示了 CO 平衡成分随温度而变化的规律。当体系的温度和气体成分正好位于曲线上时，反应处于平衡状态，即 MeO 与 Me、CO 与 CO_2 平衡共存，如图上温度为 T'时，气体成分正相当于 b 点。若在给定温度下气体成分中 φ_{CO} 大于平衡浓度，如 a 点，则反应将向使 CO 减少的方向进行，即 MeO 将被 CO 还原。因而曲线以上的区域是 Me 的稳定区。相反，若气体成分中 φ_{CO} 小于平衡成分，如 c 点，则反应将向使 CO 体积分数增大的方向进行，即 Me 将被 CO_2 氧化，因而曲线以下的区域是 MeO 的稳定区。同样，在气体成分一定时，如体系温度低于该成分下的平衡温度，如图上 e 点，Me 也是稳定的；相反，如图上 f 点，则 MeO 是稳定的。

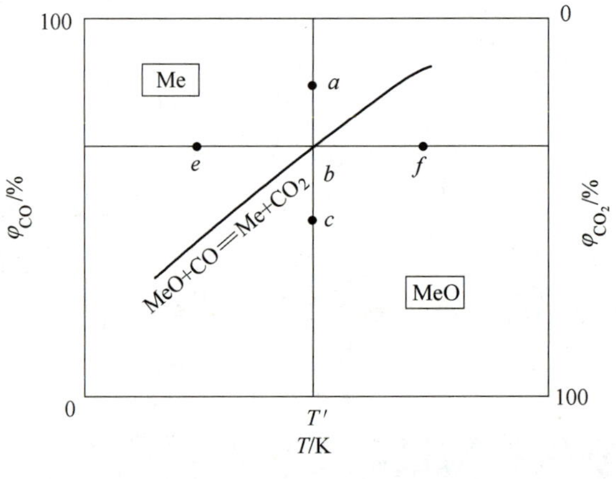

图 5-6 MeO 用 CO 还原平衡图

根据以上分析可以知道，对于 MeO 的还原，只要控制一定的还原条件，即温度和气相中 CO 浓度，就可以使给定 MeO 的还原反应按预期的方向进行。同时，根据反应的热力学数据，还可以准确地计算反应在给定温度下的 CO 最低浓度。

还可以根据氧势图上的 CO/CO_2 标尺来分析 CO 气体还原金属氧化物的还原反应，以及气相中 CO 和 CO_2 的关系。

CO/CO_2 标尺也称碳标尺，由理查德森和杰弗森设计。设计原理如下：

当金属及其氧化物与 CO、CO_2 气体接触时，会发生下面的反应：

$$MO_{2(s)} + 2CO \longequal M_{(s)} + 2CO_2 \quad \Delta_r G_1 \tag{5-37}$$

将上述反应看做下面两个反应的组合：

$$2CO + O_2((100\ kPa) \longequal 2CO_2 \quad \Delta_r G_2 \tag{5-38}$$

$$M_{(s)} + O_2(100\ kPa) \longequal MO_{2(s)} \quad \Delta_r G_3 \tag{5-39}$$

所以，

$$\Delta_r G_1 = \Delta_r G_2 - \Delta_r G_3 \tag{5-40}$$

对于反应式（5-39），因为 $M_{(s)}$ 及 $MO_{2(s)}$ 均为纯物质，且 $p_{O_2} = 100$ kPa，故 $\Delta_r G_3 = \Delta_r G_3^\ominus$。生成各种氧化物的 $\Delta_r G_3^\ominus$ 与 T 的关系已在氧势图中表示出。

对于反应式（5-38），当 $p_{O_2} = 100$ kPa 时，反应吉布斯自由能变化为：

$$\Delta_r G_2 = \Delta_r G_2^\ominus - 2RT\ln \frac{p_{CO}}{p_{CO_2}} \tag{5-41}$$

由有关数据可求出：

$$\Delta_r G_2^\ominus = - 558150 + 167.78T,\ J/mol \tag{5-42}$$

在压力不太高的情况下，CO 及 CO_2 的分压比可看作是相同温度和压力下的体积比，故：

$$\Delta_r G_2 = \Delta_r G_2^\ominus - 2RT\ln \frac{\varphi_{CO}}{\varphi_{CO_2}} = - 558150 + \left[167.78 - 16.63\left(\frac{\varphi_{CO}}{\varphi_{CO_2}}\right)\right]T,\ J/mol \tag{5-43}$$

由式（5-42）可知，反应（5-38）的 $\Delta_r G_2$ 与 T 也呈直线关系。直线在纵坐标上的截距为-558150 J，即图 5-7 中热力学温度为零的标尺上“C”点，也称为碳点。直线斜率与 CO/CO_2 比值有关。因此，与 $\Delta_r G_2$ 与 T 的关系是从一组“C”点出发的辐射线（图 5-7），每一根线均代表一定的 CO/CO_2 比值。将这些辐射线延长，与氧势图外的 CO/CO_2 标尺相交，标出各交点所对应的 CO/CO_2 比值即构成 CO/CO_2 标尺。

由式（5-40）可知，当反应式（5-37）达到平衡时：

$$\Delta_r G_1 = \Delta_r G_2 - \Delta_r G_3 = \Delta_r G_2 - \Delta_r G_3^\ominus = 0 \tag{5-44}$$

即

$$\Delta_r G_2 = \Delta_r G_3^\ominus \tag{5-45}$$

这就是说，金属氧化的 $\Delta_r G^\ominus = A + BT$ 线与 CO/CO_2 等比值相关的交点，即为反应式（5-37）达到平衡状态的点。交点所对应的 CO/CO_2 比值，即为交点温度下反应式（5-37）的平衡 CO/CO_2 比。由图 5-7 可以看出，当温度变化时，反应式（5-37）的平衡 CO/CO_2 比值也随之变化。

CO/CO_2 标尺的用途如下：

（1）给定温度后，可直接求出金属氧化物被 CO 还原达到平衡时的 CO/CO_2 比。

方法：在指定温度下作垂线，与金属氧化的 $\Delta_r G^\ominus = A + BT$ 线相交，连接交点与“C”点并延长至 CO/CO_2 标尺线，其交点所对应的 CO/CO_2 比值即为所求的平衡 CO/CO_2 比。

（2）给定 CO/CO_2 比，可直接求出金属氧化物被 CO 还原的温度。

方法：在 CO/CO_2 标尺上找出所给 CO/CO_2 比值点，将该点与“C”点相连，所连直线与 $\Delta_r G^\ominus = A + BT$ 线相交，交点温度即为还原温度。

（3）在给定温度及 CO/CO_2 比值条件下，判断气氛对金属的性质。

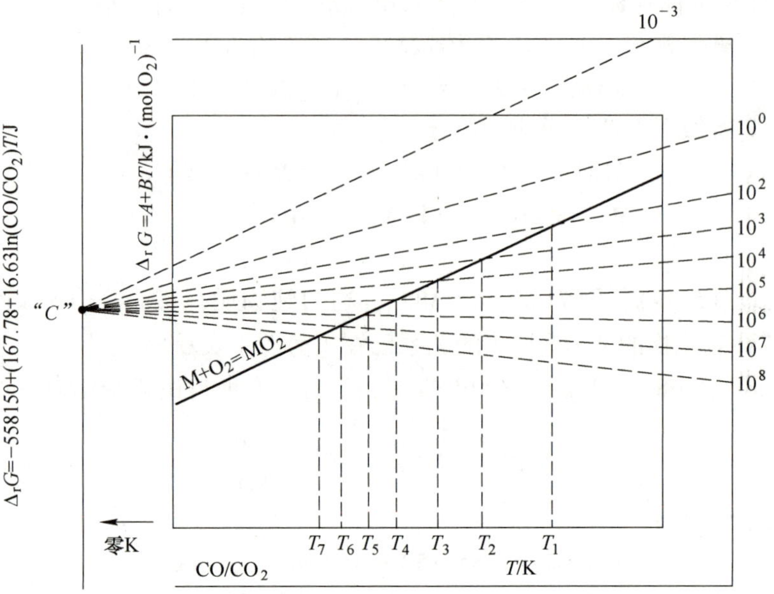

图 5-7 理查德森-杰弗森图中 CO/CO_2 标尺

方法：先求出指定温度下的平衡 CO/CO_2 比，然后将指定的 CO/CO_2 比值与 CO/CO_2 的平衡值相比较，若前者大于后者，则气氛对金属来讲是还原性的，即发生金属氧化物被 CO 还原的反应；反之则发生金属被 CO_2 氧化反应。

例 5-1 如在 1500 K 时用 $CO+CO_2$ 混合气体还原 CoO 为 Co，气相中 CO 浓度至少应控制为多少？

已知 $2CO + O_2 = 2CO_2$ $\qquad \Delta_r G_1^\ominus = -564840 + 173.64T$，J/mol

$2Co + O_2 = 2CoO$ $\qquad \Delta_r G_2^\ominus = -467771 + 143.72T$，J/mol

解：

$$CoO + CO = Co + CO_2 \qquad \Delta_r G^\ominus = (\Delta_r G_2^\ominus - \Delta_r G_2^\ominus)/2 = -48534.5 + 14.96T\text{，J/mol}$$

$$\lg\frac{\varphi_{CO}}{\varphi_{CO_2}} = \frac{A+BT}{19.15T} = \frac{-48534.5 + 14.96 \times 1500}{19.15 \times 1500} = -0.909$$

$$\frac{\varphi_{CO_2}}{\varphi_{CO}} = 0.1233$$

$$\frac{\varphi_{CO}}{100-\varphi_{CO}} = 0.1233$$

求出 $\qquad \varphi_{CO} = 10.98$

故气体中 CO 浓度至少应等于 10.98%。

5.3.2 熔体中氧化物用 CO 还原

熔体中的氧化物一般表示为（MeO），如果还原出的金属为液态，则可记为［Me］。由熔体中还原氧化物或还原产物形成溶液的反应，其热力学分析将与（MeO）及［Me］在熔体（溶液）中的活度有关。由于高温熔体中组分的活度或活度系数数据比较缺乏，热力学计算有一定困难，通常只能作定性的分析。

5.3.2.1 还原产物为固态

如果还原出的金属为固态，则还原反应可写为：

$$(MeO) + CO = Me + CO_2$$

该反应由纯 MeO 还原和 MeO 溶解两反应组成：

$$MeO + CO = Me + CO_2 \qquad \Delta_r G_1^{\ominus} = A + BT \tag{5-46}$$

$$MeO = (MeO) \qquad \Delta_r G_{溶}^{\ominus} \tag{5-47}$$

式（5-46）与式（5-47）相减得：

$$(MeO) + CO = Me + CO_2 \qquad \Delta_r G_2^{\ominus} = \Delta_r G_1^{\ominus} - \Delta_r G_{溶}^{\ominus} \tag{5-48}$$

上述反应的平衡常数为：

$$K = \frac{p_{CO_2}/p^{\ominus}}{p_{CO}/p^{\ominus}} \cdot \frac{1}{a_{FeO}} = \frac{\varphi_{CO_2}}{\varphi_{CO}} \cdot \frac{1}{\gamma_{MeO} x_{MeO}} \tag{5-49}$$

可见反应平衡常数不仅取决于气相成分，而且还与（MeO）的活度有关。对熔体中（MeO）的还原与纯 MeO 的还原分析发现，由熔体中还原 MeO 要比还原纯 MeO 困难，在同一温度下需要更高的 CO 浓度，且 $x_{(MeO)}$ 越小，φCO 需要越高。

5.3.2.2 还原产物形成溶液

如果还原出的金属为液态，则还原反应可写为：

$$(MeO) + CO = [Me] + CO_2 \tag{5-50}$$

平衡常数为：

$$K = \frac{p_{CO_2}/p^{\ominus}}{p_{CO}/p^{\ominus}} \cdot \frac{a_{Me}}{a_{FeO}} = \frac{\varphi_{CO_2}}{\varphi_{CO}} \cdot \frac{a_{Me}}{\gamma_{MeO} x_{MeO}} \tag{5-51}$$

可见，反应平衡常数不仅取决于气相成分，而且还与（MeO）和［Me］的活度有关。

5.3.2.3 熔体中有 C 存在时（MeO）的还原

当有碳存在时，要考虑温度的影响。

当温度低于 1000 ℃时，还原反应决定于下两反应同时平衡：

$$(MeO) + CO = Me + CO_2 \tag{5-52}$$

$$CO_2 + C = 2CO \tag{5-53}$$

在影响还原反应平衡的因素中有温度、压力、气相组成和 MeO 在溶液中的浓度。

当温度高于 1000 ℃时，还原反应由下两反应组成：

$$(MeO) + CO = Me + CO_2 \tag{5-54}$$

$$CO_2 + C = 2CO \tag{5-55}$$

式（5-54）与式（5-55）相加得：

$$(MeO) + C = Me + CO \tag{5-56}$$

相当于用固体碳对（MeO）的还原，详见 5.5 节内容。

5.4 金属氧化物的 H_2 还原

本节主要介绍氧化物用 H_2 还原的热力学。

5.4.1 氧化物用 H_2 还原

氧化物用 H_2 还原反应与 CO 还原相似，由以下两个解离-生成反应组成：

$$2H_2 + O_2 = 2H_2O \tag{5-57}$$

$$2Me + O_2 = 2MeO \tag{5-58}$$

式（5-57）和式（5-58）相减得：

$$MeO + H_2 = Me + H_2O \tag{5-59}$$

当 MeO 和 Me 都是纯凝聚相，且因压力对反应平衡无影响而不加考虑时，影响反应平衡的条件只有温度和气体成分。

同样可得出：

$$\lg\frac{\varphi_{H_2}}{\varphi_{H_2O}} = \frac{A'}{T} + B'\lg\left(\frac{\varphi_{H_2}}{\varphi_{H_2O}}\right) = \frac{A'}{T} + B' \tag{5-60}$$

$$\varphi_{H_2} + \varphi_{H_2O} = 100 \tag{5-61}$$

MeO 用 H_2 还原与 CO 还原相比较，两者之间相差一个水煤气反应：

$$MeO + CO = Me + CO_2 \tag{5-62}$$

$$CO + H_2O = CO_2 + H_2 \tag{5-63}$$

式（5-62）和式（5-63）相减得：

$$MeO + H_2 = Me + H_2O \tag{5-64}$$

由于水煤气反应是强放热反应（$\Delta H^{\ominus}_{298} = -40535$ J），因而 MeO 用 H_2 还原要比用 CO 还原多吸热（298 K 时为 40535 J），MeO 用 CO 还原时，有放热反应，也有吸热反应。而用 H_2 还原则几乎都是吸热反应，即常数，$A'>0$，φ_{H_2} 随温度升高而降低，曲线斜率向下。

据此绘制平衡图，如图 5-8 所示，其分析方法与图 5-6 相同。当体系的温度和气体成分正好位于曲线上时，反应处于平衡状态，即 MeO 与 Me、H_2 与 H_2O 平衡共存。当温度为 T'时，气体成分对应于图上 b 点。若在给定温度下气体成分中 φ_{H_2} 大于平衡浓度，如图上 a 点，则反应将向朝着使 H_2 减少的方向进行，即 MeO 将被 H_2 还原。因而，曲线以上的区域为 Me 的稳定区。相反，若气体成分中 φ_{H_2} 小于平衡成分，如 c 点，则反应将向使 H_2 增大的方向进行，即 Me 将被 H_2O 氧化，因而，曲线以下的区域是 MeO 的稳定区。同样，在气体成分一定时，若体系温度低于该成分下的平衡温度，如图上 e 点，MeO 是稳定的；相反，若体系温度高于平衡温度，如图上 f 点，则 Me 是稳定的。

根据以上分析可知，对于 MeO 的还原，只要控制一定的还原条件，即温度和气相中 H_2 的浓度，就能够实现 MeO 的还原反应按预期的方向进行。同时，基于反应的热力学数据，还可以准确地计算反应在给定温度下的 H_2 最低浓度。

与 CO/CO_2 标尺类似，还可以在理查德森-杰弗森图中作出 H_2/H_2O 标尺，用该标尺可分析金属氧化物被 H_2 还原反应，其设计原理、使用方法与 CO/CO_2 标尺相同。

当金属及其氧化物与 H_2、H_2O 气体接触时，会发生下面的反应：

$$MO_{2(s)} + 2H_2 = M_{(s)} + 2H_2O \qquad \Delta_r G_1 \tag{5-65}$$

将反应式（5-65）看作下面两个反应的组合：

$$2H_2 + O_2(100\ kPa) \xlongequal{\quad} 2H_2O \qquad \Delta_r G_2 \tag{5-66}$$

$$M_{(s)} + O_2(100\ kPa) \xlongequal{\quad} MO_{2(s)} \qquad \Delta_r G_3 \tag{5-67}$$

所以，
$$\Delta_r G_1 = \Delta_r G_2 - \Delta_r G_3 \tag{5-68}$$

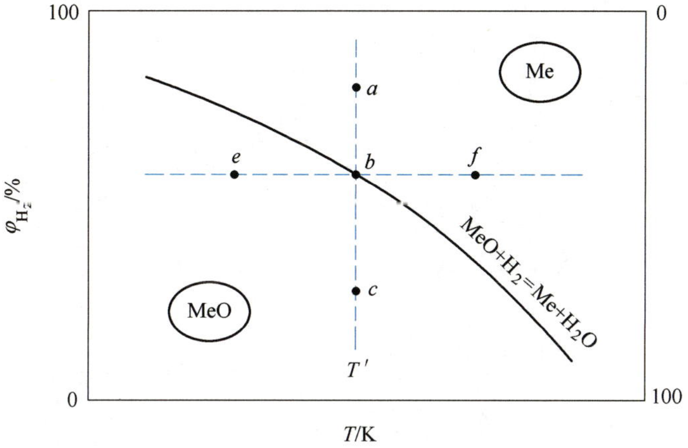

图 5-8 MeO 用 H_2 还原平衡图

对于反应式（5-67），因为 $M_{(s)}$ 及 $MO_{2(s)}$ 均为纯物质，且 $p_{O_2}=100$ kPa，故 $\Delta_r G_3 = \Delta_r G_3^\ominus$。生成各种氧化物的 $\Delta_r G_3^\ominus$ 与 T 的关系已在氧势图中表示出。

对于反应式（5-66），当 $p_{O_2}=100$ kPa 时，反应吉布斯自由能变化为：

$$\Delta_r G_2 = \Delta_r G_2^\ominus - 2RT\ln\frac{p_{H_2}}{p_{H_2O}}$$

$$\Delta G_2 = \Delta G_2^\ominus - 2RT\ln\frac{p_{H_2}}{p_{H_2O}} \tag{5-69}$$

由有关数据可求出：

$$\Delta_r G_2^\ominus = -494784 + 111.70T,\ J/mol \tag{5-70}$$

在压力不太高的情况下，H_2 及 H_2O 的分压比可看作是相同温度和压力下的体积比，故

$$\Delta_r G_2 = \Delta_r G_2^\ominus - 2RT\ln\frac{\varphi_{H_2}}{\varphi_{H_2O}} = -494784 + \left[111.70 - 16.63\left(\frac{\varphi_{H_2}}{\varphi_{H_2O}}\right)\right]T,\ J/mol \tag{5-71}$$

可以看出，反应式（5-66）的 ΔG_2 与 T 也呈直线关系。直线在纵坐标上的截距为 −494784 J，即图 5-9 中热力学温度为零时的标尺上“H”点。直线的斜率与 H_2/H_2O 比值有关。因此，$\Delta_r G_2$ 与 T 的关系是从一组“H”点出发的辐射线（图 5-9），每一根线均代表一定的 H_2/H_2O 比值。将这些辐射线延长，与氧势图外的 H_2/H_2O 标尺相交，标出各交点所对应的 H_2/H_2O 比值即构成 H_2/H_2O 标尺。

由式（5-68）可知，当反应式（5-65）达到平衡时：

$$\Delta_r G_1 = \Delta_r G_2 - \Delta_r G_3 = \Delta_r G_2 - \Delta_r G_3^\ominus = 0 \tag{5-72}$$

即
$$\Delta_r G_2 = \Delta_r G_3^\ominus \tag{5-73}$$

金属氧化的 $\Delta_r G^\ominus = A + BT$ 线与 H_2/H_2O 等比值相关的交点，即为反应式（5-46）达到平衡状态的点。交点所对应的 H_2/H_2O 比值，即为交点温度下反应式（5-65）的平衡 H_2/H_2O 比。由图 5-7 可以看出，当温度变化时，反应式（5-65）的平衡 H_2/H_2O 比值也随之变化。

H_2/H_2O 标尺的用途如下：

该标尺可用来分析 H_2 还原金属氧化物的还原反应。用途和具体方法与 CO/CO_2 标尺类似，此处不再赘述。

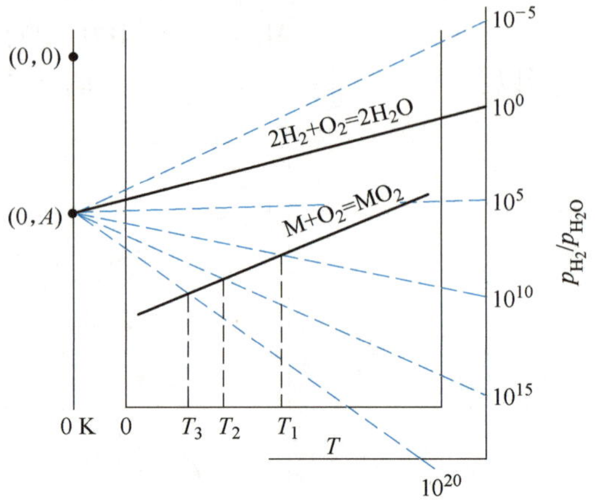

图 5-9 理查德森-杰弗森图中 H_2/H_2O 标尺

例 5-2 如在 1400 K 时用 H_2+H_2O 混合气体还原 TiO_2 为 Ti，气相中 $\dfrac{\varphi_{H_2}}{\varphi_{H_2O}}$ 至少应控制多大？

已知 $2H_2 + O_2 \xlongequal{} 2H_2O$ $\quad \Delta_r G_1^\ominus = -494784 + 111.70T$，J/mol

$Ti + O_2 \xlongequal{} TiO_2$ $\quad \Delta_r G_2^\ominus = -943929 + 182.66T$，J/mol

解

$TiO_2 + 2H_2 \xlongequal{} Ti + 2H_2O$ $\quad \Delta_r G^\ominus = \Delta_r G_1^\ominus - \Delta_r G_2^\ominus = 449145 - 70.96T$，J/mol

$$\lg\left(\frac{\varphi H_2}{\varphi H_2O}\right) = \frac{A + BT}{19.15T} = \frac{449145 - 70.96 \times 1400}{19.15 \times 1400} = 13.047$$

$$\frac{\varphi_{H_2}}{\varphi_{H_2O}} = 4.6389 \times 10^5$$

故气体中 $\dfrac{\varphi_{H_2}}{\varphi_{H_2O}}$ 至少应等于 4.6389×10^5。

5.4.2 熔体中氧化物用 H_2 还原

5.4.2.1 还原产物为固态

如果还原出的金属为固态，则还原反应可写为：

$$(MeO) + H_2 \xlongequal{} Me + H_2O$$

该反应由纯 MeO 还原和 MeO 溶解两反应组成：

$$MeO + H_2 \xlongequal{} Me + H_2O \qquad \Delta_r G_1^\ominus = A + BT \tag{5-74}$$

$$MeO \xlongequal{} (MeO) \qquad \Delta_r G_{溶}^\ominus \tag{5-75}$$

式（5-74）和式（5-75）相减得：

$$(MeO) + H_2 \xlongequal{} Me + H_2O \qquad \Delta_r G_2^\ominus = \Delta_r G_1^\ominus - \Delta_r G_{溶}^\ominus \tag{5-76}$$

反应式（5-76）的平衡常数为：

$$K = \frac{p_{H_2O}/p^\ominus}{p_{H_2}/p^\ominus} \cdot \frac{1}{a_{MeO}} = \frac{\varphi_{H_2O}}{\varphi_{H_2}} \cdot \frac{1}{\gamma_{MeO} x_{MeO}} \tag{5-77}$$

同样可见，反应平衡常数不仅取决于气相成分，而且还与（MeO）的活度有关。对熔体中（MeO）的还原与纯 MeO 的还原分析发现，从熔体中还原 MeO 要比还原纯 MeO 困难，在同一温度下需要更高的 H_2 浓度，且 $x_{(MeO)}$ 越小，φ_{H_2} 需要越高。

5.4.2.2 还原产物形成溶液

如果还原出的金属为液态，则还原反应可写为：

$$(MeO) + H_2 = [Me] + H_2O \tag{5-78}$$

平衡常数为：

$$K = \frac{p_{H_2O}/p^{\ominus}}{p_{H_2}/p^{\ominus}} \cdot \frac{a_{Me}}{a_{MeO}} = \frac{\varphi_{H_2O}}{\varphi_{H_2}} \cdot \frac{a_{Me}}{\gamma_{MeO} x_{MeO}} \tag{5-79}$$

同样可见，反应平衡常数不仅取决于气相成分，还与（MeO）和［Me］的活度有关。

5.5 固体碳还原

固体碳是冶金中的主要还原剂。由氧势图可以看出，只要温度足够高，碳几乎可以还原任何氧化物，因而碳常被称为冶金中的“万能还原剂”。

当有固体碳存在时，氧化物的还原反应分两步进行，首先是 CO 还原氧化物。

$$MeO + CO = Me + CO_2 \tag{5-80}$$

反应生成的 CO_2 与 C 反应（气化反应）：

$$CO_2 + C = 2CO \tag{5-81}$$

这样又重新产生 CO，此时，气相成分将取决于气化反应的平衡。

根据气化反应的平衡特点（图 5-3）可知，温度高于 1000 ℃时，CO_2 几乎全部转变为 CO，CO_2 可忽略不计。而温度低于 1000 ℃上下时，CO 与 CO_2 将共存，即 CO_2 不能完全转变为 CO。因而讨论 MeO 被 C 还原的反应，应区分温度高低（大致以 1000 ℃为界）。

通常将氧化物用 C 还原称为直接还原，而氧化物用 CO 或 H_2 还原称为间接还原。

5.5.1 低温时用 C 还原 MeO

当温度低于 1000 ℃时，碳的气化反应平衡成分中 CO、CO_2 共存，这时，MeO 的还原将取决于以下两反应的同时平衡：

$$MeO + CO = Me + CO_2 \tag{5-82}$$

$$CO_2 + C = 2CO \tag{5-83}$$

即 MeO 与 C 反应将生成 Me、CO 和 CO_2。

两反应同时平衡时，影响反应平衡的因素有温度、压力和气相成分浓度 φ_{CO}（或 φ_{CO_2}），即总压一定时，两反应同时平衡的平衡温度和 φ_{CO} 一定，总压改变，温度和 φ_{CO} 也相应改变。如图 5-10 所示，两反应同时平衡只有在两反应平衡曲线的交点才能实现。当总压为 10^5 Pa 时，平衡温度为 T_2，平衡浓度为 φ''_{CO}，当总压降低为 10^4 Pa 时，平衡温度和浓度也相应降低至 T_1、φ_{CO}。

只有在交点温度 T_2 时，MeO、Me 才能同时存在。如果浓度不等于平衡浓度，则将自动变化到平衡浓度。在交点温度以下的区域只有 MeO 稳定存在，而在交点温度以上的区域则只有 Me 稳定存在。由图 5-11 可看出，当压力一定时，两曲线于 a 点相交，温度为 T_2，只有在温度为 T_2 时，MeO、Me 才能共存。若气相成分 φ_{CO} 为 f 点，高于平衡成分 a 点，则两反应自动向使 CO 含量降低的方向进行，直至 φ_{CO} 降至 a 点。相反，气相成分低于平衡成分，如 g 点，则两反应皆向使 CO 含量增加的方向进行，使 φ_{CO} 自动上升到 a 点。

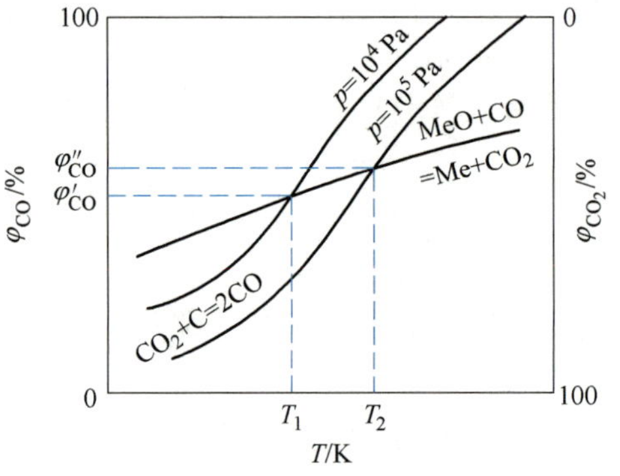

图 5-10 用 C 还原 MeO 的平衡图

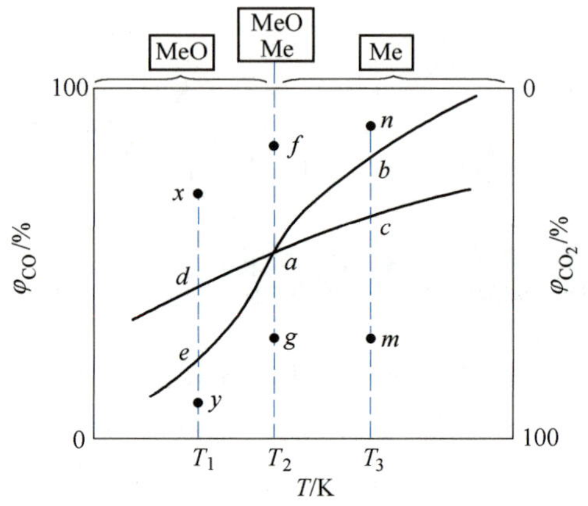

图 5-11 用 C 还原 MeO 反应的稳定区

当温度为 T_1 时，若气相成分位于 x 点，则体系中发生如下的反应：

首先两反应自动向使 CO 含量降低的方向进行。当 φ_{CO} 由 x 点降低到 d 时，MeO 还原反应平衡：

$$MeO + CO = Me + CO_2 \tag{5-84}$$

而气化反应使 φ_{CO} 继续降低：

$$2CO = CO_2 + C \tag{5-85}$$

气化反应促使 φ_{CO} 降低至稍低于 d 点，MeO 还原反应又将逆向进行：

$$Me + CO_2 = MeO + CO \tag{5-86}$$

几个反应交互作用的结果，使气相成分始终处于 d 点稍下的位置。

当体系中 Me 全部反应为 MeO 后反应终止。气相成分中 φ_{CO} 由 d 点降至 e 点，反应平衡，体系只有 MeO 稳定存在。

以上分析说明，当温度低于平衡温度时，不管气相组成如何，只有 MeO 稳定存在，而气相成分最终将转变到气化反应的平衡点。

对于体系温度高于平衡温度的情况，如 T_3，气相组成为 n、m 点时，也可用上述方法分析，结果是 MeO 全部被还原为 Me，只有 Me 稳定存在，气相成分最后在 b 点平衡。

5.5.2 高温下用 C 还原 MeO

温度高于 1000 ℃时，气相中 CO_2 平衡浓度很低，当忽略不计时，还原反应可由下述两步反应加和而成：

$$CO_2 + C = 2CO \tag{5-87}$$

$$MeO + CO \longrightarrow Me + CO_2 \quad (5\text{-}88)$$

式（5-87）和式（5-88）相加得：

$$MeO + C \longrightarrow Me + CO \quad (5\text{-}89)$$

影响反应平衡的因素只有温度和气相 CO 的压力，即平衡温度仅随压力而变，压力一定，平衡温度也一定。

上面讨论的是纯凝聚相和气相之间的直接还原反应，而冶金中常有溶解态的氧化物的还原问题，如炉渣中氧化物的还原问题。熔体中（MeO）的还原过程可表示为

$$(MeO) + [C] \longrightarrow [Me] + CO_2 \quad (5\text{-}90)$$

式中，(MeO) 表示熔体中的氧化物；[C] 表示作为还原剂的碳溶解于金属液中；[Me] 表示溶解于金属液中的金属元素。

对反应式（5-90）也可进行各种热力学分析，需要注意的是其中涉及（MeO）、[Me]、[C] 的活度和 CO_2 的分压。其中氧化物的活度可查有关活度图获得，元素的活度可根据情况查有关资料获得，钢液中溶解元素的活度系数还可查活度相互作用系数求解而得。

5.5.3 铁氧化物还原实例

铁氧化物广泛存在于冶金原料中，无论是黑色、有色、稀有金属矿石或是冶炼用熔剂、燃料的灰分中都含有 Fe_2O_3、Fe_3O_4 或各种含 FeO 的复杂氧化物，如 $2FeO \cdot SiO_2$、$FeO \cdot TiO_2$ 等。在火法还原过程中，铁氧化物被还原，而随冶炼要求的不同，可以控制其他还原条件以生成金属铁、FeO（入渣）或 Fe_3O_4（磁选）。

以下分析常用还原剂 CO、H_2、C 还原铁氧化物的热力学。

（1）CO 还原。铁氧化物的还原是逐级进行的。当温度高于 843 K 时，分三阶段完成：

$$Fe_2O_3 \longrightarrow Fe_3O_4 \longrightarrow FeO \longrightarrow Fe$$

温度低于 843 K 时，FeO 不能稳定存在，还原分两阶段完成：

$$Fe_2O_3 \longrightarrow Fe_3O_4 \longrightarrow Fe$$

用 CO 还原铁氧化物的逐级反应为：

$$3Fe_2O_3 + CO \longrightarrow 2Fe_3O_4 + CO_2 \qquad \Delta_r G^\ominus = -52200 - 41.05T \quad (5\text{-}91)$$

$$Fe_3O_4 + CO \longrightarrow 3FeO + CO_2 \qquad \Delta_r G^\ominus = 35400 - 40.29T \quad (5\text{-}92)$$

$$FeO + CO \longrightarrow Fe + CO_2 \qquad \Delta_r G^\ominus = -22800 + 24.27T \quad (5\text{-}93)$$

$$\frac{1}{4}Fe_3O_4 + CO \longrightarrow \frac{3}{4}Fe + CO_2 \qquad \Delta_r G^\ominus = -9832 + 8.58T \quad (5\text{-}94)$$

这四个反应的特点是反应物和生成物中气体成分的摩尔分数皆为 1，反应前后气相体积不变，因而压力对反应平衡无影响，影响反应平衡的因素是温度和气相成分。

由于各反应的：

$$\Delta_r G^\ominus = A + BT = -RT\ln\frac{\varphi_{CO}}{\varphi_{CO_2}} \quad (5\text{-}95)$$

及

$$\varphi_{CO_2} + \varphi_{CO} = 100\text{（或一个常数）}$$

故可以 φ_{CO}-T 或 φ_{CO_2}-T 为坐标绘出各反应的平衡成分曲线，如图 5-12 中曲线（1）~（4）所示。

由图5-12可见，Fe_2O_3 还原反应式（5-91）的平衡成分 φ_{CO} 值很低，并随温度升高略有升高，为放热反应；Fe_3O_4 还原反应式（5-92）在 843 K 以上曲线向下走，为吸热反应；Fe_3O_4 在 843 K 以下的还原反应式（5-94）和 FeO 还原为 Fe（反应式（5-93））皆为放热反应，温度升高，平衡 φ_{CO} 加大。

图5-12中以（1）~（4）反应的平衡曲线为界，划分为4个凝聚相的稳定区：曲线（1）以下为 Fe_2O_3 稳定区；曲线（1）、曲线（2）、曲线（4）之间为 Fe_3O_4 稳定区；曲线（2）、曲线（3）之间为 FeO 稳定区；曲线（3）、曲线（4）以上为 Fe 的稳定区。在冶炼过程中，随着对还原产物要求的不同，可以通过控制还原条件温度（T）和气相成分 φ_{CO} 处于某一稳定区来达到预期的冶炼产物。

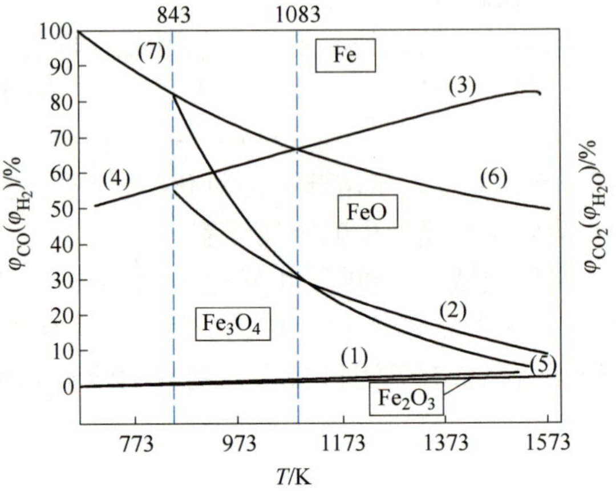

图5-12 铁氧化物用 CO、H 还原的平衡图

当用气体（CO）还原剂还原氧化物时，对于还原磁化焙烧，可控制在 Fe_3O_4 稳定区，以产生出强磁性的 Fe_3O_4，以便于磁选富集。对于铁矿石的还原则应控制在 Fe 稳定区，以产生海绵铁。而对于有色金属矿石则应控制在 FeO 稳定区，使铁呈 FeO 形式造渣与主金属分离。

（2）H_2 还原。H_2 还原与 CO 还原在热力学规律上是类似的，存在以下反应

$$3Fe_2O_3 + H_2 = 2Fe_3O_4 + H_2O \qquad \Delta_r G^\ominus = -15560 - 74.52T \tag{5-96}$$

$$Fe_3O_4 + H_2 = 3FeO + H_2O \qquad \Delta_r G^\ominus = 72010 - 73.68T \tag{5-97}$$

$$FeO + H_2 = Fe + H_2O \qquad \Delta_r G^\ominus = 23430 - 16.15T \tag{5-98}$$

$$\frac{1}{4}Fe_3O_4 + H_2 = \frac{3}{4}Fe + H_2O \qquad \Delta_r G^\ominus = 35560 - 30.42T \tag{5-99}$$

同样可利用

$$\Delta_r G^\ominus = A + BT = -RT\ln\frac{\varphi_{H_2O}}{\varphi_{H_2}} \tag{5-100}$$

及 $\varphi_{H_2} + \varphi_{H_2O} = 100\%$（或一个常数）绘制各反应 φ_{H_2}-T 或 φ_{H_2O}-T 平衡曲线，如图5-12中曲线（5）~曲线（7）所示。H_2 还原反应都是吸热反应，曲线皆向下倾斜，温度升高时 φ_{H_2} 平衡浓度降低。

曲线（2）、曲线（5）和曲线（3）、曲线（6）相交于 1083 K，当温度低于 1083 K 时，还原反应的平衡浓度 $\varphi_{CO} < \varphi_{H_2}$，说明 CO 的还原能力比 H_2 强，而温度高于 1083 K 时，$\varphi_{H_2} < \varphi_{CO}$，说明 H_2 比 CO 还原能力强。

用 H_2 还原时，同样也可分为（图中未标出）Fe_2O_3、Fe_3O_4、FeO、Fe 四个凝聚相稳定区，当用 H_2 还原时，可据此选择还原条件。虽然 CO 和 H_2 同属于气体还原剂，且 CO 比 H_2 廉价，但用 H_2 作还原剂可以获得不含碳的金属产品，因此某些稀有金属用氢作还原剂。

（3）有固态碳存在情况下的还原。铁氧化物的 C 还原反应由氧化物的 CO 还原和 C 的

气化反应同时平衡来实现（$T<1273$ K 时）或由两反应的加合关系求出（$T>1273$ K）。在图 5-13 中同时绘出了这些反应的平衡曲线。

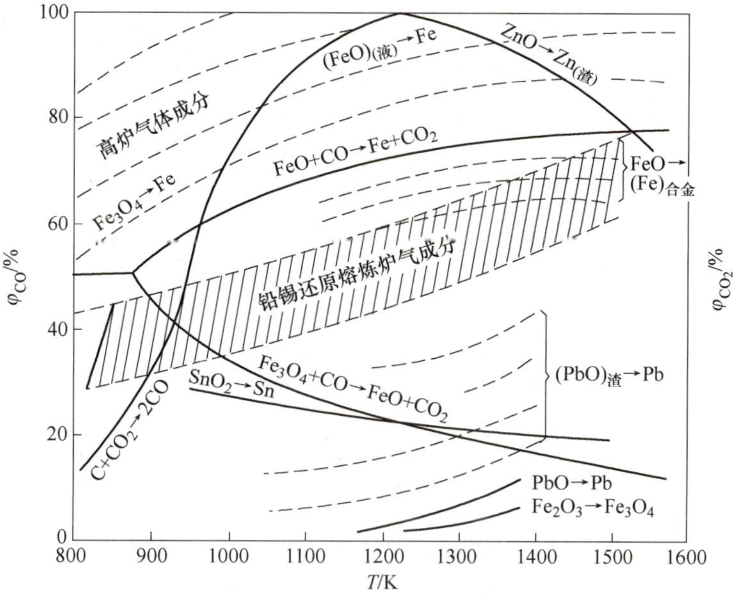

图 5-13　铅、锌和铁氧化物用 C 还原平衡图

有 C 存在时，图 5-13 划分为三个区域，在气化反应（$p^{\ominus}=1\times101325$ Pa）与反应（3）的交点温度（985 K，即 685 ℃）以上为 Fe 的稳定区，在气化反应与反应（2）的交叉温度（920 K，即 647 ℃）以下为 Fe_3O_4 的稳定区域，而在两交点温度之间，则为 FeO 的稳定区域。由此可知，只有在 958 K 以上才能还原得到 Fe。

5.5.4 锌氧化物还原

ZnO 用 CO 和 C 还原时，可能有以下三个反应

$$ZnO + CO = Zn_{(g)} + CO_2 \qquad \Delta_r G^{\ominus} = 186492 - 117.18T,\ J/mol \qquad (5\text{-}101)$$

$$ZnO + CO = Zn_{(l)} + CO_2 \qquad \Delta_r G^{\ominus} = 69887 - 16.85T,\ J/mol \qquad (5\text{-}102)$$

$$CO_2 + C = 2CO \qquad \Delta_r G^{\ominus} = 17707 - 174.47T,\ J/mol \qquad (5\text{-}103)$$

在反应式（5-101）、反应式（5-102）、反应式（5-103）中分别假定 $p_{Zn}=0.5\times101325$ Pa，$a_{Zn}=1$，$p_{CO}=0.5\times101325$ Pa，则可以做出如图 5-12 所示的锌氧化物还原平衡图。

由图 5-14 可见，曲线（1）、曲线（2）相交于 *B* 点（1099 K），表示 *B* 点温度时锌液和锌气两相平衡共存。温度在 1099 K 以上时，还原只能得到锌气，1099 K 以下还原可得到锌液，而在低温下还原要求气相中 CO 浓度相当高，由图可见，$\varphi_{CO_2}/\varphi_{CO}$ 约为 $1/10^3$。

当用 CO 还原时，曲线（1）、曲线（2）的右上方区域为 ZnO 稳定区，而左下方则为 Zn 气与 Zn 液的稳定区。

气化反应的平衡曲线与反应式（5-88）的平衡曲线相交于 *A* 点（1193 K），表明交点温度时，此二反应同时平衡。有碳存在时，图 5-14 可由 *A* 点分为两个区域，*A* 点右边的低温区为 ZnO 的稳定区，*A* 点左边的高温区则为锌气的稳定区。

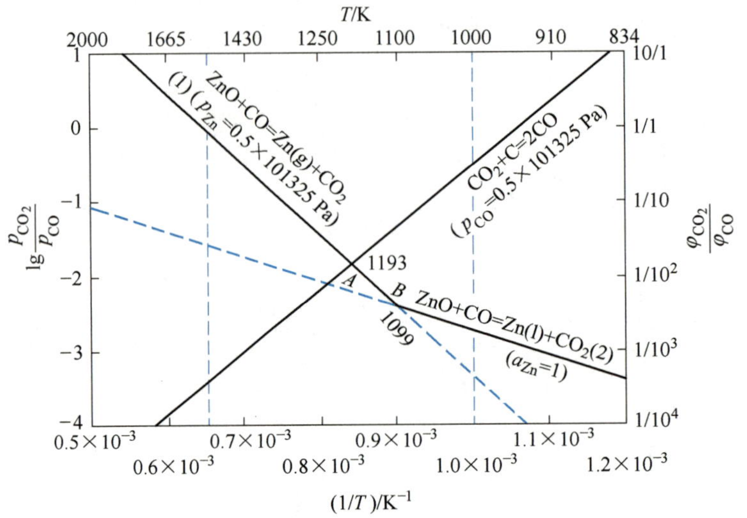

图 5-14 锌氧化物还原平衡图

若p_{Zn}、a_{Zn}、p_{CO}改变，则各曲线的截距相应改变，但斜率不变。

将反应式（5-101）、反应式（5-102）、反应式（5-103）等的 CO 含量与温度曲线标于图 5-11。由图可见，在铅锡鼓风炉熔炼中，炉气成分中 CO 含量介于图 5-12 的（3）、（2）反应平衡成分之间，矿石中铁氧化物还原为 FeO 入渣，而 SnO_2、PbO 则可被还原为金属。

5.6 金属氧化物的金属热还原

由吉布斯自由能图可看出，用 CO、H_2 作还原剂只能还原一部分氧化物，而用 C 作还原剂时，随着温度的升高可以还原更多的氧化物，但高温时会受到能耗和耐火材料的限制。因而对于吉布斯自由能图中位置低稳定性很高的氧化物，只能用位置比其更低的金属来还原，这就是金属热还原法。除氧化物外，硫化物、氯化物等也可用金属来还原。金属热还原可在常压下进行，也可在真空中进行。

由吉布斯自由能图可看出，Al_2O_3、SiO_2 的吉布斯自由能-温度曲线位置都比 Cr_2O_3、MnO、Nb_2O_5等低，因而可用 Al、Si 等金属来还原这些氧化物。

对于被还原的 MeO：

$$2Me + O_2 = 2MeO \tag{5-104}$$

对于还原剂氧化物：

$$2Me' + O_2 = 2Me'O \tag{5-105}$$

式（5-105）减式（5-104）可得出金属热还原的反应式：

$$2MeO + 2Me' = 2Me + 2Me'O \tag{5-106}$$

$$\Delta_r G_3^\ominus = \Delta_r G_2^\ominus - \Delta_r G_1^\ominus < 0 \tag{5-107}$$

该式说明金属热还原反应系自发地进行，如图 5-15 所示。

若被还原的 MeO 和还原剂氧化物的吉布斯自由能曲线相交，如图 5-16 所示，则只有在交点温度以下才能用 Me′还原 MeO。当然在交点温度以上，用 Me 也可还原 Me′O。

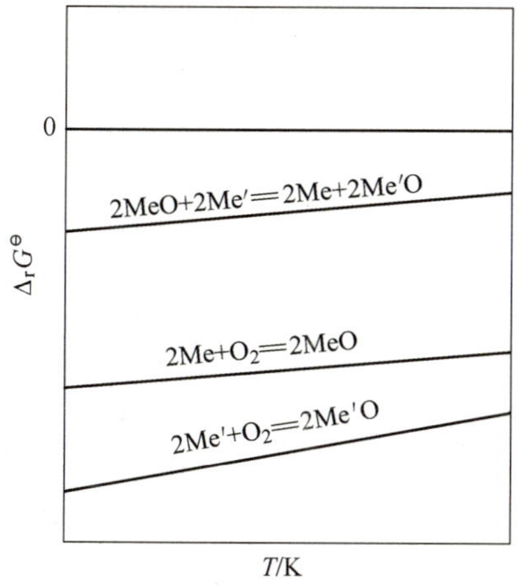

图 5-15 金属热还原反应的吉布斯自由能图

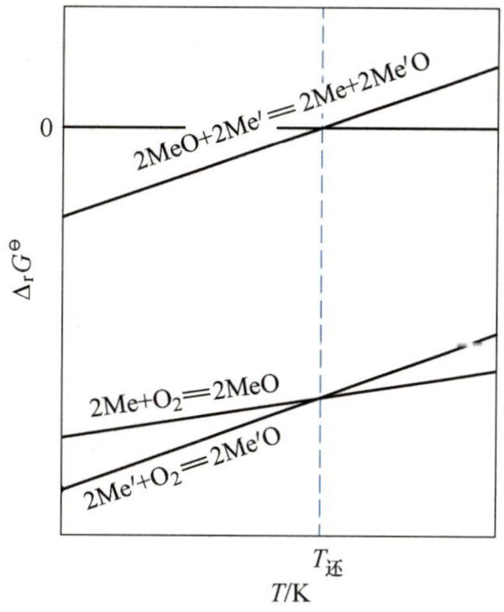

图 5-16 金属热还原反应的转变温度

5.7 真空还原

真空热还原多用于有色和稀有金属的生产。常用钠、钙、铝、硅等金属来还原易挥发金属，主要是碱金属和碱土金属的氧化物。

在高温下，还原得到的金属（Me）为气态时。其氧化物的 $\Delta_r G^\ominus$-T 曲线将由 Me 的沸点开始向上转折，斜率加大。即使在一般温度下氧化物生成吉布斯自由能比较大的金属，由于其斜率较小，也可在高温下用作还原剂（Me′）来还原前一种氧化物（MeO）。

由图 5-17 可看出，高温下反应 $2Me_{(g)}+O_2 = 2MeO$ 具有较大的斜率，用 Me′作还原剂时反应 $2Me'+O_2 = 2Me'O$ 的曲线与 MeO 的曲线相交，在交点温度时，总反应：（$MeO+Me' = Me'O+Me_{(g)}$）的 $\Delta_r G^\ominus=0$，反应平衡（$p_{Me}=p^\ominus=10^5$ Pa），这一温度为最低还原温度。高于该温度即可用 Me′还原 MeO。

如果采用真空的方法降低体系中还原产物 Me 蒸气的分压，则可使最低还原温度降低。

对于

$$2Me_{(g)} + O_2 = 2MeO \tag{5-108}$$

$$\Delta_r G = \Delta_r G^\ominus + RT\ln \frac{1}{\frac{p_{Me}^2}{p^\ominus}\cdot\frac{p_{O_2}}{p^\ominus}} \tag{5-109}$$

令 $p_{O_2}=p^\ominus=10^5$ Pa，则：

$$\Delta_r G = A + BT + 2RT\ln p^\ominus - 2RT\ln p_{Me} = A + (B + 2R\ln p^\ominus - 2RT\ln p_{Me})\cdot T \tag{5-110}$$

据此，并结合前面讨论的原理，则可作出氧化物的 $\Delta_r G$-T 直线如图 5-17 所示。对应不同的 p_{Me}值，则可以作出不同的 $\Delta_r G$-T 直线如图 5-18 所示。由图 5-18 可以看出，截距相同，而斜率随 p_{Me}的降低而加大（$p_{Me}<1$）。这些 ΔG 直线在 $T=0$ K 时具有相同的截距，

而各 $\Delta_r G$ 直线与 $2Me_{(l)}+O_2 = 2MeO$ 的 $\Delta_r G^\ominus$-T 直线有多个交点，这些交点的温度即为不同 p_{Me} 时，$Me_{(l)} = Me_{(g)}$ 的平衡温度，p_{Me} 越低，平衡温度也越低。而各 $\Delta_r G$ 直线与还原剂氧化物的 $\Delta_r G^\ominus$-T 直线的交点也随着 p_{Me} 的降低而降低。这些交点也就是不同 p_{Me} 值时的最低还原温度。

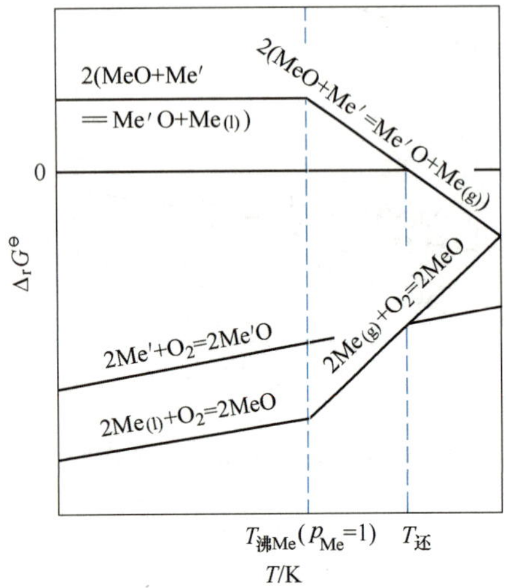

图 5-17 还原产物为气相的金属热还原

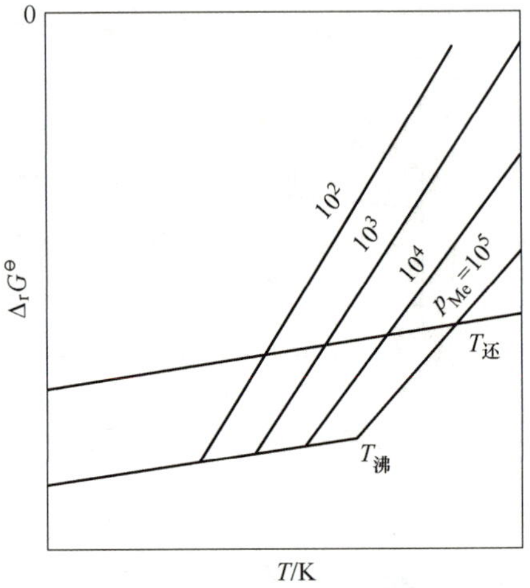

图 5-18 压力对金属热还原最低还原温度的影响（压力单位为 Pa）

例 5-3 硅热法还原 MgO 时，压力由 10^5 Pa 降低至 5 Pa 时，最低还原温度降低为多少？

解： $2MgO + Si = 2Mg_{(g)} + SiO_2$，$\Delta_r G^\ominus = 610864 - 258.57T$，J/mol

当体系为 10^5 Pa 时：

$$T_{还} = 610864/258.57 = 2362.5,\ K$$

当体系为 5 Pa 时，$\Delta_r G = 610864 - (258.57 + 2R\ln 10^5 - 2R\ln 5) \cdot T = 610864 - 423.27T$，J/mol

$$T_{还} = 610864/423.27 = 1443.2,\ K$$

可见采用真空还原将大大降低还原温度。

习题与思考题

5-1 求碳的气化反应在 900 ℃，总压为 3 个大气压时气相中 CO 的平衡浓度。

已知： $C+CO_2 = 2CO$， $\Delta_r G^\ominus = 170707 - 174.47T$，J/mol

5-2 试推导碳在空气中不完全燃烧达平衡时，气相中 CO、CO_2 及 N_2 所占比例。

5-3 试述高温条件下，有固体碳存在时的还原反应和低温条件下有何异同，为什么？

5-4 $\varphi_{CO}/\varphi_{CO_2}$ 标尺和 $\varphi_{H_2}/\varphi_{H_2O}$ 标尺有何作用？

5-5 试分析熔体中（FeO）被 C 和 CO 还原的各种情况。

5-6 根据氧化物标准生成自由能图及相关标尺，估算 Cu_2O、Fe_2O_3、NiO、MnO、SiO_2 和 TiO_{27} 在 1273 K

用 $CO+CO_2$ 混合气体还原时，还原气中 φ_{CO} 和 φ_{CO_2} 分别各为多少？

5-7 铁锰矿石中含 Fe_3O_4 和 MnO，现用 $CO+CO_2$ 混合气体在 1173 K 时还原，要求 Fe_3O_4 还原为 Fe，而 MnO 不还原，问还原气体中 CO 含量应如何控制？

已知：

$$2Fe + O_2 \xlongequal{} 2FeO, \quad \Delta_r G_1^\ominus = -541117 + 142.0T, \ J/mol$$

$$6FeO + O_2 \xlongequal{} 2Fe_3O_4, \quad \Delta_r G_2^\ominus = -636888 + 255.94T, \ J/mol$$

$$2Mn + O_2 \xlongequal{} 2MnO, \quad \Delta_r G_3^\ominus = -769438 + 144.90T, \ J/mol$$

$$2CO + O_2 \xlongequal{} 2CO_2, \quad \Delta_r G_4^\ominus = -564840 + 173.64T, \ J/mol$$

5-8 试说明铁氧化物用 C 还原平衡图的绘制方法，并指出不同温度区氧化物的稳定存在状态。

5-9 利用氧势图计算 1200 ℃，CO 和 H_2 分别还原 Fe_2O_3、Fe_3O_4 及 FeO 的气相平衡成分。

5-10 求真空度为 13.3 Pa，固体碳还原 MgO 的开始温度。

5-11 使金属锰在 $p'=100$ kPa 及 900 ℃条件下进行无氧化加热，试问 $CO\text{-}CO_2$ 混合气体中 p_{CO}/p_{CO_2} 比应是多少？(用计算法和氧势图法)

5-12 计算在 100 kPa 及 700 ℃时，用水蒸气和固体碳反应制取混合煤气的成分。

6 氧化反应

本章要点

本章是对冶金氧化反应的概括，主要介绍了炼钢过程中涉及的氧化剂的种类及氧化方式，分析了碳、硅、锰、磷等物质的氧化反应特点，讨论了脱氧反应、脱硫反应、脱气反应、不锈钢的选择性氧化等问题。概要介绍了铜、镍、锌及铅等在火法冶金中的氧化反应。主要知识点为：

(1) 直接氧化与间接氧化的概念和作用；

(2) 脱碳反应的作用及热力学、动力学条件；

(3) 硅锰氧化反应、回锰的原因及拟制；

(4) 脱磷反应及其热力学条件；

(5) 脱硫反应及其热力学条件；

(6) 钢液脱氧方式；

(7) 西华特定律及气泡冶金；

(8) 不锈钢去碳保铬热力学条件及计算；

(9) 锌精矿焙烧、铜锍吹炼、粗铜精炼、镍冶金、铅冶炼中涉及的氧化反应方程式的写法及计算。

6.1 引言

氧化-还原过程伴随着火法冶金的始终。例如有色金属冶炼中锍的吹炼、硫化物的氧化焙烧、粗金属的精炼，炼钢中的脱碳、脱磷、硅锰的氧化等。

本章首先以炼钢反应为例，介绍氧化剂的种类及氧化方式，分析碳、硅、锰、磷等的氧化反应特点，并对炼钢氧化过程后续的脱氧反应、钢液中气体的溶解与去除进行了讨论，对典型的选择性氧化过程——不锈钢的选择性氧化进行了分析。钢液中的硫虽然不是靠氧化脱除的，但为了方便读者全面把握钢中杂质的脱除方法，也将钢液中的脱硫反应列在本章。

同时，对主要有色金属铜、镍、锌及铅等在火法冶金中的氧化反应进行了介绍。

6.2 氧化反应

6.2.1 氧化剂的种类及传递、反应的方式

冶金中常用氧化剂有氧气、空气、含氧矿物等。如氧气转炉内是从氧枪吹入的氧气；

电炉是吸入炉内的少量空气、废钢带入的铁锈和装入的铁矿石以及吹入的氧气。

当气体氧与金属液面接触时，发生直接氧化反应：

$$\frac{2x}{y}[Me] + O_2 = \frac{2}{y}(Me_xO_y) \tag{6-1}$$

及

$$2Fe_{(l)} + O_2 = 2(FeO) \tag{6-2}$$

即使溶解元素［Me］与氧具有较大的亲和力，但 Fe 的氧化仍占绝对的优势。因为熔池表面铁原子数远比溶解元素［Me］的原子数多，所以在与气体氧接触的铁液面上，瞬时即有氧化铁膜形成，再将易氧化的元素氧化形成的氧化物和熔剂结合成熔渣层。在氧化性气体的作用下，这种渣层内的 FeO 又被氧化，形成 Fe_2O_3，向渣-金属液界面扩散，在此，Fe_2O_3 还原成 FeO。这样形成的 FeO，一方面作为氧化剂去氧化从金属熔池中扩散到渣-金属液界面上的元素：

$$[Me] + (FeO) = (MeO) + [Fe] \tag{6-3}$$

另一方面以溶解氧原子的形式［O］进入金属熔体中，去氧化其内的元素：

$$(FeO) = [O] + [Fe] \tag{6-4}$$

$$x[Me] + y[O] = (Me_xO_y) \tag{6-5}$$

反应式（6-3）和反应式（6-5）称为间接氧化反应。

因此，熔池中作为氧化剂的氧有三种形式：气体氧 O_2，熔渣中的 FeO 及溶解于金属液中的氧［O］，分别对应三种氧化反应，即反应式（6-1）、反应式（6-3）、反应式（6-5）。反应式（6-1）是分析氧质量平衡及能量平衡的物量基础，反应式（6-3）、反应式（6-5）是熔池中元素反应热力学的条件及平衡计算的基础，因为金属液中残存元素［Me］不是与 O_2，而是与（FeO）或［O］保持平衡的。

与熔渣接触的金属液中，溶解的最大氧量取决于熔渣的氧化能力。根据分配定律，可由渣中 FeO 的活度确定：$[\%O] = L_O a_{FeO}$。

$$\lg\frac{[\%O]}{a_{FeO}} = \frac{-6320}{T} + 2.734 \tag{6-6}$$

因此，为强化元素的氧化，渣中应保持有足够量的氧化铁，并使其具有较高的活度。可向渣中直接加入铁矿石（电弧炉炼钢法），更有效的方法是直接向熔池中吹入氧气（转炉炼钢法）。

目前认为在氧气转炉中是以间接氧化为主的。首先，氧流主要集中于熔池的作用区附近，而非均匀分散在整个熔池中；其次，作用区附近温度高，使 Si 和 Mn 对氧的亲和力减弱；再次，从反应动力学角度来看，C 向氧气泡表面传质的速率比反应速率慢，在氧气同熔池接触的表面上大量存在的是铁原子，所以首先结合成 FeO。

6.2.2 脱碳反应

6.2.2.1 脱碳反应的作用

炼钢用的铁水是铁和碳以及其他一些杂质的熔液。脱碳是炼钢的重要任务之一。脱碳反应贯穿于炼钢的整个过程，对炼钢具有举足轻重的作用，脱碳反应的产物——CO 气体在炼钢过程中也具有多方面的作用：

（1）从熔池排出 CO 气体产生沸腾现象，使熔池受到激烈搅拌，起到均匀钢水成分和温度的作用。

（2）大量的CO气体通过渣层是产生泡沫渣和气-渣-金属三相乳化的重要原因。

（3）上浮的CO气体有利于清除钢中气体和夹杂物，提高钢的质量。

（4）在氧气转炉中，排出CO气体的不均匀性以及其造成的熔池上涨往往是产生喷溅的主要原因。

氧气顶吹转炉生产低碳钢时，当熔池中碳含量低于一定数值后，脱碳速率将随碳含量的降低而减小，脱碳反应成为决定转炉生产率的重要因素。

脱碳反应同炼钢中其他反应有着密切的联系。熔渣的氧化性、钢中氧含量等也受脱碳反应的影响。

6.2.2.2 脱碳反应的热力学条件

（1）脱碳反应式。碳在氧气炼钢中一部分可在反应区同气体氧接触而受到氧化，反应式为：

$$2[C] + O_2 = 2CO \tag{6-7}$$

碳也同金属中溶解的氧发生反应而氧化去除，反应式为：

$$[C] + [O] = CO \tag{6-8}$$

$$[C] + 2[O] = CO_2 \tag{6-9}$$

在通常的熔池中，碳大多是按式（6-8）发生反应，即熔池中碳的氧化产物绝大多数是CO而不是CO_2。因为熔池中碳含量高时，CO_2也是碳的氧化剂，发生下列反应：

$$[C] + CO_2 = 2CO \tag{6-10}$$

根据式（6-8）写出C-O反应的平衡常数如下：

$$K_C = \frac{p_{CO}/p^\ominus}{a_{[C]} \cdot a_{[O]}} = \frac{p_{CO}/p^\ominus}{f_C[\%C] \cdot f_O[\%O]} \tag{6-11}$$

式中，K_C为反应式（6-8）的平衡常数；p_{CO}为同熔池中［C］平衡的气相中CO的分压。

表达反应式（6-8）的平衡常数与温度之间关系式有很多，常用的是：

$$\lg K_C = \frac{1160}{T} + 2.003 \tag{6-12}$$

$$\lg K_C = \frac{811}{T} + 2.205 \tag{6-13}$$

$$\lg K_C = \frac{1860}{T} + 1.643 \tag{6-14}$$

式（6-12）~式（6-14）的系数虽有不同，但所得的K_C非常相近。

C-O反应的平衡常数值随温度的变化不大，并且随温度的升高而略有降低的趋势。因此推测反应式（6-8）是一个微弱的放热反应（15523~35606 J/mol）。

（2）碳氧浓度积。为了分析炼钢过程中［C］和［O］间的关系，常将p_{CO}取为一个大气压，并且因为［%C］低时，f_C和f_O均接近于1，因此可以用［%C］和［%O］分别直接代入式（6-11），则该式可简化为：

$$K_C = \frac{p_{CO}/p^\ominus}{a_{[C]} \cdot a_{[O]}} = \frac{p_{CO}/p^\ominus}{[\%C] \cdot [\%O]} \tag{6-15}$$

为讨论方便，以m代表式（6-15）中的$1/K_C$，则可写出

$$m = [\%C] \cdot [\%O] \tag{6-16}$$

式中，m 为碳氧浓度积，其值具有化学反应平衡常数的性质，在一定温度和压力下为一个常数，与反应物和生成物的浓度无关。[%C] 和 [%O] 之间具有等边双曲线函数的关系。温度为 1600 ℃，$p_{CO}=0.1$ MPa 时，实验测得 $m=0.0025$（或为 0.0023）。这是炼钢文献上常用的碳氧浓度积数值。

实际上 m 不是一个常数，m 值随 [%C] 的增加而减少，其原因是在碳含量低时，由于反应式（6-8）和反应式（6-9）同时发生，生成了 CO_2；在碳含量高时，则由于活度系数的原因而不能忽略。

在各种炼钢方法中，实际的熔池 [O] 含量都高于相应的理论的含量。将与 [%C] 相平衡的 $[\%O]_{平衡}$值和实际熔池中的 $[\%O]_{实际}$之差称为过剩氧 $\Delta[\%O]$。过剩氧 $\Delta[\%O]$ 的大小与脱碳反应动力学有关。脱碳速率大，则反应接近平衡，过剩氧值较小；反之，过剩氧则更大些。电炉钢水实际含氧量可达平衡 [%O] 的 2~4 倍，且炉渣中 a_{FeO}越高，实际 [%O] 也越高。

过剩氧 $\Delta[\%O]$ 随碳含量而有不同，碳含量越低，[%O] 越靠近平衡线。正因为熔池中 [%C] 和 [%O] 基本上保持着平衡的关系，[%C] 高时，[%O] 低。因此，在 [%C] 高时增加供 O_2 量只能提高脱碳速率，而不会增加熔池中 [%O]；但是要使[%C] 降低到很低的数值（<0.15%~0.20%），则必须维持熔池中有很高的 [%O]。[%C] 低时，[%O] 还与渣中 a_{Feo}、熔池温度等有关。

因 C-O 反应产物为气体 CO 和 CO_2，所以当温度一定时，C-O 平衡关系还受 p_{CO}或总压变化的影响，见图 6-1。

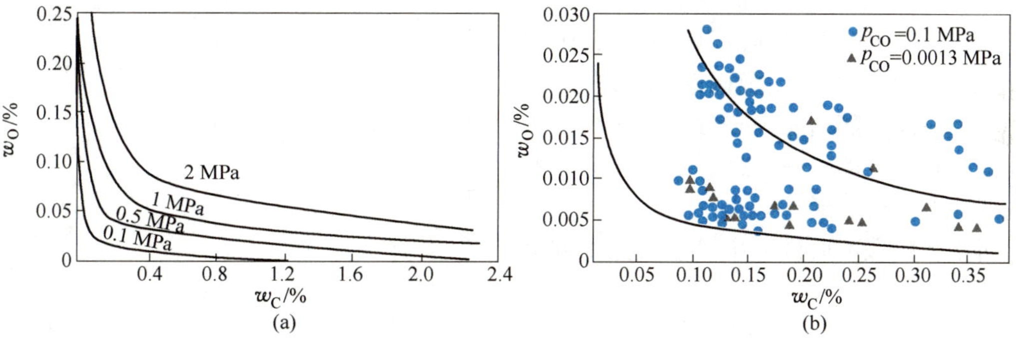

图 6-1 压力对碳氧平衡的影响

（a）高压情况；（b）低压情况

综上所述，从热力学条件考虑，有利于脱碳反应进行的因素包括：提高 f_C、提高 f_O 和 [%O]、降低气相中 CO 的分压。温度对脱碳反应的影响不大。

6.2.2.3 脱碳反应的动力学条件

A 脱碳反应的环节

熔池中碳和氧的反应至少包括三个环节：

(1) 反应物 [C] 和 [O] 向反应区扩散；

(2) [C] 和 [O] 进行化学反应；

(3) 排出反应产物——CO 或 $CO+CO_2$ 混合物。

在高温下，[C]+[O]═CO的化学反应非常迅速，是瞬时反应。通常认为碳和氧向反应区扩散是整个脱碳反应速率的控制环节，[%C]高[%O]低时，[O]的扩散为控制环节；[%C]低[%O]高时，则[C]的扩散成为控制环节。某些特殊情况下，CO气泡成核困难时，新相生成也可能是控制脱碳的主要环节。

B CO产生的条件

虽然CO在熔铁中溶解度很小，但在钢液中没有现成的气-液相界面时，在钢液内产生一个很小的CO气泡核心，需要克服上万个大气压的压力，实际上不可能生成。只有在钢液中有已经存在的气-液界面时，才能减少生成气泡的阻力，使碳氧反应顺利进行。

氧气转炉炼钢，氧流在反应区和金属液直接接触，并有大量气泡弥散存在于金属熔池内，所以生成CO气泡很顺利，这也是转炉脱碳速率很大的原因。

在电炉和钢液真空处理时，金属被渣层所覆盖，最可能生成CO气相的区域是炉底和炉壁的耐火材料表面上。由于气泡在炉底上生成，在上浮过程中可以继续在界面上生成CO气体，因而其上浮速率也越来越快。这种CO气泡的上浮运动是电炉炼钢熔池均匀搅拌的主要动力。在氧气顶吹转炉中，CO气泡对熔池的搅拌能力也有相当大的作用。

上浮的CO气泡对于钢液中的气体来说，相当于一个小的真空室，钢液中的气体扩散到气泡中，被它带出熔池而除去，因此脱碳沸腾是炼钢时去除气体的有效手段。在电炉氧化前期，熔池氢含量一般都有所下降，此后沸腾减弱，氢含量又有所回升。转炉炼钢脱碳速率大，钢中氢含量也较低。这都说明熔池沸腾与去气具有一定的关系。

C 实际熔池中脱碳速率的变化

氧气转炉吹氧时脱碳速率的变化情况如图6-2所示。由图可见，脱碳过程可以分为三个阶段：吹炼初期以硅的氧化为主，脱碳速率较小；吹炼中期，脱碳速率几乎为定值；吹炼后期，随金属中碳含量的减少，脱碳速率也降低。整个脱碳过程中脱碳速率变化的曲线形成台阶形。

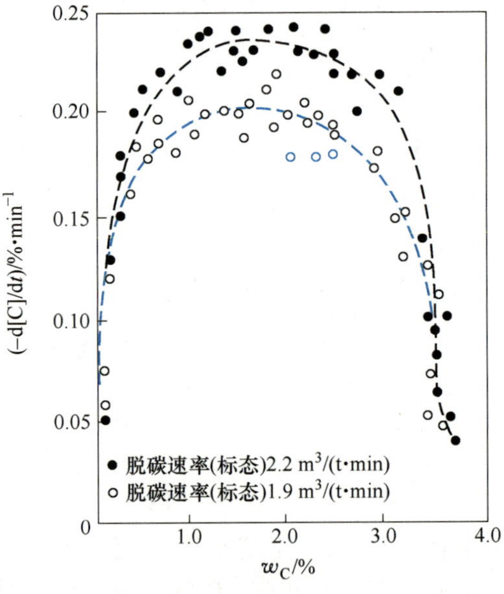

图6-2 转炉炼钢脱碳速率随时间的变化

对于各阶段的脱碳速率可以写出下列关系式：

第一阶段：
$$-\frac{d[\%C]}{dt}=k_1t \quad (6\text{-}17)$$

第二阶段：
$$-\frac{d[\%C]}{dt}=k_2 \quad (6\text{-}18)$$

第三阶段：
$$-\frac{d[\%C]}{dt}=k_3[\%C] \quad (6\text{-}19)$$

式中，k_1为取决于[Si]及熔池温度等因素的常数；t为吹炼时间；k_2为高速脱碳阶段由氧气流量所确定的常数；氧流量q_{O_2}变化时，$K_2=k_2q_{O_2}$；k_3为碳含量减小后，脱碳反应受碳的传质控制时，由氧流量、位等确定的常数。

图6-3所示为不同供氧强度下脱碳速率曲线模型，可见随着供氧强度的增大，中期脱

碳速率显著增大，但台阶形特征仍然不变。

在炼钢吹炼初期，整个熔池温度低，硅、锰的含量高，硅和锰首先氧化，尤其是硅的氧化会抑制脱碳反应的进行。当熔池温度升高到约 1480 ℃时，碳才可能激烈氧化。

第二阶段是碳激烈氧化的阶段，脱碳速率受氧的扩散控制，所以供氧强度越大，脱碳速率越大。

第三阶段当碳含量降低到一定程度时，碳的扩散速度减小了，成为反应的控制环节，所以脱碳速度和碳含量成正比。由于碳含量越降越低，脱碳速度也随着渐渐降低。

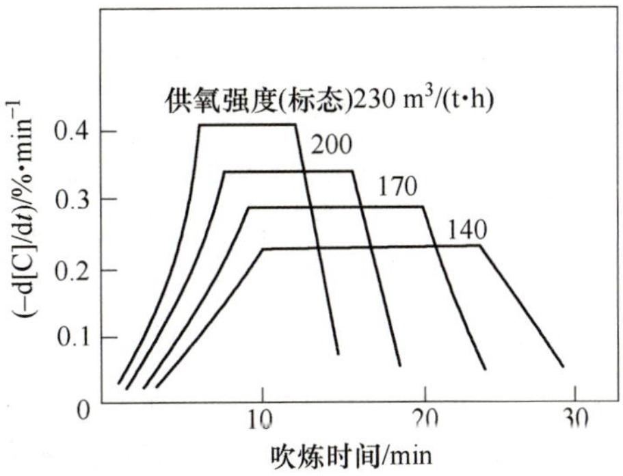

图 6-3　供氧强度对脱碳速率的影响

关于第二阶段向第三阶段过渡时的碳含量 $[\%C]_{临}$ 的问题，有多种研究和观点，且差别很大。通常在试验室得出的 $[\%C]_{临}$ 可为 0.1~0.2 或 0.07~0.1，在实际生产中则可为 0.1~0.2 或 0.2~0.3，甚至高达 1.2~1.0。具体依供氧速率和供氧方式、熔池搅拌强弱和传质系数的大小而定。日本学者川合保治指出，随着单位面积的供氧速率的加大，或熔池搅拌强度的减弱，$[\%C]_{临}$ 有所提高。

6.2.3 硅、锰的氧化反应

铁矿石中的 SiO_2 和 MnO 在炼铁时被还原，硅、锰进入铁水中，废钢中也含一些硅和锰，因此，在炼钢中硅和锰是不可避免存在的元素。硅和锰在炼钢中的氧化和还原反应也是炼钢炉内的基本反应。

6.2.3.1 硅和锰在炼钢中表现的热力学性质

硅和锰在熔铁中均有无限的溶解度，硅可在铁液中形成金属化合物 FeSi，在炼钢温度下硅可氧化成为 SiO_2。锰在铁液中溶解时无化学作用，炼钢时可形成 MnO、MnS 等化合物。在炼钢温度下，锰的蒸气压比铁高得多（相差约十几倍），所以在氧流作用区的高温下锰有蒸发的可能性。

硅在熔铁中形成的溶液不是理想溶液，对亨利定律有很大的负偏离，f_{Si} 也受熔铁中其他元素的影响。在碱性渣中 a_{SiO_2} 很小，在酸性渣中 $a_{SiO_2}\approx 1$。

锰在熔铁中形成近似理想溶液，因此可取 $a_{Mn}=[\%Mn]$。在碱性渣中 a_{MnO} 较高，温度升高后锰可被还原；在酸性渣中 a_{MnO} 很低，可使锰的氧化较为完全。

6.2.3.2 硅和锰的氧化和还原

硅和锰对氧均具有很强的亲和力，它们氧化时放出大量的热，因此在吹氧初期即进行氧化，其反应式如下：

$$[Si]+2[O]=\!=\!=(SiO_2)\qquad \Delta_r G^{\ominus}=-139300+53.55T,\ \text{J/mol} \tag{6-20}$$

$$[Mn]+[O]=\!=\!=(MnO)\qquad \Delta_r G^{\ominus}=-58400+25.98T,\ \text{J/mol} \tag{6-21}$$

$$[Si]+2(FeO)=\!=\!=(SiO_2)+2[Fe]\qquad \Delta_r G^{\ominus}=-81500+28.53T,\ \text{J/mol} \tag{6-22}$$

$$[Mn] + (FeO) \longrightarrow (MnO) + [Fe] \qquad \Delta_r G^{\ominus} = -29500 + 13.47T, \quad J/mol \tag{6-23}$$

在有过量（FeO）存在时，将结合成 $(Fe, Mn)_2SiO_4$。随着渣中（%CaO）的增加，$(Fe, Mn)_2SiO_4$ 逐渐向 Ca_2SiO_4 转变。因此，硅和锰在碱性渣下的氧化反应可写为：

$$[Si] + 2(FeO) + 2(CaO) \longrightarrow (Ca_2SiO_4) + 2[Fe] \tag{6-24}$$

或

$$[Si] + 2[O] + 2(O^{2-}) \longrightarrow (SiO_4^{4-}) \tag{6-25}$$

$$[Mn] + (FeO) \longrightarrow (MnO) + [Fe] \tag{6-26}$$

或

$$[Mn] + (Fe^{2+}) \longrightarrow (Mn^{2+}) + [Fe] \tag{6-27}$$

反应式（6-24）和式（6-26）的平衡常数为：

$$K_{Si} = \frac{a_{Ca_2SiO_4}}{a_{Si} \cdot a_{FeO}^2 \cdot a_{CaO}^2} \tag{6-28}$$

$$K_{Mn} = \frac{a_{MnO}}{a_{Mn} \cdot a_{FeO}} \tag{6-29}$$

由式（6-28）不难得出：

$$[\%Si] = \frac{a_{Ca_2SiO_4}}{K_{Si} \cdot f_{Si} \cdot a_{FeO}^2 \cdot a_{CaO}^2} \tag{6-30}$$

因为在炼钢初期，熔池中［%C］高使 f_{Si} 增大，在碱性渣下 a_{FeO}、a_{CaO} 高使 γ_{SiO_2} 大为降低，所以使硅迅速氧化至微量，SiO_2 不会再发生还原反应。

由式（6-29）可以得到：

$$[\%Mn] = \frac{a_{MnO}}{K_{Mn} \cdot f_{Mn} \cdot a_{FeO}} = \frac{(\%MnO) \cdot \gamma_{MnO}}{K_{Mn} \cdot f_{Mn} \cdot (\%FeO) \cdot \gamma_{FeO}} \tag{6-31}$$

由式（6-31）得出：

$$L_{Mn} = \frac{(\%Mn)}{[\%Mn]} = \frac{55}{71} K_{Mn} \cdot (\%FeO) \cdot \frac{f_{Mn} \cdot \gamma_{FeO}}{\gamma_{MnO}} \tag{6-32}$$

可见 L_{Mn} 将随炼钢的条件而变化。熔炼初期，由于温度较低，渣中 FeO 含量高，渣碱度低，故［Mn］激烈地氧化；到炼钢中后期，由于熔池的温度升高，渣中 FeO 含量降低，渣碱度升高，锰从渣中还原；到吹炼末期，由于渣的氧化性提高，又使锰重新氧化。在吹炼过程中［%Mn］的变化情况如图 6-4 所示。从图中可以看到熔池中锰的“回升”现象。炉渣碱度越高，熔池的温度越高，回锰的程度也越高。

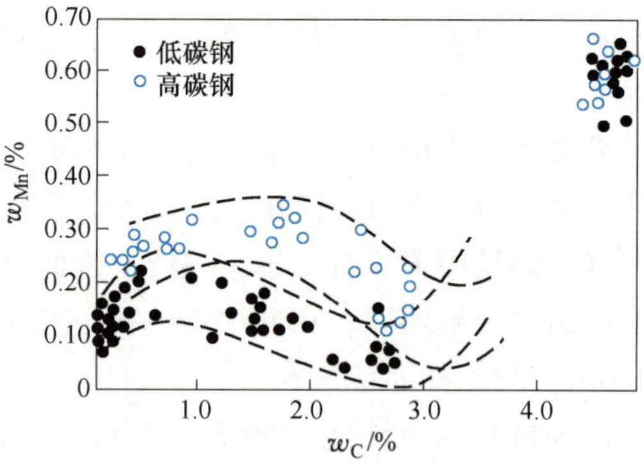

图 6-4 吹炼过程中 Mn 的变化

6.2.4 脱磷反应

炼铁原料中磷的氧化物，在高炉冶炼条件下几乎完全被还原而进入生铁中。对于绝大多数钢种来说，磷是有害元素，出钢时一般要求钢水含磷不大于 0.03%，特殊钢要求的磷含量更低。并且在出钢时，或多或少都要发生回磷现象。脱磷反应是炼钢过程的基本反应之一。

6.2.4.1 磷在高炉中的还原

$Ca_3(PO_4)_2$ 中的磷被固体碳还原，反应如下：

$$Ca_3(PO_4)_2 + 3C_{(s)} = 3CaO + 2P + 5CO_{(g)} \tag{6-33}$$

因高炉内有大量的 SiO_2，它能置换 P_2O_5，可使磷还原变得更加容易，

$$2Ca_3(PO_4)_2 + 3SiO_2 = 3Ca_2SiO_4 + 2P_2O_5$$

$$2P_2O_5 + 10C_{(s)} = 4P + 10CO$$

$$2Ca_3(PO_4)_2 + 3SiO_2 + 10C_{(s)} = 3Ca_2SiO_4 + 4P + 10CO_{(g)} \tag{6-34}$$

还原出来的磷被铁所吸收，渣中仅有磷的痕迹，故可认为进入高炉原料中的全部磷都进入铁水中。因此，在炼铁时控制生铁磷含量的唯一办法就是控制原料中磷的含量。

6.2.4.2 氧化性脱磷的热力学条件

磷在钢中存在的稳定形式为 Fe_2P，其次是 Fe_3P。通常用［P］表示溶解在熔铁中的磷。

对于磷在渣中存在的形态，按分子理论，从 $CaO\text{-}P_2O_5$ 相图分析得知 $(CaO)_3 \cdot P_2O_5$ 为最稳定，其次是 $(CaO)_4 \cdot P_2O_5$；而按离子理论，则认为磷以 PO_4^{3-} 形式存在。

按熔渣分子理论模型，可将脱磷的反应写成下式：

$$2[P] + 5(FeO) + 3(CaO) = (Ca_3P_2O_8) + 5[Fe] \quad \Delta_r G^\ominus = -1420886 + 594.55T,\ J/mol \tag{6-35}$$

或 $$2[P] + 5(FeO) + 4(CaO) = (Ca_4P_2O_9) + 5[Fe] \quad \Delta_r G^\ominus = -1460634 + 608.35T,\ J/mol \tag{6-36}$$

按熔渣离子溶液模型，则为：

$$2[P] + 5(Fe^{2+}) + 8(O^{2-}) = 2(PO_4^{3-}) + 5[Fe] \tag{6-37}$$

或 $$2[P] + 5(O) + 3(O^{2-}) = 2(PO_4^{3-}) \tag{6-38}$$

对于反应式（6-36），脱磷反应的平衡常数为：

$$K_P = \frac{a_{Ca_4P_2O_9}}{a_P^2 \cdot a_{FeO}^5 \cdot a_{CaO}^4} = \frac{(\%Ca_4P_2O_9) \cdot \gamma_{Ca_4P_2O_9}}{([\%P]f_P)^2 \cdot ((\%FeO)\gamma_{FeO})^5 \cdot ((\%CaO)\gamma_{CaO})^4} \tag{6-39}$$

式中包含 4 种活度系数，需根据平衡实验测定或查有关相图及活度相互作用系数计算确定。

常以分配比 $L_P = (\%P_2O_5)/[\%P]^2$［或 $(\%P_2O_5)/[\%P]$、$(\%P)/[\%P]$］表示炉渣的脱磷能力，由式（6-39）可得出：

$$L_P = \frac{(\%P_2O)}{[\%P]^2} = K_P(\%FeO)^5(\%CaO)^4 f_P^2 \frac{\gamma_{FeO}^2 \cdot \gamma_{CaO}^2}{\gamma_{Ca_4P_2O_5}} \tag{6-40}$$

可见，要想提高炉渣的脱磷能力，则必须增大 K_P、a_{FeO}、a_{CaO}、f_P 和降低 $\gamma_{P_2O_5}$。因此，影响这些因素的有关工艺参数就是脱磷反应实际的热力学条件。

（1）温度的影响。脱磷是强放热反应，降低反应温度将使 K_P 增大，所以较低的熔池温度有利于脱磷。如氧气顶吹转炉吹炼终点温度低时，钢中［%P］也低。

（2）碱度的影响。CaO 是使 $\gamma_{P_2O_5}$ 降低的主要因素，增加（%CaO）至达到饱和含量

不仅可以增大 a_{CaO}，而且会使（%P_2O_5）提高，但（%CaO）过高将使炉渣变黏而不利于脱磷。

（3）（FeO）的影响。（FeO）对脱磷反应的影响比较复杂。当其他条件一定时，在一定限度内增加（FeO）将使 L_P 增大，如图 6-5 所示。

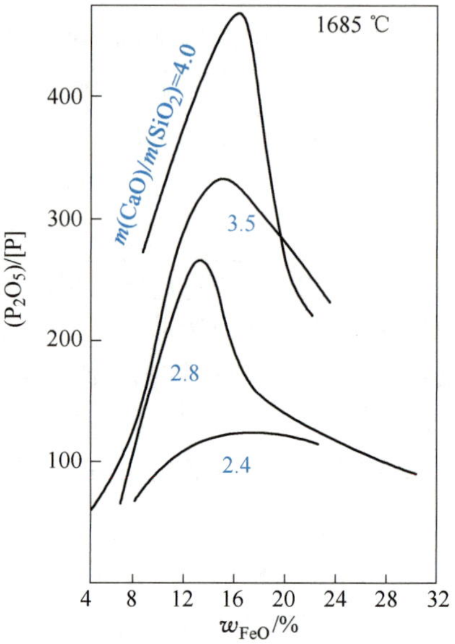

图 6-5 （FeO）对磷分配比影响

由图 6-5 可见，当（%FeO）很低时，$L_P \to 0$，即渣中没有（FeO）时，不能使金属脱磷。随着渣中（FeO）的增加，a_{FeO} 增大，而且（FeO）能直接同（P_2O_5）结合成 $3FeO \cdot P_2O_5$。但因 $3FeO \cdot P_2O_5$ 在高温时不稳定，所以仅靠 $3FeO \cdot P_2O_5$ 起不到良好的脱磷效果，只有在熔池温度偏低时（如熔化期或铁水炉外处理）有部分脱磷作用。（FeO）还有促进石灰熔化的作用，但当（%FeO）过高时，将稀释（CaO）的去磷作用。

因此，（%FeO）与炉渣碱度对脱磷的综合影响是：碱度在 2.5 以下，增加碱度对脱磷的影响最大；碱度在 2.5～4.0，增加（FeO）对脱磷有利，但过高的（FeO）反而会使脱磷能力下降。

（4）金属成分的影响。金属中存在的杂质元素将对 f_P 产生一定的影响，通常在含磷的熔铁中，增加 C、O、N、Si 和 S 等的含量可使 f_P 增加，增加 Cr 的含量可使 f_P 减小，Mn 和 Ni 对 f_P 的影响不大。金属成分的影响主要在炼钢的初期有一定的作用，更重要的作用是它们的氧化产物会影响炉渣的性质。如铁水中硅含量过高，会影响炉渣碱度而不利于脱磷；锰含量高，会使渣中（MnO）增高，有利于化渣而促进脱磷。因 a_P 随［%P］的降低而减小，所以［%P］越低，脱磷的效率也越低。

（5）渣量的影响。增加渣量可以在 L_p 一定时降低［%P］，因增加渣量意味着减小（P_2O_5）的含量，从而使 $Ca_3P_2O_5$ 的含量也相应地减小，所以多次换渣操作是脱磷的有效措施，但金属和热量的损失很大。

综上所述，为了使脱磷反应进行完全，必要的热力学条件是：炉渣的碱度较高（3～4）；氧化铁较高（15%～20%）；较低的熔池温度；渣量要大（可利用多次放渣和造新渣除磷）。

6.2.4.3 氧化性脱磷的动力学

脱磷反应是在渣-钢界面上进行的。脱磷过程的化学反应速率很大，过程主要受渣、钢两侧的传质速率所控制。由双膜理论得出的脱磷反应的速率方程是：

$$-\frac{d[\%P]}{dt}=\frac{A}{V_m}\cdot\frac{1}{\rho_m}\cdot\frac{L_P[\%P]-(\%P)}{\dfrac{L_P}{\rho_m k_m}+\dfrac{1}{\rho_s k_s}} \tag{6-41}$$

式中，A 为渣-钢界面面积；V_m 为钢液的体积；ρ_m、ρ_s 为钢液、熔渣密度；k_m、k_s 为钢液、熔渣的传质系数；L_P 为磷在渣-钢界面的分配系数。

由式（6-41）看出，脱磷反应的推动力为 $L_P[\%P]-(\%P)$，阻力为 $\dfrac{L_P}{\rho_m k_m}$ 和 $\dfrac{1}{\rho_s k_s}$。L_P对脱磷反应速率也有影响。

当 L_P很小时，金属相传质阻力 $\dfrac{L_P}{\rho_m k_m}$ 可以忽略，这时脱磷反应受渣相传质控制，即：

$$-\frac{d[\%P]}{dt}=\frac{A}{V_m}\cdot\frac{\rho_s}{\rho_m}\cdot k_s\{L_P[\%P]-(\%P)\} \tag{6-42}$$

当 L_P很大时，渣相传质阻力 $\dfrac{1}{\rho_s k_s}$ 可以忽略，这时脱磷反应受钢液内传质控制，即：

$$-\frac{d[\%P]}{dt}=\frac{A}{V_m}\cdot k_m\left\{[\%P]-\frac{(\%P)}{L_P}\right\} \tag{6-43}$$

由上述分析可以看出，改善脱磷条件，强化脱磷的措施，除了合适的熔渣成分、适宜的渣量，即高 L_P外，能够扩大渣-钢界面、提高传质系数的因素，如保持合适的脱碳速率、氧枪高度、供氧强度和加强熔池搅拌等均能促进脱磷过程。

6.2.5 脱硫反应

对于大多数钢种，硫都能促使其加工性能与使用性能变差。一般钢种要求硫含量不大于0.05%，优质钢种硫含量不大于0.02%~0.03%。对于超低硫钢的一些钢种，其硫含量甚至要求在0.01%以下。只有含硫的易切削钢，硫含量可高达0.1%~0.3%。

炼钢使用的金属料和渣料带入金属熔池中的硫含量一般均高于成品钢的要求。因此，炼钢过程中总有不同程度的脱硫任务。

6.2.5.1 硫在渣、钢间的存在形态

在炼钢的温度条件下，硫元素的稳定状态是气体（硫的沸点为718 K），但在有金属液和熔渣的情况下，硫能溶解在金属液和熔渣中。硫在熔铁中的溶解度很高，熔铁中硫含量小于0.5%符合亨利定律。在铁及铁碳合金中硫是表面活性元素。

对于硫在金属液中存在的状态，有人认为是FeS或S原子，有人认为是 S^{2-}，也有人认为是 S^{2-}和FeS共存。但不管哪种说法，硫总是以单原子参加反应。

对于硫在熔渣中存在的状态，过去认为在碱性渣中硫的存在形式为CaS、FeS、MnS等硫化物，现在则认为是 S^{2-}。另外，根据同熔渣接触的气相的氧化势不同，可能有一部分成为 SO_4^{2-}。在酸性渣中硫的存在形式应为 S^{2-}。

通常以附加不同标记的［S］（或S）和（S）（或 S^{2-}）分别代表炼钢中参加反应的金属液中和熔渣中的硫。

硫是活泼的非金属元素之一，在炼钢温度下能够同很多金属和非金属元素结合成气相、液相的化合物。各种脱硫方法的实质都是将溶解在金属液中的硫转变为在金属液中不溶解的相，进入熔渣或经熔渣再从气相逸出。

在脱硫上起主要作用的是熔渣-金属间的反应，炉渣脱硫约占总脱硫量的90%，经炉气脱硫约占10%。因此下面首先分析炼钢渣与金属间的脱硫反应。

6.2.5.2 碱性氧化渣与金属间的脱硫反应

A 脱硫反应式

碱性炼钢氧化渣的特点是有自由的（CaO）和较多的（FeO），同时是在氧化性气氛下同金属发生作用，如氧气转炉、电炉的氧化期均属于此。以前认为碱性炼钢氧化渣与金属间的脱硫反应是：

$$[FeS] + (CaO) = (CaS) + (FeO) \tag{6-44}$$

反应式（6-44）不能解释纯氧化铁渣也能脱硫的事实，而且也不符合前述的硫在金属和熔渣中的性质。根据熔渣的离子构造，提出了下述的脱硫反应式，现在已得到公认。

$$[S] + (O^{2-}) = (S^{2-}) + [O] \tag{6-45}$$

$$[S] + [Fe] = (S^{2-}) + (Fe^{2+}) \tag{6-46}$$

也有根据在金属相中存在 S^{2-} 的认识，提出如下的脱硫反应式：

$$[S^{2-}] + [Fe^{2+}] = (S^{2-}) + (Fe^{2+}) \tag{6-47}$$

酸性渣中没有自由的 O^{2-}，所以式（6-44）不能反映酸性渣的脱硫反应。硫在酸性渣中难以简单的 S^{2-} 形式存在，但可取代一部分 O^{2-} 成为复杂的阴离子。所以酸性渣的脱硫作用很小，酸性渣与金属间硫的分配系数 $L_S=0.5\sim1.5$。

B 脱硫反应的平衡条件

对于熔渣-金属间的脱硫反应：

$$[S] + (O^{2-}) = (S^{2-}) + [O] \tag{6-48}$$

平衡常数为：

$$K_S = \frac{a_S^{2-} \cdot a_O}{a_S \cdot a_{O^{2-}}} \tag{6-49}$$

或用分配系数 $L_S=(\%S)/[\%S]$ 形式表示：

$$L_S = K_S = \frac{N_{O^{2-}} \cdot \gamma_{O^{2-}} \cdot f_S}{[\%O] \cdot f_O \cdot \gamma_{S^{2-}}} \tag{6-50}$$

可以看出在热力学上影响脱硫反应的因素有：平衡常数 K_S、炉渣中 $a_{O^{2-}}$、金属中 a_O、渣中 $\gamma_{S^{2-}}$ 和金属中硫的活度系数 f_S。下面进一步分析这些因素的影响。

（1）平衡常数 K_S。在平衡的情况下，K_S 与温度成正比，温度升高对脱硫是有利的，如图6-6所示。

从热力学观点看来，温度对脱硫的影响不大。因为 $[S]\rightarrow(S)$ 的热效应不大，变动于 +41800 J/mol 到 −30000 J/mol 之间。金属熔池温度升高时，[%O] 也要增加。所以将温度的影响看成主要在于动力学的作用。

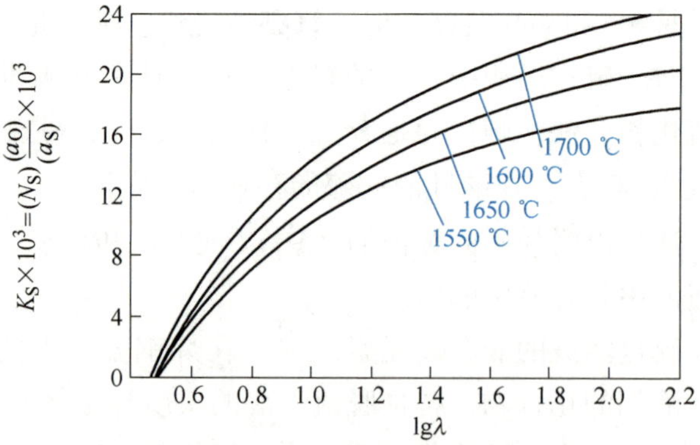

图6-6 温度、熔渣碱度对 K_S 的影响

（2）渣中 $x_{O^{2-}}$ 的影响。增加 $x_{O^{2-}}$，即提高碱度，有利于脱硫。由于 $\gamma_{S^{2-}}/\gamma_{O^{2-}}\approx1$，或渣中 O^{2-} 的行为符合亨利定律，

所以可以认为 $a_{O^{2-}}$ 近似等于 $x_{O^{2-}}$。可按下式由渣的化学成分计算 $x_{O^{2-}}$：

$$x_{O^{2-}} = (x_{CaO} + x_{MnO} + x_{FeO}) - (2x_{SiO_2} + 3x_{P_2O_5}) \tag{6-51}$$

在炼钢炉内起主要脱硫作用的是 CaO。Na_2O 脱硫能力最强，可以应用它对铁水进行炉外脱硫。

(3) [O] 与 (FeO)。降低 $a_{[O]}$ 有利于脱硫。因为 $L_O = a_{(FeO)}/a_{[O]}$，所以降低金属中 $a_{[O]}$ 与降低 $a_{(FeO)}$ 有对应的关系。如 $a_{(FeO)} \approx$ (%FeO)，$a_{[O]} \approx$ [%O]，增加 (%FeO) 既可以增加 [%O]，又可以增加 $n_{O^{2-}}$。

(FeO) 对脱硫的影响如图 6-7 所示。由图可知，纯氧化铁渣有一定的脱硫能力，L_S 可达 3.6。总体来看，(FeO) 不利于脱硫，这一点与在氧气转炉的研究结果是一致的。但是当 (%FeO) <1 时，L_S 与 (%FeO) 之间具有线性关系。

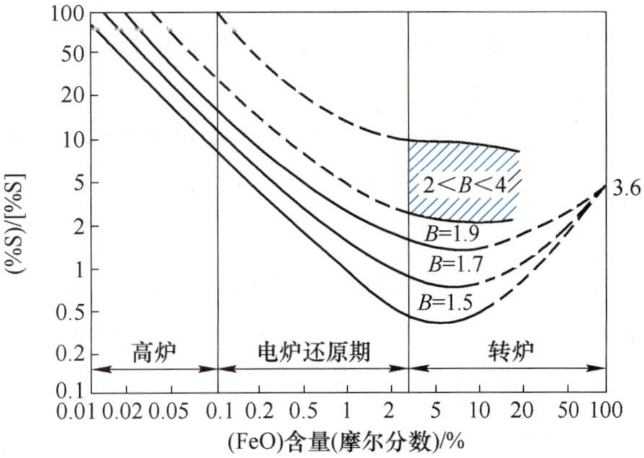

图 6-7 渣中 (FeO) 对硫分配比的影响

(4) f_S 和 $\gamma_{S^{2-}}$。增大金属中 f_S 和降低渣中的 $\gamma_{S^{2-}}$ 均有利于脱硫。降低 $\gamma_{S^{2-}}$ 与提高渣的碱度是对应的。金属成分对 f_S 有很大影响。C 和 Si 均可使金属中的 f_S 增加，Mn 则使 f_S 减小。因此从热力学观点来看，对含 C 和 Si 高的铁水进行炉外脱硫是有利的。在炼钢炉内因炉渣起主导作用，金属成分对 f_S 的影响不大。

C 脱硫反应动力学

脱硫动力学研究较多的是饱和碳的铁液和还原性熔渣之间的反应。和其他杂质氧化不同，脱硫是硫在渣和金属之间的交换。金属中的硫传输到熔渣中，渣中硫的增加速率为：

$$\frac{W_S}{100A} \cdot \frac{d(\%S)}{dt} = k_m[\%S] - k_S(\%S) \tag{6-52}$$

在反应刚开始进行时，渣中 (%S) 可忽略不计，则：

$$\frac{W_S}{100A} \cdot \frac{d(\%S)}{dt} = k_m[\%S] = \frac{W_m}{100A} \cdot \left(-\frac{d[\%S]}{dt}\right) \tag{6-53}$$

由图 6-8 可知，k_m 随 CaO/SiO_2 增大，也就是碱度增大时脱硫速率增大。由于脱硫速率受熔渣组成的影响，可推测渣侧硫的扩散是控制环节。

$$-\frac{d[\%S]}{dt} = \frac{W_S}{W_m} \cdot \frac{d[\%S]}{dt} = \frac{\rho_S}{\rho_m} \cdot \frac{AD_S^S}{V_m \delta_S}(\%S) \tag{6-54}$$

在渣-钢界面上反应达到平衡：

$$(\%S) = L_S[\%S] \tag{6-55}$$

因此

$$-\frac{d(\%S)}{dt} = \frac{\rho_S}{\rho_m} \cdot \frac{A \cdot D_S^S}{V_m \delta_S} L_S(\%S) = k'_m(\%S) \tag{6-56}$$

式 (6-53) 与式 (6-55) 形式相同，都说明脱硫速率和 [%S] 呈线性关系。实验证明，脱硫速率随熔渣碱度的增大而增大，这可由图6-8中L_S随碱度增大来解释。图6-8是不同学者对渣和金属中硫的传质系数进行测定的结果。随着碱度增加，k_m显著增大，而k_S由于高碱度渣变黏，反而略有下降。因此，脱硫速率随熔渣组成而发生变化。据实验测定，温度对硫的传质系数有影响，其影响程度比k_m、k_S大。

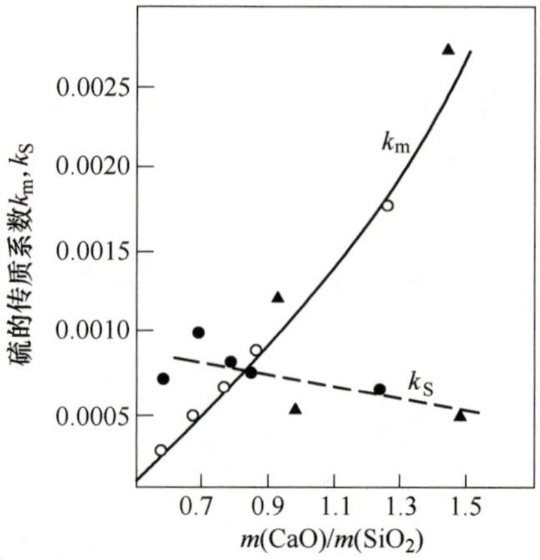

图6-8 k_m和k_S与碱度的关系

综上所述，强化金属脱硫的措施有：

（1）提高熔渣碱度会使L_S增大，同时也提高了硫的传质系数；

（2）提高温度可提高硫在渣中的扩散系数D_S^S，虽然提高温度也使δ_S增大，但D_S^S随温度的增加要比δ_S的增加快得多；

（3）加强熔池搅拌的措施均可使δ_S减小，D_S^S、A增大，从而加速脱硫；

（4）采用换渣（或加大渣量）和在渣面上造成氧化性气氛，使渣中硫成为气体逸出；

（5）降低钢中氧含量有利于脱硫。

应该指出，上面讨论的仅仅是单一脱硫反应的动力学。在钢铁生产中，脱硫反应和其他反应同时发生，相互之间有影响，对此可参看耦合反应模型的描述与分析。对多数金属-炉渣间反应的动力学，均属此类型，可依此进行动力学分析和建模。

6.2.6 脱氧反应

在氧化冶炼过程中，随C含量的降低，钢液中溶解氧的含量会不断提高，这些溶解氧不仅会对后序的合金化造成影响（造成合金元素氧合），而且会在钢液冷却与凝固过程发生氧化反应，造成气孔和夹杂。所以氧化冶炼后必须脱氧。

脱氧的基本方法是使金属溶液中的氧能结合成氧化物而分离去除。钢液的脱氧方法可分为三类。

6.2.6.1 沉淀脱氧

所谓沉淀脱氧，是指将脱氧剂M加入到钢液中呈[M]，[M]再与钢液中的[O]作用生成脱氧产物（MO），能形核长大的（MO）可靠其与钢液的密度差而悬浮到渣中，实现钢液的脱氧。其反应为：

$$[M]+[O]=\!=\!=(MO) \tag{6-57}$$

当脱氧产物为纯（MO）时，$a_{MO}=1$，此时，有：

$$a_M \cdot a_O=\frac{1}{K} \tag{6-58}$$

令$K_M=1/K=a_M \cdot a_O$，称K_M为脱氧元素M的脱氧常数。

当$f_M=1$，$f_O=1$时，则：

$$[\%M]\cdot[\%O]=\frac{1}{K}=K_M \tag{6-59}$$

脱氧常数K_M的意义是：K_M值越大，则此脱氧元素脱氧能力就越强。不同元素的K_M

值是不同的，常用 $\lg a_M$ 与 $\lg a_O$ 或 lg［%M］与 lg［%O］关系图来表示元素的脱氧能力。对 K_M 取对数可得 $\lg a_M$ 或 lg［%M］与 $\lg a_O$ 或 lg［%O］的线性关系。

$$\lg K_M = \lg a_M + \lg a_O \tag{6-60}$$

$$\lg K_M = \lg[\%M] + \lg[\%O] \tag{6-61}$$

对于一定的脱氧元素，当温度一定时，K_M 为常数。不同元素的脱氧能力如图 6-9 所示。位置越靠下的元素，脱氧能力越强，K_M 值越小。

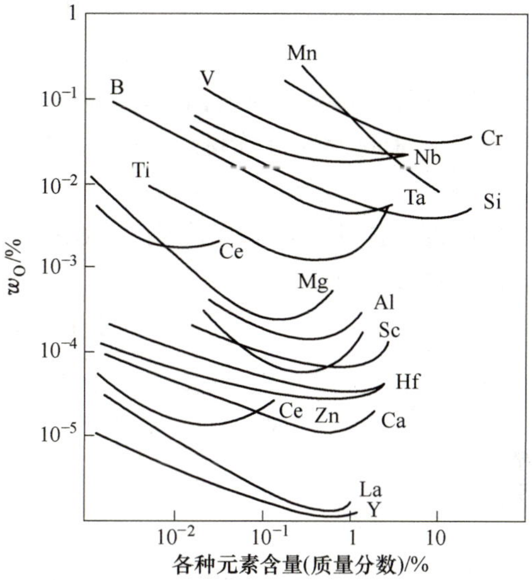

图 6-9　1600 ℃时各种元素的脱氧能力

脱氧产物若不能上浮去除，就会成为夹杂物。钢液中夹杂物上浮的速率服从 Stokes 公式：

$$v = \frac{2}{9} \cdot \frac{g}{\eta} \cdot (\rho_1 - \rho_2) r^2 \tag{6-62}$$

式中，v 为夹杂物上浮的速率；g 为重力加速率；η 为钢液的黏度；ρ_1 和 ρ_2 分别为夹杂物相和钢液相的密度；r 为夹杂物小颗粒半径。

由式（6-62）可见，对一定温度下的某一钢液和某一夹杂物来说，η、ρ_1 和 ρ_2 为定值，式中除 r 外各项均为常数，则夹杂物的上浮速率 v 只与其半径 r 的大小有关。

过去曾用铝、锰、硅等作为脱氧剂，近年来，为了提高脱氧的效果，改变脱氧产物组态，广泛采用复合脱氧方式。常用的复合脱氧剂有 Si-Mn、Al-Mn-Si、Ca-Si-Ba-Al 等。

复合脱氧剂脱氧后可以生成熔化温度低的复合化合物，易聚集长大而上浮。当其中含钙时，其脱氧能力强于 Al，如 Ca-Al 复合脱氧剂脱氧后形成熔点低（约 1420 ℃）的 $12CaO \cdot Al_2O_3$，易于上浮。若其部分残留在钢锭中时，因其塑性和韧性均较 Al_2O_3 高，而且呈球形（Al_2O_3 呈多棱形）存在，故不易导致钢材质量下降。

另外，单独使用 Mn 脱氧时，易形成 MnS，尽管其熔点较高不致造成热脆现象，但 MnS 质地较软，在轧钢时呈条状分布，将导致横向和纵向机械性能的不均匀，当使用 Ca-Mn-Si 复合脱氧剂时可克服上述缺点。

6.2.6.2　扩散脱氧

有渣覆盖时，钢液中氧含量［%O］取决于炉渣中 a_{FeO} 或（%FeO）值的大小，要降低［%O］值，则必须降低渣中 a_{FeO} 或（%FeO）值。称降低炉渣氧化性使［%O］降低的过程为扩散脱氧，其反应为：

$$[O] + Fe_{(l)} = (FeO) \tag{6-63}$$

因氧在渣-金属间的分配系数为：

$$L_O = a_{FeO}/[\%O] \tag{6-64}$$

在一定的温度下 L_O 为常数，所以当 a_{FeO} 降低时，［%O］值也降低，能实现对钢液的脱氧。

扩散脱氧法的优点是脱氧剂（如 Fe-Si 粉）直接加入渣中会使 a_{FeO} 降低，不污染钢液；缺点是氧自金属相扩散到渣，脱氧动力学条件差，脱氧过程时间长。

6.2.6.3 真空脱氧

当钢液中含有碳和硅时，由于碳-氧反应生成气体产物 CO，硅-氧反应生成气体产物 SiO，因此可用真空方法或气体携带法实现脱氧，即：

$$[C] + [O] = CO_{(g)} \tag{6-65}$$

$$[Si] + [O] = SiO_{(g)} \tag{6-66}$$

当真空度提高时，即 p_{CO} 或 p_{SiO} 减少，可以实现脱氧。

例 6-1 1600 ℃时插铝脱氧，钢水氧含量由 0.12%降到 0.002%时，1 t 钢水需加入多少铝？

解： 将氧含量由 0.12%降到 0.06%时，所需的铝量因为钢水原始氧含量 [%O] > 0.06，故脱氧反应写成：

$$[Al] + 4[O] + Fe = FeO \cdot Al_2O_{3(s)}$$

$$2 \times 27 \quad 4 \times 16$$

$$x \quad (0.12 - 0.06)$$

所需插铝量：

$$x = \frac{2 \times 27 \times (0.12 - 0.06)}{4 \times 16} = 0.0506$$

再求将氧含量由 0.06%降到 0.002%时所需要的插铝量。

此时 [%O] <0.06，脱氧反应写成为

$$2[Al] + 3[O] = Al_2O_{3(s)}$$

$$2 \times 27 \quad 3 \times 16$$

$$y \quad (0.06 - 0.002)$$

所需插铝量：

$$y = \frac{2 \times 27 \times (0.06 - 0.002)}{3 \times 16} = 0.0653$$

最后，还要求出在 1600 ℃时与 [%O]=0.002 平衡的钢中铝含量。

由脱氧反应 $2[Al]+3[O]=Al_2O_{3(s)}$ 的脱氧常数 $K_{Al_{(l)}}=a_{Al}^2 \cdot a_O^2 \approx [\%Al]^2 \cdot [\%O] = 1.55\times10^{-14}$ 可知：

$$[\%Al] = \left[\frac{1.55 \times 10^{-14}}{0.002^3}\right]^{1/2} = 0.00139$$

故总插入铝量为上述三部分之和，即：

$$0.0506 + 0.0653 + 0.00139 = 0.11729$$

所以 1 t 钢水所需总插铝量为 1.1729 kg。

6.3 气体溶解与去除

和氧一样，氢、氮也会对钢造成不利影响，必须在冶金过程中尽可能地去除。

6.3.1 气体溶解平衡——西华特定律

西华特（Siverts）定律又称平方根定律，是描述金属熔体中气体浓度与其气相中分压的关系式。它可以表述为：在一定温度下，双原子气体在金属中的溶解度［$\%i$］与该气体的分压 p_i 的平方根成正比，即：

$$[\%i] = k\sqrt{\frac{p_i}{p^{\ominus}}} \tag{6-67}$$

双原子气体在金属中的存在形态为原子态，对于 H_2 和 N_2，有：

$$\frac{1}{2}H_2 = [H],\quad \lg k_H = -\frac{1905}{T} - 1.591 \tag{6-68}$$

$$[\%H] = k_H\sqrt{\frac{p_{H_2}}{p^{\ominus}}} \quad 或 \quad a_H = K_H\sqrt{\frac{p_{H_2}}{p^{\ominus}}} \tag{6-69}$$

$$\frac{1}{2}N_2 = [N],\ \lg K_N = -\frac{518}{T} - 1.063 \tag{6-70}$$

$$[\%N] = k_N\sqrt{\frac{p_{N_2}}{p^{\ominus}}} \quad 或 \quad a_N = K_N\sqrt{\frac{p_{N_2}}{p^{\ominus}}} \tag{6-71}$$

由于金属中元素对氢和氮的亲和力不同，它们的存在会影响到氢和氮在金属中的溶解度，V、Nb、Cr、Mn 和 M_O 可使氮的溶解度增大（即使 f_N 增大），而 Sn、W、Cu、Co、Ni、Si、C 则使氮的溶解度减小。对于氢而言，Nb、Cr 和 Mn 使氢的溶解度增大，而 Cu、Co、Sn、Al、B 会使氢的溶解度减小。

由西华特定律可以看出，降低气相中氮、氢分压可以降低氮、氢在金属中的溶解量，因此，冶金过程常用的有真空处理和吹入不参与反应气体技术。

6.3.2 气泡冶金

气泡冶金即向金属中吹入惰性气体除气。向金属熔体中吹入气体必须满足两个条件：不参与冶金反应；不溶于（或极小溶于）金属熔体中。具备上述条件且来源方便的气体有氮气、氩气等，称这类气体为惰性气体。

当惰性气体吹入金属熔体后形成气泡时，其气泡中的 p_{H_2} 或 p_{N_2} 等几乎为零，这样金属熔体中的氢或氮由于浓度差（或压力差）便向气泡中扩散，然后随气泡一起上浮而排除。生产中希望吹入少量惰性气体而达到最佳的去气效果，称此吹入量为临界供气量。

（1）惰性气体气泡中氢和氮所占的体积分数的计算。以气泡去氢为例。因为氢在铁液中反应的平衡常数 $K_1{}^H$ 与温度 T 的关系为：

$$\lg K_1^H = -\frac{1905}{T} - 1.591 \tag{6-72}$$

当 T=1600 ℃（1873 K）时，

$$\lg K_1^H = -2.680808 \tag{6-73}$$

$$K_1^H = 0.00247 \tag{6-74}$$

根据 Sivertes 定律，对于铁液而言，在温度 T 下，[%H] 与 p_{H_2} 的关系为：

$$p_{H_2} = \{[\%H]^2/(K_1^H)^2\} \cdot p^{\ominus} \tag{6-75}$$

根据道尔顿分压定律，氢气在气相中的组成 X_{H_2} 与其平衡分压 p_{H_2} 和气相总压 $p_{总}$ 之间的关系为：

$$p_{H_2} = x_{H_2} \cdot p_{总} \tag{6-76}$$

所以：

$$x_{H_2} = \frac{p_{H_2}}{p_{总}} \tag{6-77}$$

式中，x_{H_2} 为氢气在气泡中的体积分数；$p_{总}$ 为气泡内总压力。

将 p_{H_2} 与 [%H] 和 K_1^H 的关系代入式（6-77）得：

$$X_{H_2} = \{[\%H]^2/(K_1^H)^2 \cdot p^{\ominus}\}/p_{总} \tag{6-78}$$

用类似方法可以计算出 X_{N_2} 的值。

（2）惰性气体与被去除气体间的定量关系。假定惰性气体的体积为 $dV(cm^3)$，气泡中被去除的气体（如 H_2）分压为 p_i（如 p_{H_2}），当该分压与铁液中被去除气体平衡浓度（如 d[%H]）平衡时，惰性气体体积为 dV 的气泡带走的被去除气体（如 H_2）的质量为：

$$\frac{2dV \cdot \frac{p_{H_2}}{p^{\ominus}}}{22.4 \times 10^3} \quad (g) \tag{6-79}$$

相应地，在铁液中减少的被去除气体（如 H_2）的质量为：

$$W \cdot \frac{d[\%H]}{100} \times 10^6 \quad (g) \tag{6-80}$$

式中，W 为铁液的质量，t；d[%H]/100 为铁液中氢含量降低值（为金属的质量分数）。

被带走的气体（如 H_2）量与金属熔体中减少的被去除的气体量应相等，即：

$$\frac{2dV \cdot \frac{p_{H_2}}{p^{\ominus}}}{22.4 \times 10^3} = -W \cdot \frac{d[\%H]}{100} \times 10^6 \tag{6-81}$$

将 $p_{H_2} = [\%H]^2 \times p^{\ominus}/(K_1^H)^2$ 代入式（6-81），并在惰性气体体积有 $0 \sim V$ 及被去除气体（如 H_2）的浓度在 $[\%H]_0 \sim [\%H]_\tau$ 范围内积分，得：

$$\int_0^V dV = -\frac{11.2 \times 10^9 W \cdot (K_1^H)}{100} \int_{[\%H]_0}^{[\%H]_\tau} \frac{d[\%H]}{[\%H]^2} \tag{6-82}$$

式中，V 的单位为 cm^3，故：

$$V = 112 \cdot W \cdot (K_1^H)^2 \left(\frac{1}{[\%H]_\tau} - \frac{1}{[\%H]_0} \right) \tag{6-83}$$

式中，$[\%H]_0$ 为金属液中氢的初始浓度；$[\%H]_\tau$ 为金属液吹入惰性气体经过 τ 时间后氢的浓度；V 为 W t 金属液经过 τ 时间吹气后，被去除气体浓度由 $[\%H]_0$ 降到 $[\%H]_\tau$ 所需要的惰性气体量，m^3；K_1^H 为氢在铁液中反应的平衡常数。

式（6-83）对于各种金属液吹气、去气均适用，对于不同合金和温度时其平衡常数

K_1有所不同。但是，在使用式（6-83）时，应注意下列几点：（1）公式求出的是标准状态下多消耗的气体体积；（2）求出的 V 为吹入气体和被去除体积之和，但因被去除气体与吹入气体相比可忽略，故把 V 看作吹入气体体积量；（3）所求的 V 为吹入气体体积的最小值，因为在导出该公式时是在平衡状态下进行的，而实际上达不到平衡，所以实际消耗量要比计算值大。

另外，所用的携带气体（如 Ar 或 N_2）必须注意其纯度，否则不但不能去气，还会出现携气中杂质（如 H_2O）污染金属熔体。

6.4 选择性氧化

为了保证不锈钢具有优良的抗腐蚀性、冷热加工性以及可焊性，应尽量降低其碳含量，同时保持合适的铬含量。碳含量一般要求低于 0.12%，而超低碳不锈钢的碳含量要求低于 0.02%。为了确保合格的碳含量，往往采用吹氧脱碳工艺，但是吹氧却伴随着铬大量被氧化，为了使铬达到合格的含量，要补加价格较高的微碳铬铁，这样又增加了成本。为此，需要分析不锈钢的选择性氧化——去碳保铬问题。

6.4.1 [Cr] 的氧化

研究证明，[Cr] 氧化产物的组态与 [Cr] 的浓度有关，当 [%Cr] = 10~25 时，多数人认为是 Cr_2O_3，[Cr] 的氧化反应为：

$$2[Cr] + 3[O] = Cr_2O_3 \tag{6-84}$$

$$\lg K = \frac{42300}{T} - 18.95 \tag{6-85}$$

在炼高铬不锈钢过程中，Cr_2O_3 在渣中的溶解量可视为达到饱和，故 $a_{Cr_2O_3} = 1$，所以：

$$\lg \frac{1}{a_{Cr}^2 \cdot a_O^3} = \frac{42300}{T} - 18.95 \tag{6-86}$$

或

$$\lg a_O = -\frac{14100}{T} + 6.32 - \frac{2}{3}\lg a_{Cr} \tag{6-87}$$

当 $a_{Cr} = 18$ 时，$\lg a_O$与 $1/T$ 的关系如图 6-10 所示。

6.4.2 [C] 的氧化

[C] 的氧化反应可写为：

$$[C] + [O] = CO_{(g)} \tag{6-88}$$

$$\lg K = \lg[p_{CO}/(p^\ominus \cdot a_C \cdot a_O)] = \frac{1160}{T} + 2.003 \tag{6-89}$$

或

$$\lg a_O = -\frac{1160}{T} + 2.003 - \lg a_C + \lg(p_{CO}/p^\ominus) \tag{6-90}$$

当 $p_{CO} = 101325$ Pa，$a_C = 0.2$ 和 0.05 时，$\lg a_O$ 与 $1/T$ 的关系如图 6-10 所示。图中 (b_1)、(b_2) 线为 $a_C = 0.05$、$a_C = 0.02$ 时的 $\lg a_O$与 $1/T$ 关系曲线。

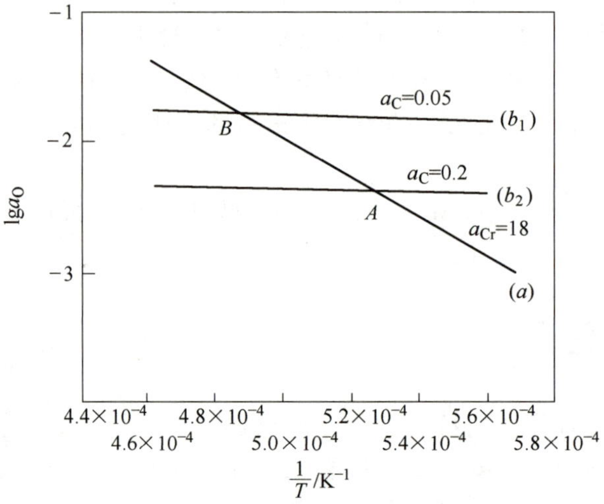

图 6-10 [Cr]、[C] 氧化平衡的 a_O 与 T 之间的关系

6.4.3 [Cr] 和 [C] 共存时的氧化

由图 6-10 可以看出，当 a_C 由 0.2 降到 0.05，碳氧化平衡的 $\lg a_O$-$(1/T)$ 直线与铬氧化平衡直线（a）的交点由 A 点变为 B 点，即 [%Cr] 保持不变（[%Cr] = 18）时，[%C]越低平衡温度越高，也就是说，只有提高钢液温度才能使碳含量降低至更低的水平。

当保持 $a_C=0.05$ 和 $a_{Cr}=18$ 时，降低体系的 p_{CO}，如由 101325 Pa 降至 20265 Pa（图 6-11），碳氧化平衡的 $\lg a_O$-$1/T$ 直线与 [Cr] 氧化平衡的直线交点则由 C 点变到 D 点，即平衡温度降低。这说明用降低 p_{CO}的方法，可在较低温度下实现去碳保铬。

另外，[C] 和 [Cr] 氧化平衡的 $\lg a_O$-$1/T$ 关系图可分为四个区，如图 6-12 所示，这里，$a_{Cr}=18$，$a_C=0.05$。在①区，[C] 和 [Cr] 将同时大量氧化，因为此区域中的实际 a_O值均较平衡的 a_O值大；②区为去铬保碳区，因为此区域中的实际 a_O值较 [Cr] 氧化平衡的 a_O值大，较 [C] 氧化平衡的 a_O值小；在③区，[C] 和 [Cr] 均不能被氧化，因为此区域中的实际 a_O值均较 [C] 和 [Cr] 氧化平衡的 a_O值小；④区为去碳保铬区，因实际的 a_O值较 [C] 氧化平衡的 a_O值大，而较 [Cr] 氧化平衡的 a_O值小。由此可见，在具有合适的 a_O后，去碳保铬的关键条件是温度 T，当 $T>T_Q$时，为去碳保铬过程；当 $T<T_Q$时，为去铬保碳过程。

上面仅定性的进行了分析及讨论，下面进行某些定量的计算。

为了定量计算 [C]、[Cr]、p_{CO}和温度 T 的平衡关系，可将式（6-88）乘 3 后再与式（6-84）相减，得：

$$3[C] + Cr_2O_3 = 2[Cr] + 3CO \tag{6-91}$$

$$\lg K = -\frac{38840}{T} + 24.95 \tag{6-92}$$

因炉渣中 Cr_2O_3 饱和，可认为 $a_{Cr_2O_3}=1$，所以：

$$K = \frac{a_{Cr}^2 \cdot (p_{CO}/p^{\ominus})^3}{a_C^3} = \frac{f_{Cr}^2[\%Cr]^2 \cdot (p_{CO}/p^{\ominus})^3}{f_C^3[\%C]^3} \tag{6-93}$$

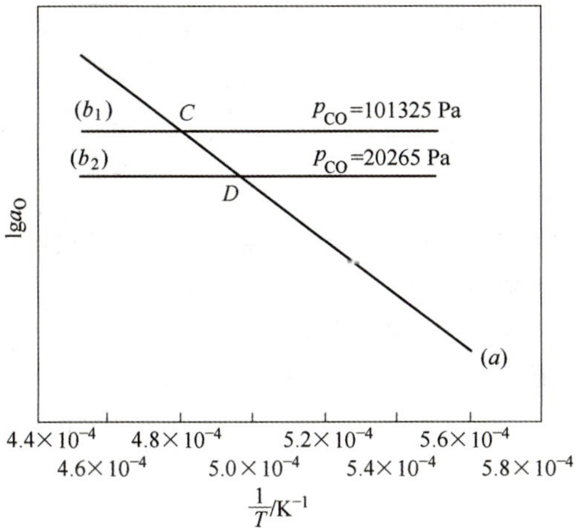

图 6-11 p_{CO}对［Cr］、［C］氧化平衡的影响

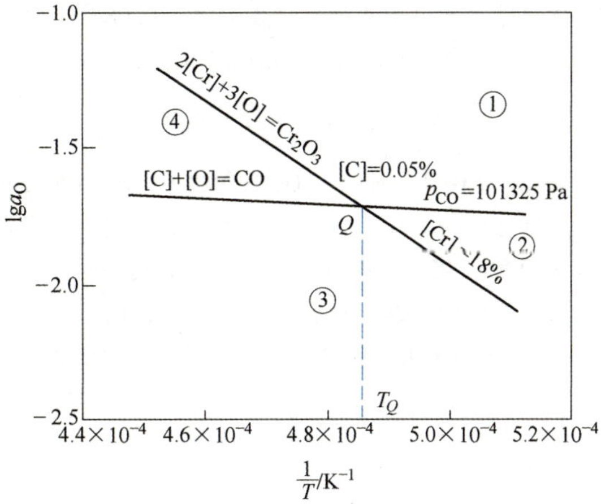

图 6-12 ［Cr］、［C］选择性氧化示意图

或
$$\lg K = 2\lg f_{Cr} + 2\lg[\%Cr] + 3\lg(p_{CO}/p^{\ominus}) - 3\lg f_C - 3\lg[\%C] \tag{6-94}$$

对于 Ni-Cr 系不锈钢，只考虑钢中元素 C、Cr、Ni 时，则：

$$\lg f_{Cr} = e_{Cr}^{Cr}[\%Cr] + e_{Cr}^{C}[\%C] + e_{Cr}^{Ni}[\%Ni] \tag{6-95}$$

当取 $e_{Cr}^{Cr}=-0.0003$、$e_{Cr}^{C}=-0.12$、$e_{Cr}^{Ni}=0.002$ 时，则：

$$\lg f_{Cr} = -0.0003[\%Cr] - 0.12[\%C] + 0.002[\%Ni] \tag{6-96}$$

而

$$\lg f_C = e_C^C[\%C] + e_C^{Cr}[\%Cr] + e_C^{Ni}[\%Ni] \tag{6-97}$$

当取 $e_C^C=0.14$、$e_C^{Cr}=-0.024$、$e_C^{Ni}=0.12$ 时，则：

$$\lg f_C = 0.14[\%C] - 0.024[\%Cr] + 0.12[\%Ni] \tag{6-98}$$

将式（6-96）和式（6-98）代入式（6-94），整理得：

$$\lg K = 0.0714[\%Cr] - 0.66\lg[\%C] - 0.0356[\%Ni] + 2\lg[\%Cr] - 3\lg[\%C] + 3\lg(p_{CO}/p^{\ominus}) \tag{6-99}$$

再将 lg$K$ 值代入得：

$$-\frac{38840}{T} + 24.95 = 0.0714[\%Cr] - 0.66\lg[\%C] - 0.0356[\%Ni] + 2\lg[\%Cr] - 3\lg[\%C] + 3\lg(p_{CO}/p^{\ominus}) \tag{6-100}$$

用式（6-100）便可以进行［C］、［Cr］氧化平衡的计算。

习题与思考题

6-1 名词解释：直接氧化和间接氧化反应，熔池中过剩氧，碳氧浓度积，硫、磷分配比。

6-2 分析氧气转炉炼钢过程中脱碳的规律。

6-3 试述脱磷和脱硫的热力学条件。

6-4 试分析真空处理使钢液中碳脱氧能力增强的热力学原理。

6-5 在1650 ℃时单独用铝脱氧，试求钢液中氧气含量从0.004%下降到0.0008%时，需要加入多少铝？

6-6 在氮气和氢气混合气氛下熔化纯铁时，其总压为101325 Pa，氢气和氮气分压相等，求1600 ℃铁水中平衡的［%H］和［%N］各为多少？

6-7 含钒铁水成分为4.0%C、0.4%V、0.08%Si、0.6%P，现欲吹氧使［V］氧化成（V_2O_3）生产钒渣而尽量保住［C］，试求吹炼时的温度。

已知：$\frac{4}{3}[V] + 2CO = \frac{2}{3}(V_2O_3) + 2[C]$，$\Delta_r G^{\ominus} = -119800 + 70.85T$，J/mol

$\gamma_{V_2O_3} = 10^{-5}$，渣中$V_2O_3$含量为6.89%（摩尔分数）。

6-8 冶炼［%Cr］=18、［%Ni］=9的不锈钢，要求最终脱碳［%C］=0.02，而钢液温度又要求不高于1650 ℃，当钢液在真空条件下吹氧精炼时，其真空度应达多少？

6-9 在电弧炉内用返回吹氧法冶炼不锈钢时，熔池中［%Ni］=9，若吹炼到终点［%C］=0.05时，要求［%Cr］=10，求吹炼到终点时钢液温度为多少？假定炉内p_{CO}=101325 Pa，$a_{Cr_2O_3}$=1。

7 硫化矿的火法冶金

本章要点

本章介绍了硫化矿冶炼的基本途径，分析了金属硫化物的稳定性，重点分析了金属硫化物氧化的热力学原理，并对硫化矿的造锍熔炼和铜锍的吹炼原理进行了详细分析。主要知识点如下：

（1）硫化矿冶金的基本工艺与基本反应；

（2）焙烧反应，主要是氧化焙烧和硫酸化焙烧的影响因素及气氛控制；

（3）Me-S-O 系区位图的绘制及其应用；

（4）造锍熔炼的基本反应；

（5）锍的吹炼原理。

7.1 引言

许多有色金属元素都是以硫化物形态存在于自然界中的，例如铜、铅、锌、镍、钴、汞、钼等。此外，稀散金属如铟、锗、镓、铊等常与铅锌硫化物共生，铂族金属又常与镍、钴共生。因此，一般的硫化矿都是多金属复杂矿，具有综合利用的价值。

硫化矿的现代处理方法大都围绕着金属硫化物的高温化学过程，提取金属的方法较处理氧化矿复杂。主要原因是不能直接用碳把金属从硫化物中还原出来。因此，硫化物的冶炼途径必须根据硫化矿石的物理化学特性及成分来选择。传统的方法是在提取金属之前先改变其化学成分或化合物的形态。例如，方铅矿（PbS）、闪锌矿（ZnS）、辉钼矿（MoS_2）等都要在空气中进行焙烧，使其生成铅、锌、钼的氧化物，而后在下一阶段中还原出金属。而硫化铜矿的处理则采用熔炼、吹炼的方法获得粗铜。

现代冶金工厂所处理的硫化物精矿，不仅粒度细至 0.1 mm 以下，具有很大的表面活性，而且一般硫含量在 15%～30%，具有很大的发热量。因此，从充分利用硫化精矿本身的热能来解决冶炼过程的能耗，及从提高硫的回收率以减少对环境的污染等方面来考虑，硫化矿直接熔炼制取金属的研究，无论是在理论上还是在实践上都具有重要意义。

硫化矿冶金采用的途径主要有三个：一是经过氧化焙烧，将金属硫化物转化为氧化物，再通过还原氧化物得到金属或合金；二是通过造锍反应得到中间产物锍，再对锍进行吹炼或通过湿法冶金途径得到金属；三是通过硫酸化焙烧将硫化物转变为易于溶解的硫酸盐，再通过湿法冶金得到金属。

硫化矿的处理过程虽然比较复杂，但从硫化矿物在高温下的化学反应来考虑，大致可归纳为以下五种类型：

$$2MeS + 3O_2 = 2MeO + 2SO_2 \quad (7\text{-}1)$$

$$MeS + O_2 = Me + SO_2 \quad (7\text{-}2)$$

$$MeS + Me'O = MeO + Me'S \quad (7\text{-}3)$$

$$MeS + 2MeO = 3Me + SO_2 \quad (7\text{-}4)$$

$$2MeS + Me' = 2Me'S + Me \quad (7\text{-}5)$$

反应式（7-1）是各种有色金属硫化矿氧化焙烧的基础，反应式（7-2）是金属硫化物直接氧化成金属的反应。这是因为这类金属对氧和硫的亲和力都比较小，因此它们的氧化物和硫化物都容易分解。故在氧化过程中，硫转化成为稳定的二氧化硫气体，并使金属得到还原。这类反应的实例是硫化汞矿（辰砂）的氧化焙烧反应：

$$HgS + O_2 = Hg + SO_2 \quad (7\text{-}6)$$

反应式（7-3）是造锍熔炼的基本反应。主要是硫化亚铁中的铁对氧的亲和力比较大，能使其他金属的氧化物发生硫化，形成硫化物的共熔体（锍），从而与矿石中的脉石分离。反应式（7-4）是金属硫化物与其氧化物的交互反应，结果是金属被还原。这类反应是火法炼铜中吹炼过程的基础。铅的熔炼也属此类反应。反应式（7-5）是硫化反应。这类反应对于下列冶金方法来说是基本反应：（1）金属的硫化精炼，用加硫的方法除去金属中的杂质，例如粗铅的加硫除铜；（2）硫化矿的置换硫化熔炼，如 Sb_2S_3 或 PbS 与金属铁之间的置换反应。

7.2 金属硫化物的稳定性

7.2.1 硫化物的热分解

某些金属(如 Fe、Cu、Ni 等）具有不同价态的硫化物，其高价硫化物在中性气氛中受热到一定温度即发生如下的分解反应，产生元素硫和低价硫化物：

$$2MeS = Me_2S + \frac{1}{2}S_2 \quad (7\text{-}7)$$

例如，在火法冶金过程中常遇到的硫化物热分解反应有：

$$2CuS = Cu_2S + \frac{1}{2}S_2 \quad (7\text{-}8)$$

$$FeS_2 = FeS + \frac{1}{2}S_2 \quad (7\text{-}9)$$

$$2CuFeS_2 = Cu_2S + 2FeS + \frac{1}{2}S_2 \quad (7\text{-}10)$$

$$3NiS = Ni_3S_2 + \frac{1}{2}S_2 \quad (7\text{-}11)$$

可见，在高温下低价硫化物是稳定的，因此在火法冶金过程中实际参加反应的是金属的低价硫化物。由金属硫化物热分解产出的硫，在通常的火法冶金温度下（1000～1500 K)都是气态硫（硫的沸点为 444.6 ℃），并且主要以双原子的气态硫（S_2）存在。

硫化物生成反应的标准吉布斯自由能变化（$\Delta_r G^\ominus$）和温度的关系如图 7-1 所示。可以看出，每个反应的 $\Delta_r G^\ominus$ 与对应硫化物的标准摩尔生成自由能（$\Delta_f G^\ominus$）存在常数倍数关系。可以根据反应的 $\Delta_r G^{\ominus}$ 比较不同金属硫化物的稳定性，并读取对应的平衡硫蒸气压。

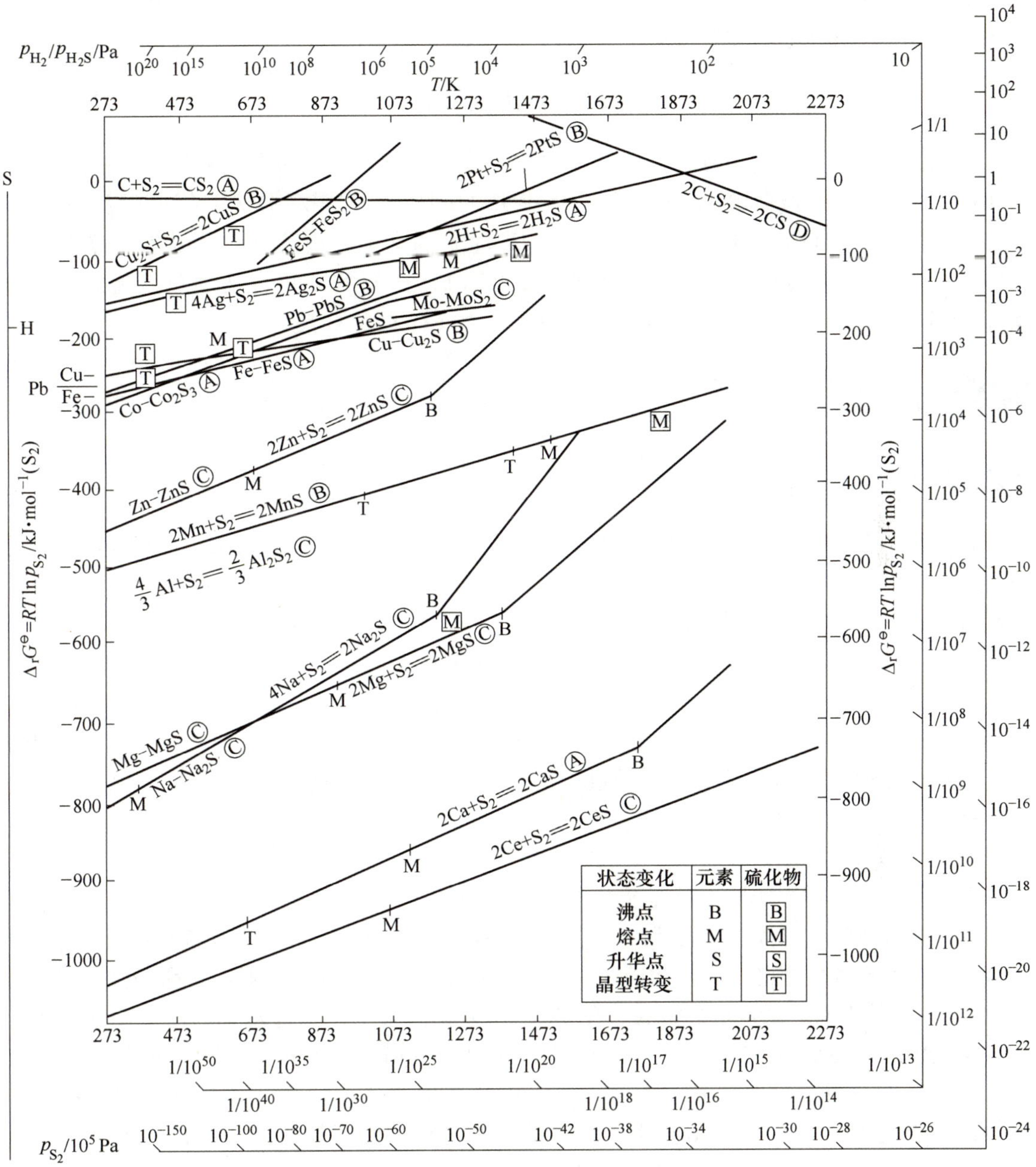

图 7-1 硫化物生成反应的标准吉布斯自由能图

准确度符号：Ⓐ±4 kJ；Ⓑ±12 kJ；Ⓒ±42 kJ；Ⓓ>42 kJ

7.2.2 金属硫化物的分解-生成反应

在火法冶金的作业温度下，二价金属硫化物的分解（或称离解）-生成反应可以用下列通式表示：

$$2Me + S_2 \xlongequal{\quad} 2MeS \tag{7-12}$$

若 Me 和 MeS 各为独立凝聚相，则分解压（或称离解压）p_{S_2} 与反应的平衡常数 $K_p^{\ominus}$ 及吉布斯自由能 $\Delta_r G^{\ominus}$ 的关系式为：

$$\Delta_r G^{\ominus} = -RT\ln K_p^{\ominus} = RT\ln \frac{p_{S_2}}{p^{\ominus}} \tag{7-13}$$

在高温下，高价硫化物分解为低价硫化物的分解压较大，容易直接测定。而在高温下，低价硫化物较稳定，其分解压一般都很小，难于直接测定。常用定组成气流法测定和求算。

衡量各种金属硫化物稳定性大小的分解压 p_{S_2} 和吉布斯自由能 $\Delta_r G^{\ominus}$ 与温度的关系如图 7-1 所示。在图 7-1 的左侧和右侧，分别有 S 点和 $p_{S_2}/p^{\ominus}$ 标尺，可方便地获得硫化物的分解压和温度的对应值，具体方法可参考 5.3.1 节的 CO/CO_2 标尺。

7.3 硫化物的焙烧

7.3.1 硫化物的氧化

硫化矿石及精矿可以通过氧化焙烧得到氧化矿，再通过还原或其他冶金途径进行处理。氧化焙烧的基本反应式可以写成式（7-14），对于氧化物可以通过进一步氧化得到金属的硫酸盐，即硫酸化焙烧，其反应式见式（7-15）。

$$MeS + 3/2O_2 \xlongequal{\quad} MeO + SO_2 \tag{7-14}$$

$$2MeO + 2SO_2 + O_2 \xlongequal{\quad} 2MeSO_4 \tag{7-15}$$

$$SO_2 + 1/2O_2 \xlongequal{\quad} SO_3 \tag{7-16}$$

对氧化焙烧或硫酸化焙烧可以通过相关反应的 $\Delta_r G^{\ominus}$-T 关系图进行分析，也可以通过区位图进行分析。

7.3.1.1 Me-S-O 系区位图

硫化物的焙烧过程实质上就是硫化物的氧化过程。由于所用的氧化剂是空气或富氧空气，所以焙烧是气相与固相接触反应过程。气相的组成最为重要，在精确确定用于进行氧化焙烧的生产操作条件之前，必须知道在一定的金属-硫-氧系统中的气固相平衡条件，因此研究 Me-S-O 系的平衡关系是很必要的。在 Me-S-O 多相体系中，尽管发生的焙烧反应多种多样，但其中最重要是如式（7-14）、式（7-15）和式（7-16）所示的三种类型的反应。

对所有 MeS 而言，反应式（7-14）进行的趋势取决于温度和气相组成。但是在所有实际的焙烧温度（773~1273 K）下，反应都向右进行，因此反应式（7-14）实际上是不可逆的，并且反应时会放出大量的热。反应式（7-15）和式（7-16）是可逆的放热反应，在低温下有利于反应向右进行。

此外，还有铁酸盐型化合物的生成：

$$MeO + Fe_2O_3 \xlongequal{\quad} MeO \cdot Fe_2O_3 \tag{7-17}$$

从以上焙烧反应可知，MeS 的焙烧主要产物是 MeO 或 $MeSO_4$ 及气相 SO_2、SO_3、O_2。究竟形成哪种化合物，则取决于焙烧条件。

根据相律，在 Me-S-O 三元系中，最多有五个相平衡共存，即四个凝聚相和一个气相共存。如果温度固定，那么最多只有三个凝聚相和一个气相平衡共存，其自由度 $f=3-4+$

1=0。如果在该体系中，只有一个凝聚相和一个气相平衡，$f=3$，那么便要用两个组分和温度，即三个变量的三维图来表示它们的热力学平衡关系。三维图表示较为复杂，为了简化问题，通常保持温度一定，因此对于一个在恒温下的三元系的平衡便可用气相中两组分的分压来表示，通常用 p_{SO_2} 和 p_{O_2} 的对数坐标来表示最为方便，如图 7-2 所示。在这样的图中，金属硫酸盐和金属氧化物分别存在的区域间的分界线将是一条直线，这些直线的斜率可以根据相应反应的化学计量（系数）关系来确定。

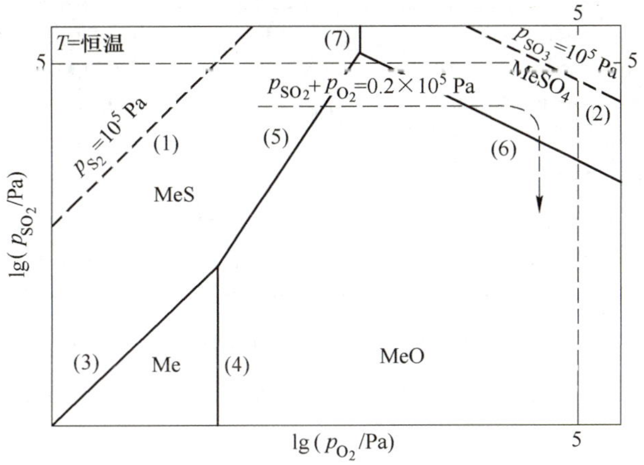

图 7-2　Me-S-O 系等温平衡图

Me-S-O 系平衡图的求算方法一般包括：

（1）确定体系中可能发生的各类有效反应并列出每个反应的平衡方程式；

（2）作图所用的热力学数据一般都是用反应的吉布斯自由能方程二项式算得的，所用方程式如下所示：

$$\Delta_r G^{\ominus} = A + BT \tag{7-18}$$

进行较精确的计算时，原则上吉布斯自由能方程式中，至少应有第三项来反映热容变化的精确数值，则所用的方程式的形式为：

$$\Delta_r G^{\ominus} = A' + B'T + C'T\lg T \tag{7-19}$$

（3）根据 $\Delta_r G^{\ominus} = -RT\ln K^{\ominus}$ 的关系算出各个反应在一定温度下的 $\lg p_{S_2}$、$\lg p_{O_2}$、$\lg p_{SO_2}$、$\lg p_{SO_3}$ 之间的关系式，即直线方程式；

（4）最后把各个反应的计算结果表示在以 $\lg p_{SO_2}$ 为纵坐标和以 $\lg p_{O_2}$ 为横坐标的图上，得到如图 7-2 所示的 Me-S-O 系平衡图。

从图 7-2 可以看出，在该体系中可能存在的反应有两种类型：一种是只随 $\lg p_{O_2}$ 变化而与 $\lg p_{SO_2}$ 无关的 Me 和 MeS 的氧化反应，在图上以垂直于 $\lg p_{O_2}$ 轴的线表示其平衡位置；另一种是与 $\lg p_{O_2}$ 和 $\lg p_{SO_2}$ 的变化都有关的反应，在图上以斜线表示其平衡位置。以上反应的一般形式及其平衡分压计算公式分别列在表 7-1 中。图 7-3 中用虚线表示的反应（1）和反应（2），分别为 p_{S_2}、p_{SO_3} 都等于 10^5 Pa 时的等压线。从其关系式可以看出，在恒温时，$K_1^{\ominus}$ 和 $K_2^{\ominus}$ 值一定，$\lg p_{O_2}$ 和 $\lg p_{SO_2}$ 之间的关系也与 S_2 和 SO_3 的分压有关。当 O_2 的分压小、SO_2 的分压大时，S_2 的分压变大。当 $p_{S_2}>10^5$ Pa 时，线（1）便向上移动；反之，则向下移动。

表 7-1 一般的 Me-S-O 系中的反应及平衡关系式

编号	反应式	平衡关系式	直线斜率
(1)	$S_2 + 2O_2 = 2SO_2$	$\lg p_{SO_2} = \lg p_{O_2} + \frac{1}{2}\lg K_1^\ominus + \frac{1}{2}\lg p_{S2} - \frac{1}{2}\lg p^\ominus$	1
(2)	$2SO_2 + O_2 = 2SO_3$	$\lg p_{SO_2} = -\frac{1}{2}\lg p_{O_2} - \frac{1}{2}\lg K_2^\ominus + \lg p_{SO_3} + \frac{1}{2}\lg p^\ominus$	$-\frac{1}{2}$
(3)	$Me + SO_2 = MeS + O_2$	$\lg p_{SO_2} = \lg p_{O_2} - \lg K_3^\ominus$	1
(4)	$2Me + O_2 = 2MeO$	$\lg p_{O_2} = -\lg K_4^\ominus + \lg p^\ominus$	—
(5)	$2MeS + 3O_2 = 2MeO + 2SO_2$	$\lg p_{SO_2} = \frac{3}{2}\lg p_{O_2} + \frac{1}{2}\lg K_5^\ominus - \frac{1}{2}\lg p^\ominus$	$\frac{3}{2}$
(6)	$2MeO + 2SO_2 + O_2 = 2MeSO_4$	$\lg p_{SO_2} = -\frac{1}{2}\lg p_{O_2} - \frac{1}{2}\lg K_6^\ominus + \frac{3}{2}\lg p^\ominus$	$-\frac{1}{2}$
(7)	$MeS + 2O_2 = MeSO_4$	$\lg p_{O_2} = \frac{1}{2}\lg K_7^\ominus + \lg p^\ominus$	—

图中直线为上列相应各反应的二凝聚相共存的平衡线，自由度为 1。这些直线之间的面区，则是一个凝聚相稳定存在的区域，为二变量体系。三直线的交点，则为三个凝聚相共存，是零变量点。

7.3.1.2 Me-S-O 系的重叠平衡图

当一种金属能生成几种硫化物和氧化物，以及有些金属能生成很稳定的碱性硫酸盐（例如 $CuO \cdot CuSO_4$）时，其平衡图就比较复杂了，但这些特征都能清楚地在等温图上表示出来。而且通过作出不同金属硫化物的 Me-S-O 系的重叠平衡图，还可得出复合硫化矿选择焙烧的热力学条件，如图 7-3 所示。

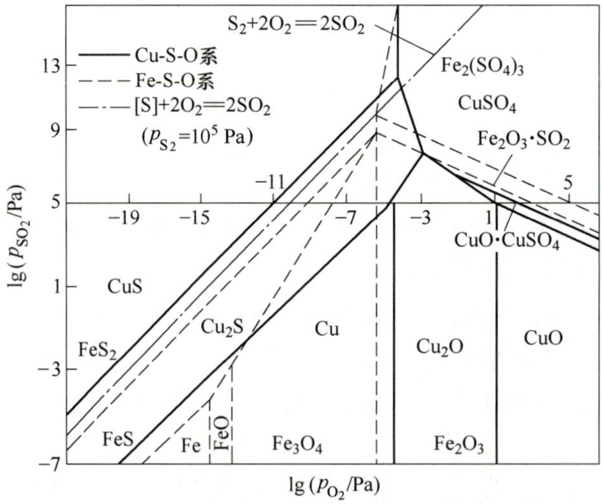

图 7-3 Fe-S-O 系与 Cu-S-O 系重叠等温平衡图

Fe-S-O 系和 Cu-S-O 系具有较完善的数据，现仅就 Cu-S-O 系的热力学数据作平衡图为例来加以介绍。已知的热力学数据见表 7-2。

表 7-2 Cu-S-O 系标准吉布斯自由能数据

反 应 式	$\Delta_r G^\ominus = A + BT\lg T + CT$/J·mol^{-1}
$2Cu + \frac{1}{2}O_2 = Cu_2O$	$-169452-16.40T\lg T+123.4T$
$Cu_2O + \frac{1}{2}O_2 = 2CuO$	$-146231-25.52T\lg T+185.4T$
$2Cu + \frac{1}{2}S_2 = Cu_2S$	$-142884-25.94T\lg T+120.1T$
$2Cu_2S + S_2 = 4CuS$	$-189117+225.9T$
$S_2 + 2O_2 = 2SO_2$	$-724856+144.8T$
$SO_2 + \frac{1}{2}O_2 = SO_3$	$-94558+89.4T$
$Cu + 2O_2 + \frac{1}{2}S_2 = CuSO_4$	$-765672+369.9T$
$SO_3 + 2CuO = CuO \cdot CuSO_4$	$-208823-13.89T\lg T+209.6T$

根据表 7-2 所给出的反应加以适当组合，即可求得该体系的有关反应的 $\Delta_r G^\ominus$，从而计算出它们在 1000 K 时的平衡常数 $K_p^\ominus$ 及直线方程式，计算结果见表 7-3。

表 7-3 Cu-S-O 系 p_{O_2} 和 p_{SO_2} 的关系式

反应式	$\Delta_r G^\ominus_{1000\ K}$/kJ·mol^{-1}	$\lg K^\ominus$	$\lg p_{O_2} = f(\lg p_{SO_2})$
$2Cu + \frac{1}{2}O_2 = Cu_2O$	-95.25	4.97	$\lg p_{O_2} = -4.94$
$Cu_2O + \frac{1}{2}O_2 = 2CuO$	-37.39	1.96	$\lg p_{O_2} = 1.08$
$2CuS + O_2 = Cu_2S + SO_2$	-308.41	16.11	$\lg p_{O_2} = -16.11 + \lg p_{SO_2}$
$Cu_2S + O_2 = 2Cu + SO_2$	-189.41	9.89	$\lg p_{O_2} = -9.89 + \lg p_{SO_2}$
$Cu_2S + \frac{3}{2}O_2 = Cu_2O + SO_2$	-284.66	14.87	$\lg p_{O_2} = -8.25 + \frac{2}{3}\lg p_{SO_2}$
$CuS + 2O_2 = CuSO_4$	-354.70	18.53	$\lg p_{O_2} = -17.06$
$Cu_2S + 3O_2 + SO_2 = 2CuSO_4$	-400.95	20.94	$\lg p_{O_2} = -0.31 - \frac{1}{3}\lg p_{SO_2}$
$Cu_2O + \frac{3}{2}O_2 + 2SO_2 = 2CuSO_4$	-116.32	6.08	$\lg p_{O_2} = 4.28 - \frac{4}{3}\lg p_{SO_2}$
$CuO \cdot CuSO_4 + SO_2 + \frac{1}{2}O_2 = 2CuSO_4$	-32.8	1.71	$\lg p_{O_2} = 11.58 - 2\lg p_{SO_2}$
$Cu_2O + SO_2 + O_2 = CuO \cdot CuSO_4$	-83.51	4.36	$\lg p_{O_2} = 5.64 - \lg p_{SO_2}$
$2CuO + SO_2 + \frac{1}{2}O_2 = CuO \cdot CuSO_4$	-46.07	2.41	$\lg p_{O_2} = 10.18 - 2\lg p_{SO_2}$

在一定温度下，以表 7-3 所导出各方程式的 $\lg p_{O_2}$ 和 $\lg p_{SO_2}$ 为坐标，便可作得 Cu-S-O 系等温平衡图。将用同样方法作出的 Fe-S-O 系平衡图重叠在上面，就得到如图 7-3 所示的重叠平衡图，通过该图可以找到选择性氧化或硫酸化焙烧的条件，实现对铜、铁的分离。

上述硫化物的焙烧过程，当参与反应的凝聚相的活度为 1 时，所作的平衡图（也称化学位图）应用起来较简单易懂，这在硫化矿各种焙烧，特别是硫酸化焙烧中经常见到。由图可见：

（1）可清楚地看出每种物质的稳定区域和要求的平衡条件。当焙烧条件发生变化时，焙烧产物中存在的稳定化合物的变化规律是：

1）随着 p_{O_2} 增大，其氧化顺序由低价到高价变化，如 $Cu \rightarrow Cu_2O \rightarrow CuO \rightarrow CuO \cdot CuSO_4 \rightarrow CuSO_4$；

2）随着 p_{SO_2} 增大，其硫化顺序由低价到高价变化，如 $Cu \rightarrow Cu_2S \rightarrow CuS$。

（2）由此图可预言与实践有关的合理反应过程。当采用空气进行焙烧时，p_{SO_2} 值为 $10^4 \sim 2\times10^4$ Pa，根据图 7-3，在这种焙烧条件下，焙烧反应的顺序为 $Cu_2S \rightarrow Cu \rightarrow Cu_2O \rightarrow CuO \rightarrow CuO \cdot CuSO_4 \rightarrow CuSO_4$，从而可直接辨别出热力学的有效反应，如 Cu_2S 不能直接氧化为 CuO。

（3）考察化学位图可以得到新工艺的概念。如图 7-3 所示，$p_{SO_2} = 10^9$ Pa 下，在高压设备中 Cu_2S 直接硫酸化得到 $CuSO_4$ 是可能的；而准确控制硫位和氧位，在一次焙烧中直接得到金属铜也是可能的。

7.3.1.3 Me-S-O 系的 $\lg p_{O_2}$-$1/T$ 图

上述 Me-S-O 系相平衡图是在温度一定的条件下，平衡相态针对气相两组分分压的对数作图的。所作的等温平衡图反映不出温度对焙烧平衡所起的影响，而温度往往又是决定性因素，为了说明温度的影响，就必须作出各种温度下的平衡图，这样应用起来很不方便。由于现行焙烧及熔炼过程中，SO_2 或 SO_3 分压变化不大，因此可以在固定 p_{SO_2} 的条件下，作出 Me-S-O 系的 $\lg p_{SO_3}$-$1/T$ 或 $\lg p_{O_2}$-$1/T$ 图，这样应用起来则更为方便，如图 7-4 所示。

7.3.1.4 Me-Fe-S-O 四元系平衡图

通过上述对 Me-S-O 三元系的 $\lg p_{SO_2}$-$\lg p_{O_2}$ 平衡图的研究，不仅能够较全面、直观地了解金属及其化合物的热力学稳定区，而且便于判断在给定的条件下反应能否进行，或者采取哪些方法可以改变热力学条件以促使反应进行。因此，研究 Me-S-O 三元系的平衡图可对生产实践起到一定的指导作用。但是，由于有色金属硫化精矿都含有铁，而且在焙烧过程中经常生成铁酸盐，所以它是引起湿法和火法冶金过程中金属损失的原因之一。如硫化铜精矿焙烧过程中生成铜的铁酸盐使铜的浸出率降低，而且生成的铁酸亚铁（$FeO \cdot Fe_2O_3$）也将影响熔炼过程中的各项指标。硫化锌精矿焙烧过程中铁酸锌的生成，使湿法提锌流程复杂化。显然，Me-S-O 和 Fe-S-O 三元系化学位图及其叠加应用，只能用来比较多元体系中各分系相应相的稳定性，而不能用来说明各分系相互作用后所产生的新相及其稳定性，为从理论上阐明这一重要的实际问题，就必须研究焙烧过程中的 Me-Fe-S-O 四元系平衡图。

在 Me-Fe-S-O 四元系中可能存在的凝聚物质（活度为 1 的标准状态）较多，但由于这些物质都可由 Me、Fe、S、O 等相互作用生成，根据相律，其独立组分数仍然是 4，故常称为四元系。这种四元平衡体系中最多可能有六相共存。当外压固定时，最多可有五个相共存。因此，同样地可用二维图来表示其相平衡关系，如图 7-5 所示的 Zn-Fe-S-O 系的 $\lg p_{SO_3}$-$1/T$ 图。

图 7-5 中各稳定区间的分界线是一条表示有三个凝聚相和一个气相平衡时的直线，为一变量体系。而各面区为二变量体系，表示两凝聚相存在的稳定区。各交点所表示的体系，其平衡分压 p_{SO_3} 和温度分别都有一组定值，这些点所表示的体系叫作零变量体系。

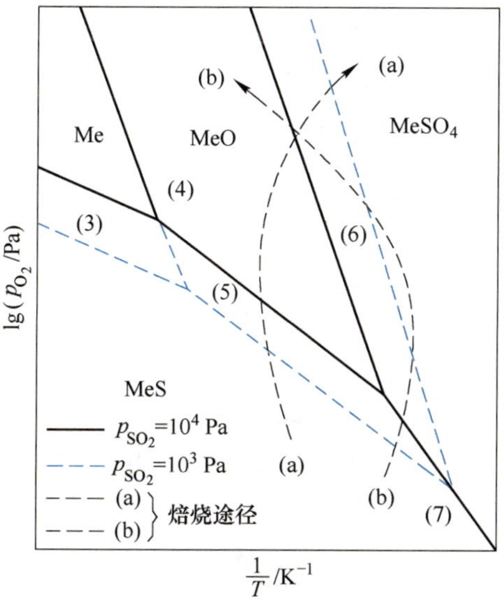

图 7-4 Me-S-O 系在一定的 p_{SO_2} 下的 $\lg p_{O_2}$-$1/T$ 图

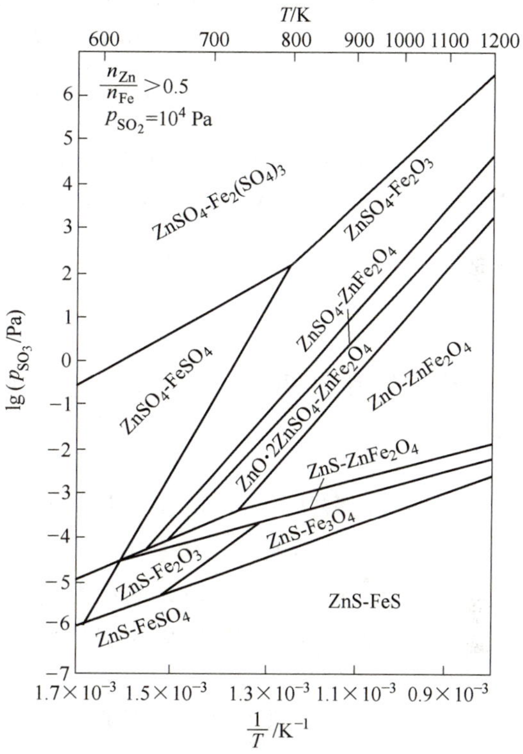

图 7-5 Zn-Fe-S-O 系的 $\lg p_{SO_3}$-$1/T$ 图

Me-Fe-S-O 四元系平衡图的求算方法，原则上与 Me-S-O 三元系相同，但由于 Me-Fe-S-O 四元系不是 Me-S-O 系和 Fe-S-O 系的简单叠加，因此该四元系中可能发生的反应，除了两个三元分系各自可能发生的反应外，还必须考虑两个分系间相互可能发生的反应，故其求算方法较为复杂。

从图 7-5 中可明显地看出如下各面区所对应的各种焙烧条件及其产物：

（1）全硫酸化焙烧：$ZnSO_4$-$Fe_2(SO_4)_3$ 或 $ZnSO_4$-$FeSO_4$ 面区；

（2）选择硫酸化焙烧：$ZnSO_4$-Fe_2O_3 面区；

（3）部分硫酸化焙烧：$ZnSO_4$-$ZnFe_2O_4$ 或 $ZnO\cdot2ZnSO_4$-$ZnFe_2O_4$ 面区；

（4）全氧化焙烧：ZnO-$ZnFe_2O_4$ 面区；

（5）部分氧化焙烧：$ZnS\text{-}ZnFe_2O_4$ 面区；

（6）选择氧化焙烧：$ZnS\text{-}Fe_2O_3$ 或 $ZnS\text{-}Fe_3O_4$ 面区；

（7）离解焙烧：ZnS-FeS 面区。

因此，研究 Me-Fe-S-O 系可为现行各种焙烧方法提供选择最佳条件的依据。

7.3.2 硫酸化焙烧

从图7-2或图7-4所示的 Me-S-O 系平衡图中，可以看出能生成金属硫酸盐的温度和气相组成范围。且温度降低，$MeSO_4$ 的稳定区扩大，有利于金属硫酸盐的生成。其生成-分解反应的条件，则决定于体系中如下反应的平衡条件：

$$MeO + SO_3 \Longrightarrow MeSO_4 \tag{7-20}$$

$$SO_2 + \frac{1}{2}O_2 \Longrightarrow SO_3 \tag{7-21}$$

显然，硫酸盐生成-分解反应的热力学条件，通过比较反应式（7-20）的分解压 p'_{SO_3} 和气相反应式（7-21）的分压 p_{SO_3}（视为炉气的实际分压 $p_{SO_3(炉气)}$），便可作出判断，反应式（7-20）的平衡常数如下：

$$K_{p'}^{\ominus} = \frac{a_{MeSO_4} \cdot p^{\ominus}}{a_{MeO} \cdot p'_{SO_3}} \tag{7-22}$$

因为 MeO 和 $MeSO_4$ 都是纯物质，所以 $a_{MeO} = a_{MeSO_4} = 1$，由此得：

$$p'_{SO_3} = \frac{p^{\ominus}}{K_{p'}^{\ominus}} \tag{7-23}$$

可见，各种硫酸盐的分解压 p'_{SO_3} 只与温度有关。温度一定，分解压即为定值。

SO_3 的生成-分解反应体系中，有三个独立组元及一个独立反应式。在 $p_{SO_2} = p_{O_2}$ 的限制性条件下，根据相律，体系的自由度 $f=(3-1-1)-1+2=2$。这说明在给定温度和总压的条件下，平衡气相组成可以确定，从而便可计算炉气中 SO_3 的分压 $p_{SO_3(炉气)}$ 并判断硫酸盐的生成-分解反应趋势。

根据化学平衡可以得到以下关系：

$$SO_2 + \frac{1}{2}O_2 \Longrightarrow SO_3,\ \Delta_r G^{\ominus} = -94558 + 89.37T,\ \text{J/mol}$$

$$K_p^{\ominus} = \frac{p_{SO_3}^{(p^{\ominus})^{1/2}}}{p_{SO_2} p_{O_2}^{1/2}} \tag{7-24}$$

$$p_{SO_2} = 2p_{O_2} \tag{7-25}$$

$$p_{SO_3} + p_{SO_2} + p_{O_2} = p_{总} \tag{7-26}$$

联解式（7-24）、式（7-25）、式（7-26），便可求出 $p_{总} = 10^5$ Pa 时反应 $SO_2 + \frac{1}{2}O_2 \Longrightarrow SO_3$ 在不同温度下的平衡气体成分。由式（7-24）可以得到：

$$p_{SO_3(炉气)} = p_{SO_3} = \frac{K_p^{\ominus} \cdot p_{SO_2} \cdot p_{O_2}^{1/2}}{(p^{\ominus})^{1/2}} \tag{7-27}$$

比较式（7-27）和式（7-23），当 $p_{SO_3(炉气)} \geq p'_{SO_3}$ 时，生成硫酸盐；反之，则硫酸盐

分解。

实际焙烧过程表明，焙烧炉中高含量的 SO_2 和较低的作业温度，可促使硫酸盐生成。由于动力学的原因，在低于 600 K 时，硫酸化反应作为实际过程是没有价值的。而在 1200 K 以上的高温时，在实际作业中，则要求气相中必须保持较高浓度的 SO_2 才能生成硫酸盐，这种条件是较难实现的。

为了对不同硫酸盐的稳定性进行比较以确定在某一温度下哪种硫酸盐可能最稳定，而绘制出的 $MeSO_4$ 生成反应的标准自由能变化与温度的关系图，如图 7-6 所示。

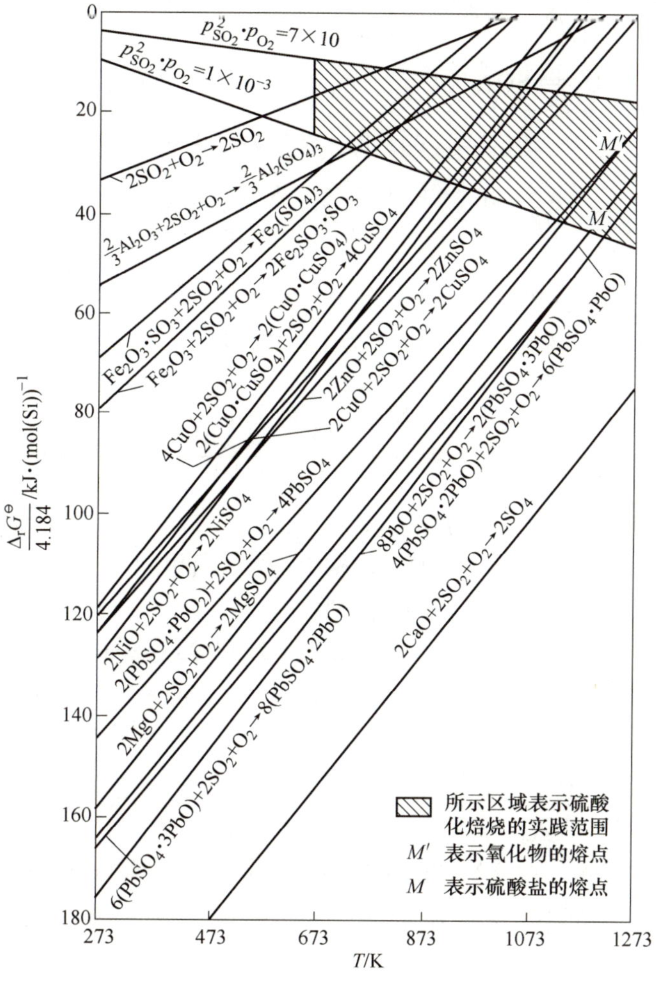

图 7-6 金属氧化物硫酸化焙烧反应的标准自由能变化关系图

在一般情况下，生成硫酸盐的反应吉布斯自由能图是由反应式（7-28）表示的一组几乎相互平行的直线所组成的。原因是这些直线的斜率与上述相应反应的硫酸盐的生成熵几乎一致，同时所有金属硫酸盐的生成熵都很接近。

$$2MeO + 2SO_2 + O_2 \xlongequal{} 2MeSO_4 \quad (7\text{-}28)$$

根据图 7-6 可以很容易地得出生成金属硫酸盐所需要的温度及气相组成范围，并可直观地看出随着温度升高，几乎所有硫酸盐的生成趋势都减弱，分解趋势加大。

例 7-1 拟定于 1100 K 进行焙烧作业，（1）在炉气含 12%SO_2 和 4%O_2，总压 $p_{总}$ 为 10^5 Pa 的条件下，硫酸铅是否为稳定的固相？（2）若炉气含 1% O_2，要形成碱式硫酸盐 $PbO \cdot PbSO_4$，此时 p_{SO_2}需多大？

已知反应 $2PbSO_4 = PbO \cdot PbSO_4 + SO_3(a)$，$\Delta_r G^{\ominus}_{a,1100\ K} = 96658$，J/mol

解：（1）对于硫酸铅的分解反应（a），

$$\lg K^{\ominus}_{p'} = \lg \frac{p'_{SO_3}}{p^{\ominus}} = \frac{-\Delta_r G^{\ominus}_{a,1100\ K}}{2.303RT} = 0.41$$

$$p'_{SO_3} = 2.57\ \text{Pa}$$

对于反应 $SO_2 + \frac{1}{2}O_2 = SO_3(b)$

$$\Delta_r G^{\ominus}_b = -94558 + 89.37T,\ \text{J/mol}$$

$$\lg K^{\ominus}_p = \lg \frac{p_{SO_3} \cdot (p^{\ominus})^{1/2}}{p_{SO_2} \cdot (p_{O_2})^{1/2}} = \frac{-\Delta_r G^{\ominus}_{b,1100\ K}}{2.303RT} = -0.18$$

$$K^{\ominus}_p = 0.66$$

当炉气含 12%SO_2 和 4%O_2，总压 $p_{总}$ 为 10^5 Pa 时，SO_3 的有效压力为：

$$p_{SO_3} = \frac{K^{\ominus}_p \cdot p_{SO_2} \cdot p_{O_2}^{1/2}}{(p^{\ominus})^{1/2}} = \frac{K^{\ominus}_p \cdot \frac{\varphi_{SO_2}}{100}p_{总} \cdot \left(\frac{\varphi_{O_2}}{100}p_{总}\right)^{1/2}}{(p^{\ominus})^{1/2}} = 1589\ \text{Pa}$$

此即为炉气中 SO_3 的实际分压 $p_{SO_3(炉气)}$。

由于 $p_{SO_3(炉气)} > p'_{SO_3}$，因此 $PbSO_4$ 为热力学稳定固相。

（2）若形成碱式硫酸盐 $PbO \cdot PbSO_4$，则：

$$p_{SO_3(炉气)} \leqslant p'_{SO_3} = 2.57\ \text{Pa}$$

如果炉气含 1%O_2，可计算出炉气中与 $PbSO_4$ 和 $PbO \cdot PbSO_4$ 处于平衡时 SO_2 的分压为：

$$p_{SO_2} = \frac{p_{SO_3} \cdot (p^{\ominus})^{1/2}}{K_p \cdot p_{O_2}^{1/2}} = \frac{2.57(p^{\ominus})^{1/2}}{0.66 \times (0.01p)^{1/2}} = 38.55\ \text{Pa}$$

由以上计算结果可知，在该给定的条件下，当 $p_{SO_2(炉气)} \leqslant 38.55$ Pa 时，便生成稳定的 $PbO \cdot PbSO_4$，说明如果炉气中有微量的 SO_2，则难于使 $PbSO_4$ 或 $PbO \cdot PbSO_4$ 分解为 PbO。

7.4 硫化矿焙烧的动力学

氧化焙烧和硫酸化焙烧一般处于气-固反应温度区，主要通过温度、氧压和颗粒表面上二氧化硫的分压来控制。很多金属硫化矿含有多金属元素，例如对含有钴、镍、铜的黄铁矿精矿的沸腾焙烧，由于能够准确地控制炉料温度和炉气成分，可使其中的硫化铁转变为不溶性氧化物，使钴、镍、铝等有价金属硫化物转化为水溶性或酸溶性的硫酸盐，从而达到有效分离提取的目的。

这些复合硫化物的氧化（或硫酸化）动力学还没有特定的表达式，一般定性地认为在 873~1273 K 的温度区间，其硫酸化速率是反应物在扩散层的扩散系数和化学位梯度的函数。升高温度，扩散系数一般增大，而化学位梯度则下降；降低温度则相反。在 873~1273 K 温度区间的某一区域有一个最大的反应过程的总速率。

例如，钴的氧化物 CoO 的硫酸化反应，在 973 K 以下和 1073 K 以上时，反应速率均服从抛物线规律。这一反应是由 Co^{2+} 和 O^{2-} 通过硫酸盐层向外扩散而进行的。这种硫酸盐层在温度低于 973 K 时凝聚起来，在中温区域（973~1123 K）时达到一极限厚度便发生破裂，而后在 1123 K 以上时又再次凝聚起来。因而温度低时其扩散速率低，硫酸盐层化学势梯度大；而高温则相反。研究发现，在中温区，即高速反应的区域中，反应速率呈直线规律，此时生成的硫酸盐层是破裂的。在较高或较低温度区域中，反应速率规律呈抛物线形，此时的硫酸盐层光滑致密，且不破裂。

但是对于含 Co、Cu 的黄铁矿精矿的硫酸化焙烧，即使在低温下也不会生成致密整块的硫酸盐膜，而是夹杂有紧密邻接的铁的化合物（Fe_2O_3），这种铁的化合物是生成 SO_3 的良好催化剂。研究发现，Fe_2O_3 催化生成 SO_3 的过程包括如下四个串联步骤：

Fe_2O_3 的还原 $$12Fe_2O_3 + 4SO_2 = 8Fe_3O_4 \cdot 4SO_3 \tag{7-29}$$

中间化合物生成 $$8Fe_3O_4 \cdot 4SO_3 = 7Fe_3O_4 + Fe_3(SO_4)_4 \tag{7-30}$$

中间化合物分解 $$Fe_3(SO_4)_4 = Fe_3O_4 + 4SO_3 \tag{7-31}$$

Fe_3O_4 的氧化 $$8Fe_3O_4 + 2O_2 = 12Fe_2O_3 \tag{7-32}$$

上述四个串联步骤中以 Fe_3O_4 的氧化速率最慢，因而它是整个接触反应的限制步骤。添加少量的碱金属硫酸盐能使铁的氧化物的氧化速率提高几十倍，从而加速了 SO_2 氧化成 SO_3 的速率。

添加催化剂在生产实践中得到了广泛应用。如含 Co、Ni 的黄铁矿的硫酸化焙烧，在炉料中加入少量（5%）硫酸钠，可明显地提高有价金属 Co、Ni 的酸化率。可认为硫化镍的硫酸化包括如下两个反应阶段：

$$2NiS + 3O_2 \longrightarrow 2NiO + 2SO_2 \tag{7-33}$$

$$NiO + SO_2 + \frac{1}{2}O_2 \longrightarrow (NiO \cdot SO_3) \rightarrow NiSO_4 \tag{7-34}$$

实践证明，如果不添加碱金属硫酸盐，上述反应生成的 NiO 仅有 20%~30%能够转变为 $NiSO_4$。其原因是在 NiO 表层上产生的 $NiSO_4$ 形成一种致密膜，阻碍了 SO_2 和 O_2 的渗透。当加入 Na_2SO_4 时，由于 Na_2SO_4 的烧结作用使其收缩破裂，结果使 NiO 表层上的 $NiSO_4$ 遭到破坏，为 NiO 能继续与 SO_2 和 O_2 相接触创造了条件，从而实现更完全的硫酸化，达到提高酸化率的目的。

7.5 硫化矿的造锍熔炼

常用硫化精矿一般在含有待提取金属硫化物的同时还含有硫化铁的矿物，例如 $CuFeS_2$（黄铜矿）等，并且随着资源的不断开发利用，矿石品位变得越来越低，使得一步法冶炼过程金属的收得率无法有效保证。如铜精矿品位有的低至铜含量只有 10%左右，而铁含量则可高达 30%以上，如果经过一次熔炼就把金属铜提取出来，必然会产生大量铜含量高的炉渣，造成铜的损失。

研究发现，部分重有色金属元素可以和铁的硫化物形成低熔点共熔体，并很大限度地富集在该熔体中，可利用 MeS 与含 SiO_2 的炉渣不互溶及比重差别的特性而使其有效分离。这种 MeS 的共熔体在工业上一般称为冰铜（锍）。例如，冰铜的主体为 Cu_2S，其余为 FeS 及其他 MeS；铅冰铜除含 PbS 外，还含有 Cu_2S、FeS 等；镍冰铜（冰镍）的主要成分为 $Ni_3S_2 \cdot FeS$；钴冰铜的主要成分为 CoS · FeS 等。

通过控制反应的条件，使主体金属被有效地富集在锍中的过程就是造锍熔炼。锍可经进一步精炼得到金属。

7.5.1 金属硫化物氧化热力学

某些金属对硫和氧的稳定性关系也可从其吉布斯自由能图上来判断，如图 7-7 所示。金属硫化物和氧化物的转化反应可以表示为：

$$2MeS + O_2 = 2MeO + S_2 \tag{7-35}$$

反应式（7-35）的标准吉布斯自由能变化可按以下反应求得：

$$2Me + O_2 = 2MeO \quad \Delta_r G^{\ominus}_{(MeO)} \tag{a}$$

$$2Me + S_2 = 2MeS \quad \Delta_r G^{\ominus}_{(MeS)} \tag{b}$$

（a）-（b）得：

$$2MeS + O_2 = 2MeO + S_2 \qquad \Delta_r G^{\ominus} = \Delta_r G^{\ominus}_{(MeO)} - \Delta_r G^{\ominus}_{(MeS)}$$

在大多数情况下，由于 MeS 氧化反应的熵变小，所以它在 $\Delta_r G^{\ominus}$-T 关系图中的直线几乎是一条水平线，只是铜、铅、镍等例外。

图 7-7 可以用来比较 MeS 和 MeO 的稳定性大小，从而可以预见 MeS-MeO 之间的复杂平衡关系。

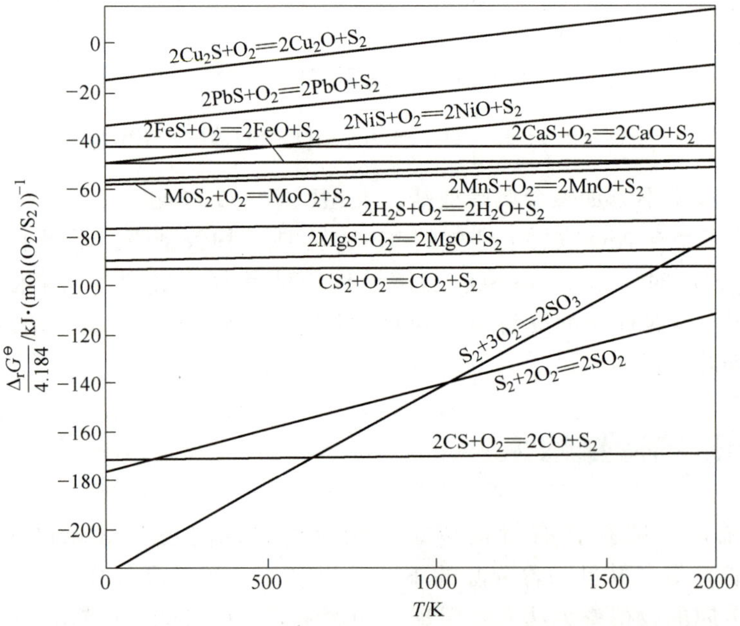

图 7-7 某些金属硫化物的氧化的吉布斯自由能图

例如，FeS 氧化的 $\Delta_r G^\ominus$ 比 Cu_2S 的 $\Delta_r G^\ominus$ 更负，于是反应式（7-36）向右进行：

$$Cu_2O + FeS \xlongequal{} Cu_2S + FeO \tag{7-36}$$

这是由于铁对氧的亲和力大于铜对氧的亲和力，故 Fe 优先被氧化，因此 Cu_2S 精矿氧化熔炼发生如下反应：

$$Cu_2S + O_2 \xlongequal{} Cu_2O + S_2 \tag{7-37}$$

生成的 Cu_2O 最终按式（7-38）反应生成 Cu_2S，即：

$$Cu_2O_{(l)} + FeS_{(l)} \xlongequal{} Cu_2S_{(l)} + FeO_{(l)} \tag{7-38}$$

$$\lg K^\ominus = \lg \frac{a_{Cu_2S} \cdot a_{FeO}}{a_{Cu_2O} \cdot a_{FeS}}$$

当 $T = 1473$ K 时，$K^\ominus = 10^{4.2}$。

根据相关资料，a_{Cu_2S} 和 a_{FeS} 在中等品位的冰铜中数值大致相等，即 $a_{Cu_2S}/a_{FeS} \approx 1$，所以 K 值的大小将取决于 a_{FeO} 和 a_{Cu_2O} 数值的大小。炉渣内 FeO 的活度，即 a_{FeO} 经测定介于 0.3~0.9，把这些活度数值代入上式，可求出 $a_{Cu_2O} \approx 10^{-4}$。实际熔炼锍中 Cu_2O 的活度为纯液态 Cu_2O 活度的万分之一，所以利用上述反应，Cu_2O 几乎完全被硫化进入冰铜。

在生产实践中，对铜的硫化物原料（如 $CuFeS_2$）进行造锍熔炼，只要气氛控制得当，并保证有足够的 FeS 存在，就可使铜几乎完全以 Cu_2S 的形态进入冰铜。这就是造锍熔炼的理论基础。

7.5.2 造锍反应

造锍过程也可以说就是几种金属硫化物之间的互熔过程。当一种金属具有一种以上的硫化物时，其高价硫化物在熔化之前会发生如下的热分解，如对于铜冶炼过程：

823 K　黄铜矿　$4CuFeS_2 \xlongequal{} 2Cu_2S + 4FeS + S_2$　（7-39）

1073 K　斑铜矿　$2Cu_3FeS_3 \xlongequal{} 3Cu_2S + 2FeS + \frac{1}{2}S_2$　（7-40）

953 K　黄铁矿　$FeS_2 \xlongequal{} FeS + \frac{1}{2}S_2$　（7-41）

上述热分解反应所产生的元素硫，遇氧即氧化成 SO_2 随炉气逸出。最终参与造锍反应的是金属的低价硫化物。由于铜对硫的亲和力比较大，故在 1473~1573 K 的造锍熔炼温度下，呈稳定态的 Cu_2S 便与 FeS 按下列反应熔合成冰铜：

$$Cu_2S + FeS \xlongequal{} Cu_2S \cdot FeS_{(l)} \tag{7-42}$$

同时，反应生成的部分 FeO 与脉石氧化物造渣，发生如下反应：

$$2FeO + SiO_2 \xlongequal{} 2FeO \cdot SiO_{2(l)} \tag{7-43}$$

利用造锍熔炼，可使原料中原来呈硫化物形态和呈氧化物形态的铜，几乎完全都以稳定的 Cu_2S 形态富集在冰铜中，而部分铁的硫化物则优先被氧化生成 FeO 而与脉石造渣。锍的密度较炉渣大，且两者互不溶解，从而可实现有效分离。造锍熔炼过程中，由于锍的形成有利于降低铜的活度，而渣中 $2FeO \cdot SiO_2$ 的形成可同时降低 SiO_2、FeO 的活度，从而促进上述反应的进行。

镍和钴的硫化物和氧化物也具有类似上述的反应，通过造锍过程便可使欲提取的铜、镍、钴等金属成为锍这个中间产物产出。

7.5.3 Me-Fe-S 三元系状态图

熔炼硫化矿所得各种金属的锍是很复杂的硫化物共熔体，但基本上是由金属的低价硫化物组成的，其中富集了所提炼的金属及贵金属。例如，冰铜中主要是 Cu_2S 及 FeS，它们两者所含的铜、铁和硫的总和常占冰铜总质量的 80%～90%。所以这三种元素可以说是冰铜的基本成分，即 Cu-Fe-S 三元系实际上可以代表冰铜的组成。通过对 Cu-Fe-S 三元系状态图的研究，可对冰铜的性质、理论成分和熔点等有较详细的了解。图 7-8 所示为 Cu-Fe-S 三元系的熔度图。

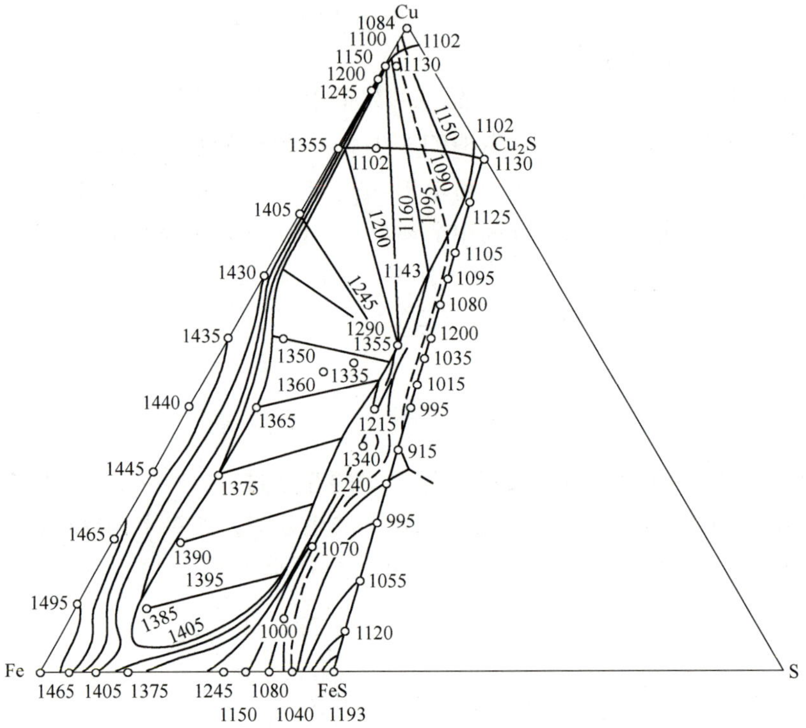

图 7-8 Cu-Fe-S 三元系状态图（各组分含量为质量分数）

从图 7-8 中可以看出，在 Cu-S 边含 80%的铜、20%的硫生成 Cu_2S，熔点为 1130 ℃；在 Fe-S 边，FeS 的硫含量为 36.4%，铁含量为 63.6%，熔点为 1193 ℃。在 Cu_2S-FeS 二元直线区，铜、铁及硫的合金具有完全熔融的熔体。当 Cu-Fe-S 三元合金在缺少硫的情况下，即不能满足上述 Cu_2S 和 FeS 中化学计量的硫含量时，合金将出现分层区。此分层区具有较为广泛的区域，如图 7-9 中舌形所示部分。分层的二液相视熔锍品位（Cu%）而有不同比例的铜铁合金相产生，即当锍的品位较高时，合金分层熔体将出现富铜金属相，如图中铜含量在 60%以上的区域；当锍品位较贫时，合金分层将出现铁含量较高的 Cu-Fe 合金相。分层的二液相，一层是以锍为主的饱和了 Cu-Fe 合金的液相；另一层则是以 Cu-Fe 合金相为主的饱和了硫（或锍）的液相。在直线区范围，即沿 Cu_2S-FeS 直线区，熔体互相溶合并出现最低熔点的共晶（E），熔点为 915 ℃。从锍的理论成分来看，由纯 Cu_2S 到纯 FeS，其硫含量在 20%～36.5%，而铜的含量相应地从 79.8%变到零。生产中所得的工业冰铜一般铜含量介于20%～40%，相应的硫含量通常为24%～26%。因此，在冶金计算中采用冰铜的硫含量为25%，其计算结果是符合实际的。

图7-9中结线为实测的分层熔体组成和熔点。显然，随着铁含量的增高，分层的Cu-Fe合金熔点相应增高。以温度作为空间坐标，则Cu-Fe合金的熔点向Cu-Fe-S合金熔体直线区倾斜形成温度差斜面。以Fe角附近的熔点而言，则向Cu-Cu_2S边倾斜形成温度差斜面。

图7-9是没有画出等温线及液相组成连接线的平面状态图，图中Cu-Cu_2S-FeS-Fe所组成的梯形部分相图，实际上可以看作是由四对有关的二元系所组成的，如图7-10所示。

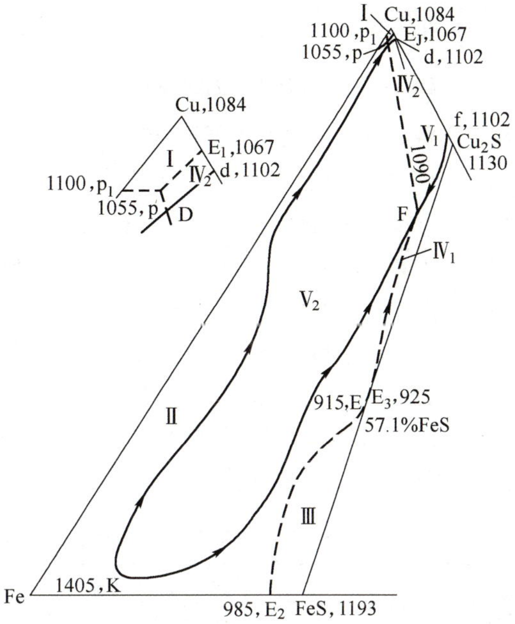

图7-9 Cu-Fe-S三元系状态图（简示图）

以上所介绍的Cu-Fe-S三元系状态图只是近似的，因为它不符合严格的平衡条件（如平衡时间不足及没有测定熔体上硫的蒸气压）。图7-10虽有一些缺点，但在工业生产上选择冰铜成分时仍有参考价值。

综上所述，熔体冰铜基本上是由均匀液相组成的，其中主要是Cu、Fe和S。工业冰铜中硫的含量要比按Cu_2S和FeS计算的化学量少，因此不能把冰铜视为Cu_2S和FeS的混合物。一些铁的氧化物可能溶于硫化物相中，而磁性氧化铁则常以稳定化合物存在，即使在高温下也不与冰铜中的其他成分发生反应。由于工业冰铜中含有氧代替硫，所以硫量大致稳定在25%。如果冰铜中硫含量降低到一定程度，则熔体进入三元系的分层区，并随冰铜组成的不同而析出富铁或富铜的新相。

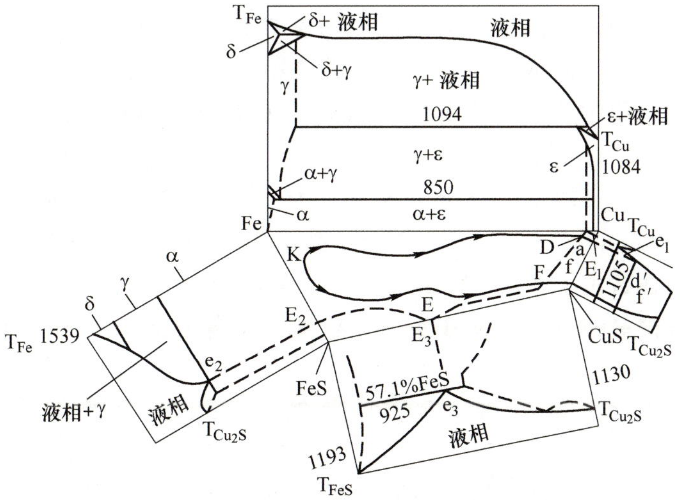

图7-10 Cu-Fe-S三元系状态图（简示图）与有关侧面二元系状态图

7.5.4 冰铜的主要性质

（1）熔点。冰铜的熔点与成分有关，介于900~1050 ℃。Fe_3O_4 和 ZnS 在冰铜中会使其熔点升高，PbS 则会使冰铜熔点降低。

（2）密度。为了加速冰铜与炉渣的分层，两者之间应尽量保持相当大的密度差。固态冰铜的密度应介于 5.55×10^3~4.6×10^3 kg/m^3，因 Cu_2S 的密度为 5.55×10^3 kg/m^3，FeS 的密度为 4.6×10^3 kg/m^3，故冰铜的密度随其品位的提高而增大。

应当指出，相同品位的冰铜，其液体密度小于固体密度。此外，冰铜中经常含有磁性氧化铁（Fe_3O_4 密度为 5.18×10^3 kg/m^3），会使冰铜的密度增大。

（3）锍的导电性。锍有很强的导电性，这在铜精矿的电炉熔炼中已得到利用。在熔矿电炉内，插入熔融炉渣的碳素电极上有一部分电流是靠其下的液态锍传导的，这对保持熔池底部温度起着重要的作用。部分熔融的硫化物的电导率如表7-4所示。

表7-4 熔融硫化物在不同温度下的电导率 γ $(\Omega\cdot cm)^{-1}$

FeS		PbS		Ag_2S		Cu_2S		Sb_2S_3	
T/K	γ	T/K	γ	T/K	γ	T/K	γ	T/K	γ
1466	1489	1387	108.4	1173	126.0	1373	39.3	823	0.17
1468	1486	1408	104.0	1198	123.0	1412	50.0	861	0.27
1473	1482	1428	101.0	1223	120.0	1432	56.4	888	0.35
1478	1478	1438	99.7	1248	117.9	1455	63.3	937	0.52
1483	1474	1448	98.8	1273	114.4	1473	69.7	984	0.63
1488	1470	1458	97.0	1298	112.0	1505	81.6	1032	0.93
1493	1466	1468	95.4	1323	109.8	1523	91.1	1076	1.19

7.6 锍的吹炼过程

造锍熔炼获得的铜锍、镍锍或铜镍锍中都含有 FeS，除铁和硫均需经过转炉吹炼过程，即把液体锍在转炉中鼓入空气或氧气，在1200~1300 ℃温度下，使其中的硫化亚铁发生氧化，在此阶段中要加入石英石（SiO_2）使 FeO 与 SiO_2 造渣，这就是吹炼除铁过程。

经过吹炼除铁，铜锍由 xFeS · $y$$Cu_2S$ 富集为 Cu_2S，镍锍由 xFeS · $y$$Ni_3S_2$ 富集为镍高锍 Ni_3S_2，铜镍锍由 xFeS · $y$$Cu_2S$ · $z$$Ni_3S_2$ 富集为 $y$$Cu_2S$ · $z$$Ni_3S_2$（铜镍高锍）。这是吹炼的第一周期，在普通转炉吹炼条件下，对于镍锍和铜镍锍，吹炼只有一个周期，即只能吹炼到获得镍高锍为止。对于铜锍，吹炼还有第二周期，即由 Cu_2S 吹炼成粗铜的阶段。

7.6.1 铜锍的吹炼

锍的成分主要是 FeS、Cu_2S、Ni_3S_2 等，它们与吹入的氧（空气中的氧）作用首先发生如下反应：

$$\frac{2}{3}Cu_2S_{(l)} + O_2 = \frac{2}{3}Cu_2O_{(l)} + \frac{2}{3}SO_2 \quad \Delta_rG^{\ominus} = -256898 + 81.17T, \ J/mol \tag{7-44}$$

$$\frac{2}{7}Ni_3S_{2(l)} + O_2 = \frac{6}{7}NiO_{(s)} + \frac{4}{7}SO_2 \quad \Delta_rG^{\ominus} = -337230 + 94.06T, \ J/mol \tag{7-45}$$

$$\frac{2}{3}FeS_{(l)} + O_2 = \frac{2}{3}FeO_{(l)} + \frac{2}{3}SO_2 \quad \Delta_rG^{\ominus} = -303340 + 52.68T, \ J/mol \tag{7-46}$$

从这些反应的标准吉布斯自由能变化可以判断以上三种硫化物发生氧化的顺序依次为 FeS、Ni_3S_2 和 Cu_2S。对于主要成分为 FeS、Cu_2S 的铜锍来说，其中的 FeS 优先氧化生成 FeO，然后与加入转炉中的 SiO_2 作用生成 $2FeO \cdot SiO_2$ 炉渣而除去，如式（7-47）所示：

$$2FeO + SiO_2 = 2FeO \cdot SiO_2 \tag{7-47}$$

在 Fe 氧化时，Cu_2S 不可能绝对不氧化，此时也将有小部分 Cu_2S 被氧化而生成 Cu_2O。所形成的 Cu_2O 发生下列反应：

$$Cu_2O_{(l)} + FeS_{(l)} = FeO_{(l)} + Cu_2S_{(l)} \quad \Delta_rG^{\ominus} = -69664 - 42.76T, \ J/mol \tag{7-48}$$

$$2Cu_2O_{(l)} + Cu_2S_{(l)} = 6Cu_{(l)} + SO_2 \quad \Delta_rG^{\ominus} = 35982 - 58.87T, \ J/mol \tag{7-49}$$

比较以上反应的吉布斯自由能可知，在铜锍吹炼温度为 1473~1573 K，有 FeS 存在的条件下，FeS 将与 Cu_2O 反应，使其成为 Cu_2S，而 Cu_2O 没有任何可能与 Cu_2S 作用生成 Cu。也就是说，只有在 FeS 几乎全部被氧化以后，才有可能进行 Cu_2O 与 Cu_2S 作用生成铜的反应。所以铜锍吹炼分为两个周期：第一周期吹炼除 Fe，第二周期吹炼成 Cu，主要反应如式（7-46）、式（7-47）及式（7-49）所示。

7.6.2 镍锍的吹炼

镍锍的主要成分是 Ni_3S_2、FeS 和 Cu_2S。由前面的分析可知，在吹炼时，FeS 优先氧化并造渣。用类似方法比较下列两式：

$$\frac{1}{2}Ni_3S_{2(l)} + 2NiO_{(S)} = \frac{7}{2}Ni_{(l)} + SO_2 \quad \Delta_rG^{\ominus} = 293842 - 166.52T, \ J/mol \tag{7-50}$$

$$2FeS_{2(l)} + 2NiO_{2(l)} = \frac{2}{3}Ni_3S_{2(l)} + 2FeO_{(l)} + \frac{1}{3}S_{2(g)} \quad \Delta_rG^{\ominus} = 263174 - 243.76T, \ J/mol \tag{7-51}$$

反应式（7-51）较反应式（7-50）易进行。由于反应式（7-50）$\Delta_rG^{\ominus}$-T 线一部分在 0 线上，一部分在 0 线以下，它与 0 线相交于 1764 K，也就是说当吹炼温度小于 1764 K 时，该反应不能进行。如果采用普通转炉吹炼镍锍，吹炼过程的温度维持在 1473~1573 K，吹炼过程只能按反应式（7-51）进行到获得镍高锍为止，而不能按反应式（7-50）生成粗镍。温度升高对提高镍锍的含量有利。

吹炼冰铜获得金属铜是容易的，而以空气吹炼镍锍时，只能获得镍高锍；吹炼铜镍锍时除获得铜镍高锍外，还会生成一部分铜镍合金。铜镍合金的形成是铜镍锍在吹炼过程中进行着如下反应的结果：

$$(Ni_3S_2) + 4[Cu] == 2(Cu_2S) + 3[Ni] \tag{7-52}$$

因此，处理铜镍矿的流程为：硫化铜镍精矿→造锍熔炼→转炉吹炼除铁→磨浮分离，得铜精矿、镍精矿以及铜镍合金。

含 Ni_3S_2 的二次镍精矿，经熔化铸成阳极再电解得纯镍；也有将 Ni_3S_2 焙烧成 NiO，然后在电弧炉内用焦炭将其还原成金属镍的流程。

在普通转炉空气吹炼镍锍时，由于温度等因素的影响，只能得到镍高锍，不能直接吹炼成金属镍。近年来也有将回转式转炉应用于镍锍吹炼的，这种炉子呈圆筒形，绕竖轴不断回转，且该转炉用氧气顶吹代替普通卧式转炉的空气侧吹，可将镍锍一次吹炼得到金属（粗）镍。有关非标态下镍锍吹炼成粗镍的热力学计算分析见例 7-2。

例 7-2 对不同镍含量镍锍吹炼的热力学进行分析。

解： 镍锍吹炼的实际情况是 Ni_3S_2 与 Ni 液相互溶解，在熔池中形成溶液，且随着吹炼的进行，Ni_3S_2 的浓度逐渐下降，Ni 的浓度逐渐上升，这是非标准态，必须用 $\Delta_r G$ 代替 $\Delta_r G^{\ominus}$ 来进行分析。为了便于计算，将如下反应式：

$$\frac{1}{2}Ni_3S_{2(l)} + 2NiO_{(s)} == \frac{7}{2}Ni_{(l)} + SO_2$$

改写为：

$$[S]_{Ni} + 2NiO_{(s)} == 2Ni_{(l)} + SO_2 \qquad \Delta_r G^{\ominus} = 296855 - 143.51T,\ J/mol$$

式中，$[S]_{Ni}$ 表示镍液中 Ni_3S_2 的含量，以硫的质量分数表示，即镍液中所含的硫。这个 $\Delta_r G^{\ominus}$ 以 1% [S]、纯 NiO 固态、纯 Ni 液、$p_{SO_2} = 10^5$ Pa 作为标准状态。若要求其他成分的 [S] 的 $\Delta_r G^{\ominus}$，则有：

$$\Delta_r G = \Delta_r G^{\ominus} + RT\ln \frac{a_{Ni}^2 \cdot \dfrac{p_{SO_2}}{p^{\ominus}}}{a_{[S]Ni} \cdot a_{NiO_{(s)}}^2}$$

因为 $a_{NiO_{(s)}}$ 可按照纯物质处理，故上式可写为：

$$\Delta_r G = \Delta_r G^{\ominus} + RT\ln \frac{(f_{Ni} \cdot x_{Ni})^2 \cdot p_{SO_2}}{f_S[\%S] \cdot p^{\ominus}}$$

式中，f_{Ni} 为 Ni 的活度系数；x_{Ni} 为 Ni 的浓度（摩尔分数）；f_S 为硫的活度系数；[%S] 为硫的质量百分数。

设 $p_{SO_2} = p^{\ominus}$；因无活度系数数据，假定 $f_{Ni} = 1$，$f_S = 1$。

则：

$$\Delta_r G = \Delta_r G^{\ominus} + RT\ln \frac{x_{Ni}^2}{[\%S]} = \Delta_r G^{\ominus} + 19.15T\lg \frac{x_{Ni}^2}{[\%S]}$$

设开始时高镍锍中的各成分为：

试样Ⅰ：

元素	Ni	Cu	Fe	S
质量分数/%	65	6	4	25
换算成摩尔分数 x	0.54	0.05	0.03	0.38

$$\Delta_r G = 296855 - 143.51T + 19.15T\lg\frac{0.54^2}{25}$$
$$= 296855 - 180.53T$$

当 $\Delta_r G=0$ 时，$T=1644$ K。即温度超过 1644 K 时，反应的 $\Delta_r G$ 为负值，反应才能进行。随着吹炼过程不断进行，镍的含量不断增加，$[S]_{Ni}$ 含量不断减少。

试样Ⅱ：

元素	Ni	Cu	S
质量分数/%	83	7	10
换算成摩尔分数 x	0.77	0.06	0.17

$$\Delta_r G = 296855 - 143.51T + 19.15T\lg\frac{0.77^2}{10}$$

当 $\Delta_r G=0$ 时，$T=296855/167.01=1777$ K。即温度要超过 1777 K，$\Delta_r G$ 才为负值。

试样Ⅲ：

元素	Ni	Cu	S
质量分数/%	88	8	4
换算成摩尔分数 x	0.86	0.07	0.07

$$\Delta_r G = 296855 - 143.51T + 19.15T\lg\frac{0.86^2}{4}$$

当 $\Delta_r G=0$ 时，$T=296855/157.55=1884$ K。

试样Ⅳ：

元素	Ni	Cu	S
质量分数/%	90	9	1
换算成摩尔分数 x	0.90	0.083	0.017

$$\Delta_r G = 296855 - 143.51T + 19.15T\lg\frac{0.9^2}{1}$$

当 $\Delta_r G=0$ 时，$T=296855/145.26=2044$ K。

根据以上分析，可以得出如下结论：

（1）产物中的镍含量越高，要求的吹炼温度越高。

（2）当熔体中的硫含量降低至 1%时，温度要提高到 2044 K 以上，必须要采用富氧甚至纯氧吹炼。可见，硫含量很低时，高温起着显著的作用。按反应 $S+O_2 = SO_2$ 进行计算，如用空气（288.5 K）吹炼，则加热到 1923 K，每 1 kg 硫的氧化中净亏 1883 kJ 的热量；若使用 95%工业氧吹炼，则每 1 kg 硫可获得 4351.36 kJ 的盈余热量，可以使吹炼过程的温度达到比较高的水平。

7.6.3 锍的吹炼过程中杂质的行为

无论是铜锍吹炼或镍锍吹炼，都不可能获得金属铁，即反应

$$FeO_{(l)} + 2FeS_{(l)} = 3Fe_{(l)} + SO_2 \quad \Delta_r G^\ominus = 258864 - 69.33T,\ J/mol \qquad (7\text{-}53)$$

在吹炼铜锍或镍锍的温度范围内不可能向右进行。所以铁被氧化成 FeO 后与 SiO_2 形成液态渣 $2FeO \cdot SiO_2$，与此同时还将发生反应：

$$6FeO + O_2 = 2Fe_3O_4 \quad \Delta_r G^{\ominus}_{1573\ K} = -226\ kJ/mol \tag{7-54}$$

该反应可生成难熔的磁性氧化铁，给操作带来困难，所以必须使熔体中生成的 FeO 迅速造渣，以使熔体中或渣相中的 FeO 活度保持较低的水平，抑制 Fe_3O_4 的生成。为使 FeO 在渣中的活度保持较低，除了加入过量的 SiO_2 外，操作过程还要求及时排渣，则可达到在基本上完全氧化除去铁之后，获得相当纯的 Cu_2S，随后以空气氧化它即得到含有少量残余硫和氧的金属铜。

存在于锍中的杂质锌和铅以硫化物形态存在。吹炼过程中，当温度高于 1179 K 时，ZnS 按下式反应生成金属锌蒸气。

$$ZnS_{(l)} + 2ZnO_{(l)} = 3Zn_{(g)} + SO_2 \tag{7-55}$$

由热力学计算可知，温度高于 1453 K 时，生成的气态锌又进一步被氧化，以 ZnO 形态随炉气逸出。

锍中的杂质铅发生如下反应：

$$PbS_{(l)} + 2PbO_{(l)} = 3Pb_{(g)} + SO_2 \tag{7-56}$$

当温度为 1123 K，$p_{SO_2} = 10^5$ Pa 时，能形成金属铅。但吹炼时形成的 PbO 为挥发物质，能随炉气逸出，且 PbO 易与 SiO_2 造渣，故冰铜吹炼时，铅可被除去。

习题与思考题

7-1 硫化物冶金中有哪些基本反应？试写出反应式。

7-2 硫化矿冶金有哪些基本的工艺路线？

7-3 试述 Me-S-O 平衡图的绘制步骤，并分析图中点、线、面的含义。

7-4 根据 Me-S-O 平衡图，分析升高温度或改变气体成分时，硫酸盐的稳定区会如何变化？

7-5 利用 Me-S-O 平衡叠加图，可得到哪些冶金信息？

7-6 将含 94%MoS_2 的钼精矿在 900 K 的温度下焙烧，试作出 Mo-S-O 系的凝聚相稳定存在区的平衡图，并说明在此条件下最稳定的凝聚相是什么？已知反应：

(1) $Mo + S_2 = MoS_2$，$\Delta_r G^{\ominus} = -359280 + 156.19T$，J/mol

(2) $Mo + O_2 = MoO_2$，$\Delta_r G^{\ominus} = -586178 + 233.47T - 19.3T\lg T$，J/mol

(3) $MoO_2 + 1/2O_2 = MoO_3$，$\Delta_r G^{\ominus} = -161921 + 81.59T$，J/mol

(4) $S_2 + 2O_2 = 2SO_2$，$\Delta_r G^{\ominus} = -724836 + 144.85T$，J/mol

提示：Mo 的氧化物有 MoO_2、MoO_3，硫化物为 MoS_2。

7-7 试比较锍和冶金炉渣在特性上有何异同。

7-8 以黄铜矿为例说明造锍熔炼的基本反应是什么？试分析影响造锍熔炼的因素有哪些。

7-9 铜锍吹炼的基本反应是什么，为什么在 1473~1573 K 吹炼镍锍无法获得镍？

7-10 造锍熔炼过程中 Fe_3O_4 的形成会对冶炼产生什么影响，如何控制其形成？

7-11 试分析镍精矿硫酸化焙烧的动力学条件。

7-12 铜锍吹炼过程存在锍的分层现象，见图 7-11，试分析其会对吹炼过程产生怎样的影响？

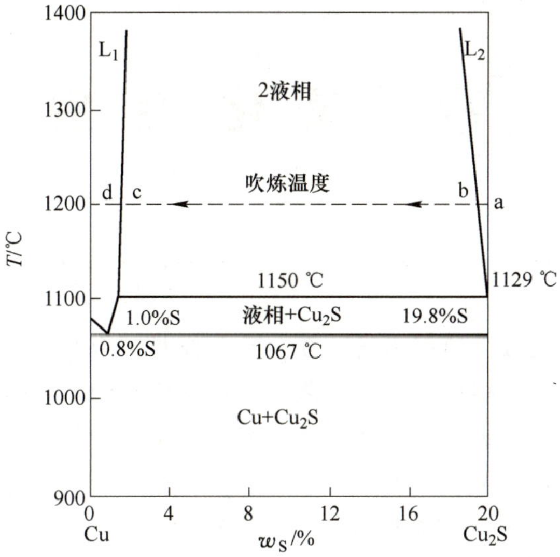

图 7-11 Cu-Cu_2S 系状态图

8 氯化冶金

本章要点

本章简要介绍了氯化冶金的概念及特点，主要分析了金属、金属氧化物及金属硫化物与氯反应的热力学原理，介绍了氯化氢、氯化钙及氯化钠的氯化作用，并介绍了能改进氯化剂的氯化作用的物质，分析了氯化反应的动力学。主要知识点如下：

(1) 氯化冶金的特点及其用途；

(2) 金属、氧化物、硫化物氯化反应的热力学；

(3) 金属氧化物加碳氯化；

(4) 氯化剂的选择及添加物的作用；

(5) 氯化反应的动力学特征。

8.1 引言

金属氯化物与相应金属的其他化合物比较，大都具有低熔点、高挥发性和易溶于水等性质，因此将矿石中的金属化合物转变为氯化物，并利用上述性质将金属氯化物与一些其他化合物和脉石分离的方法早已引起关注。所谓氯化冶金，就是将矿石（或冶金半成品）与氯化剂混合，在一定条件下发生化学反应，使金属变为氯化物，再进一步将金属提取出来的方法。

氯化冶金主要包括氯化、氯化物的分离、从氯化物中提取金属三个基本过程。在多数的冶金原料中，金属并非以氯化物形态存在，因此从原料中制取金属氯化物的氯化过程，显然是氯化冶金最基本和最重要的过程。

氯化过程在有色冶金中的应用，可分成下列几类：

(1) 氯化焙烧。这个方法得到了广泛的应用，如在稀有金属冶金中用氯化焙烧 TiO_2 以制取 $TiCl_4$，$TiCl_4$ 经精馏提纯用镁热还原得到金属钛。

(2) 离析法（如难选氧化铜矿石的离析反应）。

(3) 粗金属熔体氯化精炼。如铅中的锌、铝中的钠和钙可用通氯气于熔融粗金属中的方法去除。

(4) 氯化浸出（包括盐酸浸出、氯盐浸出等）。氯化浸出是指在水溶液介质中进行的一类氯化过程，亦即湿法氯化过程。

氯化冶金对于处理复杂多金属矿石或低品位矿石以及难选矿石，从中综合分离提取各种有用金属是特别适宜的。故此法在综合利用各种矿物资源方面占有重要的地位。

近代化学工业的发展提供了丰富而价廉的氯气或氯化物，并且防腐技术也有了发展，因此使氯化冶金也得到了发展。本章主要介绍金属及金属化合物的氯化反应热力学。

8.2 氯化反应的热力学

8.2.1 金属与氯的反应

氯的化学活泼性很强，所以绝大多数金属都很容易被氯气氯化生成金属氯化物。金属氯化物的标准生成吉布斯自由能（$\Delta_f G^\ominus$）在一般冶金温度下均为负值。图 8-1 所示为金属氯化物 $\Delta_f G^\ominus$变化与温度的关系。为了便于比较，将其都换算成金属与 1 mol 氯气发生反应的标准吉布斯自由能变化 $\Delta_r G^\ominus$。

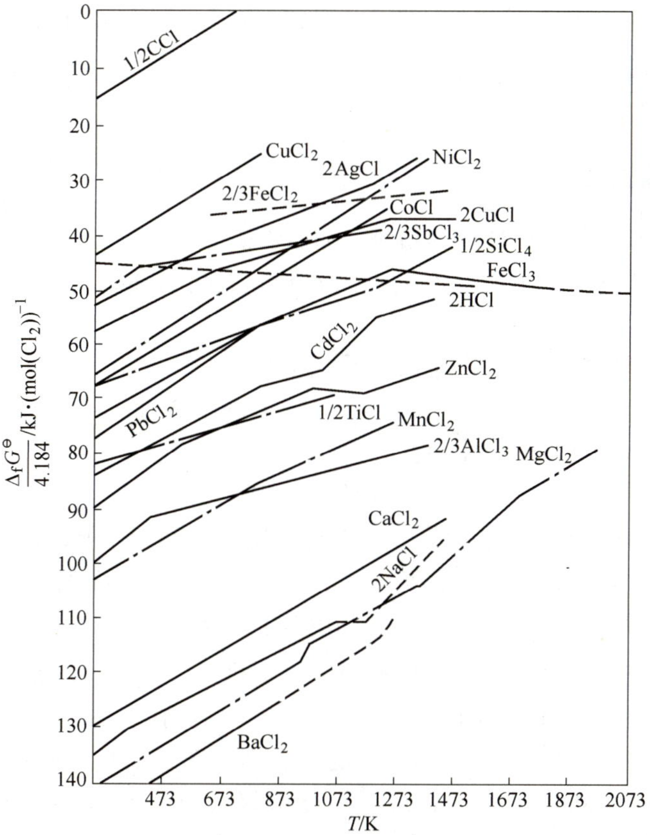

图 8-1　某些金属氯化物的标准生成吉布斯自由能 $\Delta_f G^\ominus$-T 关系图

与氧化物的标准生成吉布斯自由能图类似，图 8-1 曲线位置的高低表示了金属与氯反应时亲和力的一种顺序。金属氯化物 $\Delta_f G^\ominus$曲线位置越在图的下面，则表示该金属氯化物的 $\Delta_f G^\ominus$越负，该金属氯化物越稳定而难于分解，该金属对氯的亲和力越强。在一定温度下，曲线位置在下面的金属可以将曲线位置在上面的金属从其氯化物中置换出来，或者说位置靠上的反应对应的金属氯化物可以氯化位置靠下的反应对应的金属元素。例如在 1273 K 温度下：

$$Mg + Cl_2 = MgCl_2,\quad \Delta_r G_1^\ominus \Delta_f G_{MgCl_2}^\ominus \tag{8-1}$$

$$-\frac{1}{2}Ti + Cl_2 = \frac{1}{2}TiCl_4,\ \Delta_r G_2^\ominus = \frac{1}{2}\Delta_f G_{TiCl_4}^\ominus \tag{8-2}$$

由式（8-1）和式（8-2）得：

$$Mg + \frac{1}{2}TiCl_4 = MgCl_2 + \frac{1}{2}Ti,\ \Delta_r G_3^\ominus \tag{8-3}$$

$$\Delta_r G_3^\ominus = \Delta_f G_{MgCl_2}^\ominus - \frac{1}{2}\Delta_f G_{TiCl_4}^\ominus$$

$MgCl_2$ 的标准生成吉布斯自由能曲线在下面，$1/2TiCl_4$ 的标准生成吉布斯自由能曲线在上面，显然 $\Delta_f G_{MgCl_2}^\ominus$ 比 $1/2\Delta_f G_{TiCl_4}^\ominus$ 更负，因此 $\Delta_r G_3^\ominus$ 为负值，即反应式（8-3）可以由左向右进行，所以镁可以把 $TiCl_4$ 中的钛置换出来。工业上生产金属钛正是利用这种方法。

对于金属熔体中的某些元素，也可通过选择性氯化，实现将其分离与提取的目的。对元素进行分离与提取的热力学，可以通过对比各元素氯化反应的吉布斯自由能，或利用 $\Delta_r G^\ominus$ 与温度的关系图进行分析。

8.2.2 金属氧化物与氯的反应

在冶金过程中有时要氯化处理的物料，如黄铁矿烧渣、低品位的贫矿等，其中的金属往往是以氧化物或硫化物的形态存在的，因此研究氧化物和硫化物的氯化作用更有实际意义。

金属氧化物被氯气氯化的反应通式如下：

$$MeO + Cl_2 = MeCl_2 + 1/2O_2 \tag{8-4}$$

反应的标准吉布斯自由能变化为：

$$\Delta_r G^\ominus = \Delta_f G_{MeCl_2}^\ominus - \Delta_f G_{MeO}^\ominus \tag{8-5}$$

从式（8-4）和式（8-5）可以看出，金属氧化物与氯反应的能力大小由 $\Delta_f G_{MeCl_2}^\ominus$ 与 $\Delta_f G_{MeO}^\ominus$ 之差来决定。硅、铝，钛、镁等元素虽然与氯化合能力很强，但它们与氧化合的能力更强，其 $\Delta_f G_{MeO}^\ominus$ 是一个很大的负值，在 1073 K 时 $\Delta_f G_{MeO}^\ominus$ 值位于 $6.69\times10^5 \sim 1.0\times10^6$ J/mol，它们的 $\Delta_f G_{MeCl_2}^\ominus$ 值在 1073 K 时位于 $2.09\times10^5 \sim 4.60\times10^5$ J/mol，相减后反应（8-4）的 $\Delta_r G^\ominus$ 仍为一正值，因此 SiO_2、TiO_2、Al_2O_3、MgO 在标准状态下不能被氯气所氯化。

金属氧化物与氯气反应的 $\Delta_r G^\ominus$ 与温度的关系列于图 8-2 中。从图中可以看出，SiO_2、TiO_2、Al_2O_3、Fe_2O_3、MgO 在标准状态下不能被氯气氯化。许多金属的氧化物如 PbO、Cu_2O、CdO、NiO、ZnO、CoO、BiO 可以被氯气所氯化。

利用各种氧化物氯化反应标准吉布斯自由能（$\Delta_r G^\ominus$）的相对大小，同样可以比较各种氧化物氯化趋势的大小，并为氯化剂的选择提供参考。氧化物氯化反应的 $\Delta_r G^\ominus$ 越负，其被氯化的趋势越大，生成的氯化物越稳定。氧化物氯化反应的 $\Delta_r G^\ominus$ 较正的反应对应的金属氯化物，可以氯化 $\Delta_r G^\ominus$ 较负的反应所对应的氧化物。

8.2.3 金属氧化物的加碳氯化反应

金属氧化物氯化反应的热力学数据表明，有一部分反应的平衡常数小于 1，或者最多接近于 1。这样，若直接使用氯化反应，则氯的利用率很低。但在有还原剂存在时，由于

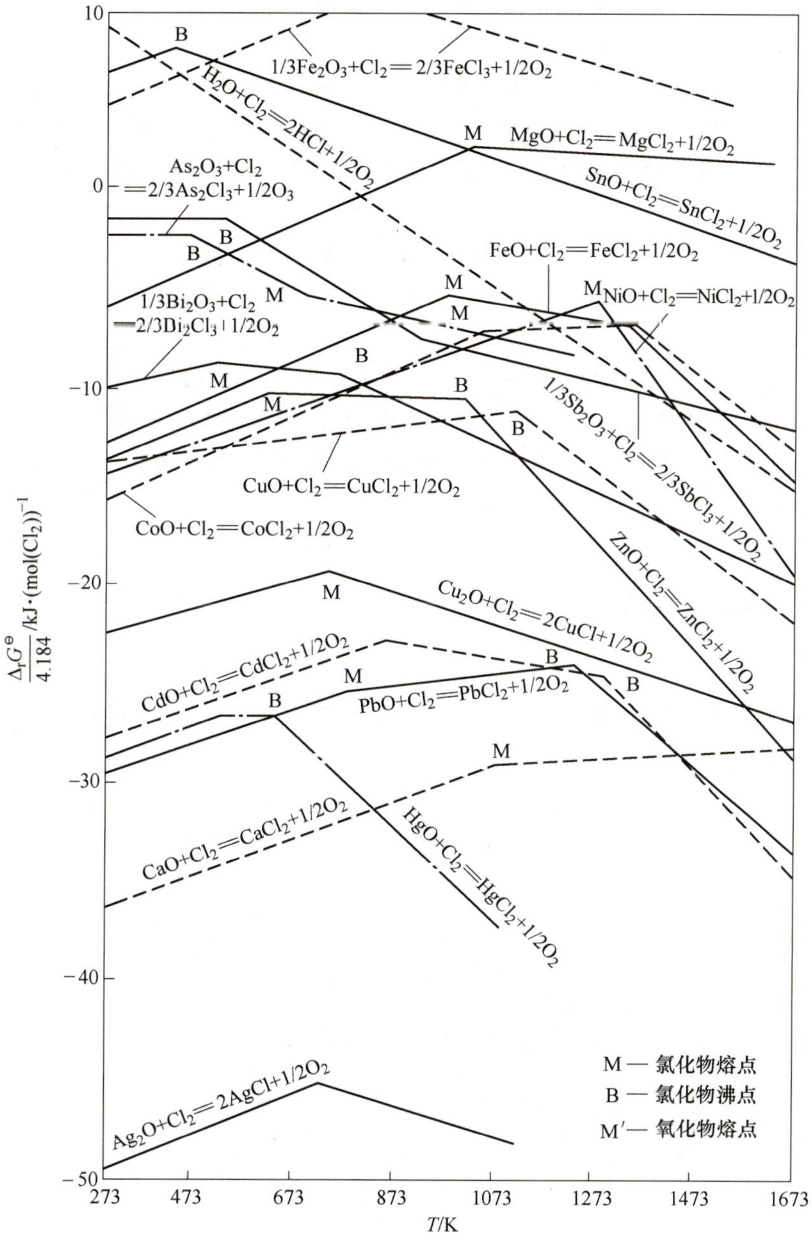

图 8-2 氧化物氯化反应的 $\Delta_r G^{\ominus}$-T 关系图

还原剂能降低氧的分压，但不与氯发生明显反应，因此氯的利用率可显著地提高，并且能使本来不能进行的氯化反应变为可行。碳作为还原剂是很有效的，有碳存在时，进行氯化反应的氧化物将发生如下反应：

$$MeO + Cl_2 \xlongequal{\quad} MeCl_2 + 1/2O_2 \tag{8-6}$$

$$C + O_2 \xlongequal{\quad} CO_2 \tag{8-7}$$

$$C + 1/2O_2 \xlongequal{\quad} CO \tag{8-8}$$

由式（8-6）×2+式（8-7）得：

$$2MeO + C + 2Cl_2 = 2MeCl_2 + CO_2 \quad (8\text{-}9)$$

由式（8-6）+式（8-8）得：

$$MeO + C + Cl_2 = MeCl_2 + CO \quad (8\text{-}10)$$

当温度小于900 K时，加碳氯化反应主要按式（8-9）进行；高于1000 K时，则按式（8-10）进行反应。通过比较加碳前后反应的$\Delta_r G^\ominus$，便可估量出加碳的氯化效果。下面以TiO_2的氯化为例进行说明。

$$1/2TiO_2 + Cl_2 = 1/2TiCl_4 + 1/2O_2(a) \quad \Delta_r G_a^\ominus = 80542 - 28.24T, \ J/mol$$

$$C + 1/2O_2 = CO(b) \quad \Delta_r G_b^\ominus = -111713 - 87.66T, \ J/mol$$

(a)+（b）得：

$$1/2TiO_2 + Cl_2 + C = 1/2TiCl_4 + CO \quad \Delta_r G^\ominus = -31171 - 115.9T, \ J/mol$$

可见相当稳定而难被直接氯化的TiO_2，当温度高于900 K时，在有固体碳存在的条件下，变得容易氯化了。因此，金属氧化物加碳氯化具有降低氧分压、提高氯气的使用效率、降低反应温度等作用。

氧化物加碳氯化已成为一种重要的方法，在有色冶金中得到了应用。

8.2.4 金属硫化物与氯的反应

金属硫化物在中性或还原性气氛中能与氯气反应生成金属氯化物。氯化反应进行的难易程度由氯化物和硫化物的标准生成吉布斯自由能之差来决定。部分金属硫化物氯化反应的$\Delta_r G^\ominus$-T关系如图8-3所示。

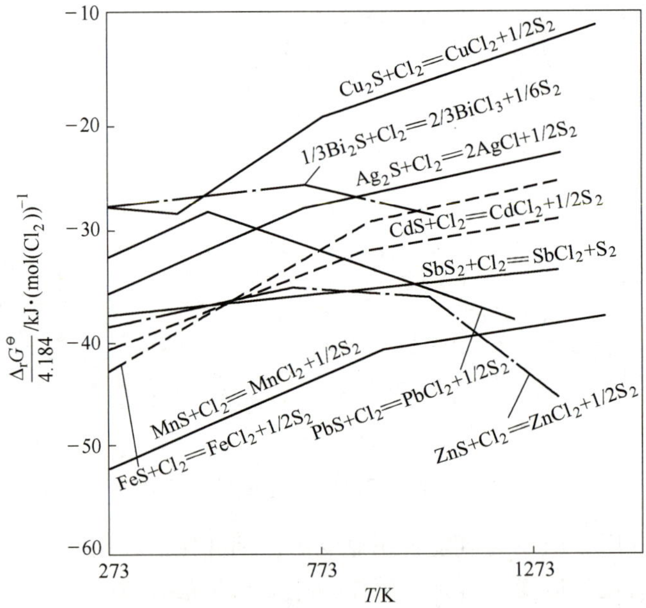

图8-3 金属硫化物氯化反应的$\Delta_r G^\ominus$-T关系图

从图8-3可以看出，多种金属硫化物都能被氯所氯化。比较图8-2、图8-3可以发现，对同一种金属来说，在相同条件下，硫化物通常比氧化物容易氯化。因为金属与硫的亲和力不如金属与氧的亲和力大，所以氯从金属中取代硫比取代氧容易。

$$MeS + Cl_2 \xlongequal{} MeCl_2 + 1/2S_2 \tag{8-11}$$

$$\Delta_r G^\ominus = \Delta_f G^\ominus_{MeCl_2} - \Delta_f G^\ominus_{MeS}$$

从反应式（8-11）可以看出，硫化物与氯反应的产物是金属氯化物和元素硫。硫可能与氯发生反应，但是硫的氯化物是不稳定的，在一般的焙烧温度下，它们会分解，最后仍为元素硫。因此，硫化矿氯化焙烧可得到纯度高而易于贮存的元素硫和不挥发的有价金属氯化物，通过湿法冶金方法加以分离，这是处理有色重金属硫化精矿的一种可行方法。

为了分析体系的氯化条件，可以绘制体系的 $\lg p_{S_2}$-$\lg p_{Cl_2}$ 平衡状态图。图 8-4 所示为 Fe-S-Cl、Cu-S-Cl、Ni-S-Cl、Co-S-Cl 系在 600 K 时计算的 $\lg p_{S_2}$-$\lg p_{Cl_2}$ 平衡状态图。绘制方法可参考 Me-O-S 体系平衡图。由图 8-4 可以看出：

（1）Me-S-Cl 系中的硫位（S_2 分压）和氯位（Cl_2 分压）不同，其稳定化合物的形态也不相同。在氯位较低的情况下，随着硫位的降低，金属硫化物将依次由高价离解成低价硫化物；而随着氯位的降低，高价氯化物将依次离解成低价氯化物。

（2）对于 Fe、Cu、Ni、Co 等金属硫化物在 600 K 时用氯气氯化，在图中所标出的小方块的作业条件下，所得的产物均为 $MeCl_2$。

（3）通过对不同体系平衡图的叠加，可以方便地得出选择性氯化的热力学条件。

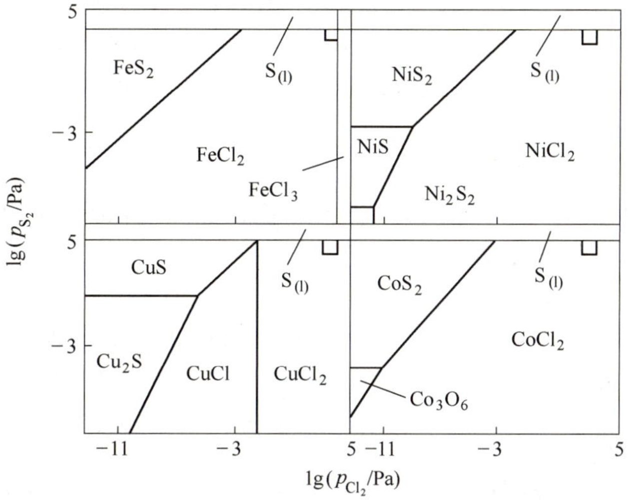

图 8-4　Fe-S-Cl、Co-S-Cl、Ni-S-Cl、Cu-S-Cl 系 $\lg p_{S_2}$-$\lg p_{Cl_2}$ 平衡图

（600 K，$p = 10^5$ Pa，小方框为氯化焙烧炉气组成范围）

8.3 氯化剂的选择

除了氯气以外，许多氯化物可作为金属及其化合物的氯化剂。

8.3.1 氯化氢

由图 8-1 及图 8-2 可以看出，氯化氢的标准生成自由能随温度的变化趋势与其他氯化物的不同，在温度合适的情况下，氯化氢可以用作大部分金属的氯化剂，所以用氯化氢氯化其他金属元素的化合物也是氯化焙烧过程中最常见的一种氯化反应。金属氧化物与氯化氢反应的通式为：

$$MeO + 2HCl = MeCl_2 + H_2O \tag{8-12}$$

反应（8-12）的标准吉布斯自由能变化 $\Delta_r G^\ominus$ 的计算方法有两种：

一种是根据反应物与产物的标准生成吉布斯自由能来计算，即：

$$\Delta_r G^\ominus = (\Delta_f G^\ominus_{MeCl_2} + \Delta_f G^\ominus_{H_2O}) - (\Delta_f G^\ominus_{MeO} + 2\Delta_f G^\ominus_{HCl})$$

另一种是根据氧化物与氯反应和 H_2O 与氯反应的 $\Delta_r G^\ominus$ 来计算，方法如下：

$$MeO + Cl_2 = MeCl_2 + 1/2O_2 (a) \quad \Delta_r G^\ominus_a$$

$$H_2O + Cl_2 = 2HCl + 1/2O_2 (b) \quad \Delta_r G^\ominus_b$$

(a)-(b) 得：

$$MeO + 2HCl = MeCl_2 + H_2O \quad \Delta_r G^\ominus$$

$$\Delta_r G^\ominus = \Delta_r G^\ominus_a - \Delta_r G^\ominus_b$$

由图 8-2 可以看出，反应 $H_2O + Cl_2 = 2HCl + 1/2O_2$ 的 $\Delta_r G^\ominus$ 随温度变化的曲线是由左至右向下倾斜的，即反应 $H_2O + Cl_2 = 2HCl + 1/2O_2$ 的 $\Delta_r G^\ominus$ 在高温下负值更大，HCl 更加稳定，这预示着在用 HCl 作氯化剂时随着温度的升高，其氯化能力将下降。

Cu_2O、PbO、Ag_2O、CdO、CoO、NiO、ZnO 等与氯气反应的 $\Delta_r G^\ominus$ 曲线在 H_2O 与氯反应的 $\Delta_r G^\ominus$ 曲线下面，这表明这些金属氧化物与 HCl 反应时 $\Delta_r G^\ominus$ 为负值，因此在标准状态下它们可以被 HCl 所氯化。SiO_2、TiO_2、Al_2O_3、Cr_2O_3、SnO_2 等与氯反应的曲线在 H_2O 与氯反应曲线的上面，它们被 HCl 氯化时反应的 $\Delta_r G^\ominus$ 为正值，因此这些氧化物在标准状态下不能被 HCl 所氯化。

MgO 与氯反应的 $\Delta_r G^\ominus$-T 曲线和水与氯反应的 $\Delta_r G^\ominus$-T 曲线约在 773 K 处相交，即在标准状态下，温度在 773 K 以下反应式（8-13）将向右进行；温度在 773 K 以上反应将向左进行，此时则称为金属氯化物水解。

$$MgO + 2HCl = MgCl_2 + H_2O \tag{8-13}$$

因此在工业上当氯化 MgO 生产 $MgCl_2$ 的时候，要注意防止温度在 773K 以上 $MgCl_2$ 重新被水分解。在氯化焙烧时，为避免水解，需控制气相中有足够高的 HCl∶H_2O 的比值。

8.3.2 固体氯化物

在生产实践中，经常采用氯化钙、氯化钠等固体氯化物作为氯化剂。如 $CaCl_2$ 常是化工原料的副产品，并且无毒，腐蚀性小，易于操作，因此国内外一些工厂广泛采用 $CaCl_2$、NaCl 作为氯化剂。

8.3.2.1 氯化钙

氯化钙与氧化物反应的通式为：

$$MeO + CaCl_2 = MeCl_2 + CaO \tag{8-14}$$

对于氧化物被 $CaCl_2$ 氯化的反应可利用图 8-2，即氧化物与氯反应的 $\Delta_r G^\ominus$-T 图来加以分析。

例 8-1 在 1273 K 时，以下氯化反应能否进行？

$$Ag_2O_{(s)} + CaCl_{2(s)} = 2AgCl_{(s)} + CaO_{(s)}$$

解：可用图 8-2 进行分析或采用计算进行判断：

$$Ag_2O_{(s)} + Cl_2 = 2AgCl_{(s)} + 1/2O_2 (a) \quad \Delta_r G^\ominus_{a,1273} \approx -205016\ J/mol$$

$$CaO_{(s)} + Cl_2 \xlongequal{} CaCl_{2(s)} + 1/2O_2(b) \quad \Delta_r G^{\ominus}_{b,1273} \approx -117152\ J/mol$$

(a)-(b) 得：

$$Ag_2O_{(s)} + CaCl_{2(s)} \xlongequal{} 2AgCl_{(s)} + CaO_{(s)} \quad \Delta_r G^{\ominus}_{1273} \approx -87864\ J/mol$$

反应中 $\Delta_r G^{\ominus}$ 为负值，表示在标准状态下，温度为 1273 K 时 Ag_2O 可以被 $CaCl_2$ 氯化。

在图 8-2 中，在 CaO 氯化线上的氧化物，如 Cu_2O，在标准状态下不能被 $CaCl_2$ 所氯化。但在工业生产中用 $CaCl_2$ 作为氯化剂可以将黄铁矿烧渣中的 Cu_2O 氯化，反应式如下：

$$Cu_2O_{(s)} + CaCl_{2(s)} \xlongequal{} 2CuCl_{(g)} + CaO_{(s)} \tag{8-15}$$

因为在烧渣氯化焙烧时，焙烧炉流动的气流中还有大量的其他气体，如 N_2、O_2 等，CuCl 在焙烧炉气流中占 1%，当气相总压为 $p^{\ominus}$ 时，CuCl 气体的分压为 10^3 Pa，为非标准状态，此时 Cu_2O 与 $CaCl_2$ 反应能否进行的真实量度是反应的吉布斯自由能变化 $\Delta_r G$ 而不是 $\Delta_r G^{\ominus}$，对上述反应而言，应该用化学反应的等温方程式来计算，如在 1273 K 时，

$$\Delta_r G = \Delta_r G^{\ominus} + 2RT\ln p_{CuCl}/p^{\ominus} = 20920 + 8.314 \times 2.303 \times 1273\lg 10^3/10^5 = -27829\ J/mol$$

$\Delta_r G$ 为负值，表示在这种条件下反应向生成 CuCl 的方向发展，Cu_2O 可以被 $CaCl_2$ 氯化。

因此，在图 8-2 所示的 CaO 氯化线以上，但离 CaO 氯化线不大远的各种氧化物，例如 PbO、CdO、Cu_2O、Bi_2O_5、ZnO、CuO、CoO、NiO 等，在工业氯化条件下是可以用 $CaCl_2$ 氯化的。Fe_2O_3 的氯化线在 CaO 氯化线以上并且离 CaO 氯化线很远，即使在工业氯化条件下也不能被 $CaCl_2$ 氯化。

工业上常用黄铁矿（FeS_2）作为制酸原料，黄铁矿经焙烧后剩下的烧渣中除了主要含有 Fe_2O_3 以外，还含有少量的铜、铅、锌、钴等有用金属的氧化物。因此在炼铁之前，必须对烧渣进行处理，一方面使有害元素脱除以符合炼铁的要求，另一方面综合回收有价金属，达到综合利用的目的。

工业上的烧渣高温氯化挥发法就是用 $CaCl_2$ 作为氯化剂，将烧渣中各种金属选择氯化，使铜、铅、锌等氧化物转变为氯化物挥发出来。对于中温氯化焙烧，因温度较低，上述氯化物不挥发仍然留在焙砂中，可用水或稀酸将其浸出至溶液中。而 Fe_2O_3 不被氯化，可用作炼铁原料，从而达到有色金属与铁分离的目的。

8.3.2.2 氯化钠

NaCl 是比较稳定的化合物，实验证明，NaCl 在氯气流中加热到 1273 K 仍十分稳定，不发生离解，因此 NaCl 在标准状态下以及在有氧存在时是不可能将一般有色金属氧化物氯化的。但在实际生产中却常用 NaCl 作为氯化剂，这是因为在烧渣或矿石中存在有其他物质，如黄铁矿烧渣中一般常含有少量硫化物，该硫化物在焙烧时生成 SO_2 或 SO_3，在 SO_2 或 SO_3 的影响下，NaCl 可以分解生成氯，以氯化铜、铅、锌等金属的氧化物或硫化物。这样就可以改变反应的 $\Delta_r G$ 值，使本来不能进行的反应转变为在 SO_2 等参与下可以进行。

NaCl 作为氯化剂的主要反应如下：

$$2NaCl_{(s)} + 1/2O_{2(g)} \xlongequal{} Na_2O_{(s)} + Cl_{2(g)}$$

$$\Delta_r G^{\ominus} = 399405 - 28.41T\lg T + 24.85T,\ J/mol \tag{8-16}$$

$$Na_2O_{(s)} + SO_{3(g)} \xlongequal{} Na_2SO_{4(s)}$$

$$\Delta_r G^{\ominus} = -575216 - 62.34T\lg T + 350.45T,\ J/mol \tag{8-17}$$

式（8-16）与式（8-17）相加得：

$$2NaCl_{(s)} + SO_{3(g)} + 1/2O_{2(g)} \xlongequal{\quad} Na_2SO_{4(s)} + Cl_{2(g)}$$

$$\Delta_r G^{\ominus} = -175812 - 90.75T\lg T + 375.30T,\ J/mol \quad (8\text{-}18)$$

而

$$SO_{2(g)} + 1/2O_{2(g)} \xlongequal{\quad} SO_{3(g)}$$

$$\Delta_r G^{\ominus} = -94558 + 89.37T,\ J/mol \quad (8\text{-}19)$$

式（8-18）与式（8-19）相加得：

$$2NaCl_{(s)} + SO_{2(g)} + O_{2(g)} \xlongequal{\quad} Na_2SO_{4(s)} + Cl_{2(g)}$$

$$\Delta_r G^{\ominus} = -270370 - 90.75T\lg T + 464.68T,\ J/mol \quad (8\text{-}20)$$

当 $T=773$ K 时，式（8-16）的 $\Delta_r G^{\ominus}=3551803$ J/mol，对应的反应不能向右进行；但是式（8-18）的 $\Delta_r G^{\ominus}=-88282$ J/mol，式（8-20）的 $\Delta_r G^{\ominus}=-114223$ J/mol，故式（8-18）、式（8-20）可以自发向右进行。

8.3.3 促进氯化过程进行的物质

8.3.3.1 含硫气体

当用 $CaCl_2$ 作为氯化剂时，体系中 SO_2 或 SO_3 的存在，使氯化反应中生成的 CaO 变为 $CaSO_4$，降低了 CaO 的活度，也使氯化反应更易于进行。所发生的反应如下：

$$CaO + SO_3 \xlongequal{\quad} CaSO_4 \quad (8\text{-}21)$$

$$CaCl_2 + Cu_2O + SO_3 \xlongequal{\quad} Cu_2Cl_2 + CaSO_4 \quad (8\text{-}22)$$

在温度较低（例如中温氯化焙烧）的条件下，促使 NaCl 分解的最有效组分是炉气中的 SO_2（如反应式（8-20）所示），因而对于以 NaCl 作为氯化剂的中温氯化焙烧工艺，几乎无例外地要求焙烧的原料含有足够数量的硫。

8.3.3.2 酸性氧化物

当烧渣或矿石存在 SiO_2 时，由于 SiO_2 能与 CaO、MgO、Na_2O 结合成相应的硅酸盐，这样就降低了 CaO、MgO、Na_2O 等氧化物的活度，结果可加强 $CaCl_2$、$MgCl_2$、NaCl 的氯化作用。

在高温条件下进行的氯化焙烧过程中，NaCl 可借助于 SiO_2、Al_2O_3 等脉石组分来促进它的分解而无需加入硫。

8.4 氯化反应的动力学

当用氯气或氯化氢作为氯化剂来氯化金属氧化物或硫化物时，氯化反应在气相、固相之间进行，反应为多相反应，有关多相反应动力学的一般规律，对于氯化反应也完全适用。研究多相反应的动力学规律，发现固相、气相之间的反应 $MeO_{(s)} + Cl_{2(g)} = MeCl_{2(s,g)} + 1/2O_{2(g)}$，一般由下列五个步骤组成：

（1）气相反应物向固相反应物表面扩散；

（2）气相反应物在固相表面被吸附；

（3）气相反应物与固相反应物发生反应；

（4）气相产物在固相表面解吸；

（5）气相产物经扩散离开固相表面。

整个反应速率由五个步骤中反应速率最慢的一步来决定。

在较低温度下，化学反应速率较慢，此时常常是第三个步骤决定整个多相反应的速率。当温度升高时，化学反应速率增加较快，这时扩散速率虽然比低温时高，但和反应速率相比，则扩散速率相对地变慢，此时常常是扩散速率决定了整个多相反应的速率。金属氧化物被氯气氯化的反应就为此种情况。当温度较低时，化学反应速率决定了多相反应的速率，这时反应处于“动力学区”；当温度升高时，扩散速率决定了多相反应的速率，这时反应处于“扩散区”。

曾经有人研究过温度对氯气氯化 CuO、NiO 和 Co_3O_4 的反应速率的影响。当用氯气连续通过 CuO、NiO 和 Co_3O_4 的试样时，氯气速率为 6 L/h，连续通过 1 h，在不同温度下，测定氯化物的数量，测定结果如表 8-1 所示。

表 8-1　温度对 CuO、NiO 和 Co_3O_4 氯化速率的影响

温度/K	1 h 内氯化的金属量占原试样金属含量（质量分数）/%		
	CuO	NiO	Co_3O_4
573	26.92	2.30	—
673	73.00	8.25	—
773	92.25	36.80	2.70
873	97.00	74.40	45.50
973	100.00	82.50	69.50

由表 8-1 可以看出，氧化铜很容易氯化。在 573 K 的温度下有约 27% 的铜在 1 h 内能转变为氯化物，而在 873 K 时氧化铜几乎完全被氯化。NiO 的氯化速率比 CuO 慢，而 Co_3O_4 的氯化速率则更慢。温度对氯化速率影响的规律性，可由下式来描述：

$$\lg f = 4.184[-E/(2.303RT) + B] \tag{8-23}$$

式中，f 为单位时间金属被氯化的百分数，金属的转化率×100；E 为活化能，J；B 为常数。

以 $\lg f$ 和 $1/T$ 为坐标作图，便可得到如图 8-5 所示的曲线。

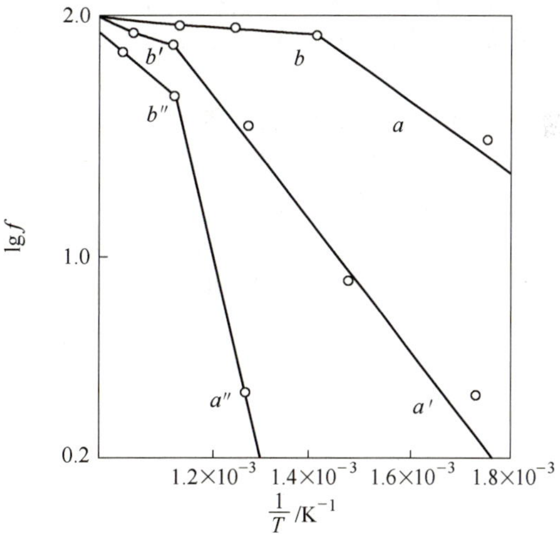

图 8-5　氯化速率与温度的关系

由图 8-5 可以看出，实验数据是一条折线。每一条线都有一个拐点，a、a'、a''线段相当于氯化过程处于“动力学”区，此时温度较低，即多相反应总速率由氯化反应速率所决定；b、b'、b''线段相当于氯化过程处于“扩散区”，此时温度较高，即多相反应总速率由扩散过程的速率来决定。各区域的活化能可由相应线段的斜率求出，如表 8-2 所示。

表 8-2 CuO、NiO 和 Co_3O_4 氯化反应的活化能

氯化的物质	活化能/$J\cdot mol^{-1}$	
	动力学区	扩散区
CuO	3096	2385
NiO	48534	10209
Co_3O_4	174473	21757

从表 8-2 中的数值同样可以看出，CuO 氯化速率很快，NiO 次之，Co_3O_4 最慢。研究反应过程是处于“动力学区”或者是处于“扩散区”，对于在生产实际中强化反应过程、提高反应速率是有指导意义的。例如，当反应处于“动力学区”时，则可以用提高温度、增加固相反应物的细度、改变产物结构等方法来提高反应速率；如反应处于“扩散区，则除了用提高温度的方法提高扩散速率外，还可以用加大气流速率等方法来提高扩散速率。

习题与思考题

8-1 什么是氯化冶金，有何特点？

8-2 利用氯化物标准生成自由能变化和温度的关系，可以得到哪些氯化冶金的热力学信息？

8-3 加碳氯化与一般氯化比较有何特点？

8-4 能否利用 C、H_2 作还原剂直接还原金属氯化物？

8-5 用 $CaCl_2$、NaCl 作金属氧化物的氯化剂时，哪些物质可促进氯化剂的氯化作用？

8-6 试述如何绘制 Cu-S-Cl 体系的 $\lg p_{S_2}$-$\lg p_{Cl_2}$ 平衡图？

8-7 某铁厂原料中除了 Fe_2O_3 外，还含有 Cu、Ag 等金属氧化物，现想用 $CoCl_2$ 作氯化剂氯化焙烧分离与提取，问工艺是否可行？

8-8 氯化剂的选择需要考虑哪些因素？

8-9 氯化反应分别处于“扩散”控制区及“化学反应”控制区时，如何改善反应速率？

8-10 在 1000 K 用氯气氯化分离 FeO 和 CoO 混合物中的 Fe 和 Co，应如何控制气氛？已知：

$$CoO + Cl_2 \longrightarrow CoCl_2 + 1/2O_2 \quad \Delta_r G_1^\ominus = 21590\ J/mol \tag{1}$$

$$FeO + Cl_2 \longrightarrow FeCl_2 + 1/2O_2 \quad \Delta_r G_2^\ominus = 25230\ J/mol \tag{2}$$

9 粗金属的火法精炼

本章要点

本章介绍了粗金属精炼的目的，重点介绍了精炼常用的各种方法及其原理。主要知识点包括：

(1) 熔析精炼；

(2) 萃取精炼；

(3) 区域精炼；

(4) 金属蒸馏精炼；

(5) 氧化精炼；

(6) 硫化精炼。

9.1 引言

由矿石熔炼制取的金属常含有杂质，当杂质超过允许含量时，金属的使用性能就会有所降低甚至受到损害。例如，生铁中硫往往使钢发生热脆，磷使钢冷脆，碳过高也会增加钢的脆性，因而一般要求将钢中磷的质量分数降到 0.02%～0.05%，个别要求小于 0.01%；硫的质量分数要求降到0.015%～0.045%，碳随钢种的不同要求降到一定的水平；同时对有色金属而言，用于半导体材料的硅、锗，则要求纯度达到 7～8 个“9”，原子能工业用的锆中要求铪（Hf）的质量分数低于 0.01%。因此，需要对粗金属进行精炼除杂，以得到尽可能纯的金属。

在有些情况下，精炼是为了提取金属中的有价杂质，如从铅中回收银。再如相似元素（如 Zr-Hf、Ta-Nb、稀土等）的分离回收不仅能改善主要金属的使用性能，而且能将各种有价元素充分回收，大幅度提高金属的价值。

粗金属的火法精炼通常包含两个环节：

(1) 使均匀的熔融粗金属中产生多相体系（如金属-渣、金属-金属、金属-气体）。

(2) 把前一步产生的多相体系用物理方法进行分离。

将粗金属变为多相体系，视粗金属和杂质的物理化学特性而定。而将常用的精炼方法分为两类：一是物理方法，如熔析精炼、区域（带熔）精炼、蒸馏等；二是化学方法，如萃取、氧化精炼、硫化精炼、氯化精炼等。下面将介绍几种精炼方法的基本原理，其中氧化精炼、硫化精炼可分别参考第 6 章、第 7 章的相关内容。

9.2 熔析（或凝析）精炼

9.2.1 熔析精炼的应用

所谓熔析，是指熔体在熔融状态或缓慢冷却过程中，使液相或固相分离。在冷却金属合金时，除了共晶组成以外，都会产生熔析现象。这种现象对于铸造业来说非常有害，因为熔析现象破坏了合金铸件各部分组成的均匀性，造成铸件各部分性质的不一致。但是熔析现象却广泛应用于有色粗金属精炼中，如粗铅熔析除银、粗锌熔析除铁除铅、粗锡熔析除铁等。

9.2.2 熔析精炼的原理

熔析精炼过程由两个步骤组成：

（1）用加热、缓冷等方法在均匀的合金中产生多相体系（液体+液体或液体+固体）。

（2）使第一步所产生的两相按密度不同而进行分层。如果分层为两液相，则分别放出；如果分层为固体和液体，则利用漏勺、捞渣器等使两相分离，或者使液体沿着炉底斜坡排出炉外，而固体仍留于炉底上，从而使两相分离，锡中除铁的熔析精炼便是这个过程的典型例子。

在均匀合金中产生多相的方法有下列两种：

（1）熔化。将粗金属缓缓加热到一定温度，其中一部分熔化成液体，而另一部分则仍为固体，借此将金属与杂质分离。如图 9-1 所示，A（纯金属）与 B（杂质）形成简单共晶体系，其共晶成分为 a。将粗金属 b 加热到共晶温度 T_0 时，就会出现共晶成分的液相，而杂质 B 则留在固相内。因此经过熔析处理，粗金属 b 内杂质 B 的组成由 $b\%$ 降到 $a\%$。体系共晶相越少，越易通过熔析分离。

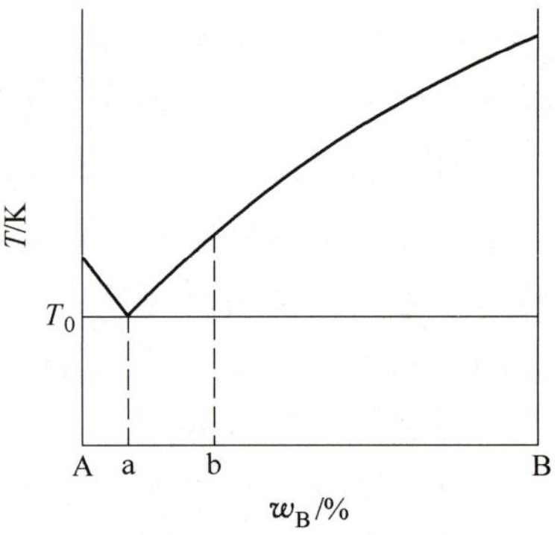

图 9-1 简单共晶体系

（2）结晶。将粗金属缓缓冷却到一定温度，熔体中某成分由于溶解度减小而呈固体析出，其余大部分熔体仍保持在液体状态，借此以分离金属及其所含杂质。也有这种情况，在冷却粗金属熔体时，并不出现固体，而是出现另一独立的液相，它与原来的熔体分层。如粗锌分离铅即是如此。

以上两种方法都是在不恒温的情况下进行的。

粗金属的熔析精炼过程是以状态图为基础的，现以粗铅熔析除铜为例说明。

Cu-Pb 相图示于图 9-2。从图中可知，该体系有一低熔点共晶，此时 99%以上的铅以液态与固体纯铜相平衡。将铜含量大于共晶成分的 Pb-Cu 合金熔化，控制温度略高于共晶点，则首先形成相当于共晶成分（$w_{Cu}=0.06\%$，$w_{Pb}=99.94\%$）的液相，而多余的铜则保留在固相中。Cu 的密度比 Pb 小，因此上浮到液铅表面除去，实现了部分除铜的目的。

同样在 Pb-Cu 合金凝固过程中，尽管粗铅铜含量小于 1%，但仍可通过缓慢冷却铅水到 450~350 ℃，使铜形成富铜渣浮于铅水表面而将大部分铜除去。这种在凝固过程中使杂质偏析析出的方法，称为“凝析精炼”，理论上采用熔析法或凝析法可使粗铅中的铜含量降到 0.06%。

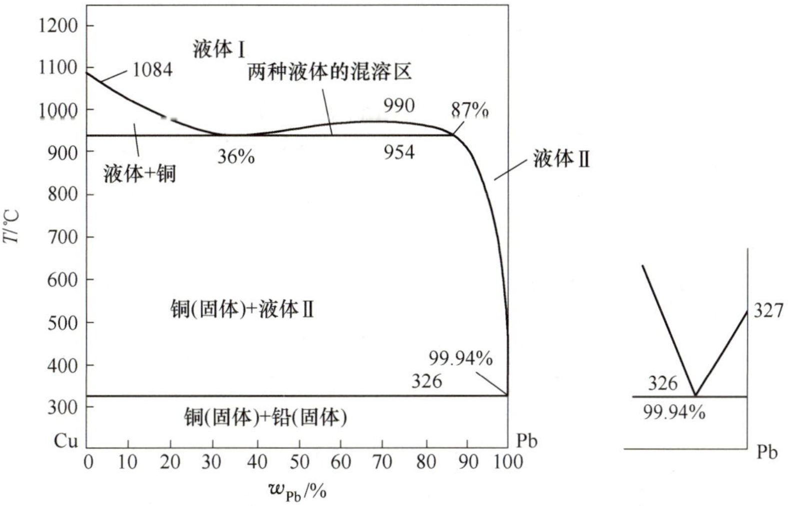

图 9-2　Cu-Pb 二元系的平衡状态图

9.3 萃取精炼

在熔融粗金属中加入附加物，此附加物与粗金属内杂质生成不溶解于熔体的化合物而析出，该过程在恒温下进行。例如粗铅加锌除银，粗铅加钙除铋精炼等，都是此类方法的应用。

现以铅水加锌除银的帕克斯法来加以阐明。锌极易与银化合而生成不溶于铅水的锌银化合物。该方法在约 500 ℃时向粗铅中加入足够量的锌（质量分数达 2%），搅拌铅水并使其稍许冷却，则在熔池上形成富银渣壳，该渣壳除含银和锌外，铅含量可达 70%。

在实际操作中，常采用分两批加锌的两段脱银法。精炼过程的第一阶段产出银含量很高的渣壳，但在第二阶段却为了尽可能多地从铅水中除去银而使渣壳含有过量的锌。在过程第二阶段形成的这种富锌渣壳可以用于新的一锅粗铅作为帕克斯法第一阶段所需的锌料添加。

为阐明帕克斯法所涉及的热力学，现举出下列例题。但应指出，由于在过程温度下生成的渣壳实际上也可能是由铅、银和锌的三元合金所组成的，而不是夹带铅的银锌化合物。因此，在实际操作中，其组成就可能变得更复杂。

例 9-1　一无锌粗铅水，每吨含 7.775 kg 银，在 773 K 时加锌除银。假设其反应产物为纯 Ag_2Zn_3，试求除去 98%银时每吨粗铅所需添加的锌量。

已知：　$(\gamma_{Zn}^{\ominus})_{Pb} = 11$，$(\gamma_{Ag}^{\ominus})_{Pb} = 2.3$

$$2Ag_{(l)} + 3Zn_{(l)} \xlongequal{\quad} Ag_2Zn_3,\ \Delta_r G^{\ominus}_{773} = -127612\ \text{J/mol}$$

解 以 1 t 粗铅为计算基础。

初始组成为：

$$n_{Ag} = \frac{7.775\ \text{kg}}{107.9\ \text{g/mol}} = 0.072 \times 10^3\ \text{mol}$$

$$n_{Pb} = \frac{992.225\ \text{kg}}{207.2\ \text{g/mol}} = 4.789 \times 10^3\ \text{mol}$$

500 ℃时平衡常数为：

$$\lg K = \frac{-\Delta G^{\ominus}}{19.147T} = \frac{127612}{19.147 \times 773} = 8.62$$

$$K = 4.17 \times 10^8 = \frac{a_{Ag_2Zn_3}}{a^2_{Ag} \cdot a^3_{Zn}}$$

取反应产物 Ag_2Zn_3的活度等于 1。

由上式得：
$$a^2_{Ag} \cdot a^3_{Zn} = 2.4 \times 10^{-9}$$

即：
$$x^2_{Ag} \cdot \gamma^{\ominus 2}_{Ag} \cdot x^3_{Zn} \cdot \gamma^{\ominus 3}_{Zn} = 2.4 \times 10^{-9}$$

欲除去 98%的 Ag，则最终残存终残存于精炼铅中 Ag 量为：

$$(1 - 0.98) \times 0.072 \times 10^3 = 1.44\ \text{mol}$$

残存的 Ag 的摩尔分数为（Ag 的物质的量很小，可忽略）：

$$x_{Ag} = \frac{1.44}{4.789 \times 10^3} = 3.0 \times 10^{-4}$$

与纯 Ag、Zn 接触的熔体铅中锌的平衡摩尔分数可计算求得：

$$x_{Zn} = \sqrt[3]{\frac{2.4 \times 10^{-9}}{(3 \times 10^{-4})^2 \times 2.3^2 \times 11^3}} = 0.0156$$

折算得 $0.0156\times4.789\times10^3\times65.4=4886\text{g}=4.886$ kg 锌。这是 1 t 粗铅中的残留锌量（忽视残存的银量并假设锌浓度较小）。按照化学反应式，与银发生反应的锌量为：

$$\frac{0.98 \times 7.775 \times 3 \times 65.4}{2 \times 107.9} = 6.927\ \text{kg}$$

则精炼除去 98%银时每吨粗铅所需加入的锌量，即溶液中的残留锌量和与银反应的锌量的总和为：4.886+6.927=11.81 kg。

实践中，由于达不到平衡以及银锌化合物活度由于渣壳中铅的存在而小于 1，这些都能使锌的需要量产生差异，因此实际锌的需要量稍大于上述计算的预计值。一般铅中残留的锌含量（质量分数）约为 0.6%或大约每吨粗铅含锌 5.5 kg，而总的添加锌量则常常接近每吨粗铅 18 kg。

9.4 区域（带熔）精炼

随着各个行业对高纯和超高纯金属需求的增长，区域精炼得到了很大发展。区域精炼的要点可用图 9-3 来说明：用一个可移动的加热器（感应加热线圈）使含有杂质的金属锭加热，于是在金属锭中就有一个长 2.5~3.0 cm 的相当狭窄的熔化区形成。当熔化区沿着金属锭长度以每小时若干厘米的速率缓慢移动时，金属锭就会依次熔化和凝固。杂质在熔化部分富集，而基本金属则在再凝固部分中变得更纯。把含杂质多的金属锭末端切除，剩下的大部分金属锭就是含杂质极微的高纯金属产品。

如果使区域精炼过程重复若干次，就可以提高金属纯度。例如，在锗和硅的区域精炼中，使过程重复五次即可使杂质降低到 10^{-9} 的水平。可见，区域精炼是基于杂质在固相和液相间的不等量分配原理实现的。

现以有固溶体形成的二元系的一部分状态图（图 9-4）为例进行分析。在图 9-4 中，横轴上 a 点表示原始熔体的成分，与 a 熔体处于平衡状态的固溶体成分为 b 点。平衡时结晶的固溶体相对于原始熔体，其杂质含量要少得多。

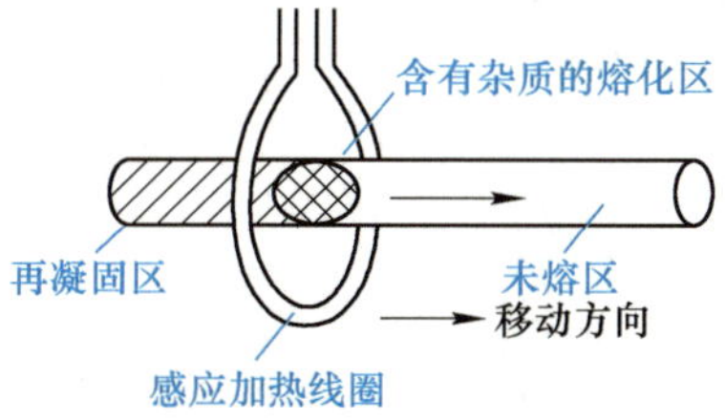

图 9-3 区域精炼示意图（加热线圈由左向右移动）

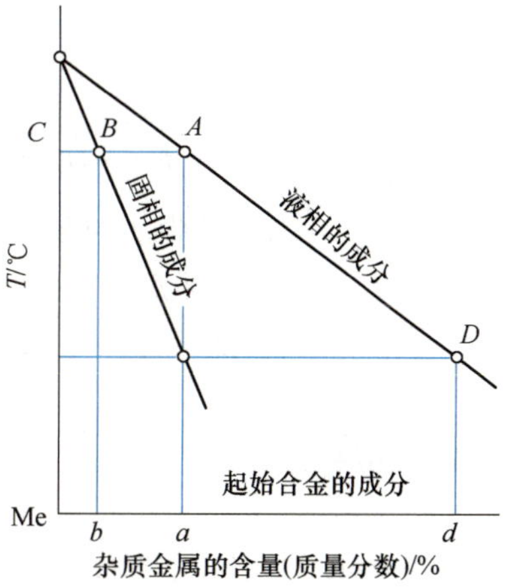

图 9-4 主金属-杂质金属平衡状态图的一部分

所谓溶解度差别，是以平衡分配系数 K_0 来衡量的，平衡分配系数定义为杂质在固相中的浓度 c_s 与杂质在液相中的浓度 c_l 的比值。因此，对图 9-4 来说，有：

$$K_0 = \frac{c_s}{c_l} = \frac{CB}{CA} < 1 \tag{9-1}$$

K_0 值越小，杂质在平衡溶液中的溶解度差别就越大，结晶过程中除去杂质的程度就越高，亦即区域精炼的效果就越好。$K_0<1$，这是金属进行区域精炼的一种通常情况。在此情况下，杂质的存在使熔体的凝固点降低。固相线与液相线越靠近，分配系数就越接近于 1，此时区域精炼就不能进行。

在实际的凝固过程中，液相不可能如图 9-4 所示那样有足够的时间与整个固相达到完全平衡。因此，实际的分配系数与平衡的分配系数有偏差，这个实际的分配系数，叫作有效分配系数，以 K 表示。在 $K<1$ 的情况下，熔化区通过金属锭一次后杂质的分布规律如图 9-5 所示，并可表述为：

$$\frac{c_s}{c_0} = 1 - (1 - K)e^{-\frac{kZ}{L}} \tag{9-2}$$

式中，Z 为从开始端到熔化区的距离；c_0 为杂质的初始浓度；L 为固定的熔区长度；c_s 为析出固相中杂质的浓度。

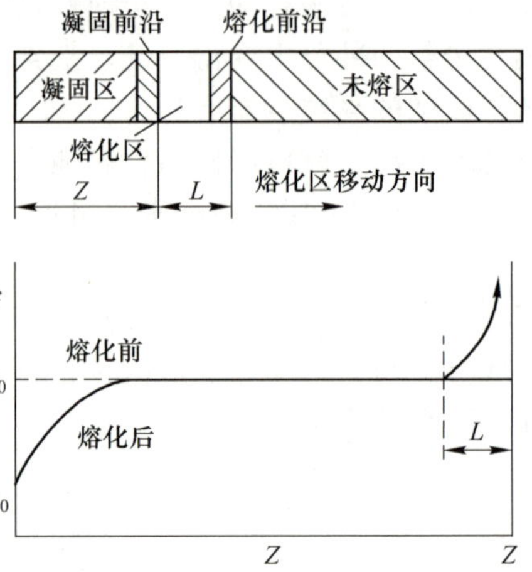

图 9-5 K<1 时熔化区通过金属锭一次后杂质的分布规律

从式（9-2）可知，c_s是 Z 的函数，即经区域提纯一次后，金属锭中杂质浓度分布规律取决于式（9-2）。需要注意的是，由于操作过程具有不等温性质以及熔化带的推进速率不易确定，所以对区域提纯过程的深入分析受到一定的限制。

9.5 蒸馏精炼

对于那些具有无最高点和最低点的二元系沸点-组成图的合金，在通常情况下，蒸气相的成分与液相的成分是不相同的，并且蒸气相和与它成平衡的液相相比较，含有更多的沸点较低或蒸气压较高的组元。这便有可能根据它们组成的沸点不同采取蒸馏方法使溶液的组元分离，蒸馏法常在火法冶金中应用。如含 Pb、Cd 的金属锌在大气压下的蒸馏精炼就是一例。

含有铅、镉等杂质的锌在大气压下进行蒸馏精炼，是基于锌、镉和铅的正常沸点不同，锌的正常沸点为 906 ℃，镉为 767 ℃，而铅则为 1525 ℃。如果将粗锌加热到 1000 ℃，则含在其中的锌和镉便发生沸腾并呈蒸气状态逸出，而铅以及其他杂质（铁、铜等）差不多完全呈液态存在。在 1000 ℃的温度下，铅的蒸气压仅 0.1 kPa，而铁和铜的蒸气压则更微小（分别约为 0.1 Pa和 10^{-3} Pa）。因此，铅的挥发量很小，而铜和铁几乎不挥发。

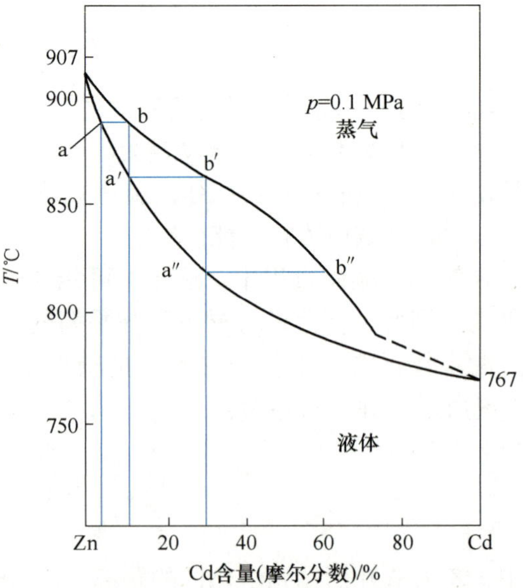

图 9-6 Zn-Cd 二元系的沸点-组成图

分离出来的锌、镉蒸气，经冷凝后，便成为液体合金，其中通常含有 5%（摩尔分数）的镉，为了使镉与锌分离，须进行分馏过程。锌和镉的分馏原理可以用图 9-6 所示的 Zn-Cd 二元系的沸点-组成图来说明。由图 9-6 可以看到，若把组成为 95%Zn 和 5% Cd 的合金溶液加热，则当它达到温度相当于 890 ℃的 a 点时便开始沸腾。与此溶液平衡的蒸气的成分为 b（含 12%Cd）。因为 Cd 在蒸气中的含量比在液态合金中的含量更多，所以在蒸发了一些溶液之后，剩下的溶液中 Zn 的含量更多。因此，使溶液再在较高的温度下蒸发，最后剩下的溶液几乎只含锌，从而可得到纯度很高的精炼锌。

如果将溶液中逸出的成分 b 的蒸气冷却到 870 ℃，亦即使体系处在液-气两相状态的区域中，则得到含 10%Cd 的凝聚液 a′和含 30%Cd 的蒸气 b′。当蒸气 b′冷却到 830 ℃时，又得到含 25%Cd 的凝聚液 a″和含 60%Cd 的蒸气 b″。这样连续下去，最后逸出的蒸气将是纯组元 Cd。因此，在像 Zn-Cd 这一类无最高点或最低点的体系中，常用蒸馏法将二元合金分离成为纯金属。

9.6 氧化精炼

氧化精炼的实质是利用空气中的氧通入被精炼的粗金属熔体中，使其中所含的杂质金属氧化除去。该法的基本原理是基于金属对氧亲和力的大小不同，使杂质金属氧化生成不溶于主体金属的氧化物，或以渣的形式聚集于熔体表面，或以气态的形式（如杂质 S）被分离。炼钢过程是一个典型的氧化精炼过程，在第 6 章中已进行过详细介绍，本章着重介绍有色金属精炼的内容。

9.6.1 氧化精炼的理论分析

9.6.1.1 杂质的脱除限度

氧化精炼过程，通常是把粗金属在氧化气氛中熔化，将空气或富氧鼓入金属熔池中或熔池表面，有时也可加入固体氧化剂，如主体金属氧化物或 $NaNO_3$ 等氧化剂。发生的反应主要是杂质金属元素 Me′的氧化，生成的杂质金属氧化物 Me′O 从熔池中析出或以金属氧化物挥发（如 As_2O_3、Sb_2O_3）等，而与主体金属分离。

显然，如果生成的 Me′O 与主体金属 Me 的密度差很小，上浮困难，那么用氧化精炼法去除杂质 Me′就极为困难。

当空气鼓入熔池中形成气泡时，在气泡与熔体接触的界面处会发生如下反应：

$$2[\mathrm{Me}] + \mathrm{O_2} = 2[\mathrm{MeO}] \tag{9-3}$$

$$2[\mathrm{Me'}] + \mathrm{O_2} = 2[\mathrm{Me'O}] \tag{9-4}$$

由于杂质 Me′浓度小，直接与氧接触机会少，故杂质金属 Me′按反应式（9-4）直接被氧化的反应可以忽略。因此，当金属熔体与空气中的氧接触时，熔融的主体金属便首先按反应式（9-3）氧化成 MeO，随即溶解于［Me］中并被气泡搅动向熔体中扩散，使其他杂质元素 Me′氧化，实质上起到了传递氧的作用。故氧化精炼的基本反应用下式表示：

$$[\mathrm{MeO}] + [\mathrm{Me'}] = (\mathrm{Me'O}) + [\mathrm{Me}] \tag{9-5}$$

设反应的平衡常数为 K，则：

$$K = \frac{a_{\mathrm{Me}} \cdot a_{\mathrm{Me'O}}}{a_{\mathrm{Me'}} \cdot a_{\mathrm{MeO}}} \tag{9-6}$$

如果取 $a_{\mathrm{Me}} = 1$，且由于熔融金属 Me 在氧化阶段始终为 MeO 所饱和，可以氧化温度下 MeO 的饱和浓度为常数，则在此情况下，式（9-6）可简化为：

$$K=\frac{a_{Me'O}}{a_{Me'}}=\frac{\gamma_{Me'O}\cdot x_{Me'O}}{\gamma_{Me'}\cdot x_{Me'}} \tag{9-7}$$

即：

$$x_{Me'}=\frac{\gamma_{Me'O}\cdot x_{Me'O}}{\gamma_{Me'}\cdot K} \tag{9-8}$$

由式（9-8）可知，为获得良好的精炼效果，希望有小的 $\gamma_{Me'O}$ 和 $x_{Me'O}$ 值及大的 $\gamma_{Me'}$ 与 K_C 值。炉渣的形成及其及时放出，可使 $x_{Me'O}$ 值降低。如铜氧化精炼时添加 SiO_2 以除铅或添加苏打、石灰以除砷、锑及锡等都可使 $x_{Me'O}$ 值减小。

除此之外，还可以根据氧化物分解压的概念及氧化精炼过程的特点来确定杂质金属 Me′被除去的程度。精炼反应平衡时残留在主体金属 Me 中的杂质金属 Me′的浓度可按下式计算：

$$x_{Me'}=x_{Me',sat}\sqrt{\frac{(p_{O_{2(Me'O)_{sat}}}/p^{\ominus})}{(p_{O_{2(MeO)_{sat}}}/p^{\ominus})}} \tag{9-9}$$

式中，$x_{Me'}$ 为杂质金属的残留浓度（摩尔分数）；$x_{Me',sat}$ 为杂质金属在主金属中的饱和浓度（摩尔分数）；$p_{O_{2(Me'O)_{sat}}}$ 为杂质金属氧化物 Me′O 在主金属熔体中达到饱和时的分解压（该分解压用于表述熔体中氧的浓度），可用纯物质 Me′O 在标态下的分解压代替；$p_{O_{2(MeO)_{sat}}}$ 为被精炼金属 Me 的氧化物 MeO 在该金属熔体中溶解饱和时的分解压，可用纯物质 MeO 在标态下的分解压代替。具体的计算实例可参考 9.6.2 节。

9.6.1.2 杂质的氧化顺序

氧化精炼时杂质的氧化顺序，以铜火法精炼为例来进行说明。在阳极炉、阴极炉中进行火法精炼铜时，杂质在熔融铜中的行为十分重要，可以通过下列平衡关系来分析：

$$(Cu_2O)+[Me']═══2[Cu]+(Me'O)$$

$$\Delta_r G^{\ominus}=-RT\ln K \quad K=\frac{a_{Cu}^2\cdot a_{Me'O}}{a_{Cu_2O}\cdot a_{Me'}} \tag{9-10}$$

如果熔融铜中杂质金属的 $\gamma_{Me'}$ 和 $a_{Me'O}$ 各自相等，则可以利用 K 或 $\Delta_r G^{\ominus}$ 判断金属元素的氧化顺序。如对于熔融铜，在 1200 ℃时，其所含元素的氧化顺序由易到难依次为：Fe、Zn、Co、In、Ni、Sn、Cd、Pb、Bi、Sb、As、Au、Ag、Se。

实际过程中不同元素的 $\gamma_{Me'}$ 和 $a_{Me'O}$ 不会相等，必须通过进一步的热力学计算进行判定。形成饱和溶液的部分热力学数据有时较易获得，可以用来对过程进行分析计算。

9.6.2 粗铜氧化精炼除铁

由硫化铜精矿熔炼所得的冰铜，经吹炼后得粗铜，含 0.5%～1.5% 的杂质，主要为铁、硫、锌、镍等。因铁对氧的亲和力大且氧化物易于造渣，所以铁是易去除元素。

氧化精炼就是向液体粗铜内鼓入空气来氧化杂质，精炼通常是在 1200 ℃下进行的。由于铜的数量相对于杂质数量占绝对多数，故铜先氧化成 Cu_2O，溶解在熔融铜中的 Cu_2O 和铁按下列反应式进行：

$$[Cu_2O] + [Fe] = 2[Cu] + (FeO) \tag{9-11}$$

铁的高级氧化物 Fe_2O_3 及 Fe_3O_4 的分解压都大于 Cu_2O 的分解压，故不可能在铜液内靠 Cu_2O 将铁氧化成 Fe_2O_3 或 Fe_3O_4，只是处于熔体表面层中的少量铁，才有可能被炉气中的氧氧化成高价氧化物。

现以粗铜火法精炼除铁为例来讨论除铁的极限浓度，可把反应式（9-11）看成：

$$[Fe] + [O] = (FeO) \tag{9-12}$$

根据式（9-9）可知，氧化反应达到平衡时铁的浓度为：

$$x_{Fe} = x_{Fe, sat}\sqrt{\frac{(p_{O_{2(FeO)_{sat}}}/p^{\ominus})}{(p_{O_{2(Cu_2O)_{sat}}}/p^{\ominus})}} \tag{9-13}$$

从 Cu-Fe 状态图（图 9-7）知道，当温度为 1200 ℃ 时，铁的溶解度为 5%，即 $[\%Fe]_{sat}=5$，将 $[\%Fe]_{sat}$ 从质量百分数换算为摩尔分数 $x_{Fe, sat}$：

$$x_{Fe, sat} = \frac{\frac{5}{56}}{\frac{5}{56}+\frac{95}{64}} = 0.057$$

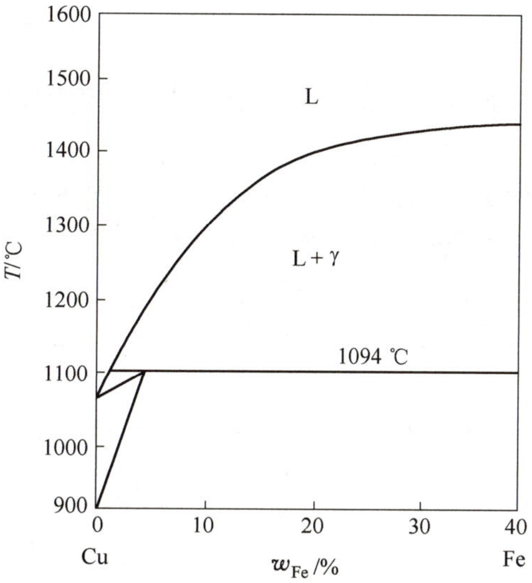

图 9-7 Cu-Fe 系状态图

FeO 分解压计算式为：

$$\lg\left(\frac{p_{O_{2(FeO)_{sat}}}}{p^{\ominus}}\right) = -\frac{28410}{T} + 7.54 \tag{9-14}$$

当温度为 1473 K 时：

$$p_{O_{2(FeO)_{sat}}}/p^{\ominus} = 10^{-11.75}$$

Cu_2O 按如下反应的分解压计算式为：

$$2Cu + 1/2O_2 = Cu_2O$$

$$\frac{1}{2}\lg\left(\frac{p_{O_{2(Cu_2O)_{sat}}}}{p^{\ominus}}\right) = -\frac{10210}{T} + 7.542 - 0.856\lg T \quad (9\text{-}15)$$

当温度为 1473 K 时：

$$\frac{p_{O_{2(Cu_2O)}}}{p^{\ominus}} = 10^{-4.33}$$

将有关数值代入式（9-13），得：

$$x_{Fe} = 1.178 \times 10^{-5}$$

再将 1.178×10^{-5} 换算成质量分数：

设 y 为 100g 铜水所溶解 Fe 的质量，则：

$$\frac{\frac{y}{56}}{\frac{y}{56} + \frac{100-y}{64}} = 1.178 \times 10^{-5}$$

即 $y = 0.00103$ $[Fe] = 0.00103\%$

所以火法炼铜时，铁含量可降低到十万分之一左右。

9.6.3 粗铜氧化精炼除硫

熔炼铜矿所得的粗铜中通常含有少量杂质硫，硫在铜液中以 Cu_2S 形态存在，它可与铜液中少量的 Cu_2O 相互作用生成金属铜和二氧化硫气体，显然，降低二氧化硫的分压，会促使硫较完全地除去。如果采用硫含量较高的燃料，则将在炉气中生成大量的二氧化硫，它与铜作用，致使铜液中硫除不尽，影响铜的质量。

二氧化硫与铜的相互作用通常可用下式表示：

$$6Cu_{(l)} + SO_{2(g)} \rlap{=}{=\!=\!=} [Cu_2S] + 2(Cu_2O) \quad (9\text{-}16)$$

或写为：

$$SO_{2(g)} = [S] + 2[O] \quad \Delta_r G^{\ominus} = -68366.56 - 36.23T, \text{ J/mol} \quad (9\text{-}17)$$

$$\lg K = -\frac{-3571}{T} + 1.936 \quad (9\text{-}18)$$

根据下列关系：

$$a_S = \frac{K \cdot (p_{SO_2}/p^{\ominus})}{a_O^2} \quad (9\text{-}19)$$

在给定温度、p_{SO_2} 以及氧含量的情况下，即可求出铜液中硫的平衡含量。

为了保证铜的质量，减少硫的有害作用，在粗铜精炼时要求把铜水中的硫浓度降低到 0.01% 以下。粗铜经氧化精炼之后，硫含量可降低至 0.002%~0.008%。实践中指出，应用硫含量为 2%的重油作燃料，对精炼铜的质量不会产生太大的影响。

此外，在一定的二氧化硫分压下，若使用硫含量较高的重油，在一定范围内调整温度和铜熔体中氧含量这两个因素，也可以达到脱硫所要求的程度。即降低温度和提高铜水中氧的含量，也同样能降低铜水中硫的含量。为防止铜水中微量杂质的还原和避免铜水中重新吸收某些气体，以改善铜的性质，用于电解精炼的阳极铜一般保留 0.05%~0.1%的氧，而生产铜线锭的精炼铜氧含量为 0.03%~0.05%。

9.6.4 粗铅氧化精炼除锡

粗铅氧化精炼的主要目的是除去锡、砷和锑。锡、砷和锑较铅更易氧化，因此，采用小反射炉于 800 K 时向液态铅中鼓入压缩空气以氧化含锡的粗铅。反应式为：

$$Sn_{(l)} + 2PbO_{(s)} = 2Pb_{(l)} + SnO_{2(s)} \quad \Delta_r G^{\ominus}_{800K} = -144557.2\ \text{J/mol} \tag{9-20}$$

800 K 时反应的平衡常数为：

$$\lg K = 9.4378$$

$$K = 2.74 \times 10^9 = \frac{a_{SnO_2} \cdot a_{Pb}^2}{a_{Sn} \cdot a_{PbO}^2} \tag{9-21}$$

杂质在金属熔体中的浓度很小，因此可将粗铅熔体看作纯铅，所以 $a_{Pb} = 1$；假定各氧化物以纯固态存在的，而且活度为 1，得：

$$K = 2.74 \times 10^9 = \frac{1}{x_{Sn} \cdot \gamma_{Sn}} \tag{9-22}$$

800 K 时，$(\gamma_{Sn})_{Pb} = 2.3$

所以 $$x_{Sn} = 1.59 \times 10^{-10}$$

或 $$[\%Sn] \approx \frac{100 \times 1.59 \times 10^{-10} \times 118.7}{207.2} = 9.1 \times 10^{-9}$$

用氧化方法从铅中除锡是很有效的精炼方法。当 SnO_2 能与其他物质形成化合物或氧化物固溶体时，氧化锡的活度降低，从而使除锡效果更好。如辅以搅拌，则整个熔池的反应加速，除锡效果好而铅损失减少。实际生产中，锡可除至极微量。

9.7 硫化精炼

9.7.1 硫化精炼的原理

用硫除去金属中的杂质是有色金属精炼过程中若干反应的基础。如粗铅中的铜、粗锡中的铜和铁，都常用加硫方法除去。

熔融粗金属加硫以后，首先形成金属硫化物 MeS，其反应为：

$$Me + S = MeS$$

此金属硫化物可与溶解于金属中的杂质 Me′发生反应：

$$MeS + Me' = Me'S + Me \tag{9-23}$$

反应的方向取决于 $\Delta_r G^{\ominus}$，而 $\Delta_r G^{\ominus}$ 又取决于 MeS 与 Me′S 的标准生成自由焓。也可通过比较硫化物分解压的大小作出判断，即：

$$\Delta_r G^{\ominus} = \Delta_r G^{\ominus}_{Me'S} - \Delta_r G^{\ominus}_{MeS} = 1/2RT\ln(p_{S_2(Me'S)}/p^{\ominus}) - 1/2RT\ln(p_{S_2(MeS)}/p^{\ominus}) \tag{9-24}$$

若使反应向右进行，则必须要 $p_{S_2(Me'S)} < p_{S_2(MeS)}$。即主金属硫化物在给定温度下的分解压大于杂质硫化物的分解压时，杂质硫化物才能形成。如果所形成的各种杂质硫化物在熔体中的溶解度很小，而且密度也比较小，那么它们便浮到熔体表面被除去。

当 Me、MeS 两个凝聚相彼此互不溶解，也不与其他物质形成熔体而成独立相存在时，此时硫化物分解压仅是温度的函数。如果物质间形成溶液，则硫化物的分解压是温度与熔体硫化物浓度的函数。

溶于金属熔体内的硫化物按下式分解：

$$2[\mathrm{MeS}] = 2[\mathrm{Me}] + \mathrm{S}_2 \tag{9-25}$$

$$K = \frac{a_{\mathrm{Me}}^2 \cdot p_{\mathrm{S}_2}/p^{\ominus}}{a_{\mathrm{MeS}}^2} \tag{9-26}$$

式中，p_{S_2} 表示熔体中 MeS 的分解压，可通过熔体硫化物的还原反应及 H_2S 的合成反应求得：

$$2[\mathrm{MeS}] + 2\mathrm{H}_2 = 2[\mathrm{Me}] + 2\mathrm{H}_2\mathrm{S} \tag{9-27}$$

$$K_1 = \frac{a_{\mathrm{Me}}^2 \cdot (p_{\mathrm{H_2S}}/p^{\ominus})^2}{a_{\mathrm{MeS}}^2 \cdot (p_{\mathrm{H_2}}/p^{\ominus})^2} \tag{9-28}$$

$$2\mathrm{H}_2 + \mathrm{S}_2 = 2\mathrm{H}_2\mathrm{S} \tag{9-29}$$

$$K_2 = \frac{(p_{\mathrm{H_2S}}/p^{\ominus})^2}{(p_{\mathrm{H_2}}/p^{\ominus})^2 \cdot p_{\mathrm{S_2}}/p^{\ominus}} \tag{9-30}$$

式（9-27）减去式（9-29）得：

$$2[\mathrm{MeS}] = 2[\mathrm{Me}] + \mathrm{S}_2$$

对于上式，

$$K = \frac{a_{\mathrm{Me}}^2 \cdot p_{\mathrm{S}_2}/p^{\ominus}}{a_{\mathrm{MeS}}^2} = \frac{K_1}{K_2} \tag{9-31}$$

利用以上关系，由实验测得 MeS 的浓度及 H_2S、H_2 的体积，计算出 MeS 的活度和气体分压，并分别代入上述有关方程即可求得 K 及熔体中 MeS 对应的 S_2 分压。

9.7.2 硫化精炼的应用

9.7.2.1 粗铅加硫除铜精炼

前已述及，粗铅用撇渣法初步除铜，而加硫则可达到完全除铜的目的，此时主要由于铜对硫的亲和力大于铅对硫的亲和力，因而由硫化亚铜构成的二次浮渣浮出熔池而被从表面撇去。这种处理方法能使粗铅中的铜含量降至 0.005%（质量分数）以下。

9.7.2.2 粗锡加硫除铜铁

铁和铜对硫的亲和力较锡大，故可利用加硫将铁、铜自锡中除去。加硫后生成的 SnS 在 Sn 内的溶解度不大，很快就达到饱和而析出成独立相。SnS 与 Fe 及 Cu 反应生成的 FeS 及 Cu_2S 也以独立相析出。其反应分别为：

$$\mathrm{SnS_{(s)}} + 2[\mathrm{Cu}] = \mathrm{Cu_2S_{(s)}} + [\mathrm{Sn}] \tag{9-32}$$

$$\mathrm{SnS_{(s)}} + [\mathrm{Fe}] = \mathrm{FeS_{(s)}} + [\mathrm{Sn}] \tag{9-33}$$

由于 SnS 是独立相，恒温时其分解压在反应过程中是不变的，Cu_2S 及 FeS 的分解压将按下式变化：

$$p_{\mathrm{S_2(Cu_2S)}} = \frac{K_{\mathrm{Cu_2S}} \cdot a_{\mathrm{Cu_2S}}^2 \cdot p^{\ominus}}{a_{\mathrm{Cu}}^4} \approx K_{\mathrm{Cu_2S}} \cdot \frac{p^{\ominus}}{x_{\mathrm{Cu}}^4} \tag{9-34}$$

$$p_{S_2(FeS)} = \frac{K_{FeS} \cdot a_{FeS}^2 \cdot p^\ominus}{a_{Fe}^2} \approx K_{FeS} \cdot \frac{p^\ominus}{x_{Fe}^2} \tag{9-35}$$

Cu_2S 的分解压在低温时比 FeS 大，前者是随着铜浓度的四次方而变，后者则随铁浓度的二次方而变，所以在浓度相同时，锡中除铁优先进行，即使铜的浓度略大于铁时也一样。

9.7.2.3　锑中加硫除铁及铜

当温度在锑的熔点（903 K）时，铁及铜对硫的亲和力比锑大得多，故铁及铜很容易自锑中除去。

实际操作时用 Sb_2S_3 加入锑中，Sb_2S_3 部分溶解于 Sb 内，溶解的 $[Sb_2S_3]$ 与 Fe 及 Cu 发生反应：

$$[Sb_2S_3] + 3[Fe] = 2[Sb] + 3FeS_{(s)} \tag{9-36}$$

$$[Sb_2S_3] + 6[Cu] = 2[Sb] + 3Cu_2S_{(s)} \tag{9-37}$$

从 $[Sb_2S_3]$ 的分解压与铜及铁的硫化物在平衡时分解压相等的关系，可知这两种金属残留于 Sb 中的浓度。即：

$$x_{Fe} = K' \cdot \frac{1}{x_{Sb_2S_3}^{\frac{1}{3}}} \tag{9-38}$$

$$x_{Cu} = K'' \cdot \frac{1}{x_{Sb_2S_3}^{\frac{1}{6}}} \tag{9-39}$$

式中，K'、K'' 均为常数，分别与 FeS、Sb_2S_3 及 Cu_2S、Sb_2S_3 的解离平衡常数有关。火法炼锑和炼铅的方法之一，是用铁屑自硫化锑矿或硫化矿中按下列反应进行：

$$Sb_2S_3 + 3Fe = 2Sb + 3FeS \tag{9-40}$$

$$PbS + Fe = Pb + FeS \tag{9-41}$$

生成金属 Sb 和金属 Pb 的熔炼（通常叫作沉淀熔炼）均是应用此原理。基于同一原理，硫化铋（Bi_2S_3）矿也可采用沉淀熔炼。

习题与思考题

9-1　说明熔析精炼和区域（带熔）精炼有何不同。

9-2　简要说明氧化精炼和硫化精炼的基本原理。

9-3　蒸馏精炼的原理是什么？

9-4　镍的氧化式为：$2Ni_{(l)} + O_2 = 2NiO_{(s)}$，$\Delta_r G^\ominus = -505009 + 189.2T$，J/mol。若在 1473 K 氧化精炼铜时，熔体中［%Ni］= 19，则镍可除到什么程度（以质量分数表示）？若在 1523 K 时，熔体中［%Ni］= 30，则镍的脱除程度又如何？以上计算能否说明提高操作温度可以使镍脱除得更彻底？

9-5　含有 Fe、Ni、Ag、S 等杂质的粗铜氧化精炼时，若采用鼓入空气于铜液中把杂质氧化去除，试作 $\Delta_r G^\ominus$-T 图判断哪些杂质能氧化，哪些杂质不能氧化，杂质氧化的顺序如何？已知反应：

（1）$4[Cu] + O_2 = 2(Cu_2O)$，$\Delta_r G_1^\ominus = -361498 + 163.76T$，J/mol

（2）$2[Fe] + O_2 = 2FeO$，$\Delta_r G_2^\ominus = -528858 + 212.88T$，J/mol

（3）$2[Ni] + O_2 = 2(NiO)$，$\Delta_r G_3^\ominus = -480072 + 280.50T$，J/mol

(4) $4[Ag]+O_2=2(Ag_2O)$, $\Delta_r G_4^\ominus = -101253+327.94T$, J/mol

(5) $[S]+O_2=(SO_2)$, $\Delta_r G_5^\ominus = -257107+58.74$, J/mol

9-6 设在 623 K 进行铅的加硫除铜精炼，问铅中铜最低可能降为多少？已知反应：

(1) $4[Cu]+S_{2(g)}=2(Cu_2S)_{(s)}$, $\Delta_r G_1^\ominus = -257107+58.74T$, J/mol

(2) $2Pb_{(l)}+S_{2(g)}=2[PbS]_{Pb}$, $\Delta_r G_2^\ominus = -279742+134.9T$, J/mol

9-7 根据测定，当重油中硫的含量分别为 0.5%、2%及 4%完全燃烧时，产物 SO_2 中的分压力 p_{SO_2} 分别为 26.7 Pa、120 Pa、200 Pa，试计算当铜水温度为 1373 K，[O]含量为 0.01%和 0.05%时，[%S]是多少。已知反应式为 $[S]_{Cu}+2[O]_{Cu}=SO_2$。

9-8 试分析 1473 K 时粗铜氧化精炼除铁的极限。

9-9 试分析 773 K 时粗铅氧化精炼除锡的极限。

第 3 篇

湿法冶金原理

10　物质在水溶液中的稳定性

本章要点

本章是湿法冶金的热力学基础，主要介绍了物质在水溶液中的稳定性的含义，分析了影响物质稳定性的因素，并重点介绍了水的热力学稳定区域图，包含的要点如下：

(1) 溶液的 pH 值对物质稳定性的影响；

(2) 溶液电位对物质稳定性的影响；

(3) 水的热力学稳定区域图的绘制及分析；

(4) 金属-水系热力学稳定区域图的绘制及分析；

(5) 浓度对数-pH 值图的绘制及分析。

10.1　引言

湿法冶金是在低温下用适当的溶剂来处理矿石、精矿等物料，使其中要提取的金属溶解进入溶液，从而与不溶解的脉石或其他杂质分离，随后从溶液中提取所需要金属的方法。湿法冶金在有色金属冶炼过程中得到了广泛应用，例如金、银、铜、镍、钴、锌、铝、钨、铂、铀及其他许多有色金属的提取都要应用湿法冶金方法。

湿法冶金包括三个主要过程，即浸出、净化、沉积。这三个过程是通过控制体系的条件，以控制物质在水溶液中的稳定性而实现的。浸出过程是靠加入适当的溶剂，以溶解矿物，使某种（或某些）金属离子化并稳定于溶液中。净化过程是靠加入某种物质，使某种（或某些）金属在溶液中稳定，另外一些金属在溶液中不稳定，或沉积或沉淀。沉积过程是通过加入某种物质或通入电流（一般是直流电），使某种（或某些）金属离子在溶液中不稳定而沉积析出。

物质在水溶液中的稳定性取决于水溶液的 pH 值、电位、温度、压强以及反应物质的浓度等，而这些条件又集中体现于反应的吉布斯自由能变化，这就是说，反应的吉布斯自由能变化决定着水溶液中物质的稳定性。

对于影响物质在水溶液中稳定性的因素，现代广泛采用 ε-pH 值图来进行分析。本章先简要说明有关 ε-pH 值图的基本知识，然后分别在其他章节中讨论浸出、净化和沉积的基本原理。

10.2　影响物质稳定性的主要因素

物质在水溶液中的稳定程度主要取决于溶液中的 pH 值、电位及反应物的活度，而物质在水溶液中稳定程度的变化体现在其对应的离子或分子的活度的变化。因此，如果知道了物质的活度随溶液的 pH 值、电位的变化关系，也就能够确定 pH 值、电位的变化对物质稳定性的影响。

在对上述物理量的关系进行分析时，需要注意，绝大多数的冶金反应都有溶液（固溶体、冶金熔体及水溶液）参加，而这些溶液经常都不是理想溶液。要进行定量的热力学计算和分析，溶液中各组分的浓度必须以活度代替。

10.2.1 pH 值对物质稳定性的影响

当某种物质，例如 $Fe(OH)_3$ 与纯水接触时，它将溶解到一定程度，并电离成离子：

$$Fe(OH)_3 = Fe^{3+} + 3OH^- \tag{10-1}$$

反应的平衡常数：

$$K = \frac{a_{Fe^{3+}} \cdot a_{OH^-}^3}{a_{Fe(OH)_3}} \tag{10-2}$$

因为纯 $Fe(OH)_3$ 的活度为 1，所以 $K = a_{Fe^{3+}} \cdot a_{OH^-}^3$，又由于该物质是微溶的，故可以认为两种离子的活度系数也都是 1，这时的平衡常数 K 就相当于 $Fe(OH)_3$ 的溶度积 $K_{sp}^{\ominus}$。

反应式（10-1）的标准吉布斯自由能变化为：

$$\begin{aligned}\Delta_r G^{\ominus} &= \Delta_f G^{\ominus}_{Fe^{3+}} + 3\Delta_f G^{\ominus}_{OH^-} - \Delta_f G^{\ominus}_{Fe(OH)_3} \\ &= 10.586 + 3(-157.256) - (-694.544) \\ &= 212.190 \text{ kJ/mol}\end{aligned}$$

$\Delta_r G^{\ominus}$ 与平衡常数的关系式：

$$\Delta_r G^{\ominus} = -RT\ln K \tag{10-3}$$

故 298 K 时，$212.190\times10^3 = -8.314\times298\ \text{K}\times2.303\lg K$

$$\lg K = \frac{-212190}{-5705.85} = -37.188 \tag{10-4}$$

即 $Fe(OH)_3$ 的溶度积 $K_{sp}^{\ominus} = 10^{-37.188}$

溶液中水的离解反应为：

$$H_2O = H^+ + OH^- \tag{10-5}$$

在 298 K 时的离子积常数为：

$$K_w^{\ominus} = [H^+]\cdot[OH^-] = a_{H^+} \cdot a_{OH^-} = 1.0\times10^{-14} \tag{10-6}$$

$$\lg a_{OH^-} = -14 + pH \tag{10-7}$$

由前面分析知：

$$\lg K = \lg a_{Fe^{3+}} + 3\lg a_{OH^-}$$

则：

$$\lg a_{H^+} \cdot a_{OH^-} = -pH + \lg a_{OH^-} = -14$$

$$\begin{aligned}\lg a_{Fe^{3+}} &= -37.188 - \lg a_{OH^-} \\ &= -37.177 - 3(-14 + pH) \\ &= 4.812 - 3pH\end{aligned} \tag{10-8}$$

即反应式（10-1）的平衡条件是：

$$pH = 1.6 - \frac{1}{3}\lg a_{Fe^{3+}} \tag{10-9}$$

同样，对于反应：

$$Fe(OH)_2 \Longrightarrow Fe^{2+} + 2OH^- \tag{10-10}$$

可以求出其平衡条件为

$$pH = 6.7 - \frac{1}{2}\lg a_{Fe^{2+}} \tag{10-11}$$

以上计算表明，物质在水溶液中的溶解度，或叫稳定性程度，同种物质随溶液的 pH 值的不同而变，且不同物质在同样 pH 值下的稳定程度也不一样。这样，就可以通过控制溶液的 pH 值，使同一物质或不同物质的反应向预定方向进行，即使某些物质在溶液中稳定，而另一些物质在溶液中不稳定发生沉淀，达到分离的目的。例如，在湿法炼锌中性浸出时，当控制溶液终点 pH 值为 5.2 左右时，Fe^{3+}几乎全部水解，以 $Fe(OH)_3$沉淀析出，而这时锌仍以 Zn^{2+}稳定于溶液中。

10.2.2 电位对物质稳定性的影响

在湿法冶金过程中存在着许多氧化、还原反应。例如，在湿法炼锌过程中有如下反应：

$$2Fe^{2+} + MnO_2 + 4H^+ \Longrightarrow 2Fe^{3+} + Mn^{2+} + 2H_2O \tag{10-12}$$

$$Cu^{2+} + Zn \Longrightarrow Zn^{2+} + Cu \tag{10-13}$$

$$ZnSO_4 + H_2O \Longrightarrow Zn + H_2SO_4 + \frac{1}{2}O_2 \tag{10-14}$$

这些反应均由氧化与还原的两个半电池反应所构成，如反应式（10-12）是由下列两个半电池反应构成的：

$$Fe^{2+} - e \Longrightarrow Fe^{3+}\text{(氧化)}$$

$$MnO_2 + 4H^+ + 2e \Longrightarrow Mn^{2+} + 2H_2O\text{(还原)}$$

反应式（10-13）则是由下面两个半电池反应构成的：

$$Zn - 2e \Longrightarrow Zn^{2+} \quad \text{(氧化)}$$

$$Cu^{2+} + 2e \Longrightarrow Cu \quad \text{(还原)}$$

一般说来，存在有两类氧化-还原反应。一类是简单离子的电极反应，例如 $Fe^{2+} + 2e = Fe$；另一类是溶液中离子间的反应，例如 $Fe^{3+} + e = Fe^{2+}$。

10.2.2.1 简单离子的电极反应

该反应的通式是：

$$Me^{z+} + ze \Longrightarrow Me \tag{10-15}$$

此类反应的平衡电位（$\varepsilon_{Me^{2+}/Me}$，通常简写为 ε）与水溶液中金属离子活度之间的关系，可由能斯特公式求出：

$$\varepsilon_{Me^{2+}/Me} = \varepsilon^{\ominus}_{Me^{2+}/Me} + \frac{RT}{zF}\ln\frac{a_{Me^{2+}}}{a_{Me}} \tag{10-16}$$

式中，$\varepsilon^{\ominus}_{Me^{2+}/Me}$ 为金属的标准电极电位（有时简写为 $\varepsilon^{\ominus}$），它可以由反应的标准吉布斯自由能变化 $\Delta_r G^{\ominus}$导出，因为：

$$\Delta_r G^{\ominus} = -zF\varepsilon^{\ominus} \tag{10-17}$$

则：

$$\varepsilon^{\ominus} = \frac{-\Delta_r G^{\ominus}}{96500z} \tag{10-18}$$

例如，反应式 $Fe^{2+} + 2e = Fe$，反应的标准吉布斯自由能变化为：

$$\Delta_r G^{\ominus} = \Delta_f G^{\ominus}_{Fe} - \Delta_f G^{\ominus}_{Fe^{2+}} = 0-(-84.977) \tag{10-19}$$
$$= 84.977\ \text{kJ/mol}$$

所得代入式（10-18）得：

$$\varepsilon^{\ominus}_{Fe^{2+}/Fe} = \frac{-84.977 \times 10^3}{96500 \times 2} = -0.44\ \text{V} \tag{10-20}$$

当温度为 298 K 时：

$$\varepsilon_e = -0.44 + 0.02955\lg a_{Fe^{2+}} \tag{10-21}$$

式（10-21）为简单离子电反应的还原电极电位与金属离子活度之间的平衡关系式。

10.2.2.2 溶液中离子之间的反应

根据能斯特公式，溶液中离子之间反应的平衡电极电位可写成下列形式：

$$\varepsilon_e = \varepsilon^{\ominus} + \frac{RT}{zF}\ln\frac{a_{\text{氧化态}}}{a_{\text{还原态}}} \tag{10-22}$$

例如反应式 $Fe^{3+}+e = Fe^{2+}$ 的标准吉布斯自由能变化为：

$$\begin{aligned}\Delta_r G^{\ominus} &= \Delta_r G^{\ominus}_{Fe^{3+}} - \Delta_r G^{\ominus}_{Fe^{2+}} \\ &= -84.977 - (-10.586) \\ &= -74.392\ \text{kJ/mol}\end{aligned} \tag{10-23}$$

将其所得代入式（10-18）得：

$$\varepsilon^{\ominus}_{Fe^{3+}/Fe^{2+}} = \frac{-(-74.392) \times 10^3}{96500 \times 1} = 0.771\ \text{V} \tag{10-24}$$

当温度为 298 K 时，根据式（10-22）得：

$$\varepsilon_{Fe^{3+}/Fe^{2+}} = 0.771 + 0.0591\lg a_{Fe^{3+}} - 0.0591\lg a_{Fe^{2+}} \tag{10-25}$$

用上面同样方法可以计算出其他各半电池反应的平衡电极电位关系式。当溶液中的离子活度已知时，便可算出在该条件下的平衡电极电位。

控制溶液中的电位，就可以控制反应的方向和限度。当控制电位高于溶液的平衡电极电位时，溶液中的反应就向氧化方向进行，直到控制电位与溶液的平衡电极电位相等时为止；相反，溶液中的反应则向还原方向进行，也是至两电位相等时为止。例如，对于反应 $Fe^{2+} + 2e = Fe$，当溶液中的 $a_{Fe^{2+}}$ 为 1 时，若控制电位高于−0.440 V，Fe 便氧化成 Fe^{2+}，稳定态为 Fe^{2+}，若控制电位低于−0.440 V，Fe^{2+}便还原成 Fe，稳定态为 Fe。

10.2.3 形成配合物对反应的作用

在形成配合物的反应中，配合剂 L 有的是带电的，有的则不带电，现设配合剂不带电，形成配合物的反应通式为：

$$Me^{2+} + nL = MeL_n{}^{2+} \tag{10-26}$$

其平衡常数：
$$K_f = \frac{a_{MeL_n^{2+}}}{a_{Me^{2+}} \cdot a_L^n} \tag{10-27}$$

则：
$$a_{Me^{2+}} = \frac{a_{MeL_n^{2+}}}{K_f \cdot a_L^n} \tag{10-28}$$

式中，n 为金属离子的配位数；K_f 为配合物的生成常数。

现假设只有未配合的金属离子还原成金属，配合物的形成可使简单金属离子的活度降低，这样便使实际平衡电极电位降低。

将式（10-28）得到的 $a_{Me^{2+}}$ 值代入能斯特公式得：

$$\varepsilon_{Me^{2+}/Me} = \varepsilon^{\ominus}_{Me^{2+}/Me} + \frac{RT}{zF}\ln a_{Me^{2+}} \tag{10-29}$$

就得到配合离子按式（10-30）被还原的电位值。

$$MeL_n^{z+} + ze = Me + nL \tag{10-30}$$

$$\begin{aligned}\varepsilon_{MeL_n^{2+}/Me} &= \varepsilon^{\ominus}_{Me^{2+}/Me} + \frac{RT}{zF}\ln\frac{a_{MeL_n^{2+}}}{K_f \cdot a_L^n} \\ &= \varepsilon^{\ominus}_{Me^{2+}/Me} + \frac{RT}{zF}\ln a_{MeL_n^{2+}} - \frac{RT}{zF}\ln a_L^n + \frac{RT}{zF}\ln K_d\end{aligned} \tag{10-31}$$

式（10-31）中的 K_d 为金属配合物的解离常数，$K_d = \frac{1}{K_f}$。当 $a_{MeL_n^{2+}} = 1$，$a_L = 1$ 时：

$$\varepsilon_{MeL_n^{2+}/Me} = \varepsilon^{\ominus}_{Me^{2+}/Me} + \frac{RT}{zF}\ln K_d \tag{10-32}$$

于是式（10-31）就可以写成：

$$\varepsilon_{MeL_n^{2+}/Me} = \varepsilon^{\ominus}{}_{MeL_n^{2+}/Me} + \frac{RT}{zF}\ln a_{MeL_n^{2+}} - \frac{RT}{zF}\ln a_L^n \tag{10-33}$$

式（10-33）便是配合物的平衡电极电位计算式。如果已知配合物的活度、配合剂的活度和配合物的解离常数，就可以求出形成配合物的平衡电极电位值。

根据式（10-32）可以计算形成配合物对标准电极电位的影响。例如，对于反应：

$$Ag^+ + e = Ag \tag{10-34}$$

$$Au^+ + e = Au \tag{10-35}$$

$$Ag(CN)_2^- + e = Ag + 2CN^- \tag{10-36}$$

$$Au(CN)_2^- + e = Au + 2CN^- \tag{10-37}$$

已知 298 K 时，$\varepsilon^{\ominus}_{Ag/^+/Ag} = 0.799$ V，$\varepsilon^{\ominus}_{Au^+/Au} = 1.50$ V。

则可以算出：

$$\varepsilon^{\ominus}_{Ag(CN)_2^-/Ag} = -0.3\ \text{V}$$

$$\varepsilon^{\ominus}_{Au(CN)_2^-/Au} = 0.562\ \text{V}$$

以上计算结果表明，当生成配合物离子 $Ag(CN)_2^-$、$Au(CN)_2^-$ 后，Au、Ag 被氧化的电位显著降低，Au、Ag 的氧化变得容易进行，即 Au、Ag 能以配合物离子稳定存在于溶液中。

同时，当溶液中存在 CN^-时，配合物的生成显著降低了可被还原的 Au^+、Ag^+的有效浓度。因此 Au^+、Ag^+易被还原，而 $Ag(CN)_2^-$、$Au(CN)_2^-$ 较难还原。

10.3 水的热力学稳定区

在湿法冶金中，其各种过程都是在酸、碱或盐的水溶液中，有时甚至是在水中完成的。水溶液中存在的氢离子、氢氧根离子以及水分子，有可能被氧化或还原，伴随析出氧气或氢气。当在水溶液中有氧化剂或还原剂存在时，在一定条件下氧化剂可使氢氧根离子或水分子氧化成气态氧，还原剂可使氢离子或水分子还原成气态氢。

10.3.1 水的热力学稳定区域图的绘制

10.3.1.1 氢的电极电位的计算

如果在给定条件下，溶液中有电极电位比氢的电极电位更负的还原剂存在，还原过程就有可能发生。氢的电极电位在酸性介质中取决于反应 $2H^+ + 2e = H_2$， 在碱性溶液中取决于反应 $2H_2O + 2e = H_2 + 2OH^-$。不论是在碱性还是在酸性介质中，在相同温度下，氢电极电位都可以用下式表示：

$$\varepsilon_{H_2O/H_2} = \varepsilon_{H^+/H_2} = \varepsilon^{\ominus}_{H^+/H_2} + \frac{RT}{zF}\ln\frac{a^2_{H^+}}{p_{H_2}/p^{\ominus}} \tag{10-38}$$

因为在任何温度下，$\varepsilon^{\ominus}_{H^+/H_2} = 0$，$z = 2$， 故在 298 K 时，式（10-38）具有以下形式：

$$\varepsilon_{H^+/H_2} = -0.0591\text{pH} - 0.02951\lg\frac{p_{H_2}}{p^{\ominus}} \tag{10-39}$$

10.3.1.2 氧的电极电位的计算

如果在给定条件下，溶液中有电极电位比氧的电极电位更正的氧化剂存在，氧化过程就可能发生。氧的电极电位在酸性溶液中取决于反应 $2H_2O - 4e = O_2 + 4H^+$， 或者在碱性溶液中取决于反应 $4OH^- - 4e = O_2 + 2H_2O$。不论是酸性还是碱性介质中，在相同温度下，氧的电极电位都可以用下式表示：

$$\varepsilon_{O_2/H_2O} = \varepsilon_{O_2/OH^-} = \varepsilon^{\ominus}_{O_2/OH^-} - \frac{RT}{zF}\ln\frac{1}{\frac{p_{O_2}}{p^{\ominus}}\cdot a^4_{H^+}} \tag{10-40}$$

在这里，$z=4$。根据前面已讨论的计算原理和方法，可以求出式（10-40）在 298 K 时具有以下形式：

$$\varepsilon_{O_2/OH^-} = 1.229 - 0.0591\text{pH} + 0.0148\lg\frac{p_{O_2}}{p^{\ominus}} \tag{10-41}$$

由此可见，有水或有其他离子参与的各种氧化-还原反应，与水溶液的 pH 值都有密切关系，这个关系可用图解方法表示。在温度为 298 K，$p_{H_2} = p_{O_2} = 100$ kPa 时，如图 10-1 所示，图中横坐标为溶液的 pH 值，纵坐标表示电极电位，这就是水的热力学稳定区域图。

10.3.2 水的热力学稳定区域图的分析

在图 10-1 中，直线 1 和 2 把图划分为Ⅰ、Ⅱ、Ⅲ 三个区域。通过对图 10-1 的分析，可以得出以下几点结论：

（1）凡位于区域Ⅰ中其电极电位高于氧的电极电位的氧化剂（例如 Au^{3+}），都会使水分解而析出氧气。例如图 10-1 中线 *a* 所示的 Au^{3+}/Au 电极与水的反应：$4Au^{3+} + 6H_2O = 4Au + 3O_2 + 12H^+$。这个过程将一直进行到氧化剂由于活度减小而电极电位降低以及氧电极由于介质酸度增大而电极电位升高，直至两个电极电位值相等时为止。

（2）凡位于区域Ⅲ中其电极电位低于氢的电极电位的还原剂（例如 Zn），在酸性溶液中都能使氢离子还原而析出氢气。例如图 10-1 线 *e* 所示的 Zn^{2+}/Zn 电极与氢离子的反应：$Zn + 2H^+ = Zn^{2+} + H_2$。这个过程将一直进行到还原剂随着它的消耗而电极电位升高以及氢电极由于溶液酸度降低而电极电位降低，直至两个电极电位值相等时为止。

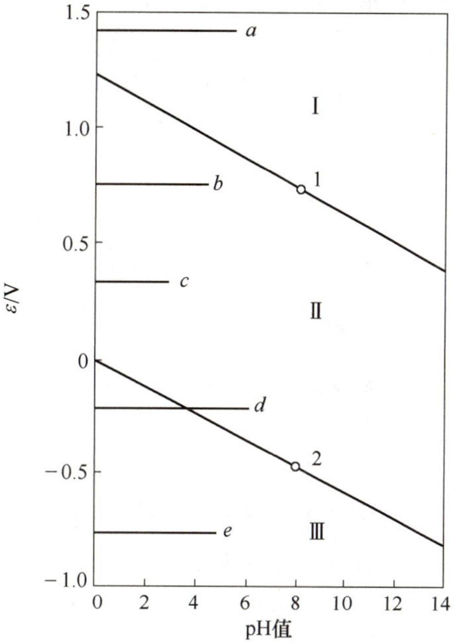

图 10-1 水溶液稳定存在的区域
1—氧电极电位随 pH 值的变化；
2—氢电极电位随 pH 值的变化；
a，*b*，*c*，*d*，*e*—金属离子活度为 1 时，
Au^{3+}/Au、Fe^{3+}/Fe^{2+}、Cu^{2+}/Cu、Ni^{2+}/Ni、
Zn^{2+}/Zn 所对应电极反应的平衡电极电位

（3）电极电位处在如图 10-1 中线 *d* 所示位置的 Ni^{2+}-Ni 体系及其他类似的体系，其特点是，此类体系可以与水处于平衡，也可以使水分解而析出氢气，这取决于溶液的酸度。低于线 2 与线 *d* 的交点时，将使水分解而析出氢气；当溶液的 pH 值高于线 2 与线 *d* 交点时，则与水处于平衡。

（4）以线 1 和线 2 所围成的区域Ⅱ，就是所谓的水的热力学稳定区。

（5）根据以上分析可见，电极电位在区域Ⅱ之内的一切体系，从它们不与水的离子或分子相互作用这个意义来说，将是稳定的。但是，如果以气态氧或气态氢使这些体系饱和，那么它们仍然可以被氧氧化或被氢还原。因此，从对气态氧或气态氢的作用而言，这些体系又是不稳定的。相反，那些电极电位在氧电极线 1 以上的体系不会与气态氧发生反应，而那些电极电位在氢电极线 2 以下的体系也不会与气态氢发生反应。

对湿法冶金来说，掌握水的热力学稳定区域图的意义重大，因为这个图对判断参与过程的各种物质与溶剂（水）发生相互作用的可能性提供了理论依据，而且它也是金属-H_2O 系和金属化合物-H_2O 系的 ε-pH 值图的一个组成部分。

10.4 ε-pH 值图的绘制方法与分析

10.4.1 ε-pH 值图的概念

ε-pH 值图是在给定的温度和组分活度（常简化为浓度），或气体逸度（常简化为气相分压）下，表示反应过程电位与 pH 值的关系图。它可以指明反应自动进行的条件，指出物质在水溶液中稳定存在的区域和范围，为湿法冶金浸出、净化、电解等过程提供热力学依据。

ε-pH 值图取电极电位为纵坐标，是因为电极电位可以作为水溶液中氧化-还原反应趋势的量度；还因 $\Delta_r G^\ominus = -zF\varepsilon^\ominus$，其中 z 为反应的电子得失数，F 为法拉第常数，故电极电位 $\varepsilon^\ominus$ 相当于 $\Delta_r G^\ominus$-T 图中的 $\Delta_r G^\ominus$。

ε-pH 值图取 pH 值为横坐标，是因为水溶液中进行的反应大多与水的自离解有关，即与氢离子浓度有关。许多化合物在水溶液中的稳定性随 pH 值的变化而不同。

10.4.2 ε-pH 值图的绘制方法

在绘制 ε-pH 值图时，习惯规定：电极电位使用还原电极电位，反应方程式左边写物质的氧化态、电子、氢离子，反应式右边写物质的还原态。

10.4.2.1 绘制金属-H_2O 系 ε-pH 值图的方法

根据化学平衡原理，一般说来，确定金属-H_2O 系和金属化合物-H_2O 系 ε-pH 图的结构，包括以下几个步骤：

（1）先确定体系中可能发生的各类反应及每个反应的平衡方程式；

（2）再利用参与反应的各组分的热力学数据计算反应的 $\Delta_r G^\ominus$ 从而求得反应的平衡常数 $K^\ominus$ 或者标准电极电位 $\varepsilon^\ominus$；

（3）由上述数据导出体系中各个反应的电极电位 $\varepsilon^\ominus$ 以及 pH 值的计算式；

（4）根据 $\varepsilon^\ominus$ 和 pH 值的计算式，在指定离子活度或气相分压的条件下算出各个反应在一定温度下的 ε 值和 pH 值；

（5）最后，把各个反应的计算结果表示在以 ε(V) 为纵坐标和以 pH 值为横坐标的图上，便得到所研究的体系在给定条件下的 ε-pH 值图。

10.4.2.2 Fe-H_2O 系的 ε-pH 值图绘制过程

现以 Fe-H_2O 系的 ε-pH 值图为例(图 10-2)，说明在 298 K 下，ε-pH 值图的绘制方法。

（1）确定体系中发生的反应。Fe-H_2O 系存在以下三类反应：

1）第一类反应，只有 H^+ 参加，反应只与 pH 值有关，如线③表示的反应：

$$Fe(OH)_2 + 2H^+ \longrightarrow Fe^{2+} + 2H_2O \tag{10-42}$$

前面已计算得：

$$pH = 6.7 - \frac{1}{2}\lg a_{Fe^{3+}}$$

在 ε-pH 值图上它是一条垂直于 pH 值坐标的直线。

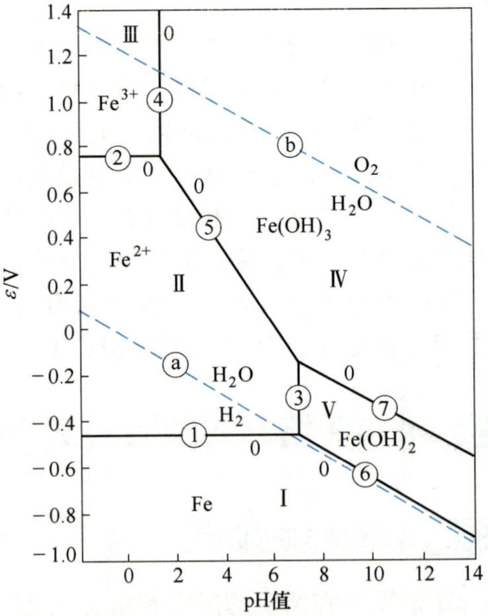

图 10-2 Fe-H_2O 系 ε-pH 值图（298 K，100 kPa）

2）第二类反应，只有电子参加，反

应只与电位有关，如线②表示的反应：

$$Fe^{3+} + e = Fe^{2+} \tag{10-43}$$

前面已计算在 298 K 时：

$$\varepsilon_{Fe^{3+}/Fe^{2+}} = 0.771 + 0.0591 \lg a_{Fe^{3+}} - 0.0591 \lg a_{Fe^{2+}} \tag{10-44}$$

在 ε-pH 值图上它是一条平行于 pH 值坐标的直线。

3）第三类反应，H^+、电子都参加反应，如线⑤表示的反应：

$$Fe(OH)_3 + 3H^+ + e = Fe^{2+} + 3H_2O \tag{10-45}$$

$$\varepsilon^{\ominus}_{Fe(OH)_3/Fe^{2+}} = -\frac{\Delta_r G^{\ominus}}{zF} = -\frac{1}{zF}[(\Delta_f G^{\ominus}_{Fe^{2+}} + 3\Delta_f G^{\ominus}_{H_2O}) - (3\Delta_f G^{\ominus}_{Fe(OH)_3} + \Delta_f G^{\ominus}_{H^+})]$$

$$= (-1/96500)[-84.935 + 3(-237.191) - (-694.544)] \times 10^3$$

$$= 1.057\ \text{V} \tag{10-46}$$

因此在 298 K 时：

$$\varepsilon^{\ominus}_{Fe(OH)_3/Fe^{2+}} = 1.057 - 0.177\text{pH} - 0.0591 \lg a_{Fe^{2+}} \tag{10-47}$$

这表明第三类反应不仅与 pH 值有关，而且还与电位有关，它表示在 ε-pH 值图上是一条斜线，其斜率为-0.177。

（2）求出上述平衡反应式的 ε-pH 值关系式。根据以上原理，求出 Fe-H_2O 系在 298 K 时的主要平衡反应式的 ε-pH 值关系式如下：

$$Fe^{2+} + 2e = Fe$$

$$\varepsilon_{Fe^{2+}/Fe} = -0.44 + 0.02955 \lg a_{Fe^{2+}} \tag{10-48}$$

$$Fe^{3+} + e = Fe^{2+}$$

$$\varepsilon_{Fe^{3+}/Fe^{2+}} = 0.771 + 0.0591 \lg a_{Fe^{3+}} - 0.0591 \lg a_{Fe^{2+}} \tag{10-49}$$

$$Fe(OH)_2 + 2H^+ = Fe^{2+} + 2H_2O$$

$$\text{pH} = 6.7 - \frac{1}{2}\lg a_{Fe^{2+}} \tag{10-50}$$

$$Fe(OH)_3 + 3H^+ = Fe^{3+} + 3H_2O$$

$$\text{pH} = 1.6 - \frac{1}{3}\lg a_{Fe^{3+}} \tag{10-51}$$

$$Fe(OH)_3 + 3H^+ + e = Fe^{2+} + 3H_2O$$

$$\varepsilon_{Fe(OH)_3/Fe^{2+}} = 1.057 - 0.177\text{pH} - 0.0591 \lg a_{Fe^{2+}} \tag{10-52}$$

$$Fe(OH)_2 + 2H^+ + 2e = Fe + 3H_2O$$

$$\varepsilon_{Fe(OH)_2/Fe} = -0.047 - 0.0591\text{pH} \tag{10-53}$$

$$Fe(OH)_3 + H^+ + e = Fe(OH)_2 + H_2O$$

$$\varepsilon_{Fe(OH)_3/Fe(OH)_2} = 0.271 - 0.0591\ \text{pH} \tag{10-54}$$

ε-pH 值图中还有线ⓐ（氢线）和线ⓑ（氧线）两条虚线，它们表示水的稳定区。氢线是：

$$H^+ + e = \frac{1}{2}H_2$$

$$\varepsilon_{H^+/H_2} = -0.0591\text{pH} - 0.0591 \lg\left(\frac{p_{H_2}}{p^{\ominus}}\right)^{\frac{1}{2}} \tag{10-55}$$

当 $p_{H_2}=100\ kPa$，

$$\varepsilon_{H^+/H_2}=-0.0591\ pH \tag{10-56}$$

氧线是：

$$O_2+4H^++4e=\!=\!=2H_2O \tag{10-57}$$

$$\varepsilon_{O_2/H_2O}=1.229-0.0591pH-0.0591\lg\frac{p_{O_2}}{p^\ominus} \tag{10-58}$$

当 $p_{O_2}=100\ kPa$ 时，

$$\varepsilon_{O_2/H_2O}=1.229-0.0591\ pH \tag{10-59}$$

（3）绘制 $Fe\text{-}H_2O$ 系的 ε-pH 值图。将式（10-48）~式（10-54）和式（10-56）、式（10-59）的电位与 pH 值的关系绘成图 10-2，即为 $Fe\text{-}H_2O$ 系的 ε-pH 值图。线ⓐ、ⓑ所包围的区域为水的稳定区。

10.4.3 ε-pH 值图的分析

以图 10-2 为例进行分析。

（1）水的稳定性。水的稳定性与电位、pH 值都有关。线ⓐ以下的体系，电位比氢的电位更负，将发生氢的析出，水不稳定；线ⓐ以上的体系，电位比氢的电位更正，将发生氢的氧化，水是稳定的。线ⓑ以上的体系，将析出氧，水不稳定；线ⓑ以下的体系，氧被还原，水是稳定的。

（2）点、线、面的意义。在图中往往有三条直线相交于一点，如线②、④、⑤相交于一点，相交点表示三个平衡式的电位、pH 值都是相同的，若已知其中任意两条线的方程式，便可以导出第三条线的方程。

图中每一条直线代表一个平衡方程式，线的位置与组分浓度有关，如线⑤：

$$\varepsilon_{Fe(OH)_3/Fe^{2+}}=1.057-0.177pH-0.0591\ \lg a_{Fe^{2+}} \tag{10-60}$$

当 $a_{Fe^{2+}}$ 减少时，线的位置向上平移；反之，线的位置则向下平移。

图中的面表示某种组分的稳定区。Ⅰ区是 Fe 的稳定区，Ⅱ 区是 Fe^{2+} 的稳定区，Ⅲ区是 Fe^{3+} 的稳定区，Ⅳ 区是 $Fe(OH)_3$ 的稳定区，Ⅴ区是 $Fe(OH)_2$ 的稳定区，线ⓐ、ⓑ之间则是水的稳定区。在稳定区内，可以自动进行氧化-还原反应，而得到该区的稳定物。如在线ⓐ、ⓑ之间，则进行下面反应：

$$2H_2+O_2=\!=\!=2H_2O \tag{10-61}$$

而在Ⅱ 区内，则有下面反应发生：

$$2Fe^{3+}+e=\!=\!=Fe^{2+} \tag{10-62}$$

（3）确定稳定区的方法。以图 10-2 中 Fe^{2+} 的稳定区 Ⅱ 为例。电位对 Fe^{2+} 稳定性的影响，Fe^{2+} 只能在线①和线② 之间才稳定。所以线⑤上延应止于线②和线④的交点，否则 Fe^{2+} 就不稳定，会氧化成 Fe^{3+}。pH 值对 Fe^{2+} 稳定性的影响，如果 pH 值大于线③，Fe^{2+} 就会水解，所以线⑤的下延应止于线③ 和线⑦的交点，线③应止于线①和线ⓑ的交点，否则 Fe^{2+} 将会还原成 Fe。因此，由线①、②、③和⑤所围成的区域 Ⅱ 就是 Fe^{2+} 的稳定区。其他组分的稳定区也可以用同样的方法确定。

（4）$Fe\text{-}H_2O$ 系 ε-pH 值图在冶金过程中的应用。对湿法冶金而言，Ⅰ区是 Fe 的沉积区。Ⅱ、Ⅲ 区是 Fe 的浸出区，即 Fe 以 Fe^{2+}或 Fe^{3+}稳定于溶液中。Ⅳ、Ⅴ 区是 Fe 分别呈 $Fe(OH)_3$和 $Fe(OH)_2$沉淀析出区，而与稳定于溶液中的其他金属分离，所以一般又将Ⅳ、Ⅴ两区称为净化区（除铁）。

以上是以 Fe-H_2O 系的 ε-pH 值图为例分析讨论的。应当指出的是，其他体系（除电负性强的金属如 Al、Mg，电极电位很正的金属如 Au 的水系外）也有其 ε-pH 值图，一般也有金属沉积区、浸出区和难溶化合物沉淀区，不同之处是不同体系的三个区域的大小和条件不一样。各区域越大，越利于该区稳定物的稳定。某金属的沉积区越大，就越容易呈金属沉积，而越难以浸出；浸出区越大，就越容易浸出，而越难以还原沉积，也越难以沉淀析出；沉淀区越大，就越容易呈难溶化合物沉淀析出。还需指出的是，不同区域其条件也不同。这样，湿法冶金就可以利用 ε-pH 值图，控制一定的条件，使某些金属或化合物溶解，呈离子状态稳定于溶液中，而另外一些难溶物质不溶，达到分离的目的；或使溶液中某些金属呈难溶化合物沉淀析出，而与仍稳定于溶液中的金属分离；或使溶液中某些金属以金属沉积，而与仍稳定于溶液中的金属分离。

10.4.4 高温金属-H_2O 系的 ε-pH 值图

根据标准热力学数据（25 ℃）绘制的金属-H_2O 系 ε-pH 值图只能用于常温下的水溶液体系的热力学研究。然而，许多重要的湿法冶金过程实际上都是在较高的温度下进行的。对于高温湿法冶金过程的热力学研究而言，高温水溶液体系的 ε-pH 值图无疑是一种重要的工具。

高温水溶液体系的 ε-pH 值图与常温（25 ℃）下 ε-pH 值图的绘制方法相同。但为了绘制高温水溶液体系的 ε-pH 值图，必须计算反应体系中有关化学反应在高温下的标准吉布斯自由能变化，这就要求知道参与反应的各个物质在 25 ℃时的标准熵值以及其热容与温度的关系式。根据热力学原理，在生成物及反应物均不发生相变的温度范围内，对任何化学反应而言，其反应的标准吉布斯自由能变化均可按下式计算：

$$\Delta_r G^{\ominus}_{m,T} = \Delta_r H^{\ominus}_{m,298} - T\Delta_r S^{\ominus}_{m,298} + \int_{298}^{T} \Delta C_{p(T)}\,dT - T\int_{298}^{T} \frac{\Delta C_{p(T)}}{T}dT \tag{10-63}$$

式中，$\Delta_r H^{\ominus}_{m,298}$ 和 $\Delta_r S^{\ominus}_{m,298}$ 分别为 298 K 时化学反应的标准焓变和标准熵变，计算 $\Delta_r H^{\ominus}_{m,298}$ 及 $\Delta_r S^{\ominus}_{m,298}$ 所需的原始数据一般都可以从现有热力学数据手册中查到。

$\Delta C_{p(T)}$ 为化学反应的恒压热容增量，是温度的函数，可用下式计算：

$$\Delta C_{p(T)} = \sum (v_i C_{p,i})_{\text{生成物}} - \sum (v_i C_{p,i})_{\text{反应物}} \tag{10-64}$$

式中，$C_{p,i}$ 为物质 i 的恒压热容，它是温度的函数；v_i 为反应式中，物质 i 的化学计量数。

对于非离子形态的物质，如单质和大多数纯化合物，可以从有关的热力学数据手册中查到其热容 C_p 与温度 T 关系的数据，相应地可计算出 $\Delta C_{p(T)}$ 。但对于离子形态的物质而言，现有的热力学数据手册中几乎没有其热容 C_p 与温度 T 关系的实测数据。

而根据热力学第三定律，可求出：

$$(\partial S/\partial T)p = C_p/T \tag{10-65}$$

因此，当已知恒压下熵与温度的关系，即可求出其 C_p 与温度的关系。遗憾的是对许多离子而言，目前无法从手册查出熵与温度的关系，因此只能采用经验的方法，即离子熵对应原理，首先近似求出离子熵与温度的关系，进而近似求出 C_p 与温度的关系。

图 10-3 所示为 368 K 及 298 K 时 Zn -H_2O 系的 ε-pH 值图。

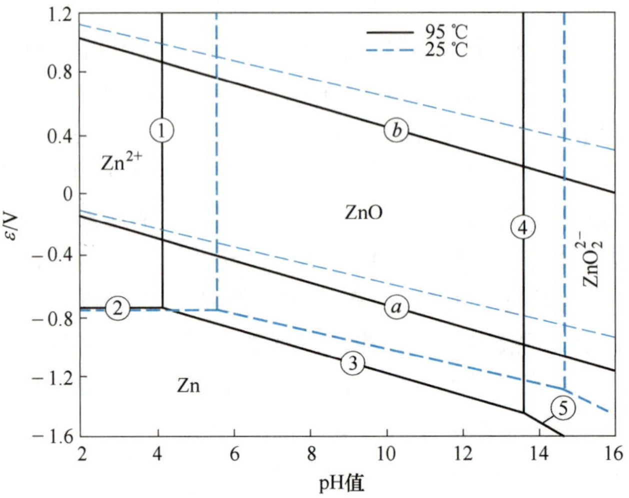

图 10-3 Zn-H_2O 系的 ε-pH 值图

（含锌离子物种的活度为 1）

由图 10-3 可以看出，随着温度升高，①线和④线的 pH 值均变小，③线和⑤线均向左下方移动，②线的电势略微升高，即 Zn^{2+}和 Zn 的稳定区缩小，而 ZnO 和 ZnO_2^{2-} 的稳定区扩大。因此，从热力学上来讲，升高温度不利于 ZnO 的酸浸出（①线），而对 ZnO 的碱浸出（④线）是有利的。此外，由能斯特方程可知，所有 ε-pH 直线斜率的绝对值均随着温度的升高而增大。

10.5 浓度对数(lg［Me］或 lgc)-pH 值图及其在湿法冶金中的应用

浓度对数-pH 值图是以溶液中金属离子浓度的对数和 pH 值为坐标的平衡图，它表明水溶液系统中平衡状态与 pH 值及离子浓度（严格说来为离子活度，但目前水溶液中许多离子的活度尚未能准确测定，故通常用浓度代替活度）的关系。许多湿法冶金体系的反应中没有氧化还原反应发生，没有电子转移的反应，此时溶液中离子浓度和 pH 值往往成为影响其平衡状态的主要因素，尤其是有配位体存在的体系中，离子的种类多，在溶液中同时平衡存在，浓度对数-pH 值图是研究这类体系最直观的方法，浓度对数-pH 值图也是研究湿法冶金过程平衡条件的重要依据之一。

在溶液中金属离子以多种离子状态同时平衡存在，在绘制 lg[Me]-pH 值图时一般以 pH 值为横坐标，以溶液中金属离子的浓度或金属离子的总浓度的对数值为纵坐标。利用同时平衡原理求出平衡时离子浓度与 pH 值的关系。现以 25 ℃时 Zn-NH_3-H_2O 系为实例，介绍金属-配位体-水系的 lg[Me]-pH 值图的计算及绘制。

在 Zn-H_2O 系中，当不考虑氧化还原反应并且不考虑配合离子时，体系中存在的主要离子有 Zn^{2+}、ZnO_2^{2-}、$HZnO_2^-$ 等；在有配位体 NH_3 系存在时，体系中主要物种有 NH_3、

NH_4^+、Zn^{2+}和 NH_3 形成的配合离子等。另外。Zn^{2+}与 OH^-也能形成配合离子。在绘制 lg[Me]-pH 值图时主要考虑这些离子与 ZnO 之间的平衡以及离子之间的平衡反应，因此将有下列类型的平衡反应发生。

（1）Zn^{2+}和 ZnO 之间的反应：

$$ZnO_{(s)} + 2H^+ = Zn^{2+} + H_2O$$

$$K_1 = \frac{[Zn^{2+}]}{[H^+]^2} \tag{10-66}$$

（2）Zn^{2+}和 ZnO_2^{2-} 之间的反应：

$$ZnO_2^{2-} + 4H^+ = Zn^{2+} + 2H_2O$$

$$K_2 = \frac{[Zn^{2+}]}{[ZnO_2^{2-}][H^+]^4} \tag{10-67}$$

（3）Zn^{2+}和 $HZnO_2^-$ 之间的反应：

$$HZnO_2^- + 3H^+ = Zn^{2+} + 2H_2O$$

$$K_3 = \frac{[Zn^{2+}]}{[HZnO_2^-][H^+]^3} \tag{10-68}$$

（4）Zn^{2+}和 NH_3 形成配合离子的反应：

$$Zn^{2+} + nNH_3 = Zn(NH_3)_n^{2+} \quad (n = 1, 2, 3, 4)$$

$$\beta_n = \frac{[Zn(NH_3)_n^{2+}]}{[Zn^{2+}][NH_3]^n} \tag{10-69}$$

（5）Zn^{2+}和 OH^-形成配合离子的反应：

$$Zn^{2+} + pOH^- = Zn(OH)_p^{2-p} \quad (p = 1, 2, 3, 4)$$

$$\beta_p = \frac{[Zn(OH)_p^{2-p}]}{[Zn^{2+}][OH^-]^p} \tag{10-70}$$

（6）NH_3 与 NH_4^+ 的平衡反应：

$$NH_3 + H^+ = NH_4^+$$

$$K_4 = \frac{[NH_4^+]}{[NH_3][H^+]} \tag{10-71}$$

溶液中 Zn 以 Zn^{2+}、ZnO_2^{2-}、$HZnO_2^-$、Zn^{2+}和 NH_3 形成配合离子以及 Zn^{2+}和 OH^-形成配合离子的形式同时存在，溶液中 Zn 的总浓度为：

$$\begin{aligned}[Zn^{2+}]_T &= [Zn^{2+}] + [ZnO_2^{2-}] + [HZnO_2^-] + \sum_{n=1}^{4}[Zn(NH_3)_n^{2+}] + \sum_{p=1}^{4}[Zn(OH^-)_p^{2-p}] \\ &= [Zn^{2+}] + \frac{[Zn^{2+}]}{K_2[H^+]^4} + \frac{[Zn^{2+}]}{K_3[H^+]^3} + \sum_{n=1}^{4}\beta_n[Zn^{2+}][NH_3]^n + \\ &\quad \sum_{p=1}^{4}\beta_p[Zn^{2+}][OH^-]^p \end{aligned} \tag{10-72}$$

溶液中 NH_3 主要以NH_3、NH_4^+、$Zn(NH_3)^{2+}$、$Zn(NH_3)_2^{2+}$、$Zn(NH_3)_3^{2+}$、$Zn(NH_3)_4^{2+}$ 的形式同时平衡存在，溶液中 NH_3 的总浓度为：

$$[NH_3]_T=[NH_3]+[NH_4^+]+\sum_{n=1}^{4}n[Zn(NH_3)_n^{2+}]$$

$$=[NH_3]+K_4[NH_3][H^+]+\sum_{n=1}^{4}n\beta_n[Zn^{2+}][NH_3]^n \quad (10\text{-}73)$$

根据反应式（10-66）可知：

$$[Zn^{2+}]=K_1[H^+]^2 \quad (10\text{-}74)$$

上述所有反应的平衡常数 K 值都可以根据各反应的 $\Delta_f G^\ominus=-RT\ln K$ 计算得到，表 10-1 列出了体系中稳定存在的物种的标准摩尔生成吉布斯自由能，表 10-2 列出了体系中稳定存在的配合离子的配合常数值（$\lg\beta$）。

表 10-1 298 K 时 $Zn\text{-}NH_3\text{-}H_2O$ 系稳定存在的部分物种及其标准摩尔生成吉布斯自由能

名称	Zn^{2+}	$ZnO_{(s)}$	ZnO_2^{2-}	$HZnO_2^-$	H^+	H_2O	NH_3	NH_4^+
$\Delta_f G^\ominus$/kJ·mol^{-1}	-147.001	-320.375	-390.268	-456.930	0	-237.140	-25.424	-79.398

表 10-2 298 K 时 $Zn\text{-}NH_3\text{-}H_2O$ 系稳定存在配合离子的配合常数

配合离子	$Zn(NH_3)^{2+}$	$Zn(NH_3)_2^{2+}$	$Zn(NH_3)_3^{2+}$	$Zn(NH_3)_4^{2+}$	$Zn(OH)^+$	$Zn(OH)_2$	$Zn(OH)_3^-$	$Zn(OH)_4^{2-}$
$\lg\beta$	2.37	4.81	7.31	9.46	4.40	11.30	14.14	17.60

给定一个 $[NH_3]_T$ 值，联解式（10-72）~式（10-74）即可得到$[Zn^{2+}]_T$ 和 pH 值的关系，用 $\lg[Zn^{2+}]_T$-pH 值绘图，即得到 $Zn\text{-}NH_3\text{-}H_2O$ 系的 $\lg[Zn^{2+}]_T$-pH 值图。

图 10-4 是在不同$[NH_3]_T$ 时 $Zn\text{-}NH_3\text{-}H_2O$ 体系的 $\lg[Zn^{2+}]_T$-pH 值图，在曲线的上方为 ZnO 的稳定区，曲线的下方为各种 Zn 离子的平衡稳定区。从图中可以看出，随着溶液中$[NH_3]_T$ 的增大，ZnO 的稳定区缩小，离子的稳定区增大。说明随着$[NH_3]_T$ 的增大，ZnO 的溶解度增大；随着溶液中$[NH_3]_T$ 的降低，溶液中 Zn 离子的总浓度迅速降低。

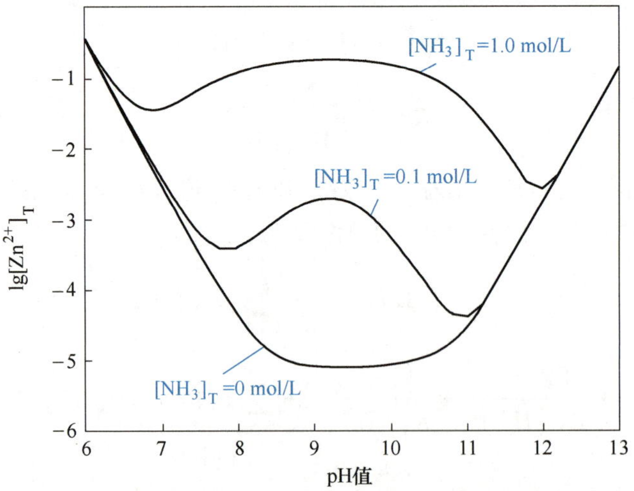

图 10-4 $Zn\text{-}NH_3\text{-}H_2O$ 系的 $\lg[Zn^{2+}]_T$-pH 值图（298 K）

图 10-5（a）和图 10-5（b）所示分别为 298 K 溶液中$[NH_3]_T=0$ mol/L 和$[NH_3]_T=1.0$ mol/L 时体系的 lg$[Zn^{2+}]$ -pH 值图。如溶液没有 NH_3 存在，则在 pH 值低时，溶液中的 Zn 离子主要以［Zn^{2+}］形式存在；当 pH 值大于 8.3 时，溶液中 Zn 离子主要以 Zn 和 OH^-形成的配合离子和含氧锌酸根离子形式存在。如溶液中$[NH_3]_T=1.0$ mol/L，则在 pH =7~12 时，溶液中 Zn 离子主要以 Zn 和 NH_3 形成的配合离子形式存在。

应当指出的是，lg［Me^{n+}］-pH 值图的种类繁多，其中最有实际意义的为难溶化合物的溶解度与 pH 值的关系图，它对用沉淀法从溶液中回收有价元素或除去有害杂质都有指导意义。

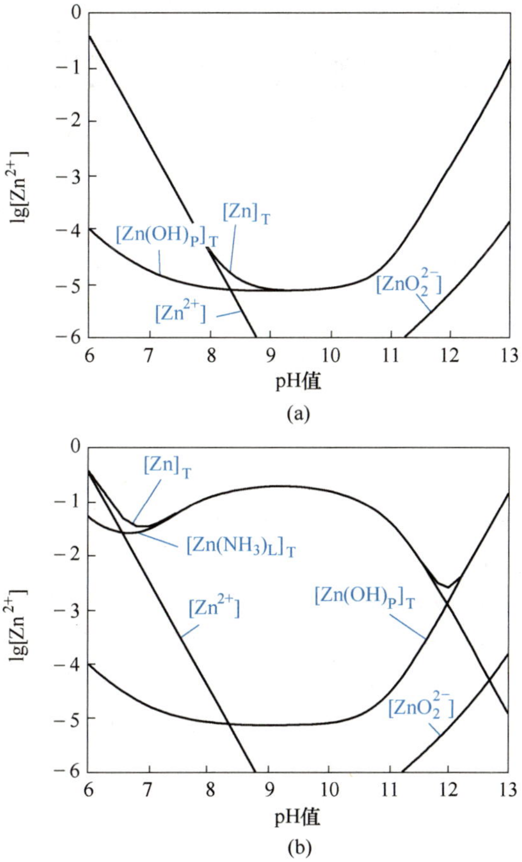

图 10-5　Zn-NH_3-H_2O 系的 lg［Zn^{2+}］-pH 值图

（a）298 K，$[NH_3]_T=0$ mol/L；（b）298 K，$[NH_3]_T=1.0$ mol/L

习题与思考题

10-1　计算下列反应的 $\Delta_r G^{\ominus}_{298}$ 值：

（1）$MnO_2 + 2Fe^{2+} + 4H^+ = Mn^{2+} + 2Fe^{3+} + 2H_2O$

（2）$Fe(OH)_2 + 2H^+ + 2e = Fe + 2H_2O$

（3）$Fe(OH)_2 + 2H^+ = Fe^{2+} + 2H_2O$

10-2 当$Zn(OH)_2$与纯水接触时，它将溶解到一定程度，并电离成离子，试推导当温度为298 K时锌离子水解沉淀的平衡条件。当$a_{Zn^{2+}}=1$，溶液的pH=5.8时，锌将以什么形态稳定存在？

10-3 当温度为298 K时，反应$Fe^{3+}+Ag=Fe^{2+}+Ag^+$的平衡常数$K=0.531$，$\varepsilon^{\ominus}_{Fe^{3+}/Fe^{2+}}=0.771$ V，试求$\varepsilon^{\ominus}_{Ag^+/Ag}$。

10-4 金溶解于氰化物溶液中，形成稳定的$Au(CN)^{2-}$配合离子，其反应式为：

$$Au(CN)_2^- + e = Au + 2(CN)^-$$

已知$\varepsilon^{\ominus}_{Au^+/Au}=1.68$ V，$Au(CN)_2^-$的$K_d=10^{-38}$，试求298 K时的$\varepsilon^{\ominus}_{Au(CN)_2^-/Au}$。

10-5 如何绘制金属-水系的ε-pH值图，图中的点、线、面分别有什么含义？

10-6 按下列数据绘制298 K时的Co-H_2O系ε-pH值图。

物种	H_2O	H^+	OH^-	Co^{2+}	Co^{3+}	$Co(OH)_2$	$Co(OH)_3$
$\Delta_r G^{\ominus}_{298}$ /J · mol^{-1}	-237191	0	-157297.5	-53555.2	120917.6	-456056	-596638.4

第一类反应：

① $Co^{2+} + 2e = Co$

② $Co^{3+} + 3e = Co$

第二类反应：

③ $Co^{2+} + 2H_2O = Co(OH)_2 + 2H^+$

④ $Co^{3+} + 3H_2O = Co(OH)_3 + 3H^+$

第三类反应：

⑤ $Co(OH)_2 + 2H^+ + 2e = Co + 2H_2O$

⑥ $Co(OH)_3 + H^+ + e = Co(OH)_2 + 2H_2O$

⑦ $Co(OH)_3 + 3H^+ + e = Co^{2+} + 3H_2O$

⑧ $2H^+ + 2e = H_2$

⑨ $O_2 + 4H^+ + 4e = 2H_2O$

10-7 在什么情况下水的稳定性会受到破坏，如何理解水的热力学稳定区？

10-8 浓度对数（lg[Me]或lg$c$）-pH值图对于湿法冶金过程有什么作用？

11 矿 物 浸 出

本章要点

本章主要介绍的是浸出过程热力学及动力学的相关知识，要点如下：

(1) 浸出反应的分类；

(2) 锌焙砂中性浸出的热力学分析；

(3) 硫化矿酸浸出的热力学分析；

(3) 三类浸出过程的动力学方程；

(4) 影响浸出速率的因素。

11.1 引言

11.1.1 浸出的概念

矿物浸出就是利用适当的溶剂，在一定的条件下使矿石、精矿或焙烧矿中的一种或几种有价成分溶出，而与其中的脉石和杂质分离。浸出所用的溶剂应具备以下一些性质：

(1) 能选择性地迅速溶解原料中的有价成分；

(2) 不与原料中的脉石和杂质发生作用；

(3) 价格低廉并能大量获得；

(4) 没有危险，便于使用；

(5) 能够再生使用。

工业上作为溶剂使用的一般有水、酸（通常是硫酸、盐酸）溶液、氨溶液和碱溶液、盐溶液（如贵金属金、银浸出时所使用的氰化物溶液）等。浸出原料通常是复杂的多元体系，即是由一系列矿物组成的，其中有价值的矿物多为硫化物、氧化物、氢氧化物、碳酸盐等，少数也以自然金属状态存在。为了利于浸出，原料在浸出之前往往要进行物理或化学处理，以改善其物理化学性质。

11.1.2 浸出的分类

视原料的组成、性质不同，浸出过程有常压浸出和加压浸出之分，且两者又包括水浸出、酸浸出、碱浸出和盐浸出。还应指出的是，常压浸出时矿浆必须搅拌，加压浸出要区分有无气体参与。

从冶金原理的观点来看，浸出的分类应按浸出过程主要反应（即有价成分转入溶液的反应）的特点划分为，如此可将浸出分为三大类：简单溶解、溶质价不发生变化的化学溶解和溶质价发生变化的电化学溶解。

11.1.2.1 简单溶解

当有价成分在固相原料中呈可溶于水的化合物形态时，浸出过程的主要反应就是有价成分从固相转入液相的简单溶解，例如：

$$MeSO_{4(s)} + aq = MeSO_{4(l)} + aq \tag{11-1}$$

$$MeCl_{2(s)} + aq = MeCl_{2(l)} + aq \tag{11-2}$$

式（11-1）和式（11-2）可以作为有色金属化合物经硫酸化焙烧或氯化焙烧后水浸出的这类反应的例子。

11.1.2.2 化学溶解

化学溶解浸出反应有以下三种不同情况：

（1）金属氧化物或金属氢氧化物与酸或碱的作用，按下列各式的反应形成溶于水的盐：

$$MeO_{(s)} + H_2SO_4 = MeSO_{4(l)} + H_2 \tag{11-3}$$

$$Me(OH)_{3(s)} + NaOH = NaMe(OH)_{4(l)} \tag{11-4}$$

式（11-3）可以硫化锌精矿经氧化焙烧后的酸浸出为例，式（11-4）可以三水铝石型铝土矿碱浸出为例。

（2）某些难溶于水的化合物（如 MeS、$MeCO_3$ 等）与酸作用，化合物的阴离子按下式变为气相：

$$MeS_{(s)} + H_2SO_4 = MeSO_{4(l)} + H_2S_{(g)}\uparrow \tag{11-5}$$

$$MeCO_{3(s)} + H_2SO_4 = MeSO_{4(l)} + \underset{\displaystyle H_2O + CO_{2(g)}\uparrow}{\underset{\downarrow}{H_2CO_3}} \tag{11-6}$$

式（11-5）可以 ZnS 的酸浸出为例，式（11-6）可以 $ZnCO_3$ 的酸浸出为例。

（3）难溶于水的有价金属 Me 的化合物与第二种金属 Me′的可溶性盐发生复分解反应，形成第二种金属 Me′的更难溶性盐和第一种金属 Me 的可溶性盐，如下式所示：

$$MeS_{(s)} + MeSO_4 = Me'S_{(s)} + MeSO_4 \tag{11-7}$$

具体例子可举 $NiS_{(s)} + CuSO_4 = CuS_{(s)} + NiSO_4$ 反应。

白钨矿用苏打溶液进行的加压浸出，也是属于这种类型，其反应式如下：

$$CaWO_{4(s)} + Na_2CO_3 = CaCO_{3(s)}\downarrow + Na_2WO_{4(l)} \tag{11-8}$$

11.1.2.3 电化学溶解

电化学溶解反应可能有以下几种不同的情况：

（1）金属氧化靠酸的氢离子还原而发生：

$$Me + H_2SO_4 = MeSO_4 + H_2\uparrow \tag{11-9}$$

按照这类反应，所有负电性的金属均可溶解在酸中。

（2）金属的氧化靠空气中的氧而发生：

$$Me + H_2SO_4 + 1/2O_2 = MeSO_4 + H_2O \tag{11-10}$$

有些正电性的金属溶解便是如此。

(3) 金属的氧化靠加入溶液的氧化剂而发生，例如：

$$Me + Fe_2(SO_4)_3 = MeSO_4 + 2FeSO_4 \tag{11-11}$$

$$2Fe^{2+} + MnO_2 + 4H_2SO_4 = MnSO_4 + Fe_2(SO_4)_3 + 2H_2O \tag{11-12}$$

反应式（11-11）可以用于铜的湿法冶金，反应式（11-12）可以用于锌的湿法冶金。

(4) 与阴离子氧化有关的溶解。在许多浸出场合下，金属由难溶化合物转入溶液的过程，只有在难溶化合物中与金属相结合的阴离子被氧化时才能进行。作为实例，可以举出某些硫化精矿在进行所谓加压氧浸出时硫离子氧化成元素硫的反应：

$$MeS + H_2SO_4 + 1/2O_2 = MeSO_4 + H_2O + S\downarrow \tag{11-13}$$

硫离子氧化成元素硫的反应也可按下式发生：

$$MeS + 2Me'Cl_z = MeCl_2 + 2Me'Cl_{z-1} + S\downarrow \tag{11-14}$$

在此情况下，实际得到应用的 $Me'Cl_{z-1}$ 是 $FeCl_3$ 或其他一些有价态变化的氯化物溶剂。

硫化物中的硫氧化成 SO_4^{2-} 的反应：

$$MeS + 2O_2 = MeSO_4 \tag{11-15}$$

也是属于这个类型。

(5) 基于金属还原的溶解。这类溶解反应可以在被提取金属能形成几种价态的离子的情况下发生。含有高价金属的难溶化合物，可以在金属还原成更低价时转变为可溶性化合物。

例如，氧化铜用亚铁盐浸出的反应：

$$3CuO + 2FeCl_2 + 3H_2O = CuCl_2 + 2CuCl + 2Fe(OH)_3 \tag{11-16}$$

就是一个实例。

(6) 有配合物形成的溶解。用氰化钾或氰化钠溶液溶解金或银的过程，是这类反应的常见实例。如金的氰化钠溶解反应：

$$2Au + 4NaCN + H_2O + 1/2O_2 = 2NaAu(CN)_2 + 2NaOH \tag{11-17}$$

此外，硫化镍的氨溶浸也是一个重要实例，其反应式为：

$$Ni_3S_2 + 10NH_4OH + (NH_4)_2SO_4 + 4\frac{1}{2}O_2 = 3Ni(NH_3)_4SO_4 + 11H_2O \tag{11-18}$$

配合溶浸具有很多优点：能进行选择性的溶解，这是因为原料中的有些伴生金属不形成配合物；配合物的形成使得金属在给定溶液中的溶解度增大，利于产出高浓度的溶液；溶液的稳定性提高，而不易发生水解。

11.2 浸出反应的热力学

溶剂与有价矿物作用的可能性，取决于反应的吉布斯自由能变化。如反应体系是吉布斯自由能减少，即反应的吉布斯自由能为负值，则此反应能自动进行，且负值量越大，反应越易进行，反应得越完全。若反应进行时是体系的吉布斯自由能增大，即反应的吉布斯自由能为正值，该反应就不能自动进行，也就是说溶剂不能使有价成分溶解。现以铜及其某些化合物与最常用的一些溶剂进行浸出反应的情况为例，说明浸出反应的可能性，如表 11-1 所示。

表 11-1 铜及其某些化合物与某些溶剂进行反应的可能性

反 应	$\Delta_r G^{\ominus}_{298}$ /kJ · mol^{-1}	反应进行的可能性
$Cu + H_2SO_4 = CuSO_4 + H_2$	+ 80. 33	不进行
$Cu + 2H_2SO_4 = CuSO_4 + H_2SO_4 + H_2$	+ 46. 44	不进行
$Cu + H_2SO_4 + 1/2O_2 = CuSO_4 + H_2O$	- 156. 48	容易进行
$Cu + 2HCl = CuCl_2 + H_2$	+ 86. 61	不进行
$Cu + 2HCl + 1/2O_2 = CuCl_2 + H_2O$	- 150. 62	容易进行
$Cu + 3HNO_3 = Cu(NO_3)_2 + HNO_3 + H_2$	- 73. 22	能进行
$Cu + FeCl_3 = CuCl + FeCl_2$	- 83. 68	能进行
$Cu + 2FeCl_3 = CuCl_2 + 2FeCl_2$	- 106. 69	能进行
$Cu + CuCl_2 = 2CuCl$	- 60. 25	能进行
$CuO + H_2SO_4 = CuSO_4 + H_2O$	- 29. 71	可能
$CuO + 2HCl = CuCl_2 + H_2O$	- 23. 43	可能
$CuO + 2HNO_3 = Cu(NO_3)_2 + H_2O$	- 3. 35	可能
$3CuO + 2FeCl_3 + 3H_2O = 3CuCl_2 + 2Fe(OH)_3$	- 150. 62	容易进行
$3CuO + 2FeCl_2 + 3H_2O = CuCl_2 + 2CuCl + 2Fe(OH)_3$	- 35. 15	可能
$CuO + 2H_2SO_4 + 1/2O_2 = 2CuSO_4 + 2H_2O$	- 167. 78	容易进行
$Cu_2O + H_2SO_4 = CuSO_4 + H_2O + Cu$	- 10. 46	可能
$Cu_2O + 2H_2SO_4 = 2CuSO_4 + H_2O + H_2$	+ 69. 45	不进行
$CuS + 2FeCl_3 = CuCl_2 + 2FeCl_2 + S$	- 58. 58	能进行
$CuS + CuCl_2 = 2CuCl + S$	- 15. 48	可能
$CuS + 4FeCl_3 = 2CuCl_2 + 4FeCl_2 + S$	- 128. 03	容易进行
$Cu_2S + 2CuCl_2 = 4CuCl + S$	- 36. 82	可能
$CuS + 2H_2SO_4 + 1/2O_2 = CuSO_4 + H_2O + S$	- 108. 37	容易进行
$CuS + H_2SO_4 = CuSO_4 + H_2 + S$	+ 128. 87	不进行
$CuS + 2H_2SO_4 + O_2 = 2CuSO_4 + 2H_2O + S$	- 228. 45	容易进行
$CuS + 2H_2SO_4 = 2CuSO_4 + 2H_2 + S$	+175. 31	不进行

从表 11-1 可以看出，对铜及其化合物来说，热力学上可能进行的溶解反应也可分为三个类型，即可溶性化合物溶于水的简单溶解（表中未示）、无变价的化学溶解、有变价的电化学溶解。在这三类浸出反应中，电化学溶解的情况经常遇到，对其他金属矿物原料的浸出来说，实际情况也是这样。因此，在湿法冶金中，经常采用 ε-pH 值图来说明体系

的热力学规律。下面将举锌焙砂浸出，硫化锌酸浸出以及金、银氰化络合浸出三个例子来进行矿物浸出的热力学分析。

11.2.1 锌焙砂浸出

11.2.1.1 浸出的目的及任务

硫化锌精矿经焙烧后，所得产品称为锌焙砂，其主要成分是氧化锌，还有少量的氧化铜、氧化镍、氧化钴、氧化银、氧化砷、氧化锑和氧化铁等。锌焙砂用硫酸水溶液（或废电解液）进行浸出，其主要反应为：

$$ZnO + H_2SO_4 \longrightarrow ZnSO_4 + H_2O \tag{11-19}$$

浸出的目的是使锌焙砂中的锌尽可能迅速和完全地溶解于溶液中，而有害杂质，如铁、砷、锑等则尽可能少地进入溶液。浸出时，氧化锌形态的锌是很容易进入溶液的，问题在于锌浸出的同时，有相当数量的杂质也进入溶液中，其反应通式为：

$$Me_zO_y + yH_2SO_4 \longrightarrow Me_z(SO_4)_y + yH_2O \tag{11-20}$$

例如，FeO 的浸出反应：

$$FeO + H_2SO_4 \longrightarrow FeSO_4 + H_2O \tag{11-21}$$

为达到浸出目的，浸出过程一般要有中性浸出与酸性浸出两段以上工序。中性浸出的任务，除把锌浸出外，还要保证浸出液的质量，即承担着中和水解除去有害杂质铁、砷、锑等的任务。酸性浸出除考虑有害杂质尽可能少地溶解外，主要任务是使锌尽可能迅速和完全地溶解，以提高锌焙砂中锌的浸出率。

11.2.1.2 锌焙砂中性浸出的热力学分析

现以锌倍砂中性浸出的金属-H_2O 系的 ε - pH 值图来分析浸出过程的条件控制。

A ε - pH 值图的绘制

现设锌焙砂中性浸出液含 Zn 1.988 mol/L、Fe 3.8×10^{-4} mol/L、Cd 1.45×10^{-3} mol/L、Co 2.0×10^{-4} mol/L、Ni 8.53×10^{-5} mol/L、Cu 4.72×10^{-3} mol/L。有关金属盐类的平均活度系数列见表 11-2，根据上述浓度和表 11-2 的活度系数，可以算得各金属的活度值，见表 11-3。表 11-3 中 $\gamma=1$ 是因为浓度很小而估计的数值。锌在浸出液浸出过程中的主要反应有：

$$Zn^{2+} + 2e \longrightarrow Zn$$

$$\varepsilon_{Zn/Zn^{2+}} = -0.763 + 0.0295\lg a_{Zn^{2+}} \tag{11-22}$$

$$Zn(OH)_2 + 2H^+ \longrightarrow Zn^{2+} + 2H_2O$$

$$pH = 5.46 - \frac{1}{2}\lg a_{Zn^{2+}} \tag{11-23}$$

$$Zn(OH)_2 + 2H^+ + 2e \longrightarrow Zn + 2H_2O$$

$$\varepsilon_{Zn(OH)_2/Zn} = -0.439 - 0.0591pH \tag{11-24}$$

将 $a_{Zn^{2+}} = 6.955\times10^{-2}$代入式（11-22）~式（11-24）三个平衡关系式中，就可以确定 Zn-H_2O 系 ε - pH 值图中三条直线的具体位置，如图 11-1 所示，图中线①为水平线，其 $\varepsilon_{Zn^{2+}/Zn} = 0.763 + 0.0295\lg(6.955\times10^{-2}) = -0.797$ V；线②为垂直线，其 $pH = 5.9 - 1/2\lg(6.955\times10^{-2}) = 6.321$；线③为一条斜线，其斜率为-0.0591。

表 11-2 有关金属盐类的平均活度系数

浓度/mol·L^{-1}	0.001	0.005	0.01	0.05	0.1	0.3	0.5	1.0	2.0	3.0
$NiSO_4$	—	—	—	—	0.15	0.084	0.063	0.043	0.034	0.041
$ZnSO_4$	0.7	0.477	0.387	0.202	0.15	0.083	0.063	0.043	0.035	0.04
$CuSO_4$	0.74	0.53	0.41	0.21	0.15	0.083	0.062	—	—	—
$CdSO_4$	0.699	0.476	0.383	—	0.16	0.083	0.061	0.041	0.032	0.036
$FeSO_4$	—	—	0.75	0.62	0.68	—	0.51	0.61	—	—

表 11-3 中性浸出液各组分的活度值

元素	Zn	Fe	Cd	Co	Ni	Cu
浓度/mol·L^{-1}	1.988	3.58×10^{-4}	4.45×10^{-3}	2.0×10^{-4}	8.525×10^{-5}	4.72×10^{-3}
γ	0.035	1	0.476	1	1	0.53
a	6.995×10^{-2}	3.58×10^{-4}	2.12×10^{-3}	2.0×10^{-4}	8.525×10^{-5}	2.50×10^{-3}
$\lg a$	-1.158	-3.4465	-2.674	-3.7	-4.07	-2.6

用同样的方法，可以分别作出 Cu、Cd、Co、Ni、Fe 等金属的 Me-H_2O 系 ε - pH 值图。为了便于了解锌焙砂浸出时锌及其他组分的行为，把锌的 ε - pH 值图和其他金属的 ε - pH 值图重合在一张图上，如图 11-1 所示。

B 锌焙砂中性浸出热力学原理分析

由图 11-1 可以看出，当锌离子浓度为 1.988 mol/L 时，开始从溶液中沉淀析出锌的 pH 值为 6.321；沉淀析出的 pH 值比锌离子小的溶液中只有三价铁离子；铜离子的析出 pH 值与锌离子相近。其余杂质，如镍离子、钴离子、镉离子和二价铁离子的析出 pH 值要比锌离子大。因此，当中性浸出终点溶液的 pH 值控制在 5.2～5.1 时，三价铁离子就以氢氧化铁沉淀析出，与溶液中的锌分离。溶液中的铜在活度较大的情况下，会有一部分水解沉淀，其余仍留在溶液中，比锌离子水解沉淀 pH 值要大的镍离子、钴离子、镉离子和二价铁离子等则与锌离子共存于溶液中。

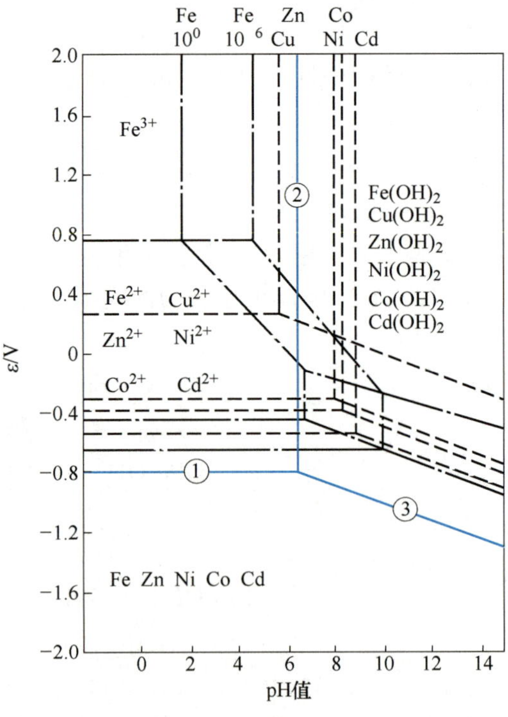

图 11-1 锌焙砂中性浸出原理

在生产实践中，锌离子含量并非固定不变，随着锌离子活度的升高或降低，沉淀析出锌的 pH 值将会降低或升高。当 $a_{Zn^{2+}}=1$ 时，沉淀析出 $Zn(OH)_2$ 的 pH 值为 5.9。

在图 11-1 中绘制有两组杂质铁的 $Fe-H_2O$ 系 ε-pH 值关系线，分别表示 Fe^{3+} 的活度为 10^0 和 10^{-6}，中性浸出液中铁的含量介于两组活度之间。同时，从图中可以看出，在中性浸出控制终点溶液的 pH 值的条件下，Fe^{2+} 是不能水解除去的。为了净化除铁，必须把 Fe^{2+} 氧化成 Fe^{3+}，Fe^{3+} 能水解沉淀而与 Zn^{2+} 分离。生产实践中常用软锰矿作为 Fe^{2+} 的氧化剂。

11.2.2 硫化矿酸浸出

用硫酸浸出硫化矿的溶出反应可用下列通式表示：

$$MeS_{(s)} + 2H^+ = Me^{2+} + H_2S \tag{11-25}$$

在溶液中，溶解了的 H_2S 可按下式发生分解：

$$H_2S = HS^- + H^+ \tag{11-26}$$

$$HS^- = S^{2-} + H^+ \tag{11-27}$$

生成的这些含硫离子、硫离子及 H_2S 本身又可被各种氧化剂氧化，并在溶液不同的 pH 值下生成不同价态的氧化产物。

所有这些变化以及与之有关的其他各种变化发生的条件和规律性，可以通过 $MeS-H_2O$ 系在一定温度下的 ε-pH 值图所了解。现以 ZnS 的高温氧压浸出体系为例，来进行分析讨论。

11.2.2.1 硫化锌精矿氧压浸出工艺

在传统的湿法炼锌工艺中，硫化锌精矿要先行焙烧脱硫，然后进行浸出。焙烧时会产生大量 SO_2 气体，对环境造成污染。硫化锌氧压浸出技术起源于加拿大，现已应用在德国等多个国家的生产中。相比于传统的湿法炼锌工艺，该技术最主要的优势在于将硫化锌中的硫元素转化为单质硫，易于回收、储存和运输。

硫化锌氧压浸出的基本反应式如式（11-28）所示。在氧压浸出过程中，硫化锌中的 S 元素在不同的酸浓度以及氧分压等条件下分别会形成 SO_4^{2-}、S 单质以及 H_2S 等产物，因此，控制酸浓度及氧分压等条件对于保证单质硫的转化以及锌的浸出是十分必要的。

$$ZnS + H_2SO_4 + 1/2O_2 = ZnSO_4 + S + H_2O \tag{11-28}$$

11.2.2.2 硫化锌精矿氧压浸出热力学分析

高温、高压条件下的 ε-pH 值图与常温、常压下的绘制方法相同。根据热力学计算，可以得到 160 ℃、对应各离子浓度为 1.0 mol/L 的离子活度时 $ZnS-H_2O$ 系的反应式及平衡 ε-pH 值表达式，如表 11-4 所示。

表 11-4 160 ℃时 $ZnS-H_2O$ 系中的反应式及 ε-pH 值表达式

反 应 式	ε 和 pH 值的计算式
(1) $Zn^{2+}+S+2e = ZnS$	$\varepsilon = 0.640 + 0.0430\lg a_{Zn^{2+}}$
(2) $ZnS+2H^+ = Zn^{2+}+H_2S$	$pH = -0.860 - 0.51\lg(a_{Zn^{2+}} \cdot a_{H_2S})$
(3) $S+2H^++2e = H_2S$	$\varepsilon = 0.567 - 0.0859pH - 0.0429\lg a_{H_2S}$
(4) $HSO_4^-+H^++6e = S+4H_2O$	$\varepsilon = 0.637 - 0.1003pH + 0.0143\lg a_{HSO_4^-}$
(5) $SO_4^{2-}+H^+ = HSO_4^-$	$pH = 3.966 - \lg a_{HSO_4^-} + \lg a_{SO_4^{2-}}$

续表 11-4

反　应　式	ε 和 pH 值的计算式
(6) $Zn^{2+}+HSO_4^-+7H^++8e = ZnS+4H_2O$	$\varepsilon = 0.638 - 0.0752pH + 0.0107lg(a_{Zn^{2+}} \cdot a_{HSO_4^-})$
(7) $Zn^{2+}+SO_4^{2-}+8H^++8e = ZnS+4H_2O$	$\varepsilon = 0.681 - 0.0859pH + 0.0107lg(a_{Zn^{2+}} \cdot a_{SO_4^{2-}})$
(8) $ZnSO_4 \cdot Zn(OH)_2+2H^+ = 2Zn^{2+}+SO_4^{2-}+2H_2O$	$pH = 9.529 - 0.5lga_{SO_4^{2-}} - lga_{Zn^{2+}}$
(9) $ZnO_2{}^{2-}+SO_4^{2-}+12H^++8e = ZnS+6H_2O$	$\varepsilon = 1.023 - 0.129pH + 0.0107lg(a_{ZnO_2^{2-}} \cdot a_{SO_4^{2-}})$
(10) $Zn(OH)_2+10H^++SO_4^{2-}+8e = ZnS+6H_2O$	$\varepsilon = 1.023 - 0.107pH + 0.0107lga_{SO_4^{2-}}$
(11) $S^{2-}+H^+ = HS^-$	$pH = 9.777 + lga_{S^{2-}} - lga_{HS^-}$
(12) $ZnS+H^++2e = Zn+HS^-$	$\varepsilon = -0.828 - 0.043pH - 0.043lga_{HS^-}$
(13) $HS^-+H^+ = H_2S$	$pH = 8.301 + lga_{HS^-} - lga_{H_2S}$
(14) $ZnS+2H^++2e = Zn+H_2S$	$\varepsilon = -0.472 - 0.0859pH - 0.0423lga_{H_2S}$
(15) $ZnS+2e = Zn+S^{2-}$	$\varepsilon = -1.251 - 0.043lga_{S^{2-}}$
(16) $Zn^{2+}+2e = Zn$	$\varepsilon = -0.398 + 0.043lga_{Zn^{2+}}$
(17) $ZnO_2{}^{2-}+SO_4^{2-}+12H^++10e = Zn+S^{2-}+6H_2O$	$\varepsilon = 0.569 - 0.103pH + 0.0859lga_{S^{2-}}$ $+ 0.0859lg(a_{ZnO_2^{2-}} \cdot a_{SO_4^{2-}})$
(A) $O_2+4H^++4e = 2H_2O$	$\varepsilon = 1.128 - 0.0859pH + 0.0215lgp_{O_2} - 0.0215lgp^{\ominus}$
(B) $2H^++2e = H_2$	$\varepsilon = -0.0859pH - 0.043lgp_{H_2} + 0.043lgp^{\ominus}$

氧分压的变化，主要改变 ε-pH 值图中氧标线的位置，即改变 ε-pH 值图中水稳定区的范围。不同氧分压下氧标线对应反应的平衡电位变化值见表 11-5。根据表 11-4 与表 11-5 的数据，绘制出温度为 160 ℃，对应各离子浓度为 1.0 mol/L 的离子活度，氧分压分别为 0.2 MPa、0.5 MPa、0.8 MPa、1.1 MPa 的 ε-pH 值图，如图 11-2 所示。

表 11-5　160 ℃时 $ZnS-H_2O$ 系不同氧分压下氧标线反应的电位表达式

p_{O_2}/ MPa	表　达　式
0.2	$\varepsilon = 1.134 - 0.0859pH$
0.5	$\varepsilon = 1.143 - 0.0859pH$
0.8	$\varepsilon = 1.147 - 0.0859pH$
1.1	$\varepsilon = 1.150 - 0.0859pH$

通过比较相同温度、相同活度、不同氧分压条件下 $ZnS-H_2O$ 系的 ε-pH 值图可以发现，增大氧分压会使氧标线上移，增大了水的稳定区，在同一电位下增大氧分压降低了浸出过程析出 O_2 的可能性，保证了水溶液中的各反应能够在更高的平衡电位下顺利进行。同时从反应动力学的角度来说，水溶液中溶解氧的存在可以加速固体硫化锌在浸出液中的溶解，从而促进反应的进行，在单位时间内提高锌的浸出率与硫的转化率。

将相同温度、相同氧分压、不同活度条件下的 ε-pH 值图进行叠加，就可得到 Zn^{2+} 与 S 稳定区的变化趋势图，如图 11-3 所示，其中温度为 120 ℃，氧分压为 0.8 MPa，对应离子浓度分别为 2.0 mol/L、1.0 mol/L、0.1 mol/L、0.01 mol/L。

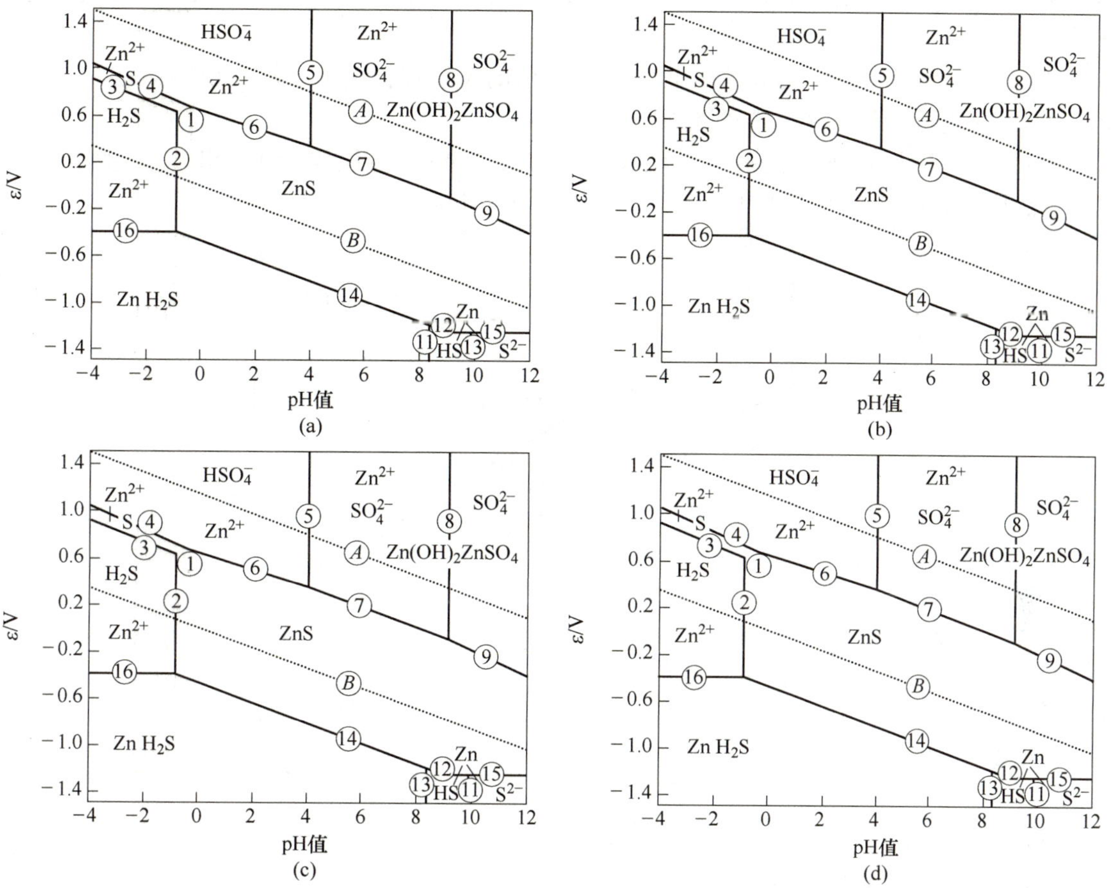

图 11-2 在 160 ℃、离子浓度 1.0 mol/L 时不同氧分压条件下 ZnS-H_2O 系的 ε-pH 值图

(a) 0.2 MPa；(b) 0.5 MPa；(c) 0.8 MPa；(d) 1.1 MPa

由图 11-3 可知，Zn^{2+}与 S 的稳定区边界对应着生成单质硫与浸出锌反应 pH 值上限与下限，因此只要控制浸出过程的酸浓度保持在 pH 值的上下限范围之内，就可以保证生成 S 与 Zn^{2+}的反应顺利进行。

以 120 ℃为例，通过分析比较可以发现，随着离子浓度由 0.01 mol/L 增大到2.0 mol/L，ε-pH 值图中对应的 Zn^{2+}与 S 稳定区的面积逐渐增大，这说明随着离子活度的增大，反应生成 Zn^{2+}与 S 的趋势越来越稳定，但对酸浓度条件的要求也越来越高。

硫化锌氧压浸出实验结果表明，在 120 ℃，当酸浓度为 15%时，Zn 浸出率为 90.86%，S 转化率为 70.58%；在 160 ℃，当氧分压由 0.2 MPa 增大到 1.1 MPa 时，Zn 浸出率增加到 98.86%，S 转化率增加到 81.33%。实验结果与 ε-pH 值图的变化趋势吻合。

11.2.3 金银配合浸出

金银的标准电极电位很高，要使它们成为简单的离子溶解是很困难的。但它们与配合剂作用时，会生成稳定的配合物，大大降低它们被氧化的电位。金银的配合浸出通常用

NaCN 或 $Ca(CN)_2$ 作配合剂。当金属与配合剂 L 生成配合物时，绘制 ε-pH 值图的基本步骤如下：

（1）根据体系的基本反应求出电位与 pCN 值的关系式，绘出 ε-pCN 值图；

（2）求出 pH 值与 pCN 值的关系；

（3）将电位与 pCN 值关系式中的 pCN 值用相应的 pH 值代替，并绘出 ε-pH 值图。

现以 Ag-CN-H_2O 系为例讨论配合物-水系的 ε-pH 值图。

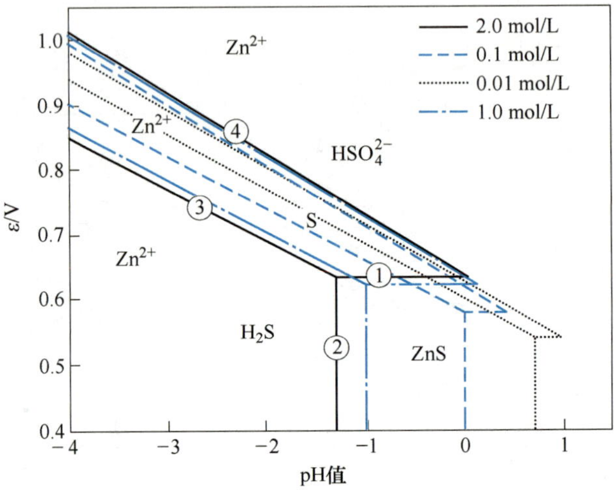

图 11-3 在 120 ℃、0.8 MPa 及不同离子浓度条件下 S 与 Zn^{2+}稳定区的比较

11.2.3.1 ε-pCN 值图

有配合剂 CN^-参加反应时，体系中的基本反应有：

$$Ag^+ + CN^- \rightleftharpoons AgCN \tag{11-29}$$

$$K_f = a_{AgCN}/a_{Ag^+} \cdot a_{CN^-} = 10^{13.8}$$

$$pCN = -\lg a_{CN^-} = 13.8 + \lg a_{Ag^+} \tag{11-30}$$

$$AgCN + CN^- \rightleftharpoons Ag(CN)_2^- \tag{11-31}$$

$$K_f = a_{Ag(CN)_2^-}/a_{CN^-} = 10^{5.0}$$

$$pCN = 5.0 - \lg a_{Ag(CN)_2^-} \tag{11-32}$$

$$Ag^+ + 2CN^- \rightleftharpoons Ag(CN)_2^- \tag{11-33}$$

$$K_f = a_{Ag(CN)_2^-}/a_{Ag^+} \cdot a_{CN^-}^2 = 10^{18.8}$$

$$pCN = 9.4 + \frac{1}{2}\lg a_{Ag^+}/a_{Ag(CN)_2^-} \tag{11-34}$$

$$2Ag^+ + H_2O \rightleftharpoons Ag_2O + 2H^+ \tag{11-35}$$

$$pH = 6.32 - \lg a_{Ag^+} \tag{11-36}$$

$$Ag_2O + 2H^+ + 2CN^- \rightleftharpoons 2AgCN + H_2O \tag{11-37}$$

$$pH + pCN = 20.1 \tag{11-38}$$

$$Ag_2O + 2H^+ + 4CN^- \rightleftharpoons 2Ag(CN)_2^- + H_2O \tag{11-39}$$

$$pH + pCN = 25.1 - \lg a_{Ag(CN)_2^-} \tag{11-40}$$

$$Ag^{+} + e \xlongequal{} Ag \tag{11-41}$$

$$\varepsilon_{Ag^{+}/Ag} = 0.799 + 0.0591\lg a_{Ag^{+}} \tag{11-42}$$

$$AgCN + e \xlongequal{} Ag + CN^{-} \tag{11-43}$$

$$\varepsilon_{AgCN/Ag} = -0.017 + 0.0591pCN \tag{11-44}$$

$$Ag(CN)_2^{-} + e \xlongequal{} Ag + 2CN^{-} \tag{11-45}$$

$$\varepsilon_{Ag(N)_2^{-}/Ag} = -0.31 + 0.12pCN + 0.0591\lg a_{Ag(CN)_2^{-}} \tag{11-46}$$

式中，K_f 为络合物的生成常数。

将上述的部分电位与 pCN 值的关系绘成 ε-pCN 值图（图 11-4）。由图 11-4 可知，pCN 值越小，平衡电位越低，表示银越易溶解。当溶液中不存在 CN^{-}时，平衡电位很高，表示银很难溶解，如图 11-4 中的线⑦。

11.2.3.2 pH 值与 pCN 值的关系

水溶液中存在 CN^{-}时，H^{+}与 CN^{-}、HCN 之间存在的平衡关系如下：

$$H^{+} + CN^{-} \xlongequal{} HCN$$

$$K_f = \frac{a_{HCN}}{a_{H^{+}} \cdot a_{CN^{-}}} = 10^{9.4} \tag{11-47}$$

上述平衡受溶液的 pH 值控制。在 ε-pH 值图中，pCN 值要以相应的 pH 值表示，因此必须求出 pCN 值与 pH 值之间的关系。由上列平衡关系式得：

$$pH + pCN = 9.4 - \lg a_{HCN} \tag{11-48}$$

令 B 表示浸出溶液中总氰的活度，即 $B = a_{CN^{-}} + a_{HCN}$，则可得出 pH 值与 pCN 值的关系式为：

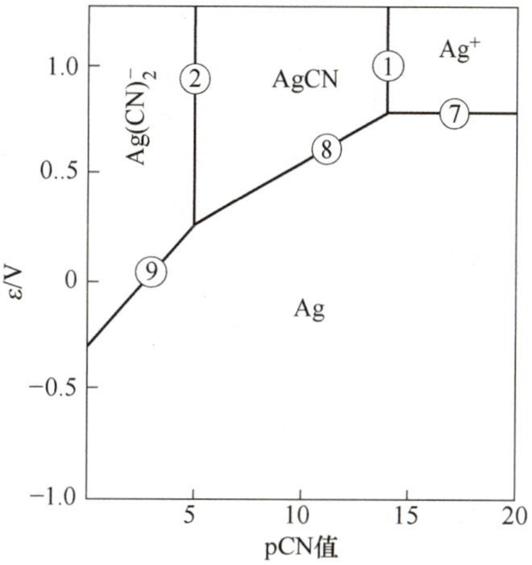

图 11-4 Ag-CN^{-}-H_2O 系 ε-pCN 值图

$$pH + pCN = 9.4 - \lg B + \lg(1 + 10^{pH-9.4}) \tag{11-49}$$

当溶液中总氰的活度 B 已知时，就可以算出 pH 值与 pCN 值的具体关系。

氰化络合浸出时，总氰的活度 $B \approx 10^{-2}$ mol/L，以此值代入式（11-49）便可求得 pH 值与 pCN 值的换算值（表 11-6）。

表 11-6 式（11-44）、式（11-46）中的 pH 值、pCN 值及对应的电位值

pH 值	0	1	2	3	4	5	6	7	8.4	9.4	10.4
pCN 值	11.4	10.4	9.4	8.4	7.4	6.4	5.4	4.4	3.04	2.3	2.04
$\varepsilon_{AgCN/Ag}$ /V	0.667	0.607	0.547	0.479	0.420	0.367	0.302	0.247	0.165	0.121	0.105
$\varepsilon_{Ag(CN)_2^{-}/Ag}$ /V	0.82	0.70	0.58	0.46	0.34	0.22	0.10	0.02	−0.18	−0.27	−0.30

11.2.3.3 Ag-CN^{-}-H_2O 系 ε-pH 值图

在实际浸出液中，Ag 的活度一般为 10^{-4} mol/L。根据 ε-pCN 值图和 pH 值与 pCN 值的关系，当溶液中总氰活度（B）一定时，指定溶液中 Ag 的活度，就可以求出各反应式中电位与 pH 值的关系式。

将方程式（11-30）、式（11-42）、式（11-44）和式（11-46）中的 pCN 值用对应的 pH 值代替。当取 $a_{Ag^{+}} = 10^{-4}$ mol/L 时，对于式（11-30），有：

$$pCN = 13.8 + \lg a_{Ag^{+}} = 9.8 \tag{11-50}$$

$$pH = 11.4 - pCN = 11.4 - 9.8 = 1.6 \tag{11-51}$$

对于式（11-32），有：

$$pCN = 5.0 - \lg a_{Ag(CN)_2^-} = 9.0 \tag{11-52}$$

$$pH = 11.4 - pCN = 11.4 - 9.0 = 2.4 \tag{11-53}$$

将式（11-44）和式（11-46）中的 pCN 值用相应的 pH 值代替，计算出对应的 $\varepsilon_{AgCN/Ag}$ 和 $\varepsilon_{Ag(CN)_2^-/Ag}$ 值，列于表 11-6 中。

根据式（11-30）、式（11-32）、式（11-42）、式（11-44）和式（11-46）的电位与 pH 值的关系绘成图 11-5。并在该图中用同样的方法，绘出 $Au-CN^--H_2O$ 系、$Zn-CN^--H_2O$ 系的 ε-pH 值关系曲线。图 11-5 所示为氰化法提取金银的原理图。

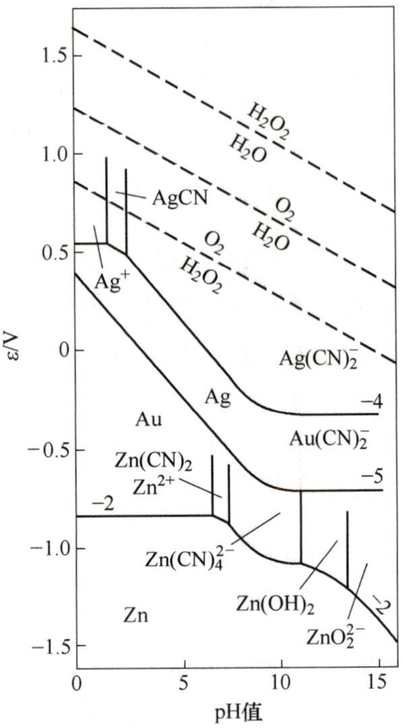

图 11-5　氰化法提取金银的原理图

在生产实践中，溶液的 pH 值控制在 8~10，通入空气将金或银氧化配合溶解。溶解得到的金或银的配合物溶液，通常用锌粉还原，其反应式为：

$$2Ag(CN)_2^- + Zn = 2Ag\downarrow + Zn(CN)_4^{2-} \tag{11-54}$$

$$2Au(CN)_2^- + Zn = 2Au\downarrow + Zn(CN)_4^{2-} \tag{11-55}$$

11.3 浸出反应的动力学

矿物的浸出反应属于水溶液与固体物质之间的多相反应体系，在多相体系中，反应是在相界面上发生的。反应过程包括在相界面上发生的结晶化学反应过程，和溶剂向相界面迁移与反应产物由相界面排开的扩散过程。

为了分析浸出过程的动力学，得到浸出动力学方程，就必须了解过程在各个具体情况下进行的机理及其影响因素。下面按照浸出反应分类来进行讨论。

11.3.1 简单溶解反应的动力学方程

简单溶解由扩散过程决定，溶解速率遵循如下方程：

$$\frac{dC}{dt} = k_D(c_s - c_t) \tag{11-56}$$

式中，$\frac{dC}{dt}$ 为某一瞬时的浸出速率；k_D 为浸出扩散速率常数；c_s 为化合物在实验条件下在水中的溶解度；c_t 为化合物在溶液中瞬时 t 的浓度。

由式（11-56）可以看出，浸出速率与扩散速率常数 k_D 成正比。而扩散速率常数与扩散系数 D 成正比，与扩散层厚度 δ 成反比，即 $k_D = \frac{D}{\delta}$，扩散系数：

$$D = \frac{1}{3\pi\mu d} \cdot \frac{RT}{N} \tag{11-57}$$

式中，T 为绝对温度；d 为扩散质点的直径；R 为气体常数；μ 为溶液的黏度；N 为阿伏加德罗常数。

扩散层厚度：

$$\delta = \frac{k}{v^n} \tag{11-58}$$

式中，k 为常数；v 为搅拌速率；n 为指数，一般为 0.6。

在 $t=0$、$c_t=0$ 的起始条件下积分式（11-56），便可导出：

$$\int_0^{c_t} \frac{\mathrm{d}c}{c_s - c_t} = k_D \int_0^t \mathrm{d}t \tag{11-59}$$

$$-\int_0^{c_t} \mathrm{d}\ln(c_s - c_t) = k_D \int_0^t \mathrm{d}t \tag{11-60}$$

$$2.303\lg \frac{c_s}{c_s - c_t} = k_D t \tag{11-61}$$

式（11-61）就是简单溶解反应的动力学方程。从式（11-61）可以看出，将 $\lg c_s/(c_s - c_t)$ 对 t 作图，便得一条直线，由直线的斜率可求出 k_D。

图 11-6 为简单溶解机理的示意图。由此图可见，在简单溶解过程中，有一饱和层迅速在紧靠相界面处形成，从而观测到的速率简单来说就是溶剂化了的分子由饱和层扩散到溶液本体中的速率。显然，在此情况下，溶解速率与温度和搅拌速率都有关系。

11.3.2 化学溶解反应的动力学方程

固体氧化锌在硫酸溶液中的浸出，可以作为这类反应的典型实例，其反应式为：

$$ZnO + H_2SO_4 = ZnSO_4 + H_2O \tag{11-62}$$

这一反应是在固体溶质 ZnO 的表面上进行的，溶剂 H_2SO_4 也主要是在 ZnO 表面上消耗的。因此，紧靠固体表面处硫酸的浓度比其在溶液中的浓度要小，溶液中硫酸的浓度随着远离反应区逐渐增大，在离开固体表面某一距离的地方，称为液流中心，硫酸的浓度最大。相反，反应产物硫酸锌的浓度在紧靠固体表面处为最大，而在液流中心为最小，如图 11-7 所示。

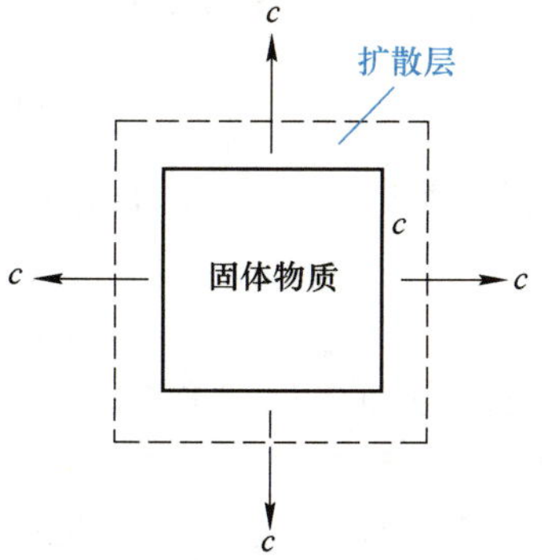

图 11-6 简单溶解的示意图

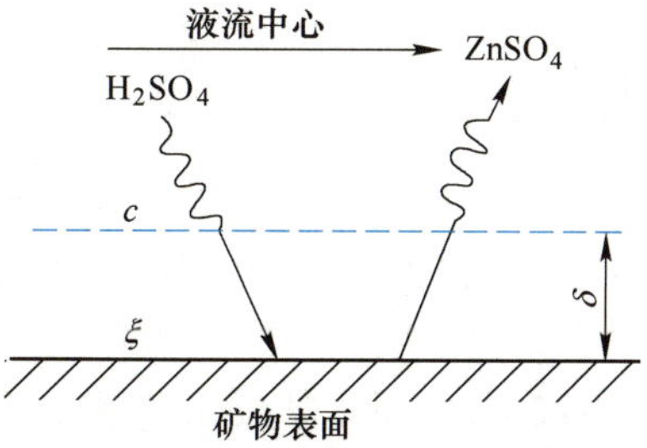

图 11-7 H_2SO_4 化学溶解 ZnO 的示意图

c—溶剂在液流中心的浓度；ξ—溶剂在矿物表面的浓度；δ—扩散层厚度

由于液流中心与相界面之间存在浓度差，故发生溶剂质点向相界面迁移，而反应产物的质点则由相界面向液流中心迁移。因此，一般来说化学溶解过程可以认为由以下几个步骤组成：

（1）溶剂质点由液流中心向固体矿物外表面的外扩散；

（2）溶剂质点沿着矿物的孔隙和裂缝向其内部深入渗透的内扩散；

（3）溶剂质点在固体表面上的吸附（表面包括矿物的外表面以及孔隙和裂缝的内表面）；

（4）被吸附的溶剂与矿物之间的化学反应；

（5）反应产物的解吸；

（6）反应产物由反应区表面向液流中心的扩散。

以上各环节可以分为两类，吸附-化学变化环节（（3）（4）和（5））及扩散环节（（1）（2）和（6））。

现在来讨论简化了的情况。假设浸出取决于两个阶段——溶剂向反应区的迁移和相界面上的化学相互作用。根据菲克定律，溶剂由溶液本体向矿物单位表面扩散的速率可表示如下：

$$v_D = -\frac{dc}{dt} = D\frac{c_L - c_i}{\delta} = k_D(c_L - c_i) \tag{11-63}$$

式中，v_D 为单位时间内由溶剂质点向矿物表面迁移而引起的浓度降低，即扩散速率；$\frac{c_L - c_i}{\delta}$ 为浓度梯度；D 为扩散系数（即浓度梯度等于1时的扩散速率）；c_L 为液流中心溶剂的浓率；c_i 为紧靠矿物表面溶剂的浓度；k_D 为扩散速率常数，$k_D = D/\delta$。

在矿物表面上，发生浸出过程的化学反应，其速率根据质量作用定律可表示如下：

$$v_R = -\frac{dc}{dt} = k_R c_i^n \tag{11-64}$$

式中，v_R 为单位时间内由溶剂在矿物表面上发生化学反应而引起的浓度降低，即化学反应速率；k_R 为吸附-化学变化的动力学阶段的速率常数；c_i 为紧靠矿物表面溶剂的浓度；n 为反应级数。

对氧化锌的酸浸出以及其他类似的化学溶解过程，反应速率都服从一级方程。

根据浸出过程两类的各自速率方程，可以求得稳定状态下的宏观速率方程：

$$v = -\frac{dc}{dt} = \frac{k_R \cdot k_D}{k_R + k_D} c_L \tag{11-65}$$

（1）当 $k_R \ll k_D$，即扩散速率相当大，而化学反应速率很小时，式（11-65）中的 $k_R + k_D \approx k_D$。因而式（11-65）可以简化为：

$$v = k_R \cdot c_L \tag{11-66}$$

说明浸出过程的速率服从化学反应所固有的各种规律，亦即浸出过程处于动力学区域。

（2）当 $k_D \ll K_R$，即化学反应速率相当大，而扩散速率很小时，式（11-65）中的 $k_R + k_D \approx k_R$。因而式（11-65）可以简化为：

$$v = k_D \cdot c_L \tag{11-67}$$

说明浸出过程的速率受扩散速率的控制，亦即浸出过程处于扩散区域。

比值 $k_D \cdot k_R/(k_R+k_D)$ 起着宏观变化速率常数 k 的作用，因而式（11-65）可以具有下列形式：

$$-\frac{dc}{dt}=kc_L \tag{11-68}$$

在 $t=0$，$c_L=c_0$ 的起始条件下积分式（11-68），可导出：

$$-\int_{c_0}^{c_L}\frac{dc}{c_L}=k\int_0^t dt \tag{11-69}$$

$$\ln\frac{c_0}{c_L}=kt \tag{11-70}$$

式中，c_0 为溶剂的起始浓度。

式（11-70）就是化学溶解一级反应的动力学方程。将 $\ln c_0/c_L$ 对 t 作图，得到一条直线，根据其斜率可以求出 k 值。实验证实，有许多类似于氧化锌酸浸出的化学溶解反应遵循式（11-70）所示的规律。

11.3.3 电化学溶解反应的动力学方程

溶质价发生变化的氧化-还原溶解，属于电化学溶解。具有这种溶解方式的反应大量出现在湿法冶金中，如金、银的络合浸出和硫化矿的氧化酸浸等均为电化学溶解。

大量研究证实，金、银溶解于氰化溶液属于电化学溶解。现以银的氰化配合浸出为例，其主要反应为：

$$2Ag+4NaCN+O_2+2H_2O=\!=\!=2NaAg(CN)_2+2NaOH+H_2O_2 \tag{11-71}$$

这一反应分成如下两个半电池反应：

阳极反应：

$$2Ag+4CN^- -2e=\!=\!=2Ag(CN)_2^- \tag{11-72}$$

阴极反应：

$$O_2+2H_2O+2e=\!=\!=H_2O_2+2OH^- \tag{11-73}$$

从上述反应可以看到，阳极发生氧化溶解反应，阴极为氧的去极化作用。图 11-8 所示为银的氰化配合溶解示意图。由于银的氰化溶解时的化学反应非常迅速，故决定过程速率的控制因素是扩散，即银的氰化溶解处于扩散区域。

由于化学反应速率远大于扩散速率，故可认为 $[CN^-]_S\approx 0$，$[O_2]_S\approx 0$。因此，在阳极液中，CN^- 向银的扩散速度为：

$$\frac{d[CN^-]}{dt}=\frac{D_{CN^-}}{\delta}A_2([CN^-]-[CN^-]_S)=\frac{D_{CN^-}}{\delta}A_2[CN^-] \tag{11-74}$$

式中，D_{CN^-} 为 CN^- 的扩散系数；$[CN^-]$ 为液流中心 CN^- 的浓度；δ 为扩散层厚度；A_2 为阳极区面积；$[CN^-]_S$ 为反应界面上 CN^- 的浓度；t 为时间。

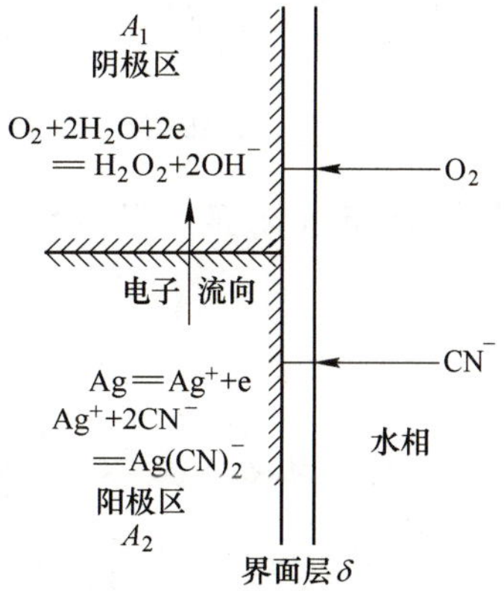

图 11-8 银的氰化溶解示意图

A_1—阴极区面积；A_2—阳极区面积；$A=A_1+A_2$

在阴极液中，O_2 向阴极表面的扩散速率为：

$$\frac{d[O_2]}{dt}=\frac{D_{O_2}}{\delta}A_1([O_2]-[O_2]_S)=\frac{D_{O_2}}{\delta}A_1[O_2] \qquad (11\text{-}75)$$

式中，D_{O_2} 为 O_2 的扩散系数；$[O_2]$ 为液流中心 O_2 的浓度；A_1 为阴极区面积；$[O_2]_S$ 为反应界面上 O_2 的浓度。

由以上分析可知，银的配合溶解速率，取决于 CN^-、O_2 的扩散速率。从前面所述的银的氰化溶解主要反应中可知，每个分子的氧可以氧化两个分子的银，而每个分子的银要与两个氰离子配合，因此银的溶解速率 v 与 O_2 和 CN^-的扩散速率的关系可以写成：

$$v=2\frac{d[O_2]}{dt}=2\frac{D_{O_2}}{\delta}A_1[O_2] \qquad (11\text{-}76)$$

$$v=\frac{1}{2}\cdot\frac{d[CN^-]}{dt}=\frac{1}{2}\cdot\frac{D_{CN^-}}{\delta}A_2[CN^-] \qquad (11\text{-}77)$$

当

$$2\frac{D_{O_2}}{\delta}A_1[O_2]=\frac{1}{2}\cdot\frac{D_{CN^-}}{\delta}A_2[CN^-] \qquad (11\text{-}78)$$

时，银的溶解速率最快。

设银与氰化溶液接触的总面积 $A=A_1+A_2$，则溶解速率为：

$$v=\frac{2D_{CN^-}\cdot D_{O_2}\cdot[CN^-]\cdot[O_2]}{\delta\cdot D_{CN^-}\cdot[CN^-]+4\delta D_{O_2}\cdot[O_2]}A \qquad (11\text{-}79)$$

从式（11-65）可以看出：

（1）当 $[CN^-]$ 很低而 $[O_2]$ 很高时，分母的第一项可以忽略不计，从而得到：

$$v=\frac{1}{2\delta}D_{CN^-}\cdot[CN^-]\cdot A \qquad (11\text{-}80)$$

表明银的溶解速率只与 $[CN^-]$ 有关。

（2）当 $[CN^-]$ 很高而 $[O_2]$ 很低时，分母的第二项可以忽略不计，从而得到：

$$v=\frac{2}{\delta}D_{O_2}\cdot[O_2]\cdot A \qquad (11\text{-}81)$$

表示银的溶解速率随 $[O_2]$ 而变。

如果 $A_1=A_2$，δ 相等，即当 $\frac{[CN^-]}{[O_2]}=\frac{4D_{O_2}}{D_{CN^-}}$ 时，溶解速率达到极限值。

已知 O_2 和 CN^-的扩散系数分别为：

$$D_{O_2}=2.76\times10^{-5}\ cm^2/s$$

$$D_{CN^-}=1.83\times10^{-5}\ cm^2/s$$

因此，$D_{O_2}/D_{CN^-}=1.5$，$\frac{[CN^-]}{[O_2]}=4\times1.5=6$。

从上述分析可知，在氰化过程中，控制 $[CN^-]/[O_2]=6$ 为最有利。实践证明，对于金、银和铜的氰化配合浸出，$[CN^-]/[O_2]$ 控制在 4.69~7.4 比较适当，见表 11-7。

表 11-7 在各种氰化物和氧浓度下金、银、铜溶解的极限比值

金属	温度/K	p_{O_2}/Pa	$[O_2]$ /mol · L^{-1}	$[CN^-]$ /mol · L^{-1}	$[CN^-]/[O_2]$
金	298.15	101325	1.28×10^{-3}	6.0×10^{-3}	4.69
	298.15	21278.25	0.27×10^{-3}	1.3×10^{-3}	4.85
	308.15	101325	1.10×10^{-3}	5.1×10^{-3}	4.62
	298.15	101325	1.28×10^{-3}	8.8×10^{-3}	6.80
	298.15	21278.25	0.27×10^{-3}	1.7×10^{-3}	6.30
银	297.15	798441	9.55×10^{-3}	56×10^{-3}	5.85
	297.15	344505	4.35×10^{-3}	25×10^{-3}	5.75
铜	308.15	273577.5	2.96×10^{-3}	22.0×10^{-3}	7.40
	298.15	101325	1.28×10^{-3}	9.4×10^{-3}	7.35
	308.15	101325	1.10×10^{-3}	8.1×10^{-3}	7.35
	308.15	21278.25	0.27×10^{-3}	2.0×10^{-3}	7.40

在常温、常压下，氧在水中的溶解度为 0.27×10^{-3} mol/L，所以氰化钠的浓度应控制在 $6\times0.27\times10^{-3}$ mol/L。

11.4 影响浸出速率的因素

影响浸出速率的主要因素有矿块的大小、过程的温度、矿浆的搅拌速率和溶剂的浓度。

11.4.1 各种因素对浸出速率的影响

11.4.1.1 矿块大小对浸出速率的影响

如前所述，浸出是液-固之间的多相反应过程，在其他条件相同的情况下，浸出速率与液-固接触表面成正比，因此，浸出过程的速率随着矿块的减小而增大。故矿块在浸出之前应进行破磨。矿块的破磨程度取决于有价成分在矿块中的分布情况、经济效益和所采用的浸出方法。应当指出，矿块不宜过分磨细，否则将会使矿浆的黏度增大，这样又会降低浸出速率。适宜的矿块大小，要由实验确定。

11.4.1.2 温度对浸出速率的影响

温度对浸出速率的影响，取决于它对过程限制步骤的影响。在动力学区域时，反应速率常数以下式表示：

$$k \approx k_R = k_C e^{-\frac{W_K}{RT}} \tag{11-82}$$

式中，k_C 为常数，相当于反应活化能等于零时的反应速率常数；R 为气体常数；W_K 为反应活化能。

对于大多数反应来说，活化能在 29288~83680 J/mol 的范围内。

温度对反应速率的影响是，温度升高 283 K，反应速率增加 2~4 倍，也就是说反应速

率的温度系数等于2~4。

如果过程受扩散速率限制，即在扩散区域时，则浸出速率与温度的关系可用下式表示：

$$k \approx k_D = k_C e^{-\frac{W_D}{RT}} \tag{11-83}$$

式中，k_D 为扩散速率常数；k_C 为常数，相当于扩散活化能等于零时的反应速率常数；W_D 为扩散活化能。

扩散过程也需要活化能，因为扩散质点在其运动时不断地落入和跳出溶剂质点力场的范围，但是由于扩散过程是在没有完全断裂和形成化学键的情况下发生的，扩散时需要较小的活化能，一般认为在836.8~29288 J/mol。这个较小数值的活化能，通常可用来作为判断过程是否在扩散区域的标志。扩散速率的温度系数一般在1.5以下。

11.4.1.3 搅拌在浸出过程中的作用

前面已经提到，在大多数情况下，浸出时都要对矿浆进行搅拌。搅拌的目的在于使扩散层厚度减小。这是因为搅拌时，会产生具有高速的涡流，这种涡流能迅速地将扩散层厚度减小至一定程度。但即使很激烈的搅拌也不能将扩散层全部去掉，这是因为靠近矿物晶体的饱和溶液层与矿物晶体之间有着牢固的附着力，而且由水力学原理可知，液体在固体表面层的流动与整个液体的运动是有区别的，也就是当整个液体已处在相当剧烈的紊流时，固体表面层附近的液体仍然可以处于层流状态。当搅拌速率达到一定值后，进一步提高搅拌速率，也不会加速离子或分子的扩散速率，在此情况下，反应的进行不再受扩散条件的限制，而是受反应进行的动力学因素的限制。浸出过程最合适的搅拌速率须由实验确定。

11.4.1.4 溶剂浓度对反应速率和溶解程度的影响

溶剂浓度对反应速率和溶解程度影响很大。溶解速率和溶解程度均随溶剂浓度的增大而增加。但溶剂浓度也不能过高，过高不仅不经济，而且还会引起杂质进入溶液的量增多。最适当的溶剂浓度应该是，在此浓度下，被提取的有价成分能迅速溶解，而杂质进入溶液的数量又最少。最适当的浓度，也须由实验确定。

11.4.1.5 压力对浸出过程的影响

在常压浸出过程中，温度升高的限度受到溶液沸腾温度的限制。如果浸出是在加压条件下进行的，则过程的温度可以按照溶液上面的蒸气压力相应地增加，从而使浸出过程加速进行。

11.4.2 提高浸出速率的措施

（1）如果浸出过程在动力学区域进行，则加速反应进行最有效的措施有：提高温度，增大压力，增大溶剂浓度，减小矿物粒度，提高固体的气孔率，使用催化剂等。

（2）如果浸出过程由外扩散控制，则提高浸出速率的措施有：加强搅拌以减小扩散层厚度，提高浸出剂浓度，提高温度以增大外扩散系数。

（3）如果固体内扩散成为浸出过程的控制步骤，那么强化过程的方法是将矿块磨细以降低原料粒度和增大孔隙的相对体积。

习题与思考题

11-1 按简单的 Me-H_2O 系的三种类型的反应，绘制在 298 K 温度下硫酸锌水溶液中锌含量为 1.898 mol/L 时的 ε-pH 值图。

11-2 当溶液中 $a_{Fe^{3+}}$ 为 1 mol/L 时，按铁离子变化的 3 个反应给制在 298 K 温度下的 ε-pH 值图。

11-3 求溶液 pH=5，Au(CN^-) 的活度为 10^{-5} mol · L 时的 $\varepsilon_{Au(CN^-)_2^-/Au}$ 值。当 pH=9 时其值又为多少，两者相比哪个 pH 值更有利于金的配合浸出？

11-4 对于 ZnS-H_2O 系，当有氧存在时，在下列两种条件下锌以什么形式稳定存在？

(1) pH=-1，ε=0.4 V；

(2) pH=3，ε=0.8 V。

11-5 在 1 L 3 mol/L 盐酸中，放入一大块锌片，在一定速率下搅拌，开始 1 min 内溶解 20 g 锌。若认为锌的表面积不变，已知锌的原子量为 65.39。求：(1) 化学溶解速率常数；(2) 溶解 50 g 锌所需要的时间；(3) 10 min 可溶解多克锌？

11-6 已知氯化铅在 298 K 温度下在水中的溶解度等于 38.66 mmol/L。在相同条件下经 10.5 min 后，1 L 溶液中溶解了氯化铅 6.14 mmol，而经过 1 h 后，溶解了 24.58 mmol。求：(1) 溶解速率常数；(2) 溶液饱和氯化铅达 90%所需的时间。

11-7 在有氧存在的条件下，用碳酸钠-碳酸氢钠混合溶液溶解 UO_2 矿粉。实验在恒温下进行，结果如下：

t/h	0	0.5	1	1.5	2	2.5	3	3.5	4
W/g	4.00	3.21	2.53	1.95	7.47	1.08	0.76	0.51	0.33

试求溶解反应的速率常数。

12 浸出液净化

本章要点

本章介绍了湿法冶金中净化溶液和提取金属经常用到的化学沉淀法、置换沉淀法、气体还原法、离子交换法和溶剂萃取法的基本原理，要点如下：

(1) 水解沉淀法的热力学原理；

(2) 硫化物沉淀法的热力学原理；

(3) 置换沉淀法的热力学原理及影响因素；

(4) 加压氢还原法的热力学原理及影响因素；

(5) 离子交换法平衡及动力学；

(6) 溶剂萃取及其典型萃取体系。

12.1 引言

矿物在浸出过程中，当要提取的有价金属从原料中溶浸出来时，原料中的某些杂质也伴随进入溶液，这些杂质金属有 Cu、Pb、Fe、Cd、Mn、As、Ni、Co、Bi 和 Sb 等，此外还有 SiO_2、Al_2O_3、CaO 和 MgO 等。为了便于沉积欲提取的有价主体金属，在沉积前必须将某些杂质除去，以获得尽可能纯净的溶液。这种浸出液除杂质的过程称作浸出液净化。

在大部分情况下，净化分离出来的杂质金属往往又作为有价半成品加以回收的重要原料。例如，从锌浸出液中净化所得的铜镉渣，是提取铜镉的重要原料，所得的钴渣是提取钴的重要原料。如此，净化过程又是综合利用资源的重要过程。

浸出液净化的方法有很多，从原理上大致分为五种，即化学沉淀法、置换沉淀法、胶体聚沉法、有机溶剂萃取法和离子交换法。沉淀法是采取适当措施使溶液中的溶质过饱和，以固体形态析出后进行分离的方法。它主要有两种方式：(1) 从溶液中除去杂质，将杂质与溶液分离，主要金属保留在溶液中；(2) 从溶液中析出主要金属的纯化合物，使杂质保留在溶液中。

从净化后的浸出液中提取金属时经常用到电化学还原和化学还原法。化学还原包括金属置换还原、气体还原和有机物还原等。其中，金属置换还原法与浸出液净化时采用的置换沉淀法在原理上是相同的，因此本章将对工业上净化溶液和提取金属经常用到的化学沉淀法、置换沉淀法和气体还原法从反应原理角度进行详细叙述。

12.2 化学沉淀净化法

化学沉淀法指的是在沉淀剂的作用下，溶液中某种离子与沉淀剂结合后形成难溶化合物沉淀析出的过程。为了达到使主体有价金属和杂质彼此分离的目的，工业生产中有两种不同的做法：一是使杂质呈难溶化合物形态沉淀，而有价金属留在溶液中，这个过程称作沉淀净化法；二是使有价金属呈难溶化合物沉淀，而杂质留在溶液中，这个过程称为纯化合物沉淀法。

湿法冶金过程中经常遇到的难溶化合物有氢氧化物、硫化物、碳酸盐、黄酸盐和草酸盐等，最常用的是金属离子形成难溶氢氧化物的水解沉淀法和形成难溶硫化物的硫化物沉淀法。下面将分别讨论这两种方法的基本原理和应用。

12.2.1 水解沉淀法

12.2.1.1 氢氧化物沉淀法

A 氢氧化物沉淀法的原理

除了少数的碱金属氢氧化物以外，大多数金属的氢氧化物都属于难溶化合物。在生产实践中，使溶液中金属离子呈氢氧化物形态沉淀，有两种方法：

（1）沉淀净化法，即通过加入碱性化合物或调节 pH 值，并控制适当的反应条件，选择性地使杂质（金属离子）水解生成氢氧化物沉淀，从浸出液中分离并除去，从而净化浸出液。例如，在锌冶金中利用焙砂（主要为 ZnO）中和含有 Fe^{3+} 的 $ZnSO_4$ 溶液，使 Fe^{3+} 变成 $Fe(OH)_3$ 沉淀。

$$Fe_2(SO_4)_3 + 3ZnO + 3H_2O = 2Fe(OH)_3\downarrow + 3ZnSO_4 \tag{12-1}$$

然后分离 $Fe(OH)_3$ 沉淀，除去杂质铁离子。

（2）使主要金属从溶液中呈氢氧化物析出的纯化合物沉淀法，如生产氧化铝时，铝呈氢氧化铝从铝酸钠溶液中沉淀析出；在提取钨、钽、铌、锆等金属的冶金中，也广泛使用从溶液中析出其纯的化合物的方法。

B 氢氧化物沉淀法的热力学分析

从反应原理的角度看，沉淀净化法与水解沉淀法的反应原理基本是相同的，都是生成难溶氢氧化物的反应。其反应可以用下列通式表示：

$$Me^{z+} + zOH^- = Me(OH)_{z(s)} \tag{12-2}$$

反应的标准吉布斯自由能变化为：

$$\Delta_r G^{\ominus}_{(1)} = \Delta_f G^{\ominus}_{Me(OH)_z} - \Delta_f G^{\ominus}_{Me^{z+}} - z\Delta_f G^{\ominus}_{OH^-} \tag{12-3}$$

及

$$\lg K^{\ominus}_{sp} = \frac{\Delta_r G^{\ominus}_{(1)}}{2.303RT} \tag{12-4}$$

式中，$K^{\ominus}_{sp}$ 为离子溶度积，当 $\Delta_r G^{\ominus}$ 已知时，就可算出反应的 $K^{\ominus}_{sp}$ 。

$$\begin{aligned}\lg K^{\ominus}_{sp} &= \lg(a_{Me^{z+}} \cdot a^{z}_{OH^-}) \\ &= \lg a_{Me^{z+}} + z(\lg K_w - \lg a_{H^+})\end{aligned} \tag{12-5}$$

式中，K_w 为水的离子积，整理后得：

$$pH_{(1)} = \frac{1}{z}\lg K^{\ominus}_{sp} - \lg K_w - \frac{1}{z}\lg a_{Me^{z+}} \tag{12-6}$$

式（12-6）即为 Me^{z+} 水解沉淀时平衡 pH 值的计算式。由式可见，形成氢氧化物沉淀的 pH 值与氢氧化物的溶度积和溶液中金属离子的活度有关。

表 12-1 所列数值为 298 K 及 $a_{Me^{z+}} = 1$ 时生成 $Me(OH)_z$ 的平衡 pH 值，亦即开始出现氢氧化物沉淀的 pH 值。

表 12-1 298 K 及 $a_{Me^{z+}}=1$ 时若干氢氧化物沉淀的 pH 值

氢氧化物生成反应	溶度积 K_{sp}	溶解度/mol/L^{-1}	生成 $Me(OH)_z$ 的 $pH_{(1)}$ 值
$Ti^{3+}+3OH^-=Ti(OH)_3$	1.5×10^{-44}	4.8×10^{-12}	-0.5
$Sn^{4+}+4OH^-=Sn(OH)_4$	1.0×10^{-56}	2.1×10^{-12}	0.1
$Co^{3+}+3OH^-=Co(OH)_3$	3.0×10^{-41}	5.7×10^{-11}	1.0
$Sb^{3+}+3OH^-=Sb(OH)_3$	4.2×10^{-42}	1.1×10^{-11}	1.2
$Sn^{2+}+2OH^-=Sn(OH)_2$	5.0×10^{-26}	2.3×10^{-9}	1.4
$Fe^{3+}+3OH^-=Fe(OH)_3$	4.0×10^{-38}	2.0×10^{-10}	1.6
$Al^{3+}+3OH^-=Al(OH)_3$	1.9×10^{-33}	2.9×10^{-9}	3.1
$Bi^{3+}+3OH^-=Bi(OH)_3$	4.3×10^{-33}	6.3×10^{-9}	3.9
$Cu^{2+}+2OH^-=Cu(OH)_2$	5.6×10^{-20}	2.4×10^{-7}	4.5
$Zn^{2+}+2OH^-=Zn(OH)_2$	4.5×10^{-17}	2.2×10^{-6}	5.9
$Co^{2+}+2OH^-=CO(OH)_2$	2.0×10^{-16}	3.6×10^{-6}	6.4
$Fe^{2+}+2OH^-=Fe(OH)_2$	1.6×10^{-15}	0.7×10^{-5}	6.7
$Cd^{2+}+2OH^-=Cd(OH)_2$	1.2×10^{-14}	1.2×10^{-5}	7.0
$Ni^{2+}+2OH^-=Ni(OH)_2$	1.0×10^{-15}	1.4×10^{-5}	7.1
$Mg^{2+}+2OH^-=Mg(OH)_2$	5.5×10^{-12}	1.1×10^{-4}	8.4
$Ti^{+}+OH^-=Ti(OH)$	7.2×10^{-1}	9×10^{-1}	13.8

表 12-1 可用来比较各种金属离子形成氢氧化物的顺序。当氢氧化物从含有几种阳离子价相同的多元盐溶液中沉淀时，首先开始析出的是其形成 pH 值最低，即其溶解度最小的氢氧化物。在金属相同但其离子价不同的体系中，高价阳离子总是比低价阳离子在 pH 值更小的溶液中形成氢氧化物，这是由于高价氢氧化物比低价氢氧化物的溶解度更小。这个决定氢氧化物沉淀顺序的规律，是各种湿法冶金过程的理论基础之一。

12.2.1.2 碱式盐的沉淀

实践表明，纯净的氢氧化物只能从稀溶液中生成，而在一般溶液中常常形成碱式盐而沉淀析出。

设有碱式盐 $\alpha MeA_{z/y}\cdot\beta Me(OH)_z$，其形成反应可用下式表示：

$$(\alpha+\beta)Me^{z+}+\frac{z}{y}\alpha A^{y-}+z\beta OH^-=\alpha MeA_{z/y}\cdot\beta Me(OH)_z \tag{12-7}$$

式中，α，β 为系数；z 为阳离子 Me^{z+} 的价数；y 为阴离子 A^{y-} 的价数。

设 $\Delta_r G^{\ominus}_{(2)}$ 为上述反应的标准吉布斯自由能变化，则可类似地推导出下式：

$$pH_{(2)}=\frac{\Delta_r G^{\ominus}_{(2)}}{2.303z\beta RT}-\lg K_w-\frac{\alpha+\beta}{z\beta}\lg a_{Me^{z+}}-\frac{\alpha}{y\beta}\lg a_{A^{y-}} \tag{12-8}$$

从式（12-5）可以看出，形成碱式盐的平衡 pH 值与 Me^{z+} 的活度（$a_{Me^{z+}}$）和价数（z）、碱式盐的成分（α 和 β）、阴离子 A^{y-} 的活度（$a_{Me^{y-}}$）和价数（y）有关。

表 12-2 所列为 298 K 及 $a_{Me^{z+}} = a_{A^{y-}} = 1$ 时形成金属碱式盐的平衡 pH 值以及有关数据。

表 12-2　298 K 及 $a_{Me^{z+}} = a_{A^{y-}} = 1$ 时形成金属碱式盐的平衡 pH 值以及有关数据

碱式盐的化学式	碱式盐的标准生成自由焓 $\Delta_f G^{\ominus}_{(2)}$ /kJ · mol^{-1}	形成碱式盐的 $pH_{(2)}$ 值
$5Fe_2(SO_4)_3 \cdot Fe(OH)_3$	−820.06	<0
$Fe_2(SO_4)_3 \cdot Fe(OH)_3$	−305.43	<0
$CuSO_4 \cdot Cu(OH)_2$	−253.13	3.1
$2CdSO_4 \cdot Cd(OH)_2$	−123.43	3.9
$ZnSO_4 \cdot Zn(OH)_2$	−116.73	3.8
$ZnCl_2 \cdot 2Zn(OH)_2$	−206.27	5.1
$3NiSO_4 \cdot 4Ni(OH)_2$	−401.66	5.2
$FeSO_4 \cdot 2Fe(OH)_2$	−197.48	5.3
$CdSO_4 \cdot 2Cd(OH)_2$	−190.79	5.8

当溶液的 pH 值增加时，先沉淀析出的是金属碱式盐，也就是说，对于相同的金属离子来说，其碱式盐析出的 pH 值低于氢氧化物析出的 pH 值。从表 12-2 还可以看出，和表 12-1氢氧化物的情况一样，三价金属的碱式盐与二价同一金属碱式盐相比较，可以在较低的 pH 值下沉淀析出。因此，为了使金属呈难溶化合物形态沉淀，在沉淀之前或沉淀的同时，将低价金属离子氧化成更高价态的金属离子是合理的。在这方面，铁的氧化沉淀对许多金属的湿法冶金来说具有普遍意义。

12.2.2 硫化物沉淀法

在现代湿法冶金中，以气态 H_2S 作为沉淀剂使水溶液中的金属离子呈硫化物形态沉淀的方法已在工业生产中得到应用，并经实践证明这是一个既经济且效率又很高的方法。这个方法实际用于两种目的不同的场合：一种场合是使有价金属从稀溶液中沉淀，得到品位很高的硫化物富集产品，以备进一步回收处理；另一种场合则是进行金属的选择分离和净化，即在主要金属仍然保留在溶液中的同时使伴生金属成硫化物形态沉淀。

硫化物沉淀分离金属，是基于各种硫化物的溶度积不同，凡溶度积越小的硫化物越易形成硫化物而沉淀析出。下面将对硫化物的形成进行热力学分析。

硫化物在水溶液中的稳定性通常用溶度积来表示：

$$Me_2S_z = 2Me^{z+} + zS^{2-} \tag{12-9}$$

$$K_{sp(Me_2S_z)} = a^2_{Me^{z+}} \cdot a^z_{S^{2-}} \tag{12-10}$$

在 298 K 时，溶液中的硫离子 S^{2-}是由 H_2S 按下列两段离解而产生的：

$$H_2S = H^+ + HS^-,\quad K_1 = 10^{-7.6}$$

$$HS^- = H^+ + S^{2-},\quad K_2 = 10^{-14.4}$$

总反应

$$H_2S = 2H^+ + S^{2-}$$

$$K = K_1 \cdot K_2 = 1 \times 10^{-22} = \frac{a^2_{H^+} \cdot a_{S^{2-}}}{a_{H_2S}} \tag{12-11}$$

因为在 298 K 时溶液中 H_2S 的饱和浓度为 0.1 mol/L，故得：

$$a_{H^+}^2 \cdot a_{S^{2-}} = 1 \times 10^{-23} \tag{12-12}$$

由式（12-10）和式（12-12）就可导出一价金属硫化物（Me_2S）沉淀的平衡 pH 值的计算式为：

$$pH = 11.5 + \frac{1}{2}\lg K^{\ominus}_{sp(Me_2S)} - \lg a_{Me^+} \tag{12-13}$$

二价金属硫化物（MeS）沉淀的平衡 pH 值的计算式为：

$$pH = 11.5 + \frac{1}{2}\lg K^{\ominus}_{sp(MeS)} - \frac{1}{2}\lg a_{Me^{2+}} \tag{12-14}$$

三价金属硫化物（Me_2S_3）沉淀的平衡 pH 值的计算式为：

$$pH = 11.5 + \frac{1}{6}\lg K^{\ominus}_{sp(Me_2S_3)} - \frac{1}{3}\lg a_{Me^{3+}} \tag{12-15}$$

由式（12-13）~式（12-15）可见，生成硫化物的 pH 值不仅与硫化物的溶度积有关，而且还与金属离子的活度和离子价数有关。某些金属硫化物在 298 K 时的溶度积见表 12-3。如果已知金属离子的活度和离子价数，将各种金属硫化物的溶度积分别代入式（12-13）~式（12-15），就可以求出各种金属硫化物的平衡 pH 值。

表 12-3 某些金属硫化物在 298 K 下的溶度积和平衡 pH 值

硫化物	K_{sp}	$\lg K_{sp}$	平衡 pH 值	
			$a_{Me^{n+}} = 1$	$a_{Me^{n+}} = 1 \times 10^{-4}$
FeS	1.32×10^{-17}	−16.88	2.9	4.9
NiS	2.82×10^{-20}	−19.55	2.25	4.25
CoS	1.80×10^{-22}	−21.64	1.3	3.3
ZnS	2.34×10^{-24}	−23.63	−0.4	1.6
CdS	2.14×10^{-26}	−25.67	−1.55	0.45
PbS	2.29×10^{-27}	−26.64	−2.45	−0.45
CuS	2.40×10^{-35}	−34.62	−6.1	−4.1

由式（12-13）~式(12-15）的推导可知，系数 11.5 是在 H_2S 的浓度为 0.1 mol/L 的条件下推算出来的，如果溶液中 H_2S 的浓度大于 0.1 mol/L，则此系数将会降低，亦即表明硫化物沉淀析出的 pH 值降低。

在常温、常压条件下，H_2S 在水溶液中的溶解度仅为 0.1 mol/L，只有提高 H_2S 的分压，才能提高溶液中 H_2S 的浓度。所以，在现代湿法冶金中常利用高温、高压进行硫化沉淀。高温、高压对硫化沉淀的影响如下：

（1）温度升高的影响。在热溶液中用 H_2S 进行沉淀，有利于硫化物沉淀；温度升高还可以加快反应速率。这些都是升高温度对硫化物沉淀的有利影响。同时，温度升高，H_2S 在水溶液中的溶解度下降，硫化物的溶度积也加大，对硫化物沉淀不利。

（2）压力增加的影响。提高 H_2S 的压力，H_2S 的溶解度提高，有利于硫化沉淀。高温对硫化沉淀主要是有利的，但也有不利的影响因素存在，这些不利影响通过高压可以抵消一部分，所以总的来说，高温、高压有利于硫化沉淀的进行。

12.3 置换沉淀法

12.3.1 置换沉淀过程的热力学

如果将较负电性的金属加入到较正电性金属的盐溶液中，则较负电性的金属将自溶液中取代出较正电性的金属，而本身则进入溶液。例如将锌粉加入到含有硫酸铜的溶液中，便会有铜沉淀析出，而锌则进入溶液中：

$$CuSO_4 + Zn \longrightarrow Cu + ZnSO_4 \tag{12-16}$$

或

$$Cu^{2+} + Zn \longrightarrow Cu + Zn^{2+} \tag{12-17}$$

同样地，用铁可以取代溶液中的铜，用锌可以取代溶液中的铜和金：

$$Cu^{2+} + Fe \longrightarrow Cu + Fe^{2+} \tag{12-18}$$

$$Cd^{2+} + Zn \longrightarrow Cd + Zn^{2+} \tag{12-19}$$

$$2Au(CN)_2^- + Zn \longrightarrow Zn(CN)_4^{2-} + 2Au \tag{12-20}$$

用较负电性的金属从溶液中取代出较正电性金属的反应叫作置换沉淀。从热力学角度来讲，任何金属均可能按其在电位序（表 12-4）中的位置被较负电性的金属从溶液中置换出来。

$$z_2Me_1^{z_1+} + z_1Me_2 \longrightarrow z_2Me_1 + z_1Me_2^{z_2+} \tag{12-21}$$

式中，z_2、z_2 为被置换金属 Me_1 和置换金属 Me_2 的价数。

表 12-4 某些电极的标准电位（电位序）

电　极	反　应	$\varepsilon^{\ominus}$/V
Li^+，li	$Li^++e = Li$	-3.010
Cs^+，Cs	$Cs^++e = Cs$	-3.020
Rb^+，Rb	$Rb^++e = Rb$	-2.980
K^+，K	$K^++e = K$	-2.920
Ca^{2+}，Ca	$Ca^{2+}+2e = Ca$	-2.840
Na^+，Na	$Na^++e = Na$	-2.713
Mg^{2+}，Mg	$Mg^{2+}+2e = Mg$	-2.380
Al^{3+}，Al	$Al^{3+}+3e = Al$	-1.680
Zn^{2+}，Zn	$Zn^{2+}+2e = Zn$	-0.763
Fe^{2+}，Fe	$Fe^{2+}+2e = Fe$	-0.440
Cd^{2+}，Cd	$Cd^{2+}+2e = Cd$	-0.402
Ti^+，Ti	$Ti^++e = Ti$	-0.335
Co^{2+}，Co	$Co^{2+}+2e = Co$	-0.267
Ni^{2+}，Ni	$Ni^{2+}+2e = Ni$	-0.241

续表 12-4

电　极	反　应	$\varepsilon^{\ominus}/V$
Sn^{2+}, Sn	$Sn^{2+}+2e=Sn$	−0.140
Pb^{2+}, Pb	$Pb^{2+}+2e=Pb$	−0.126
H^+, H_2	$H^++e=1/2H_2$	0.000
Cu^{2+}, Cu	$Cu^{2+}+2e=Cu$	+0.337
Cu^+, Cu	$Cu^++e=Cu$	+0.520
$I_{(s)}$, I^-	$1/2I_2+e=I^-$	+0.536
$Hg_2{}^{2+}$, Hg	$1/2Hg_2{}^{2+}+e=Hg$	+0.798
Ag^+, Ag	$Ag^++e=Ag$	+0.799
Hg^{2+}, Hg	$Hg^{2+}+e=Hg$	+0.854
$Br_{(l)}$, Br^-	$1/2Br_2+e=Br^-$	+1.066
$Cl_{2(g)}$, Cl^-	$1/2Cl_2+e=Cl^-$	+1.358
Au^+, Au	$Au^++e=Au$	+1.500
$F_{2(g)}$, F^-	$1/2F_2+e=F^-$	+2.850
O_2, OH^-	$H_2O+1/2O_2+2e=2OH^-$	+0.401
O_2, H_2O	$O_2+H^++2e=2H_2O$	+1.229

在有过量置换金属存在的情况下，上述反应将一直进行到平衡时为止，也就是将一直进行到两种金属的电化学可逆电位相等时为止。因此，反应平衡条件可表示如下：

$$\varepsilon_1^{\ominus}+\frac{RT}{z_1F}\ln a_1=\varepsilon_2^{\ominus}+\frac{RT}{z_2F}\ln a_2 \tag{12-22}$$

如果两种金属的价数相同，即 $z_1=z_2$，那么式（12-14）可改写为：

$$\varepsilon_2^{\ominus}-\varepsilon_1^{\ominus}=\frac{RT}{zF}\ln\frac{a_1}{a_2} \tag{12-23}$$

从式（12-15）可见，在平衡状态下，溶液中两种金属离子活度之比可用下式表示：

$$\frac{a_1}{a_2}=10^{\frac{(\varepsilon_2^{\ominus}-\varepsilon_1^{\ominus})zF}{2.303RT}} \tag{12-24}$$

根据式（12-24）对二价金属所作的一些计算结果见表 12-5。

表 12-5　在平衡状态下被置换金属和置换金属离子活度的比值

置换金属	被置换金属	金属的标准电极电位/V		a_1/a_2
		置换金属	被置换金属	
Zn	Cu	−0.763	+0.337	1.0×10^{-38}
Fe	Cu	−0.440	+0.337	1.3×10^{-27}
Ni	Cu	−0.241	+0.337	2.0×10^{-20}
Zn	Ni	−0.763	−0.241	5.0×10^{-19}

续表 12-5

置换金属	被置换金属	金属的标准电极电位/V		a_1/a_2
		置换金属	被置换金属	
Cu	Hg	+0. 337	+0. 792	1.6×10^{-16}
Zn	Cd	-0. 763	+0. 401	3.2×10^{-13}
Zn	Fe	-0. 763	-0. 440	8.0×10^{-12}
Co	Ni	-0. 267	-0. 241	4.0×10^{-2}

从表 12-5 可以看出，在许多场合下，用置换沉淀法有可能完全除去溶液中被置换的金属离子。然而置换过程不仅取决于热力学，还与一系列动力学因素有关。

12. 3. 2 置换沉淀过程的动力学

12. 3. 2. 1 置换沉淀过程的动力学分析

置换沉淀也称为内电解，其机理是沿着原电池理论的发展建立起来的。根据原电池的概念，可视置换金属的溶解即离子化为负极过程，而被置换金属的沉积为正极过程。也就是说，在与电解质溶液相接触的金属表面上，进行着共轭的氧化还原电化学反应。当较负电性的金属放入含更正电性金属离子的溶液中时，在金属与溶液之间开始离子交换，并在金属表面上形成了被置换金属覆盖的表面区。随着反应的进行，电子将由置换金属流向被置换金属的正极区，而在负极区则是金属的离子化，如图 12-1 所示。

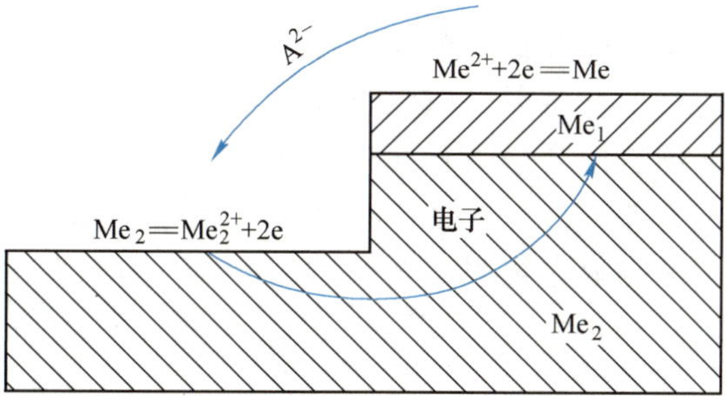

图 12-1 置换沉淀过程的示意图

从反应机理上说，置换过程的速率可能受电化学反应步骤控制，即受负极或正极反应速率控制，也可能受扩散传质步骤控制。用电化学的研究方法进行测定，所得结果表明，若过程受负极反应速率控制，被置换金属表面上测得的电位是向更正的方向移动；相反，若过程受正极反应速率控制，则被置换金属的电位向更负的方向移动，并趋近于该原电池反应中负电性金属的电位。例如，镍粉置换铜时，铜的电位向更正的方向移动，说明置换过程受负极反应，即镍的离子化控制；在锌粉置换铜时，铜的电位向负值方向移动，说明置换过程取决于正极反应，即铜的沉积反应速率。研究表明，置换沉积过程的速率大多受扩散传质步骤的控制。

12. 3. 2. 2 置换沉淀过程的影响因素

由于绝大多数置换过程都是由扩散步骤控制的，因此影响传质速率的因素都会影响整个置换过程的速率，主要有以下一些因素：

（1）搅拌速率。置换过程属于多相反应过程，加快搅拌，则溶液和固相表面（包括还原剂与置换产物的表面）接触相对增加，有利于加大扩散速率常数。

（2）置换剂的粒度。粒度小则比表面增加，有利于加快置换速率。

（3）置换产物的形貌。由于置换过程主要在已沉积的金属表明进行，其形状越复杂、表明越粗糙，则置换过程的速率越快。

（4）溶液中其他离子的影响。某些其他离子的存在将对置换过程产生有利或不利的影响。在研究用锌置换非配合的 Ag^+ 时发现，溶液中的 Na^+、K^+、Li^+ 能使析出的银表面粗糙，相应地使置换过程加快；而氧的存在能生成氧化物膜，使表面致密，相应地降低置换速率。在研究用锌从氨溶液中置换铜、镉、钴时，发现有 Cu^{2+} 存在时，Ni、Co 被置换速率加快。

（5）温度。温度适当提高，一般有利于加快置换速率。

12.3.2.3 置换沉淀过程的副反应

（1）金属的氧化溶解反应。从热力学角度来说，氧完全有可能使置换金属溶解，甚至有可能使被置换沉积出来的金属返溶，从而造成置换金属的损耗。因此，有必要尽可能避免溶液与空气接触，或采取措施脱除溶液中被溶解的氧。例如，用锌粉从氰化物溶液中置换沉积金以前，对含金氰化物溶液进行真空脱气，这已成为金冶炼工艺流程中一个十分重要的工序。

（2）氢的析出反应。从 ε-pH 值图可以看出，负电性金属置换剂也会与水反应析出氢。这类副反应同样会造成置换金属的损耗。如果被置换的铊、铅、镍、钴、镉等金属，其电极电位比氢电极电位负，那么置换沉积过程中便很有可能发生氢的析出反应。从热力学角度考虑，为防止氢的析出，可以采取以下措施：一是尽可能提高溶液的 pH 值以降低氢的电位；二是加入添加剂，使之与被置换的金属形成合金以提高这些金属的电位。例如用锌粉置换沉积钴时便可添加 As_2O_3，使 Co^{2+} 生成 CoAs 合金以提高钴的电位。在分析氢的析出反应时，也应该考虑到氢在金属上析出的超电位。氢析出的超电位越高，其析出的可能性越小。

12.4 气体还原法

用气体作还原剂直接从溶液中提取金属粉末的技术称为气体还原法。气体还原法可以制备纯度高、适用于粉末冶金的金属粉，例如镍粉、钴粉等。目前工业上使用的气体还原剂主要是氢气和二氧化硫，相应的还原技术称为高压氢还原法和二氧化硫还原法。

12.4.1 加压氢还原的热力学分析

12.4.1.1 热力学条件

用氢气使金属从溶液中还原析出的反应可表示如下：

$$Me^{z+} + \frac{1}{2}zH_2 = Me + zH^+ \tag{12-25}$$

为了使反应由左向右进行，$\Delta_r G_{(1)}$ 就必须是负值。在这里，$\Delta_r G_{(1)}$ 以下式表示：

$$\Delta_r G_{(1)} = -zF(\varepsilon_{Me} - \varepsilon_H) \tag{12-26}$$

式中，ε_{Me} 和 ε_H 为金属电极和氢电极的平衡电极电位。所以反应自发进行的热力学条件是 $\varepsilon_{Me} > \varepsilon_H$。

12.4.1.2 加压氢还原反应的实现途径

金属电极和氢电极的电位可用能斯特公式表示如下：

$$\varepsilon_{Me} = \varepsilon_{Me}^{\ominus} + \frac{2.303RT}{zF}\lg a_{Me^{z+}} \tag{12-27}$$

$$\varepsilon_H = -\frac{2.303RT}{F}\mathrm{pH} - \frac{2.303RT}{zF}\lg\frac{p_{H_2}}{p^{\ominus}} \tag{12-28}$$

式（12-27）和式（12-28）所表示的关系如图 12-2 所示。

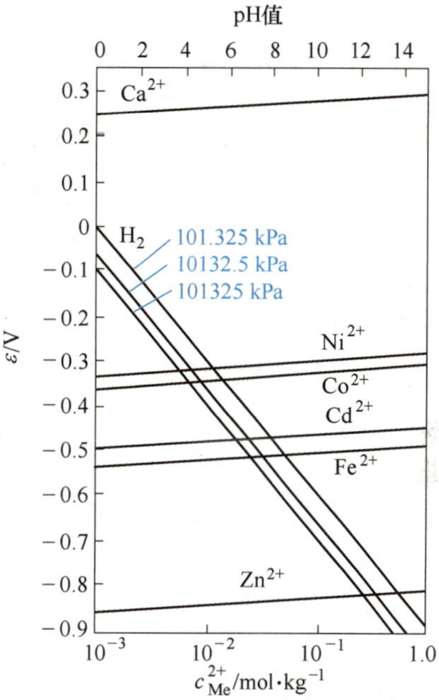

图 12-2　25 ℃下 ε_{Me} 与 Me^{2+} 离子浓度以及 ε_H 与溶液的 pH 值的关系

可用图 12-2 来简明地分析氢还原过程所需的热力学条件。很明显，要提高氢的还原能力（或金属离子被还原的可能性），必须提高金属的电位或降低氢的电位。从图 12-2 可以看出，增大反应（12-25）的还原程度有两个途径：

（1）提高溶液中金属离子的活度以提高金属的电位。但这种方法对提高金属电位的作用是有限的。

（2）提高氢气分压或提高溶液的 pH 值以降低氢电位。从图 12-2 中可以看出，溶液 pH 值提高 1 个单位对氢还原电位的降低与将氢气压力提高 100 倍的效果是相同的。也就是说提高溶液 pH 值对氢电位的降低比提高氢气压力更有效。

因此，为使还原过程顺利进行，除了在溶液中保留一定的金属离子最终浓度外，必须在溶液中形成相应的氢电位，也就是必须在溶液中保持相应的 pH 值。这个条件对标准电位比氢标准电位更低的金属的还原来说具有特别重要的意义。

12.4.1.3 金属还原的完全程度

当 $\varepsilon_{Me} = \varepsilon_H$ 时，反应建立平衡，从宏观角度来讲，溶液中不再有金属析出。由式（12-27）、式（12-28）可以推导出当 $\varepsilon_{Me} = \varepsilon_H$ 时，

$$\lg a_{Me^{2+}} = -z\mathrm{pH} - \lg\frac{p_{H_2}}{P^{\ominus}} - \frac{\varepsilon_{Me}^{\ominus}zF}{2.303RT} \tag{12-29}$$

这说明金属还原的完全程度与溶液最后的 pH 值和氢气的压力之间有一定的关系。

图 12-3 所示为式（12-6）的图解。从图中可以看出：

（1）对于正电性金属，如银、铜、铋的还原，无论溶液的酸度如何，金属的还原程度都很高；

（2）对于负电性金属，如镍、钴、铅、镉等的还原，若希望还原程度很高，就必须维持溶液有较高的 pH 值；但对于锌这类电位太负的金属来说，使之还原便十分困难，甚

至不可能实现，原因是还原过程所需 pH 值太高，而此时这些金属离子已经开始发生水解沉淀反应。

实现镍和钴等负电性金属的还原，维持溶液具有较高的 pH 值并控制适当的 pH 值的有效方法之一是加入氨。例如：

$$MeSO_4 + H_2 + 2NH_4OH = Me + (NH_4)_2SO_4 + 2H_2O \qquad (12\text{-}30)$$

$$Me(NH_3)_2SO_4 + H_2 = Me + (NH_4)_2SO_4 \qquad (12\text{-}31)$$

加氨的优点是氨呈弱碱性，中和了还原过程产生的酸，降低了氢的电位，有利于还原反应的进行；即使加入氨过量，也会因为 Ni^{2+}、Co^{2+}会与 NH_3 发生配合反应而不至于水解沉淀。但是，如果保持金属离子总浓度一定，则会由于 Ni^{2+}、Co^{2+}与 NH_3 反应形成了一系列配位数不同的络离子，至少游离金属离子浓度降低而削弱还原反应的推动力。因此需要确定出最佳的氨加入量。根据有关金属-配位体-水系平衡计算方法，可以计算出不同氨与金属浓度比值下，氢及金属的电位变化情况。根据计算结果可知氢还原反应最大的电动势是在 $[NH_3]:[Me^{z+}]=(2.0\sim2.5):1$ 的范围内。事实上，在镍、钴氢还原的工业实践中，氨与金属浓度的摩尔比也是采用这个范围。

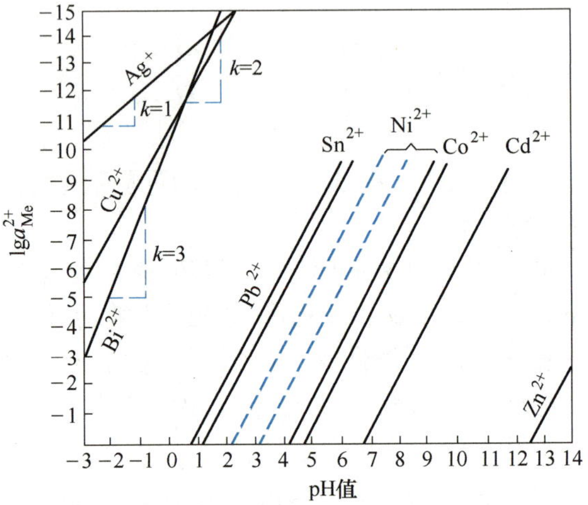

图 12-3 在 25 ℃及 p_{H_2} =0.1 MPa（对镍来说还列举了 p_{H_2} =1 MPa 和 10 MPa）的条件下用氢还原金属的可能完全程度

应该指出的是，温度对加压氢还原反应的影响也很大。上述热力学分析都是在常温 25 ℃下进行的，没有专门讨论温度变化对反应的影响，在下面的动力学分析中，将涉及温度对反应速率的影响。

12.4.2 加压氢还原的动力学分析

加压氢还原的动力学研究结果表明，不同的金属以及同一种金属在组成不同的溶液中，其反应机理也不尽相同，尚难以用一个统一的模型来进行处理。在此介绍有关氢还原反应动力学的某些共同特点。

（1）晶种的作用。氢还原反应是气-液相反应，其反应产物又是固体金属相，这意味着反应开始便涉及一个新相的形成，新相的形成需要比较大的自由能，为此通常加入产品金属的粉末作为晶种。

（2）降低活化能。氢气是相当稳定的，反应具有很大的惰性，计算表明，每摩尔氢分子离解为氢原子所需的能量高达 430 kJ，这意味着氢还原反应需要很高的活化能。要使反应加快进行，必须采用降低活化能和增加反应活性两种方式。

降低反应的活化能的有效途径是加入催化剂，以此加快反应的进行。可用的催化剂有镍、钴、铁、铂、钯等金属，铁、铜、锌、铬的氧化物或盐类以及某些有机试剂。甚至反应容器的器壁也会起催化作用。

提高温度是增加反应活性的有效手段，随着温度升高，反应速率大为加快。

(3) 氢分压。对于任何金属的氢还原反应，提高氢气的压力均有利于反应的加速。

12.5 共沉淀法

12.5.1 破坏胶体的方法

在湿法冶金中，时常产生胶体溶液，这给下一步液固分离，如沉降、过滤带来许多困难。因此，必须想办法使胶体溶液中的微小胶粒互相碰撞，进一步聚结成大粒，这样就会从溶液中迅速沉降，或易于过滤。这种作用叫作胶体的凝聚，或者叫作破坏胶体。破坏胶体常用的方法有以下几种。

12.5.1.1 加电解质

由于胶体粒子带有相同符号的电荷，它们互相排斥而不能结成大颗粒沉降。如果向胶体溶液中加入一种电解质，这样就增加了溶液内离子的浓度，给带电的胶体粒子创造了吸引带相反电荷离子的条件。当它接触或吸引到相反电荷的离子时，胶体粒子所带电荷会部分或全部被中和，因而失去了胶体保持稳定性的条件。这样，胶体粒子在自由运动过程中，由于互相碰撞便会结合形成较大的粒子，造成凝聚而迅速下降。

例如，在锌的湿法冶金浸出过程中，形成的 $Fe(OH)_3$ 胶体（为除铁、砷、锑所必须），这使以后的液固分离带来困难。为了破坏此种胶体，浸出操作时一边加锌焙砂调整 pH 值，一边看生成的沉淀颗粒大小。当 pH 值调整到 5.0~5.2 时，颗粒长大。其原因就在于用锌焙砂调整 pH 值时，除保证使三价铁能尽可能完全水解沉淀所需要的 pH 值（约 3.5）外，继续加的锌焙砂所产生的电解质，会使 $Fe(OH)_3$ 胶体粒子所带电荷被中和。这时矿浆的 pH 值也将继续升高，当 pH 值达到一定值（$pH=5.2$）时，胶体粒子不带电，吸水程度最低，凝结性最好，胶体粒子迅速增大而加快沉降。当 $pH<5.2$ 时，氢氧化铁带正电，吸水性强，呈膨润状，沉淀不好，砷、锑除去不彻底，澄清过滤困难；当 $pH>5.2$ 时，氢氧化铁带负电，同样吸水多，呈膨大的氢氧化铁，凝聚也不好，砷、锑虽除去较彻底，但却影响澄清与过滤。这就是在锌焙砂中性浸出时，要严格控制 pH 值的原因。

在其他金属的湿法冶金中，往往加 Na_2CO_3、$Ca(OH)_2$ 等电解质进行中和除铁，同样也是一种破坏胶体的措施。

按此道理，如果不是向胶体溶液中加入电解质，而是加入另一种带相反电荷的胶体溶液，当它们相互接触时，也能使胶体粒子所带电荷被中和掉，也会促使胶体粒子互相凝聚、长大而迅速下沉。

12.5.1.2 加热胶体溶液

加热电解质溶液可以减弱胶体粒子对离子的吸附能力，从而减少所带电荷数；同时可以增强胶粒的运动能力，这样胶粒之间互相碰撞的机会增多，从而发生凝聚下沉。此外，水溶液胶体往往吸附水分子，在胶粒周围形成水膜，此水膜也阻碍胶粒的凝聚。当加温时，可以破坏此水膜，也能促进胶粒的凝聚。因此，生产上常常采取加热的办法破坏胶体，促使胶粒凝聚长大，而使澄清与过滤较易进行。

12.5.1.3 加凝聚剂

将某些有机物加入胶体溶液中，能使很小的胶体粒子很快就凝聚成大颗粒，从而达到迅速沉降的目的。这种能使胶粒凝聚的物质叫作凝聚剂（又叫凝结剂或凝集剂）。目前在湿法冶金中常用的凝聚剂是聚丙烯联胺（即3号凝聚剂）和各种动物胶。

在选择凝聚剂时，除了要考虑它能加速沉降效果外，还必须考虑其对整个湿法冶金，特别是对电解过程有没有危害。

12.5.2 共沉淀法净化溶液

由于胶体有很大的吸附性，胶粒除了吸附荷电离子而使其本身带电，促使其稳定，难于凝聚成大粒沉降下来外，还能选择性地吸附电解质溶液中的一些有害杂质。这种吸附作用可以被用在生产上净化除去溶液中的杂质。例如，锌培砂中性浸出时，当 $Fe(OH)_3$ 胶粒在浸出矿浆中形成时，可以优先吸附溶解在溶液中的砷离子和锑离子，中和到pH值为5.2时，加入3号凝聚剂，当 $Fe(OH)_3$ 胶粒凝聚沉降时，便把原先吸附的砷离子、锑离子凝聚在一起共同沉降，达到净化除去砷、锑的目的。这种净化方法叫作吸附共沉淀法。它是各种湿法冶金中净化除去溶液中砷和锑常用的方法之一。

砷、锑与铁共沉淀法以除砷、锑的生产实践表明，砷、锑除去的完全程度，主要取决于溶液中的铁含量。铁含量越高，溶液中的砷、锑除去得越完全。一般要求溶液中的铁含量为砷、锑含量的10~20倍。

在生产实践中，还有另外一种共沉现象，就是在电解质溶液中，有两种难溶的电解质共存，当它们的晶体结构相同时，便可以生成共晶一起沉淀下来，这种沉淀称为共晶沉淀。例如在锌电解沉积过程中，锌电解液（主要含硫酸锌和硫酸）中含有少量的铅，它会在阴极析出，从而影响电锌质量。为了降低电解液中的铅含量，特向电解液中加入碳酸锶，碳酸锶在硫酸溶液中会转变成难溶的硫酸锶。而硫酸锶与硫酸铅都是难溶硫酸盐，它们的晶体结构相同，晶格大小相似，这样，便可以形成共晶而沉淀下来。

12.6 离子交换

12.6.1 基本概念

在湿法冶金中，离子交换是从含有价金属的电解质溶液中提取金属的方法之一。如图12-4所示，整个过程分两步进行：首先使溶液（料液）与一种叫作离子交换剂的固态物质（树脂）接触，于是离子交换剂便能以离子交换形式从溶液中吸附同符号的离子。经一次水洗后，紧接着加入淋洗剂，使吸附在离子交换剂上的欲提取离子转入淋洗液中。淋洗液送往回收金属，离子交换剂经二次水洗后供循环使用。

离子交换剂是带有离子化基团的三维聚合体或晶体网络。离子化基团由与网络牢固结合的固定离子和能进行交换的反离子组成，反离子的电荷与固定离子的电荷的符号相反。有时为了简化有关溶液与离子交换剂间交互作用的表述，把三维网络与固定离子合并称为骨架或母体，认为离子交换剂是由骨架和反离子组成的，如图12-5所示。

按照被交换离子电荷的符号，离子交换剂有阳离子交换剂与阴离子交换剂之分。还有一类两性离子交换剂，它们能同时实现阳离子和阴离子的交换。如果将骨架表示为R（带有固定离子），则阳离子交换反应以下式表示：

$$2RH + Ca^{2+} \rightleftharpoons R_2Ca + 2H^+ \tag{12-32}$$

在阴离子交换的情况下，则反应表示为：

$$2RCl + SO_4^{2-} \rightleftharpoons R_2SO_4 + 2Cl^- \tag{12-33}$$

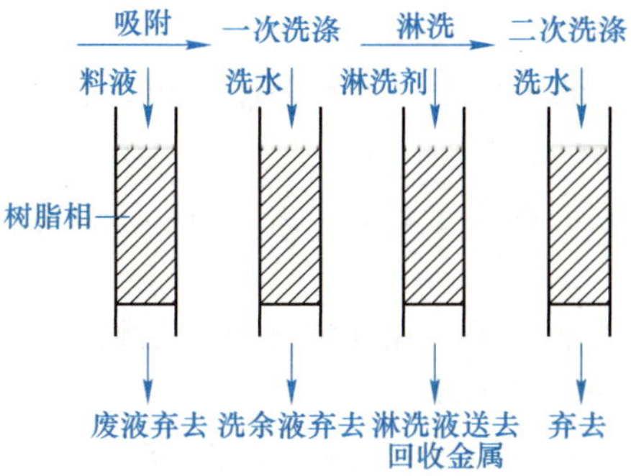

图 12-4　吸附-淋洗过程示意图

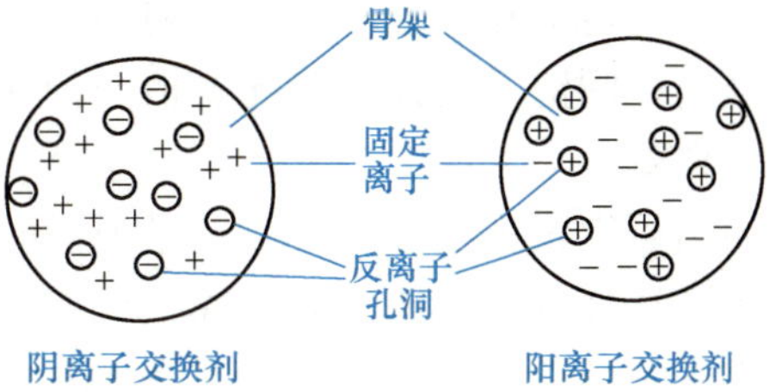

图 12-5　离子交换剂海绵结构模型

离子交换与吸附有某些相似之处，区别则在于离子交换是按化学计量的置换，即离子交换剂对每个等量的被吸附离子要还给溶液一个等量的同符号的离子，而吸附则只是吸收溶质。在很早以前，离子交换技术就在水的净化工艺中得到应用，并一直沿用到现在。离子交换剂在湿法冶金、化学工艺以及其他领域得到广泛应用，是在生产出离子交换合成树脂以后才开始的。现代研制出来的离子交换树脂具有较高的容量、化学稳定性和机械强度，已取代了其他各种离子交换材料。

在湿法冶金中，利用离子交换树脂，可解决以下各种问题：

（1）优先提取贫溶液中的金属并得到被提取金属更富集的溶液（例如从铀矿浸出液中提取铀；从处理含金矿的碱性溶液中提取金；从冶金生产废弃溶液中提取一系列有色和稀有金属）；

（2）分离性质相似的元素：稀土元素、Zr 和 Hf 以及其他；

（3）制取高纯度软化水；

（4）各种生产溶液的净化除杂质。

12.6.2 离子交换树脂

合成的离子交换树脂在结构上与塑料相似，但由于其中含有离子化基团而在电化学上又具有活性。离子交换树脂的骨架由碳氢链的高聚合空间网络组成，其中固定着电荷符号不同的固定离子。对阳离子交换树脂来说，其固定离子有：$—SO_3^-$，$—COO^-$，$—PO_3^{3-}$，$—AsO_3^{2-}$ 等；阴离子交换树脂的固定离子则有：$—NH_3^+$，$=NH_2^+$，$\equiv NH^+$，$\equiv N^+$。

如上所述，固定离子与反离子相互键合形成离子化基团，这种基团也叫作活性基或功能团。活性基团有：$—SO_3H$，$—SO_3Na$，$—COOH$，$—PO_3H_2$，$—AsO_3Na_2$，$—NH_3Cl$，$\equiv NOH$ 等。

树脂进行离子交换的能力，与活性基的离解程度有关。例如，活性基$—SO_3H$ 是完全离解的，故离子交换可能在宽广的 pH 值范围内进行。相反的，—COOH 基甚至在弱酸性介质中都很少离解。据此，可把阳离子交换树脂分成强酸性的（活性基团是—SO_3H 或—PO_3H_2）和弱酸性的（活性基团是—COOH）两类。类似地，阴离子交换树脂也有高碱性类和低碱性类之分。高碱性阴离子交换树脂含有作为活性基的易离解季铵碱或吡啶碱：

式中，R、R_1、R_2、R_3 为碳氢基（或骨架）；A 为盐的阴离子。这类树脂不仅能在酸性介质中，而且也能在碱性介质中与阴离子交换。

低碱性阴离子交换树脂含有伯、仲和叔氨基，它们都属于弱碱，并仅在 pH<7 的条件下发生离解。

树脂可以是多功能的，也就是说同时含有不同的活性基。在此情况下，阳离子交换剂含有不同酸性的功能团，而阴离子交换剂则含有不同碱性的功能团。

除了单纯的阳离子交换剂或单纯的阴离子交换剂之外，还合成了两性交换剂（或双极性交换剂)，其中同时含有阳离子交换剂和阴离子交换剂所固有的离子交换基，如：

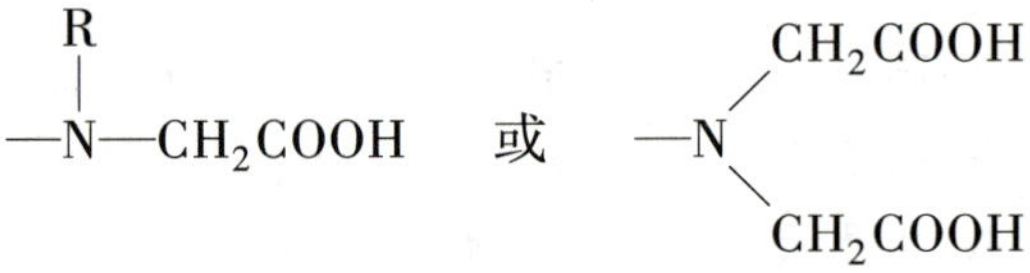

与叔氨基或季氨基相连而成的基团便是。

两性交换剂对金属阳离子显示出较高的选择性，因为能与金属阳离子形成螯合型络合物，例如：

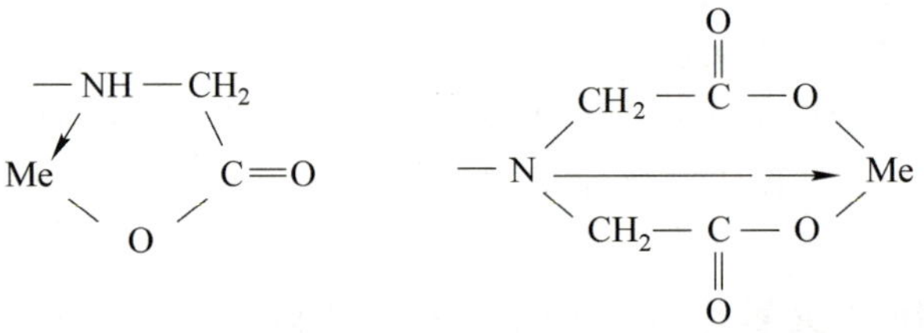

为了提高树脂对金属离子的选择性，有时在树脂的结构中引入能与被吸附离子形成内络合化合物的附加基团。这类树脂叫作形成螯合物的树脂。例如，由于在树脂结构中引入肟基，便得到了选择性吸附镍的阳离子树脂；在树脂中引入 8-羟基喹啉基团，使树脂具有了吸附铜离子和钴离子的选择性。

常用类型的离子交换剂也显示出形成络合物的能力。例如，含离子化基的—$PO(OH)_2$ 离子交换剂，在与 Th^{4+}、UO_2^{2+} UO_2^{2+}、Fe^{3+}等离子交互作用时便形成下列类型的螯合化合物：

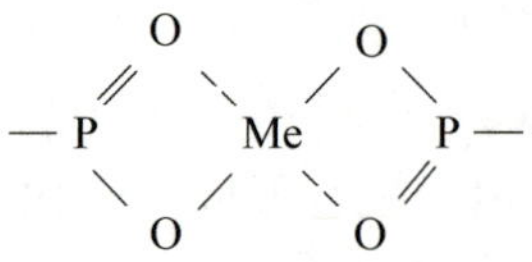

这一点表明，在吸附离子时交换常数很高。羰基阳离子交换树脂在吸附 Cu^{2+}、Ni^{2+} 和 Co^{2+}的情况下具有形成螯合物的能力。

表 12-6 所示为常用的各类型的离子交换树脂及其特征。

表 12-6 常用的离子交换树脂及其特征

树脂类型	功能团	可移动的离子	离子交换适用的 pH 值范围	树脂再生淋洗剂
1. 强酸	$—SO_3H^+$	H^+	1~14	稀 H_2SO_4，HCl
	$—SO_3^-Na^+$	Na^+	1~14	NaCl（盐水）
2. 弱酸	$—COO^-H^+$	H^+	5~14	稀 HCl
3. 弱碱	$—N^+H(CH_3)_2Cl^-$	Cl^-	1~8	稀 HCl
4. 强碱	$—N^+(CH_3)_2Cl^-$	Cl^-	1~14	NaCl
	$—N^+(CH_3)_2OH^-$	OH^-	1~14	NaOH
5. 螯合	$—CH_2N(CH_2COOH)_2$	H^+	4~14	稀 H_2SO_4，HCl

12.6.3 离子交换平衡

当树脂与电解质溶液接触时，便发生离子交换，直到达成平衡。交换反应是可逆的，并类似于通常化学反应按一定比例进行。一般来说，离子 A 和 B 的交换反应以下式表示：

$$z_B\overline{A} + z_AB \rightleftharpoons z_BA + z_A\overline{B} \tag{12-34}$$

式中，z_A 和 z_B 为离子 A 和 B 的电荷数，树脂相以字母上方短横线“–”标记。

对这个反应来说，根据质量作用定律，热力学平衡常数为：

$$K_{B/A} = a_A^{z_B}\,\overline{a}_B^{z_A}/(\overline{a}_A^{z_B}a_B^{z_A}) \tag{12-35}$$

式中，$\overline{a}_A$、$\overline{a}_B$、a_A、a_B 为离子在树脂中和在溶液中的活度。

热力学平衡常数用在离子交换平衡的理论研讨中。实际上，由于缺乏有关树脂相中的活度系数数据，故采用表观（浓度）平衡常数：

$$\tilde{K}_{B/A} = c_A^{z_B}\overline{c}_B^{z_A}/(\overline{c}_A^{z_B}c_B^{z_A}) \tag{12-36}$$

式中，$\overline{c}_A$、$\overline{c}_B$、c_A、c_B 为树脂中和溶液中的摩尔浓度。

如果溶液中被交换离子的活度系数已知，有时为了估算离子交换平衡，采用校正浓度常数：

$$\overline{K}_{B/A} = \overline{c}_B^{z_A}a_A^{z_B}/(a_B^{z_A}\overline{c}_A^{z_B}) = \tilde{K}_{B/A}\frac{\gamma_A^{z_B}}{\gamma_B^{z_A}} \tag{12-37}$$

式中，γ_A 和 γ_B 为离子在溶液中的活度系数。

为了描述平衡状态，除离子交换常数以外，还有两个彼此相关联的变量，分配比 L 和分离系数或选择系数 $T_{B/A}$。

分配比等于交换离子浓度的比值：

$$L_A = \overline{c}_A/c_A \tag{12-38}$$

分离系数等于交换离子在树脂中和溶液中的分配比的比值：

$$T_{B/A} = L_B/L_A = (\overline{c}_B/\overline{c}_A)(c_A/c_B) \tag{12-39}$$

分离系数是一个方便的定量特征值，可说明树脂分离反离子 A 和 B 的能力，即树脂的选择性能。

在交换离子的电荷数相等（$z_A = z_B$）的情况下，表观平衡常数便等于分离系数（$\widetilde{K}_{B/A} = T_{B/A}$）。但是在交换离子的电荷不相等（$z_A \neq z_B$）时，它们就可能出现严重偏差。例如，对于高容量树脂与稀溶液处于平衡（$c \ll \overline{c}$）的情况来说，如果 $z_A > z_B$，则 $T_{B/A} > \widetilde{K}_{B/A}$；若 $z_A < z_B$，则 $T_{B/A} < \tilde{K}_{B/A}$。

关于离子交换等温线。在离子之间的交换平衡 $\overline{A} + B \rightleftharpoons \overline{B} + A$ 成立的情况下，树脂中反离子 B 的摩尔分数 $\overline{x}_B$ 与其在溶液中的摩尔分数 x_B 之间的关系可用图表示出来，这个图就叫作离子交换等温线图，如图 12-6 所示。

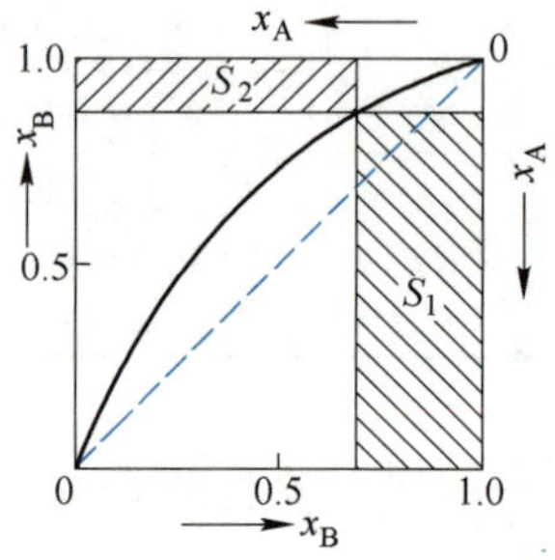

图 12-6 离子交换等温线示意图

在图 12-6 中，各变量之间的关系表示如下：

$$\overline{x}_B = \frac{z_B \overline{c}_B}{z_B \overline{c}_B + z_A \overline{c}_A} = \frac{z_B \overline{c}_B}{\overline{N}}; \quad \overline{x}_A = \frac{z_A \overline{c}_A}{\overline{N}} = 1 - \overline{x}_B \tag{12-40}$$

$$x_B = \frac{z_B c_B}{z_B c_B + z_A c_A} = \frac{z_B c_B}{N}; \quad x_A = \frac{z_A c_A}{N} = 1 - x_B \tag{12-41}$$

式中，$\overline{N}$ 和 N 分别为离子在树脂相中和外部溶液中的总浓度，g/L。

从而得到：$\overline{c}_B = \overline{N}\dfrac{\overline{x}_B}{z_B}$，$c_B = N\dfrac{x_B}{z_B}$，$\overline{c}_A = \overline{N}\dfrac{1 - \overline{x}_B}{z_A}$，$c_A = N\dfrac{1 - x_B}{z_A}$。这样，可导出以下关系：

$$\tilde{K}_{B/A} = \left\{\frac{\overline{N}\,\overline{x}_B}{N x_B}\right\}^{z_A} : \left\{\frac{\overline{N}(1 - \overline{x}_B)}{N(1 - x_B)}\right\}^{z_B} = \left(\frac{\overline{N}}{N}\right)^{z_A - z_B} \left(\frac{\overline{x}_B}{x_B}\right)^{z_A} \left(\frac{1 - \overline{x}_B}{1 - x_B}\right)^{z_B} \tag{12-42}$$

在交换离子的电荷数相同（$z_A = z_B$）的情况下，等温线方程可相对于 x_B 以明显的形式表示为：

$$\tilde{K}_{B/A} = \frac{\overline{x}_B(1 - x_B)}{x_B(1 - \overline{x}_B)} \tag{12-43}$$

及整理后，得到：

$$\overline{x}_B = \tilde{K}_{B/A} \frac{x_B}{1 + (\tilde{K}_{B/A} - 1) x_B} \tag{12-44}$$

在此情况下，等温线式仅决定于 $\tilde{K}_{B/A}$ 值（等于 $T_{B/A}$）。如 $\tilde{K}_{B/A} > 1$，则等温线凸出；若 $\tilde{K}_{B/A} < 1$，则等温线凹入。当 $\tilde{K}_{B/A} = 1$ 时，等温线便与正方形的对角线相符合（见图 12-5）。在 $z_A = z_B$ 的情况下，树脂被离子富集的程度，与外部溶液相比较，不受各离子浓度的制约，是等于 $\tilde{K}_{B/A} = T_{B/A}$。

对电荷数不同的离子来说，交换规律则较为复杂。

在 $z_A \neq z_B$ 的情况下，根据方程（12-41）得到：

$$T_{B/A}=\left(\frac{\overline{c}_B}{\overline{c}_A}\right):\left(\frac{c_B}{c_A}\right)=\frac{\overline{x}_B(1-x_B)}{x_B(1-\overline{x}_B)}=\tilde{K}_{B/A}^{\frac{1}{z_A}}\left(\frac{\overline{N}}{N}\right)^{\frac{z_B}{z_A}-1}\left(\frac{1-x_B}{1-\overline{x}_B}\right)^{\frac{z_B}{z_A}-1} \tag{12-45}$$

实际上，对 $\tilde{K}_{B/A}$ 来说，则有：

$$\tilde{K}_{B/A}^{\frac{1}{z_A}}=\left(\frac{\overline{N}}{N}\right)^{\frac{1-z_B}{z_A}}\left(\frac{\overline{x}_B}{x_B}\right)\left(\frac{1-\overline{x}_B}{1-x_B}\right)^{\frac{z_B}{z_A}}$$

$$=\frac{\overline{x}_B(1-x_B)}{x_B(1-\overline{x}_B)}\left(\frac{\overline{N}}{N}\right)^{\frac{1-z_B}{z_A}}\left(\frac{1-\overline{x}_B}{1-x_B}\right)^{\frac{z_B}{z_A}-1} \tag{12-46}$$

据此得到：

$$\frac{\overline{x}_B(1-x_B)}{x_B(1-\overline{x}_B)}=\tilde{K}_{B/A}^{\frac{1}{z_A}}\left(\frac{\overline{N}}{N}\right)^{\frac{z_B}{z_A}-1}\left(\frac{1-\overline{x}_B}{1-x_B}\right)^{\frac{z_B}{z_A}-1} \tag{12-47}$$

在此情况下，富集程度与离子浓度有关。

当体系中离子浓度很小时，亦即在 $\overline{x}_B=0$ 和 $x_B=0$ 的情况下，则得到：

$$T_{B/A}=\tilde{K}_{B/A}^{\frac{1}{z_A}}(\overline{N}/N)^{\frac{z_B}{z_A}-1} \tag{12-48}$$

因此，在 $z_A \neq z_B$ 的情况下，树脂对所考虑的离子的选择性能特征数已经不是浓度平衡常数，而是式（12-47）所示的乘积。

因为通常 $\overline{N} \gg N$，所以即使在电荷数多的离子被电荷数少的离子交换常数很小的情况下，树脂也能被电荷数多的离子所富集。例如，若 $z_A=1$，$z_B=2$，$\overline{N}=10$ g/L 和 $N=0.01$ g/L，则交换等温线即使是在 $\tilde{K}_{B/A}>10^{-3}$的情况下也是凸出的（也就是说，树脂被离子 B 所富集）；如果 $z_A=1$，$z_B=3$，而 $\overline{N}$ 和 N 分别等于 10 g/L 和 0.01 g/L，则等温线即使在 $\tilde{K}_{B/A}>10^{-6}$的情况下仍然显示凸出。

树脂优先吸收多电荷离子的这个趋势，叫作电选择性能。树脂被多电荷离子富集的程度，在交换等温线凸出的情况下随着这个离子在溶液中浓度的增大而下降。

各种电荷数不同的离子的交换等温线的图点，可以借助于求解下列由式（12-41）得来的方程求出：

$$\overline{x}_B - x_B\,\tilde{K}_{B/A}^{\frac{1}{z_A}}\left(\frac{\overline{N}}{N}\right)^{\frac{z_B}{z_A}-1}\frac{1-\overline{x}_B}{1-x_B} \tag{12-49}$$

分离系数 $T_{B/A}$ 可根据等温线上方和下方的直角四边形面积之比求得，等温线与这两个四边形在相应给定成分的点上相接触（图 12-5）。实际上，$S_{\text{I}}=\overline{x}_B x_A$，$S_{\text{II}}=\overline{x}_A x_B$ 及 $T_{B/A}=\dfrac{(\overline{x}_B/\overline{x}_A)}{(x_B/x_A)}=\dfrac{S_{\text{I}}}{S_{\text{II}}}$。

12.6.4 离子交换的选择性

如果浓度常数 $\tilde{K}_{B/A}>1$，则树脂对所考虑的离子是有选择的。但是要按式（12-48），

计算 $\tilde{K}_{B/A}$ 的值是不可能的，因为活度系数即使对成分较复杂的电解质水溶液来说也多半是不知道的，而对树脂相则是完全未知的。因此，目前只可能定性地或半定量地评定离子选择性的顺序和预示离子交换的规律。如果离子 B 和 A 由外部溶液转入树脂时的吉布斯自由能变化之差小于零，则树脂在此情况下将对离子 B 是有选择的。

对每一个离子来说，由外部溶液转入内部溶液时的吉布斯自由能变化可以表示为：

$$\Delta G_B - \Delta\overline{G}_B = RT\ln(\gamma_B/\overline{\gamma}_B)\ ;\ \Delta G_A - \Delta\overline{G}_A = RT\ln(\gamma_A/\overline{\gamma}_A) \tag{12-50}$$

从而，两者吉布斯自由能变化之差可以下式表示：

$$(\Delta G_B - \Delta\overline{G}_B) - (\Delta G_A - \Delta\overline{G}_A) = RT\ln[(\gamma_B/\overline{\gamma}_B):(\gamma_A/\overline{\gamma}_A)] \tag{12-51}$$

在式（12-51）中，对数后面的式子在 $z_A = z_B$ 时等于 $\tilde{K}_{B/A}$。很明显，如果方程（12-51）左边所示的差值大于零，则 $K_{B/A} > 1$（至少在 $z_A = z_B$ 时是如此）。离子由外部溶液转入内部溶液时的吉布斯自由能变化取决于两个基本因素：离子水化能的差别以及离子与符号相反离子（即外部溶液中的余离子，内部溶液中的固定离子）之间静电交互作用能的差别。根据水化能和静电交互作用能对离子从外部溶液转入树脂时总吉布斯自由能变化所起影响的比较，下面将分别讨论对阳离子树脂和对阴离子树脂而言的选择性顺序。

随固定离子和所交换阳离子的形态的不同，已经实验确定了各种不同的阳离子选择性顺序，这些顺序或是取决于水化能的变化，或是取决于树脂相中的静电交互作用能的变化。

在用磺酸阳离子树脂（强酸性树脂）对电荷数相同的阳离子进行交换时确定了以下的选择性顺序：

$$Li^+ < H^+ < Na^+ < NH_4^+ < K^+ < Rb^+ < Cs^+ < Ag^+ < Tl^+$$

$$Mg^{2+} < Ca^{2+} < Sr^{2+} < Ba^{2+};\ Lu^{3+} < Yb^{3+} < Tm^{3+} < Er^{3+} < \cdots < Ce^{3+} < La^{3+}$$

这些选择性顺序的决定性因素是水化能变化。例如，碱金属选择性的顺序符合水化热规律性减小的顺序，离子 Li^+、Na^+、K^+、Rb^+ 和 Cs^+ 的水化热分别等于 531 kJ/mol、423 kJ/mol、339 kJ/mol、314 kJ/mol 和 280 kJ/mol。因为水化能随离子半径的增大而减小，所以磺酸阳离子树脂对阳离子的选择性随离子半径的增大而升高。

在用磺酸阳离子树脂的情况下，静电交互作用对交换选择性的影响不显著，这是因为固定阴离子—SO^{3-}的体型比较大的缘故。除此之外，在一级近似中可设想：电荷是在三个氧原子之间分配，每个氧原子带-1/3 电荷。因为磺酸基团的力场微弱，所以在电荷数相同的阳离子序列中对选择性起主要影响的因素是离子水化能的差别。

对电荷数不同的离子来说，选择性随电荷数的增加而升高。例如，选择性递增的顺序可列出 $Na^+<Ca^{2+}<Al^{3+}<Th^{4+}$。在此情况下，对选择性起优势影响的因素是静电交互作用，并随离子电荷数的增加而增大。阳离子的水化能大致与其电荷数的平方成正比，这应导致选择性减少。但是，大部分的水化能与由外部溶液转入树脂时所保持的一次水化层的形成相关联。因此，水化能在转入树脂时损失的份额随着阳离子电荷数的增加而大大地减小。

在用弱酸阳离子树脂以及活性基团为—PO_3H_2 的树脂进行交换的情况下，发现阳离子亲和力顺序与用磺酸阳离子树脂进行交换的“正常”顺序相比较有很大的区别。例如，对羧酸树脂来说，一价阳离子的选择性顺序正好相反：$Li^+> Na^+> K^+>Rb^+>Cs^+$。这是由于静电交互作用能对选择性起主要影响的缘故。固定阴离子—COO^-的体型比—SO_3^-基的小，每个氧原子分摊-1/2个电荷。这两个因素有助于提高静电交互作用能。

用磷酸阳离子树脂进行交换的规律，在—PO_3H_2基不完全离解的条件下，接近于用羧酸阳离子树脂进行交换的规律。视树脂性质及交换条件而定，可以观察到“正常的”、部分或完全相反的碱金属阳离子的选择顺序。但若离子化基团完全离子化，则由于阳离子与二价固定阴离子—PO_3^{2-}的静电交互作用能高，故选择性顺序完全颠倒。

下面讨论关于阴离子的选择顺序。阴离子树脂（仲、叔胺类，季铵碱或吡啶碱类）由大量原子组成，骨架体型粗大和正电荷等于1。反离子在许多情况下靠近固定阳离子受到空间阻碍。因此，阴离子与固定阳离子的静电交互作用能不大，故起决定性作用的是离子由外部溶液转入树脂时的水化能变化。

众所周知，由于阴离子体型大而水化不强烈（体型小的OH^-和F^-离子例外）。但所有阴离子在稀溶液中都比在树脂相中更易于水化。水化较少的阴离子（体型大或电荷少）优先转入树脂相。

电荷数相同的离子的水化能随离子半径的增大而减小。这一点解释了已知的一价离子被交联数中等的强碱性阴离子树脂（5%～10%联乙烯苯）吸收的选择性顺序是：$F^- < Cl^- < Br^- < NO_3^- < I^- < ClO_4^-$。

随着阳离子电荷数的增加，对它们吸收的选择性降低，因为水化能与电荷数一起增大（在大小可比的情况下）。例如，Cl^-离子与ReO_4^-交换的浓度常数等于570，比与CrO_4^{2-}和WO_4^{2-}离子交换的浓度常数大三个数量级（后两者分别为0.18和0.078）。

多原子阴离子的水化程度不仅与离子半径的大小有关，而且结构因素，特别是决定与水分子起交互作用的亲水基的存在有重大影响。

周期表中同族元素形成的同类型多原子阴离子的吸收选择性，随着阴离子碱性的升高而降低（而碱性照例是随着中性原子的原子序数增大而升高），这是阴离子水化加强的缘故。所述观点与已知的阴离子选择性顺序相符合：$MnO_4^- > TcO_4^- > ReO_4^- > CrO_4^{2-} > WO_4^{2-}$；$ClO_3^- > BrO_3^- > IO_3^-$；$SO_3^{2-} > SeO_3^{2-} > TeO_3^{2-}$。

此外，还应考虑到粗大的阴离子较体型小的阴离子可在更大程度上破坏水的结构，这对于它们转入树脂相是有利的，在树脂相中水的结构规则性较差。所以，在电荷数相同的情况下，体型较小的阴离子可被体型大的阴离子从树脂上取代下来。这说明强碱性阴离子树脂对体型粗大、电荷数相同的$AuCl_4^-$、ReO_4^-、MnO_4^-、ClO_4^-等离子具有高的选择性。但应考虑到，所述规律性只有在阴离子的体型比树脂单元体型小的情况下才是正确的。当这些体型变成可比量时，便出现“屏蔽效应”（粗大离子不经树脂单元通过），而且选择性顺序会颠倒过来。

12.6.5 离子交换的动力学

树脂和溶液中的离子交互反应，包括如下五个步骤：

（1）溶液中的离子向树脂表面扩散，通过围绕树脂表面的液体薄膜交界层，达到树脂表面。

（2）到达树脂表面的离子进入树脂的交联网孔中，在树脂颗粒内部扩散。

（3）扩散进入树脂颗粒内部的离子与树脂中可交换离子（功能基的可离解离子）发

生交换反应。

(4) 被交换下来的离子在树脂交联网孔内向树脂表面扩散。

(5) 被交换下来的离子从树脂表面向溶液中扩散。

上述五个步骤中的 (1) (2) (4) (5) 均为扩散过程, (3) 是离子交换过程。一般来说, 有机离子交换反应是较快的, 因此总的离子交换过程受扩散过程控制。

因为 $\bar{j}_i = \bar{\beta}_i\left(\frac{d\bar{c}_i}{dx}\right)$, 式中, $\frac{d\bar{c}_i}{dx}$ 为离子沿扩散方向的浓度梯度。所以, 根据通量相等的关系得到 $\bar{\beta}_B\left(\frac{d\bar{c}_B}{dx}\right) = -\bar{\beta}_A\left(\frac{d\bar{c}_A}{dx}\right)$, 其中负号表示交换离子向相反的方向扩散。同时, $\bar{c}_A + \bar{c}_B = \bar{c}_X =$ 常数 ($\bar{c}_X$ 为固定离子的当量浓度), $\bar{c}_A = \bar{c}_X - \bar{c}_B$ 以及 $\frac{d\bar{c}_A}{dx} = -\frac{d\bar{c}_B}{dx}$, 这意味着 $\beta_B = \beta_A = \beta$ 。

上面已经提到, 离子交换速率或是取决于树脂颗粒中的扩散速率 (胶扩散), 或是取决于经毗连表面液体膜通过的扩散速率 (膜扩散)。在某些情况下, 两者皆可控制过程。多半是在浓溶液 (>0.1 mol/L) 中, 交换速率受颗粒内部扩散的控制, 而在低浓度时, 则受外部扩散的控制。

实验测定控制步骤最简单而可靠的方法是中断法。如图 12-7 所示, 在胶扩散动力学的情况下, 中断后的交换初速率高于中断前的, 因为浓度在颗粒中均衡化和初始浓度梯度增大。在膜扩散动力学的场合下, 吸收曲线没有弯曲。

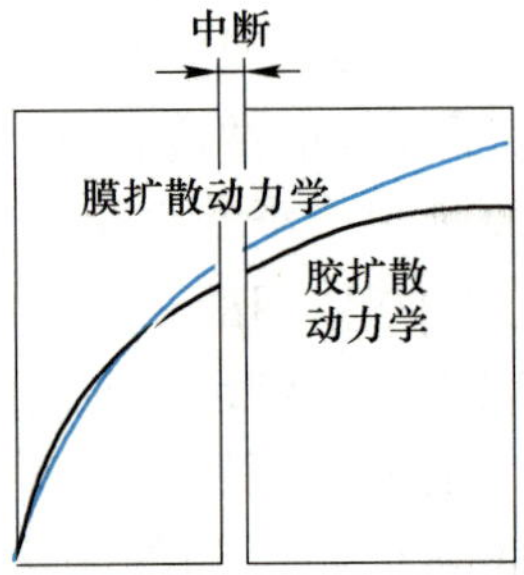

图 12-7 胶扩散和膜扩散在离子交换中断情况下的动力学曲线

现在来讨论外扩散 (膜扩散) 动力学的规律。在膜扩散动力学的情况下, 过程的速率取决于菲克第一定律的方程。对球形颗粒来说, 有以下关系:

$$\frac{dQ}{d\tau} = SD\frac{c - c_s}{\Delta r_0} = 4\pi r_0^2 D\frac{c - c_s}{\Delta r_0} \tag{12-51}$$

式中, Q 为被吸附反离子的量; r_0 为树脂颗粒的半径; Δr_0 为膜厚度; c 为溶液中反离子的浓度; c_s 为溶液中反离子在树脂表面边界上的浓度; D 为溶液中的扩散系数。

被颗粒吸附的反离子的总浓度以下式表示:

$$Q = \frac{4}{3}\pi r_0^3 \bar{c} \tag{12-52}$$

式中, $\bar{c}$ 为树脂中反离子的浓度。

如果设溶液在界面上与树脂处于平衡, 那么树脂中的浓度 $\bar{c}$ 可表示为 c_s 的函数。在分配比 L 恒定的情况下, 得到:

$$c_s = \frac{\bar{c}}{L} = \frac{Q}{\frac{4}{3}\pi r_0^3 D} \tag{12-53}$$

将 c_s 代入式 (12-51), 便得出:

$$\mathrm{d}Q/\mathrm{d}\tau = \left(\frac{4\pi r_0^2 D}{\Delta r_0}\right)\left[c - \frac{Q}{\frac{4}{3}\pi r_0^3 L}\right]$$
$$= \left(\frac{3D}{r_0 \Delta r_0 L}\right)\left(\frac{4}{3}\pi r_0^3 cL - Q\right) \tag{12-54}$$

平衡时，被吸附的反离子量决定于方程 $Q_\infty = \frac{4}{3}\pi r_0^3 cL$。在这里，要注意到 $c_s = \frac{\overline{c}}{L}$，以及因为饱和时 $c_s = c$，故 $\overline{c} = cL$。

令 $k \equiv \frac{3D}{r_0 \Delta r_0 L}$，即得到：

$$\frac{\mathrm{d}Q}{\mathrm{d}\tau} = k(Q_\infty - Q) \tag{12-55}$$

在初始 $\tau=0$ 时，$Q=0$ 的条件下积分方程（12-50），便得出：

$$F(\tau) = \frac{Q}{Q_\infty} = 1 - \mathrm{e}^{-k\tau} \tag{12-56}$$

式中，$F(\tau)$ 为相对于最大可能值的被吸附离子的比较份额。

方程（12-52）在两边取对数后，可改写成便于使用的形式如下：

$$\lg(l - F) = -\frac{k\tau}{2.303} \tag{12-57}$$

下面讨论在树脂内进行的扩散过程。在描述胶扩散动力学规律时，必须从菲克第二定律出发：

$$\frac{\partial \overline{c}_i}{\partial_\tau} = \overline{D}\left(\frac{\partial \overline{c}_i^2}{\partial r^2}\right) \tag{12-58}$$

对球形颗粒（在球面坐标中）来说，方程具有以下形式：

$$\partial \overline{c}_i / \partial_\tau = \overline{D}[(\partial^2 \overline{c}_i / \partial r^2) + (2/r)(\partial \overline{c}_i / \partial r)] \tag{12-59}$$

式中，r 为离球形颗粒中心的距离；$\overline{D}$ 为树脂中的扩散系数。

方程（12-59）按下列边界条件求解：

（1）$\tau=0$ 时，$\overline{c}_{i0}$ 在整个颗粒内具有相同的值；

（2）$\tau=\infty$ 时，$\overline{c}_i = \overline{c}_{i(\text{平衡})}$，其值在整个颗粒内相同；

（3）在 $\tau \neq 0$ 的所有值的情况下，颗粒表面与溶液处于平衡：

$$(\overline{c}_i)_{r-r_0} = \overline{c}_{s\text{平衡}} = Lc_{\text{溶液}} \tag{12-60}$$

式中，$\overline{c}_{s\text{平衡}}$ 为表面处浓度；L 为分配比；$c_{\text{溶液}}$ 为溶液中的浓度，设为常数。

对转化程度 $F(\tau) = Q/Q_\infty$ 而言，得到下列表达式：

$$F(\tau) = \frac{Q}{Q_\infty} = 1 - \frac{6}{\pi^2}\sum_{n=1}^{\infty}\frac{1}{n^2}\mathrm{e}^{-\frac{\overline{D}\pi^2 n^2 \tau}{r_0^2}} \tag{12-61}$$

式中，$n=1, 2, 3, \cdots$。转化份额 $F(\tau)$ 只取决于无量纲参数 $\overline{D}\tau/r_0^2$。

这样一来，在胶扩散动力学的情况下，相对的交换速度与扩散系数成正比，而与半径的平方成反比。

方程（12-61）在 $B=\frac{\overline{D}\pi^2}{r_0^2}$ 的（Q/Q_∞，B_τ）坐标中可改写为便于使用的如下形式：

$$F(\tau)=Q/Q_\infty=1-(6/\pi^2)\sum_{n=1}^{\infty}(1/n^2)e^{-B_\tau n^2} \tag{12-62}$$

F 随变量 B_τ 所变化的值已经算出，结果列举在表 12-7 中。

表 12-7 按方程（12-56）计算的 B_τ 与 F 值

$B_\tau/10^4$	F	$B_\tau/10^2$	F	$B_\tau/10$	F
0.1	0.0435	1.0	0.090	0.8	0.720
0.2	0.0050	2.0	0.125	1.0	0.775
0.4	0.0070	3.0	0.155	1.2	0.818
0.6	0.0083	4.0	0.180	1.5	0.865
0.8	0.0095	5.0	0.205	2.0	0.915
1.00	0.0105	6.0	0.225	2.5	0.950
1.50	0.0130	8.0	0.265	3.0	0.970
2.00	0.0153	10.00	0.300	3.5	0.980
3.00	0.0190	15.00	0.365		
4.00	0.0228	20.00	0.420		
5.00	0.0240	25.0	0.462		
6.00	0.0260	30.00	0.497		
8.00	0.030	40.0	0.555		
10.00	0.034	50.0	0.605		
15.00	0.042	60.0	0.650		
20.00	0.048	70.0	0.690		
30.00	0.059	80.0	0.720		

在处理实验结果时，通常是根据表 12-7 的数据作出 F-B_τ 关系图（图 12-8），利用这个图对 F 的每个实验值求出 B_τ 的值，然后除以时间来确定常数 B 的值。根据 B 的值，计算树脂颗粒中的扩散系数。

在转化程度很小的区域中，方程（12-61）右方的级数逐渐收敛，从而对计算可更方便地使用下列近似式：

$$F=(6/r_0)\sqrt{\overline{D}\tau/\pi}$$

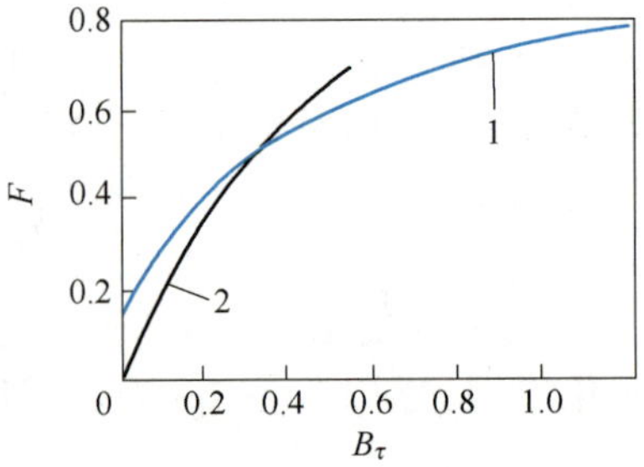

图 12-8 树脂上吸附作用的计算的动力学曲线

1—树脂内的扩散（胶扩散）；2—溶液经膜扩散

或 $$F=(6/\pi^{3/2})\sqrt{B_\tau}=1.08\sqrt{B_\tau} \tag{12-63}$$

这个近似式一直到 $F=0.05$ 为止都可算出精度很高的结果，到 $F=0.2\sim0.3$ 为止的精度也相当高。当 $F>0.7$（转化程度大）时，高阶项变得很小，从而可再进行简化，并得到：

$$F=1-(6/\pi^2)e^{\overline{D}\pi^2/r_0^2} \quad 或 \quad F=1-(6/\pi^2)e^{-B_\tau} \tag{12-64}$$

在此情况下，为了确定 $\overline{D}$，在半对数 $\ln(1-F)=\ln(6/\pi^2)-B_\tau$ 坐标中作图。根据直线的斜率求出 B，而后计算 $\overline{D}$。

对树脂中各种各样的离子来说，$\overline{D}$ 值在 $10^{-9}\sim10^{-6}$ cm²/s 范围内变动（注意：溶液中的 D 值为 $10^{-5}\sim10^{-4}$ cm²/s）。扩散系数 $\overline{D}$ 随树脂中的交联数及水化离子半径的增大而减小。

12.7 溶剂萃取

12.7.1 基本概念

12.7.1.1 有机溶剂萃取法的基本概念

利用有机溶剂从与其不相混溶的水相中把某种物质提取出来的方法称为有机溶剂萃取法，简称“溶剂萃取法”。例如，在铜湿法冶金中，铜矿石经 H_2SO_4 浸出后得到含有 $CuSO_4$（Cu^{2+}含量 1～7 g/L）、H_2SO_4 以及其他杂质的浸出液，为从中回收铜并将浸出剂 H_2SO_4 返回利用，通常以羟肟类化合物与煤油组成的有机相与上述浸出液作用，使 Cu^{2+} 与羟肟类化合物反应生成螯合物 R_2Cu，后者不溶于水易溶入有机相，从而使 Cu 由水相进入有机相，反应式为：

$$2\,\overline{RH}+Cu^{2+} = \overline{R^2Cu}+2H^+ \tag{12-65}$$

有机相的密度比水相小，因此两相分层分离，可从有机相中回收铜，而脱除 Cu^{2+} 后的水相则可返回矿石的浸出过程作为浸出剂。因此，有机溶剂萃取法主要分为三个阶段：

（1）萃取：将含有被萃取物的水溶液与有机相充分接触，使萃取剂与被萃取物结合生成不易溶于水而易溶于有机相的化合物从而进入有机相。两相充分接触前的溶液称为萃取原液或料液，两相充分接触后的水溶液称为萃余液。含有萃合物的有机相称为萃取液或负载有机相。

（2）洗涤：用某种水溶液（通常为空白水相）与萃取液充分接触，使机械夹带的和某些同时进入有机相的杂质被洗回水相。这种水溶液就称为洗涤剂。

（3）反萃取：用某种水溶液与经过洗涤除杂后的萃取液充分接触，使被萃取物重新自有机相转入水相，实际上是与萃取相反的过程。所使用的水溶液称为反萃剂（含无机酸、碱的水溶液，有时可以是纯水）。经过反萃后的有机相可以返回再使用。反萃后得到的含金属离子的水溶液称为反萃液。

在提取冶金领域，溶剂萃取由于具有平衡速率快、分离效果好、处理能力大、金属回收率高以及容易实现自动化操作等特点，已发展成为富集和分离提纯金属的一种重要手段，广泛应用于有色金属的提取冶金过程，而且正在逐步应用于废水处理等领域。因此，研究萃取过程的热力学有重大意义。

12.7.1.2 有机溶剂萃取体系的主要组分

为保证有机溶剂萃取过程的分离提纯效果，应创造良好的热力学和动力学条件，为此萃取体系应由多种试剂组成，主要试剂及其作用如下：

（1）萃取剂：萃取剂是一种有机试剂，能与被萃取物作用生成一种不溶于水而易溶于有机相的萃合物，从而在萃取时使被萃取物由水相转入有机相。例如，用含有三烷基胺（N_{235}）、仲辛醇和煤油的有机相从偏钨酸钠水溶液中萃取钨，有机相中的 N_{235} 是萃取剂，它与偏钨酸根离子作用生成不溶于水而易溶于有机相的萃合物，使钨从水溶液中转移到有机相中。有机相中的仲辛醇和煤油不与偏钨酸根离子作用，在这个萃取体系中，它们就不是萃取剂。任何萃取剂分子中至少都有一个萃取功能基，通过它与金属离子结合形成萃合物。常见的萃取功能基上的活性原子是氧、磷、氮、硫原子。冶金工业中目前常见的萃取剂是含氧、磷、氮功能基的萃取剂。

1）含氧萃取剂：分子中只含有碳、氢、氧三种元素的萃取剂，包括醚、醇、酮、醛、酸、酯各类有机化合物。

2）含磷萃取剂：分子中除碳、氢、氧外，还含有磷元素的萃取剂。它们可视为正磷酸分子中羟基或羟基中氢原子被烷基取代的化合物。部分为烷基取代的化合物称为酸性磷型萃取剂，完全为烷基酯化或取代的化合物则称为中性磷型萃取剂。

3）含氮萃取剂：分子中除碳、氢、氧外，还含有氮元素的萃取剂。它们也可视为氨的烷基取代物，其中氨中氢被烷基逐次取代的化合物称为胺类萃取剂；一个氢被酰基取代，另两个氢为烷基所取代的化合物称为取代酰胺类萃取剂；此外，有机物分子中含有 C ═NOH 结构的萃取剂，也属于含氮萃取剂的范畴，称为羟肟类萃取剂。

（2）稀释剂：在萃取过程中用于改善有机相的物理性质，如密度、黏度和极性的有机溶剂称为稀释剂。它不与被萃物发生化学作用，只用来调节萃取剂的浓度和降低有机相的黏度与密度，增加萃合物在有机相中溶解度。常用的稀释剂有煤油，如上述 N_{235} 萃钨时，煤油就是稀释剂。

（3）改质剂：为了避免萃取或反萃时发生乳化或生成第三相，向有机相中加入一些高碳醇等有机化合物，以增加萃取剂、萃取剂的盐类或金属萃合物的溶解度。这些有机物统称为改质剂。改质剂有可能参与萃取化学反应。

（4）萃合物：萃取剂与被萃取物发生化学反应生成的不易溶于水而易溶于有机相的化合物称为萃合物。萃合物通常是一种配合物。

（5）配合剂：配合剂是溶于水相且能与金属离子生成各种配合物的配位体。配合剂可分为抑萃配合剂和助萃配合剂两类。抑萃配合剂能降低萃取率，因而也称掩蔽剂，对于水相中不希望被萃取的物质，可加入相应的掩蔽剂来降低其萃取率。助萃配合剂能增加萃取率。

（6）盐析剂：盐析剂是溶于水相不被萃取且不与金属离子配合的无机盐。由于盐析剂的水合作用吸引了一部分自由水分子，使被萃物在水相中的浓度相对增加，因而有利于萃取。

12.7.2 萃取平衡的基本参数

12.7.2.1 分配定律和分配比

能斯特分配定律指出，当某一溶质在互不相溶的两相中分配时，如在给定温度下两相达到平衡后，溶质在两相中的分子形式相同，则该溶质在两相中的浓度比值为常数：

$$\lambda = \overline{[\mathrm{Me}]}/[\mathrm{Me}] \tag{12-66}$$

式中，λ 为分配系数；$\overline{[\mathrm{Me}]}$和［Me］分别为溶质 Me 在有机相中和在水相中的浓度。

分配定律只适用于接近理想溶液的稀溶液中的简单物理分配体系，例如，溴在四氯化碳与水之间的分配情况在低浓度时能较好地符合能斯特定律，见表 12-8。

表 12-8 Br_2 在 CCl_4 和 H_2O 之间的分配（25 ℃）

水相浓度 $[Br_2]$/g·L^{-1}	有机相浓度 $\overline{[Br_2]}$/g·L^{-1}	$\lambda = \dfrac{\overline{[Br_2]}}{[Br_2]}$
2.054	58.36	28.41
0.7711	21.53	27.92
0.5761	15.72	27.28
0.4476	12.09	27.01
0.3803	10.27	27.00

在大多数金属萃取体系中，情况往往都比较复杂，首先溶质在溶液中的浓度比较大；而且在萃取过程中，常常伴随着离解、缔合、配合等化学变化，溶质大多数情况下会以萃合物的形式进入有机相，因此溶质在两相中的分子形式并不相同。所以说这些体系并不完全服从分配定律。实际在溶剂萃取研究中，一般采用分配比（L）来表示萃取平衡时被萃物质在两相中的分配情况。

$$L = \frac{\overline{[m]_T}}{[m]_T} = \frac{\overline{[m_1]} + \overline{[m_2]} + \cdots + \overline{[m_n]}}{[m_1] + [m_2] + \cdots + [m_n]} \tag{12-67}$$

式中，$\overline{[m]_T}$、$[m]_T$ 分别表示被萃物在有机相中和在水相中的总浓度；$\overline{[m_1]}$，$\overline{[m_2]}$，…，$\overline{[m_n]}$ 分别表示各种形态的被萃物在有机相中的浓度；$[m_1]$，$[m_2]$，…，$[m_n]$ 分别表示各种形态的被萃物在水相中的浓度。

分配比 L 越大，则被萃物越易被萃入有机相。分配比不是常数，随被萃物的浓度、水相酸度、萃取剂浓度、稀释剂性质、温度以及其他物质的存在等因素的变化而变化。

12.7.2.2 分离因数

分离因数（$\beta_{A/B}$）也称分离系数，它是表示物质间可分离的难易程度的物理量，等于在同一萃取体系内，同样萃取条件下两种物质分配比的比值。

$$\beta_{A/B} = L_A/L_B = [\bar{c}_A \times c_B]/[c_A \times \bar{c}_B] \tag{12-68}$$

式中，L_A、L_B 表示两物质的萃取分配比，一般 A 表示易萃组分，B 表示难萃组分；$\beta_{A/B}$ 表示 A、B 两种物质自水相转移到有机相的难易程度的差别，$\beta_{A/B}$ 越大，就说明两物质越易分离，萃取的选择性越好。

12.7.3 典型萃取体系

萃取过程中的萃取剂不同，则萃取反应及生成的萃合物性质也不尽相同，进而导致其平衡的规律性不同。考虑到萃取剂的性质及生成的萃合物性质，可以将其划分为四个体系，即中性配合物萃取体系、阳离子交换萃取体系（或酸性配合萃取体系）、阴离子交换萃取体系、协同萃取体系。以下分别介绍各萃取体系的基本概念及萃取平衡。

12.7.3.1 中性配合物萃取体系

A 基本概念

中性配合物萃取体系又称为中性溶剂配合物萃取体系，其特点是：(1) 被萃取物是以中性分子与萃取剂作用，如 $UO_2(NO_3)_2$；(2) 萃取剂本身也是中性分子，如 TBP、RC═O、R_2O 等；(3) 生成的萃合物是一种中性溶剂化配合物，如 $UO_2(NO_3)_2 \cdot 2TBP$ 或 $UO_2(NO_3)_2 \cdot (H_2O)_4 \cdot 2R_2O$ 等。

按中性配合机理萃取金属离子的萃取剂有中性磷型萃取剂、含氧萃取剂、含有 P═S 官能团的中性磷硫萃取剂和中性含氮萃取剂（如吡啶）等。在冶金工业中广泛使用的是中性磷型萃取剂。

B 萃取平衡及影响因素

中性配合物萃取的规律性基本上是一致的，现以 TBP 及 P_{350}（甲基膦酸二甲庚酯）对稀土的萃取为例分析影响分配比及分离因数的因素。

TBP 萃取稀土硝酸盐的反应为：

$$RE^{3+} + 3NO_3^- + 3\,\overline{TBP} \rightleftharpoons \overline{RE(NO_3)_3 \cdot 3TBP} \tag{12-69}$$

萃取反应平衡常数为：

$$K = \frac{[\overline{RE(NO_3)_3 \cdot 3TBP}]}{[RE^{3+}]^3[NO_3^-]^3[\overline{TBP}]^3} \tag{12-70}$$

假定稀土在水相中主要以 RE^{3+} 形态存在，则分配比 L（图 12-9）为：

$$L = \frac{[\overline{RE(NO_3)_3 \cdot 3TBP}]}{[RE^{3+}]} \tag{12-71}$$

联立式（12-70）和式（12-71）得：

$$L = K[NO_3^-]^3[\overline{TBP}]^3 \tag{12-72}$$

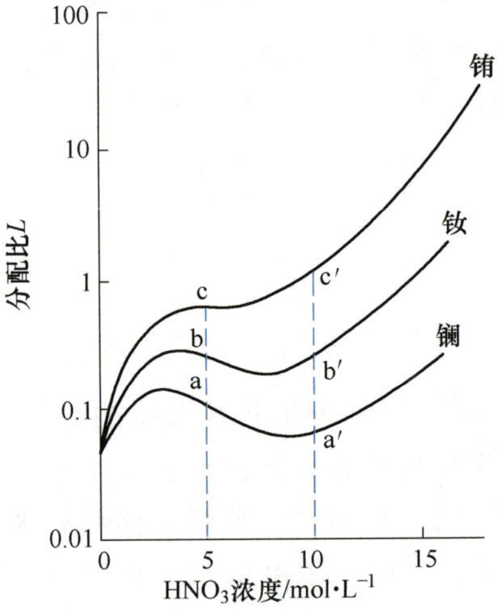

图 12-9 硝酸浓度对 TBP 萃取的影响

式中，$[\overline{TBP}]$ 为自由萃取剂浓度，它等于 TBP 的起始浓度（即总浓度 c_{TBP}）减去萃合物浓度的 3 倍，再减去 TBP 与 HNO_3 的萃合物浓度 $[\overline{HNO_3 \cdot TBP}]$，即：

$$[\overline{TBP}] = c_{TBP} - 3[\overline{RE(NO_3)_3 \cdot 3TBP}] - [\overline{HNO_3 \cdot TBP}] \tag{12-73}$$

以上各式也适用于 P_{350} 萃取稀土的反应。

根据这些关系式可以讨论 TBP 或 P_{350} 在硝酸体系中萃取稀土时，影响 L 和 β 的各种因素，进而了解中性配合物萃取体系的基本规律。

（1）酸度的影响。以 TBP（100%）在无盐析剂情况下萃取硝酸稀土为例，如图12-10所示，L 对 HNO_3 浓度的曲线呈“S”形。这种情况可作如下解释，因为 HNO_3 浓度对 L 的影响有三方面：1）在硝酸浓度不太高时，[NO_3^-] 随 HNO_3 浓度的增加而增加，而按式（12-72），L 与 [NO_3^-] 的三次方成正比，所以也相应增大；2）HNO^3 浓度增加引起 [$\overline{TBP \cdot HNO_3}$] 的增加，按式（12-73），自由萃取剂浓度 [$\overline{TBP}$] 减少，而由式（12-72）可知，L 与 [$\overline{TBP}$] 成正比，所以会相应减小；3）HNO_3 浓度继续增加时，水相盐析作用增加，故 L 又增大。

由图 12-10 可见，随着 HNO_3 浓度的增加，各稀土元素的曲线间距离增大，即分离因数 $\beta_{A/B}$ 增大。

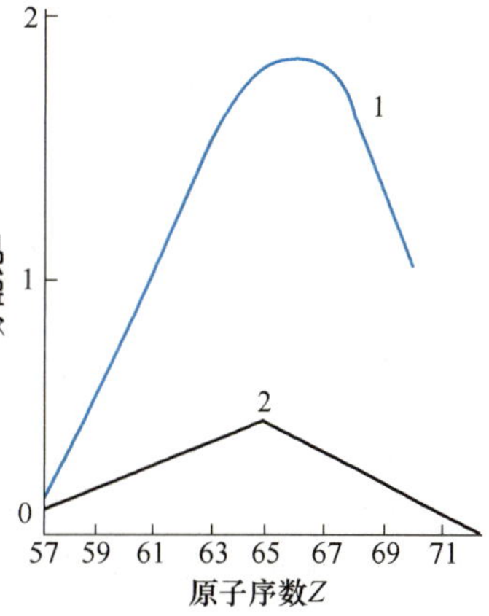

图 12-10 P_{350}萃取 $RE(NO_3)_3$ 时 L 与 RE 的原子序数的关系
1—有 6 mol/L NH_4NO_3；2—无盐析剂

（2）盐析剂的影响。在 TBP 或 P_{350}分离稀土的工艺中，常加入 $LiNO_3$ 或者 NH_4NO_3 作为盐析剂以提高分配比 L，有时还可提高相邻稀土元素之间的分离因数 $\beta_{A/B}$。盐析剂的作用是多方面的：1）盐析剂如果与被萃化合物分子含有相同的阴离子，则由于同离子效应，可使 L 增加；2）盐析剂的离子水化作用减小了自由水分子浓度，抑制了稀土离子的水化作用，使之有利于转入有机相；3）盐析剂可以降低水相介电常数，按库仑定律，介电常数降低可使带电质点间的作用力增加，故有利于萃取过程进行；4）盐析剂有可能抑制水相中金属离子的聚合等作用，这对萃合物形成有利。

在盐析剂的物质的量浓度相同的情况下，阳离子的价数越高，盐析效应越大。对于同价阳离子来说，离子半径越小，盐析效应越大；一般金属离子的盐析效应，按下列次序递降：

$$Al^{3+} > Fe^{3+} > Mg^{2+} > Ca^{2+} > Li^+ > Na^+ > NH^{4+} > K^+$$

虽然 Al^{3+}的盐析效应最大，但采用何种盐析剂还应考虑不影响下一步分离、不影响产品质量、价格低、水中溶解度大小等因素，通常宜用 NH_4NO_3。有时为了简化流程，可用提高稀土料液浓度的办法来代替外加盐析剂，因为稀土的硝酸盐本身也有盐析作用，这种情况叫作自盐析。

（3）离子半径的影响。以 P_{350}从硝酸盐溶液中萃取三价稀土离子为例，如图 12-11 所示。随原子序数增大，分配比先增大，然后减小，出现一极大值，称为倒序现象，原因是 P_{350}萃取稀土时，存在溶剂配合作用和水合作用。

溶剂配合作用：稀土离子的电子层结构属惰气型（外层电子为 s^2p^6），氧原子易与它们配位，按照静电（极化）理论，配合物的稳定性与它们的电荷数成正比，而与其离子半径成反比，稀土离子（三价）的电荷数相同，但原子序数增大，离子半径减小（镧系收缩），故配合物稳定性应随原子序数的增加而增强。P_{350}与其他惰气型结构的离子生成的配合物也有同样的规律。

水合作用：离子势 z^2/r 越大，水合作用越强烈，即离子亲水性越强，越不利于萃取。

故从水合作用的角度来看，离子半径减小，离子势增大，则不利于萃取。

这两种作用竞争的结果，前者占优势则曲线上升，后者占优势则曲线下降。

对于其他金属离子的萃取，离子半径以及电荷数的影响，一般也是由它们的溶剂配合稳定性和水合作用所决定的。

（4）萃取剂浓度影响。由式（12-73）可见，其他条件恒定时，P_{350}萃取稀土的分配比与自由萃取剂浓度的三次方成正比。

（5）金属离子浓度的影响。通过实测发现，P_{350}萃取硝酸稀土时，L与水相离子浓度的关系如图12-11所示，即曲线有一最大值，此现象可作如下解释：随着金属离子浓度的增加，自盐析作用使L增大，但金属离子浓度过大则会导致自由萃取剂浓度下降，相应地L将减小。

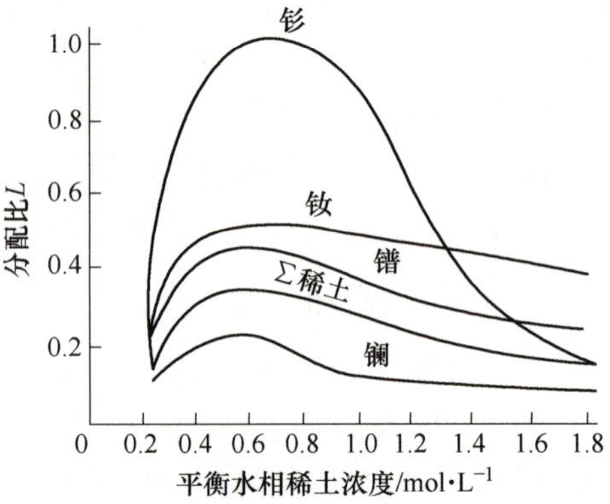

图12-11 P_{350}萃取$RE(NO_3)_3$时L与平衡水相稀土浓度的关系

（6）配合剂的影响。配合剂的作用大多数是提高分离效果，与离子交换过程的原理相同，加入适当的配合剂能改变分离因数，相应地改变分离效果。视配合剂与待分离离子配合物稳定常数比值的不同，抑萃配合剂会使分配比减小；助萃配合剂会使分配比增大；氨羧配合剂为稀土萃取分离中常使用的抑萃配合剂，会使分配比减小，但却能增大相邻稀土元素的分离因数。

上述中性磷型萃取剂对稀土萃取的影响，其一般规律也适用于其他中性配合物萃取体系。

12.7.3.2 酸性配合萃取体系

A 基本概念

酸性配合萃取体系又称阳离子交换萃取体系，其特点是：（1）萃取剂是有机酸HA；（2）被萃取物是金属阳离子Me^{n+}或阳离子配合物及水解后的阳离子；（3）萃取机理是阳离子交换。

$$Me^{n+} + n\overline{HA} = \overline{MeA^{n}} + nH^{+} \tag{12-74}$$

此类萃取可又分为三类。

（1）螯合萃取剂的萃取：螯合萃取剂，如β-双酮类、羟肟类萃取剂等，它们有两个功能团，即酸性功能团和配位功能团。金属离子与酸性功能团作用，置换出氢离子，形成一个共价键，而配位功能团又与金属离子形成一个配位键。故它们和金属离子形成疏水螯合物而进入有机相，这类萃取称为赘合萃取。

（2）酸性磷型萃取剂的萃取：酸性磷型萃取剂主要有三大类，其中最重要的为一元酸，如P_{204}、P_{507}、P_{215}、P_{229}均属于这一类，它们在非极性溶剂中（如煤油）通常以二聚分子$(HA)_2$的形态存在，并以二聚分子形态与金属离子反应。P_{204}萃取金属离子的反应如下：

$$UO_2^{2+} + 2\overline{(HA)_2} \longrightarrow \overline{UO_2(HA_2)_2} + 2H^{+} \tag{12-75}$$

$$Th^{4+}4\overline{(HA)_2} \longrightarrow \overline{Th(HA_2)_4} + 4H^{+} \tag{12-76}$$

$$Re^{3+} + 3\,\overline{(HA)_2} \rightleftharpoons \overline{RE(HA_2)_3} + 3H^+ \tag{12-77}$$

其通式为：

$$Me^{n+} + n\,\overline{(HA)_2} \rightleftharpoons \overline{Me(HA_2)_n} + nH^+ \tag{12-78}$$

（3）羧酸类萃取剂的萃取：羧酸类萃取剂，如 RCOOH（或简写成 HA），它在有机相中以单分子 HA 和二聚分子两种形式存在，萃取稀土离子的反应为：

$$Re^{3+} + 3\,\overline{(HA)} \rightleftharpoons \overline{REA_3} + 3H^+ \tag{12-79}$$

$$Re^{3+} + 3\,\overline{(HA)_2} \rightleftharpoons \overline{RE(HA_2)_3} + 3H^+ \tag{12-80}$$

萃合物除 REA_3、$RE(HA_2)_3$ 外，还有其他中间形式，如 $REA_3 \cdot xHA$ 等。因为脂肪酸是弱酸，其酸性比 P_{204} 弱，故一般只有在弱酸性到中性水溶液中才能萃取，经实验证明，金属的最大萃取率刚好在接近该金属离子水解 pH 值时达到。同一 pH 值时，不同金属离子进入有机相的能力是有差别的。随着金属碱性的增加，其进入有机相的能力降低。

B 萃取平衡

HA 在有机相中仅有 H_2A_2、HA 两种形式，萃合物仅为 MeA_n，Me 在水相中除 Me^{n+} 外其他形式可忽略不计的情况下，阳离子交换萃取过程中发生的基本反应如下：

（1）酸性萃取剂在两相间的分配：酸性萃取剂既能溶于有机相，也能溶于水相，在两相间的其分配系数 λ 为：

$$\lambda = [\overline{HA}]/[HA] \tag{12-81}$$

式中，$[\overline{HA}]$、$[HA]$ 分别为酸性萃取剂在有机相和水相中的平衡浓度。

通常要求 λ 大于 100，否则萃取剂的溶解损失太大。

（2）酸性萃取剂的电离平衡：其电离反应为：

$$HA \rightleftharpoons H^+ + A^- \tag{12-82}$$

其电离常数为：

$$K_a = \frac{[H^+][A^-]}{[HA]} \tag{12-83}$$

K_a 大的称为强酸性萃取剂，K_a 小的称为弱酸性萃取剂。

（3）HA 在有机相中的聚合：HA 在有机相中可能发生聚合反应，即：

$$2\,\overline{HA} \rightleftharpoons \overline{H_2A_2} \tag{12-84}$$

其聚合常数 K_2 为：

$$K_2 = [\overline{H_2A_2}]/[\overline{HA}]^2 \tag{12-85}$$

K_2 随溶剂的不同而不同，如 P_{204} 在 C_6H_6 中的 K_2 为 4000，而在 $CHCl_4$ 中的 K_2 则只有 500。

（4）萃取剂阴离子与金属阳离子 Me^{n+} 的配合反应：

$$nA^- + Me^{n+} \rightleftharpoons MeA^n \tag{12-86}$$

$$K_{配MeA_n} = \frac{[MeA_n]}{[Me^{n+}][A^-]^n} \tag{12-87}$$

式中，$[MeA_n]$、$[Me^{n+}]$、$[A^-]$ 分别为 MeA_n、Me^{n+}、A^- 在水相中的平衡浓度。

（5）MeA_n 在两相间的分配：MeA_n 易溶于有机相而难溶于水相，一旦在水相中形成

MeA_n，则马上被萃入有机相，它在两相之间有分配平衡为：

$$MeA_n = \overline{MeA_n} \tag{12-88}$$

$$L = [\overline{MeA_n}]/[MeA_n] \tag{12-89}$$

式中，$[\overline{MeA_n}]$、$[MeA_n]$ 分别为 MeA_n 在有机相和水相中的平衡浓度。

通常 MeA_n 在两相中的分配比 L 远远大于 HA 在两相的分配比，即 $L \gg \lambda \gg 1$。

（6）HA 萃取 Me^{n+}反应：

$$n\overline{HA} + Me^{n+} \xlongequal{} \overline{MeA_n} + nH^+ \tag{12-90}$$

其平衡常数为：

$$K = \frac{[\overline{MeA_n}][H^+]^n}{[\overline{HA}]^n[Me^{n+}]} \tag{12-91}$$

根据式（12-83）~式（12-91）得：

$$K = \frac{[\overline{MeA_n}][H^+]^n}{[\overline{HA}]^n[Me^{n+}]} = \frac{[H^+]^n[A^-]^n}{[HA]^n} \times \frac{[HA]^n}{[\overline{HA}]^n} \times \frac{[MeA_n]}{[Me^{n+}][A^-]^n} \times \frac{[\overline{MeA_n}]}{[MeA_n]} = \frac{K_a^n K_{配MeA_n} L}{\lambda^n} \tag{12-92}$$

式中，K 又称为萃取平衡常数，简称“萃合常数”。

因为分配比 $L = \dfrac{[\overline{MeA_n}]}{[Me^{n+}]}$，根据式（12-91）可求出 L 与 K 的关系如下：

$$L = K[\overline{HA}]^n/[H^+]^n \tag{12-93}$$

式中，$[\overline{HA}]$ 为自由萃取剂浓度。

因为 $L \gg \lambda \gg l$，且 $K_{配MeA_n} \gg 1$，所以水相的 [HA]、$[A^-]$ 和 $[MeA_n]$ 可以忽略不计，又假定 MeA_n 在有机相不发生二聚作用，则：

$$[\overline{HA}] = c_{HA} - n[\overline{MeA_n}] \tag{12-94}$$

式中，c_{HA}为萃取剂的起始浓度。

对式（12-93）两边取对数：

$$\lg L = \lg K + n\lg[\overline{HA}] + npH \tag{12-95}$$

上面讨论的是酸性萃取体系最简单也是最典型的反应，实际情况往往还要复杂一些。例如，溶液中除萃取剂的阴离子（A^-）外，还外加其他配合剂 X^-，则金属离子除与 A^- 配合外，还可能与 X^-配合；另外，当溶液 pH 值过高时，某些金属离子将部分水解（如 Y^{3+}部分水解成 $Y(OH)^{2+}$、$Y(OH)_2^+$，以 $Y(OH)^{2+}$、$Y(OH)_2^+$ 形态被萃取），这些都会影响分配比。但是式（12-93）和式（12-95）是酸性萃取体系最基本的关系式，现根据它们来讨论各种因素对分配比的影响。

C 影响分配比和分离因数的因素

（1）pH 值的影响：由式（12-93）和式（12-95）可以看出，pH 值对分配比的影响是很大的。在自由萃取剂浓度 $[\overline{HA}]$ 维持恒定时，pH 值每增加一个单位，L 就增 10^n 倍（n 为金属离子价）。相应地，萃取率 q 也随 pH 值的增加而增加。

当萃取剂浓度一定时，以 q-pH 值作图可以得到对称的“S”形曲线，如图 12-12 所示。由图可以看出，金属离子价数越高，曲线越陡直。

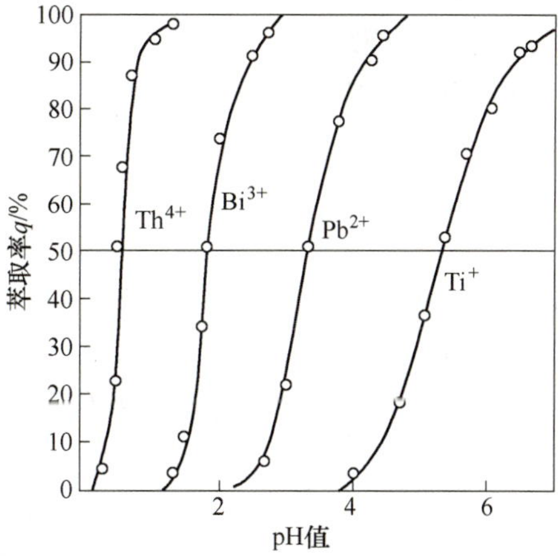

图 12-12 各种价态金属的理论萃取曲线

由于 L 随 pH 值而变，对于给定的萃取体系而言，通常可以找出一个 pH 值使 $L=1$，如相比 $R=1$，则平衡时萃取率 $q=\frac{L}{L+1}\times 100\%=50\%$，此时 pH 值叫作半萃取 pH 值，以符号 $pH_{1/2}$表示，根据式（12-95）可知，$\lg L=\lg K+n\lg[\overline{HA}]+npH_{1/2}=0$。所以：

$$pH_{1/2}=-\frac{1}{n}\lg K-\lg[\overline{HA}] \qquad (12\text{-}96)$$

因此，对于酸性配合萃取体系，可以用 $pH_{1/2}$值来比较金属离子被萃取的难易程度，$pH_{1/2}$值越小，就越容易被萃取；不同的金属离子的 $pH_{1/2}$值相差越大，越容易分离（图 12-12）。

（2）自由萃取剂浓度和饱和浓度的影响：由式（12-93）可知，分配比 L 与自由萃取剂的浓度 $[\overline{HA}]$ 的 n 次方成正比，又根据式（12-94）可知，$[\overline{HA}]=c_{HA}-n[\overline{MeA_n}]$，在 c_{HA}一定的条件下，当有机相中 MeA_n 的浓度增加甚至接近饱和时，自由萃取剂浓度 $[\overline{HA}]$ 就很小，此时半萃取 $pH_{1/2}$值就会增加［式（12-96）］，所以在稀溶液萃取时，环烷酸萃 Y^{3+}的 $pH_{1/2}$值约为 4.2，但在接近饱和萃取时，$pH_{1/2}$值为 5~6。

（3）不同金属离子对萃取能力的影响：HA 萃取各种 Me^{n+}的能力首先取决于 Me^{n+}与 A^-的配合物的稳定常数 $K_{配}$，$K_{配}$越大，则 K 也越大［式（12-92）］，越有利于萃取。

（4）不同萃取剂种类的影响：首先，萃取剂的酸性强弱对萃取能力有显著影响，试比较 TTA（噻吩甲酰三氟丙酮）与乙酰丙酮。

TTA：其电离常数 $K_a=7.0\times10^{-7}$；Th^{4+}的配合物稳定常数 $K_{配ThA_4}=3\times10^{24}$。

乙酰丙酮：其电离常数 $K_a=1.3\times10^{-9}$；与 Th^{4+}的配合物稳定常数 $K_{配ThA_4}=5\times10^{26}$。

TTA 的电离常数 K_a 比乙酰丙酮增加了 540 倍。K_a 增加，则酸性增加，即 A^-与 H^+结合力减弱，同样 A^-与 Me^{n+}结合力也减弱，所以配合物 MeA_n 的稳定常数 $K_{配}$就要减小，从这一角度看，酸性强对萃取不利。

但根据式（12-92）可知，萃合常数 K 与 K_a 的 n 次方成正比，K_a 是影响 K 的主要因素，所以萃取剂酸性增强，总的结果将导致 K 的增加，即萃取能力提高。也就是说，配合物稳定性较强的萃合物，其萃取能力反而小些，故 TTA 与 Th 的萃合常数为 8，比乙酰丙酮与 Th 的萃合常数 10^{-12}增加了 13 个数量级，相应地 TTA，萃钍 $pH_{2/2}=0.51$，而乙酰丙酮萃钍 $pH_{1/2}=5$。

至于萃取剂结构的影响则比较复杂，一般来说，螯合萃取剂的选择性要比非螯合的酸性萃取剂好。因为赘合成环时会产生空间效应，对金属离子的大小有一定要求。

（5）稀释剂对萃取能力的影响：稀释剂主要影响酸性萃取剂在两相间的分配系数 λ 和萃合物在两相间的分配比 L 。当 λ 增加时，L 一般也增加，但因萃合常数 K 与 L/λ^n 成正比，λ 以 n 次方增加，L/λ^n 一般为减少，萃合常数 K 或萃取能力减少。一般当萃取剂与稀释剂之间有氢键缔合时，或它们之间的结构相似性增加时，λ 增加，萃取能力降低。

（6）温度的影响：分配系数 λ 实际上是两相间的平衡常数，根据等压方程：

$$\left(\frac{\partial \ln K^{\ominus}}{\partial T}\right)_p = \frac{\Delta_r H^{\ominus}}{RT^2} \tag{12-97}$$

因此，λ 与温度的关系取决于萃取过程的热效应，当反应为吸热反应时，分配系数随温度的升高而增大；当反应为放热反应时，分配系数随温度的升高而减小，分配比也相应减小。例如，用 P_{507} 在硫酸盐溶液中萃取分离钴镍，测定不同温度下镍钴萃取的分配比如表 12-9 所示。

表 12-9　温度对镍钴萃取分配比的影响

温度	10 ℃	20 ℃	30 ℃	40 ℃	50 ℃
L_{Co}	18.3	32.6	53.1	61.5	151
L_{Ni}	0.304	0.294	0.304	0.294	0.341
$\beta_{Co/Ni}$	60.2	111	202	412	443

从表 12-9 中可以看出，在 10~50 ℃，镍的分配比变化不大，而钴的分配比随温度上升急剧增加，这是由于 P_{507} 萃取镍、钴虽然都为吸热反应，但萃钴的热效应明显高于镍的萃取热效应，因此钴的分配比随温度的升高而增加的趋势要比镍大得多，钴镍分离系数也就随温度的升高而增大。

12.7.3.3 阴离子交换萃取体系

A 基本概念

阴离子交换萃取体系也称为碱性萃取体系，或离子缔合萃取体系，该体系的特点是萃取剂先与 H^+ 形成有机物阳离子，再与金属配阴离子形成疏水性离子缔合体而进入有机相。以下以胺类萃取剂为例介绍该体系的一般规律。胺类萃取剂可以按生成胺盐的机理萃取金属配阴离子。因为伯胺、仲胺、叔胺上氮原子的未共用电子对可以与质子配位，它们均呈碱性，可与酸反应生成胺盐：

$$\overline{RNH_2} + HX = \overline{RNH_3X} \tag{12-98}$$

$$\overline{R_2NH} + HX = \overline{R_2NH_2X} \tag{12-99}$$

$$\overline{R_3N} + HX = \overline{R_3NHX} \tag{12-100}$$

其与酸反应的能力或对酸的萃取能力，与其碱性大小相一致，即叔胺>仲胺>伯胺。

当金属在溶液中形成配阴离子时，可与胺盐的阴离子进行交换。以叔胺盐为例，伯胺、仲胺、叔胺及季铁盐对金属配阴离子萃取反应可写为：

$$(m-n)\overline{R_3NH \cdot X} + MeX_m^{(m-n)-} = \overline{(R_3NH)_{m-n} \cdot MeX_m} + (m-n)X^- \tag{12-101}$$

胺盐是弱碱的盐，故与较强碱作用可分解出相应的胺，如：

$$\overline{RNH_3Cl} + NaOH = \overline{RNH_2} + NaCl + H_2O \tag{12-102}$$

同时，弱碱强酸盐还可以发生水解反应：

$$\overline{RNH_3Cl} + H_2O \longrightarrow \overline{RNH_3OH} + HCl \tag{12-103}$$

利用这种原理，可用碱和水作为伯胺、仲胺、叔胺萃取的反萃剂。

B 胺盐萃取体系的萃取平衡

以叔胺 R_3N 在氢卤酸中萃取金属离子 Me^{n+} 为例，萃取过程的反应如下：

（1）金属配阴离子的生成反应：

$$Me^{n+} + mX^- \longrightarrow MeX_m^{(m-n)-} \quad (m > n) \tag{12-104}$$

$$K_{配MeA_n} = \frac{[MeX_m^{(m-n)-}]}{[Me^{n+}][X^-]^m} \tag{12-105}$$

（2）胺盐生成反应：

$$\overline{R_3N} + HX \longrightarrow \overline{R_3NHX} \tag{12-106}$$

或

$$\overline{R_3N} + X^- + H^+ \longrightarrow \overline{R_3NHX} \tag{12-107}$$

$$K_{胺} = \frac{[\overline{R^3NHX}]}{[\overline{R_3N}][H^+][X^-]} \tag{12-108}$$

（3）阴离子交换反应（生成疏水性离子缔合体）：

$$(m-n)\overline{R_3NHX} + MeX_m^{(m-n)-} \longrightarrow \overline{(R_3NH^+)_{(m-n)} \cdot MeX_m^{(m-n)-}} + (m-n)X^- \tag{12-109}$$

$$K_{交} = \frac{\overline{[(R_3NH^+)_{(m-n)} \cdot MeX_m^{(m-n)-}]}[X^-]^{(m-n)}}{[\overline{R_3NHX}]^{(m-n)}[MeX_m^{(m-n)-}]} \tag{12-110}$$

总的萃取反应：

$$Me^{n+} + (m-n)H^+ mX^- + (m-n)\overline{R_3N} \longrightarrow \overline{(R_3NH^+)_{(m-n)} \cdot MeX_m^{(m-n)-}} \tag{12-111}$$

$$K_{萃} = \frac{\overline{[(R_3NH^+)_{(m-n)} \cdot MeX_m^{(m-n)-}]}}{[Me^{n+}][H^+]^{(m-n)}[X^-]^m[\overline{R_3N}]^{(m-n)}} = K_{交} \cdot K_{鞍}^{(m-n)} \cdot K_{配MeX_m} \tag{12-112}$$

或

$$\overline{[(R_3NH^+)_{(m-n)} \cdot MeX_m^{(m-n)-}]} = K_{交} \cdot K_{胺}^{(m-n)} \cdot K_{配MeX_m} \cdot Me^{n+}] \cdot [H^+]^{(m-n)} \cdot [X^-]^m \cdot [\overline{R_3N}]^{(m-n)}$$

同样，考虑到 Me^{n+} 在溶液中的逐级成配作用：水相金属总浓度 $[Me]_T = [Me^{n+}]Y$，可知：

$$L = \frac{K_{交} \cdot K_{胺}^{(m-n)} \cdot K_{配MeX_m}}{Y}[\overline{R_3N}]^{(m-n)} \cdot [H^+]^{(m-n)} \cdot [X^-]^m \tag{12-113}$$

通过分析式（12-113）可知，影响胺盐萃取平衡的主要因素如下：

1）亲水性的影响：金属离子、配离子或盐的亲水性降低均有利于反应向生成萃合物的方向进行。因而对水的亲和力小和对有机相的亲和力大是保证阴离子交换体系萃取的基本条件。

一般来说，离子势 z^2/r 越大，则越容易水化。所以通常用离子势 z^2/r 作为判断离子亲水性的标志。也可用离子电荷相对密度，即离子电荷与其表面积或半径之比来作为判断依据。不管用哪一种办法，都要知道离子半径，但是对于复杂离子，其半径往往是未知数，因此提出了离子比电荷参数的概念，用以粗略地估计离子的亲水性。离子比电荷等于离子电荷数与组成离子的原子数之比，其值越大，则亲水性越强。有机离子的碳链越长，则其比电荷越小，亲水性越弱。从亲水性判断，一价配阴离子比较容易萃取，而二价配阴离子就困难多了。大离子易萃取，小离子难萃取。

胺盐分子的极化程度同样会影响它们的亲水性，分子的极化程度越小，即极性越弱，它同偶极分子的相互作用就越弱，即亲水性越小。

2）配阴离子稳定性的影响：由式（12-113）可知，配阴离子 $MeX_m^{(m-n)-}$ 的稳定性越高，即 $K_{配MeX_m}$ 越大，分配比 L 越大，即越有利于萃取。但问题并非如此简单，只有在理想情况下，即在其他条件完全相同时才能如此。

3）萃取剂浓度的影响：由式（12-113）可知，萃取剂浓度增加，萃取分配比增加。

4）配位体（X^-）浓度、氢离子浓度及酸浓度的影响：根据式（12-113）可知，配位体浓度及氢离子浓度增加都有利于分配比 L 的提高。提高酸的浓度可使配位体及氢离子浓度增加，添加含配位体的其他盐类，也是增加配位体浓度的方法。但是随着酸浓度的增加，L 的变化曲线有时会出现一极大值，其可能的原因是配位体增加使一价配阴离子变成了二价乃至三价，或者是酸本身被萃取，使游离萃取剂浓度下降，从而导致了 L 的下降。胺盐或季胺盐萃取酸时，如酸度高，则生成所谓四离子缔合体，如 $R_3CH_3N^+ \cdot NO_3^- \cdot H_3O^+ \cdot NO_3^-$，因此酸度应适当。

5）盐析剂的影响：盐析剂的作用是多方面的，总的结果是使 L 增加，对阴离子交换萃取体系而言，降低离子亲水性是主要的。如果盐析剂与配阴离子有相同的配位体，则同离子效应也会使分配比增加。

6）金属离子浓度的影响：金属离子浓度增加有可能使分配比下降，一方面是游离萃取剂浓度相应下降了；另一方面是被萃金属在水相中的聚合或者被萃化合物在萃取剂中的离解都有可能使分配比下降。但如果在有机相中有被萃金属的聚合作用，聚合体仍然在有机相中有较大溶解，则分配比将随金属浓度的增加而提高。此外，金属离子浓度增加，将导致其活度系数改变，相应地使 L 改变。

7）萃取剂性质的影响：由于胺盐萃取的前提均是萃取剂必须与质子配位，因此配位原子的碱性对萃取过程有明显的影响。碱性越强，则 $K_{胺}$ 越大，故 L 也越大。氨氮碱性比氧原子强，更易与质子配位，所以其萃取剂相应可在较低酸度下进行萃取，而季铵盐本身已形成阳离子，不再需要与氢离子结合，因而可在中性或弱碱性溶液中进行萃取。胺类萃取剂依其碱性强弱，其萃取能力的顺序一般是伯胺<仲胺<叔胺<季胺。萃取剂的性质还会影响萃取的选择性。萃取剂结构产生的空间位阻效应是影响萃取选择性的重要因素。

一般来说，支链增加会使萃取剂的萃取能力降低，但萃取选择性增加，如伯胺 N_{116} 的碱性虽较弱，但有很多支链，所以成为钍的特效萃取剂。

12.7.3.4 协同萃取体系

以上介绍的均是由单一萃取剂或单一萃取剂与稀释剂所组成的有机相体系。如果有机相中含有两种或两种以上的萃取剂，则成为多元萃取体系，在这种体系中，如果分配比

$L_{协}$显著大于每一萃取剂在相同条件下单独使用时的分配比之和 $L_{和}$，则认为此体系有协同效应，并称为协萃体系。与此相反，若 $L_{协}<L_{和}$，则称为反协同效应和反协萃体系。如果两值相等，则无协同效应，此时两个萃取剂相互不发生作用，它们与被萃物也不生成包含两种或两种以上萃取剂的协萃配合物，因此可认为是理想的二元或多元萃取体系。完全理想的二元或多元萃取体系是不存在的。

协萃使分配比 L 值改变的原理比较复杂，目前还无法推导出其 L 值及平衡常数与各种参数的关系式，因而无法对其热力学问题进行分析，有待进一步研究。

习题与思考题

12-1 在 298 K，如果溶液中含有 6.955×10^{-2} mol/L 的硫酸锌、3.58×10^{-4} mol/L 的硫酸亚铁，问：

（1）能否用中和水解法使铁呈氢氧化亚铁的形态沉淀除去？

（2）如果预先将 Fe^{2+} 全部氧化成 Fe^{3+}，则 $Fe(OH)_3$ 开始沉淀的 pH 值是多少？

（3）当 pH=5.4 时，溶液中还残留的铁为多少（单位：mol/L）？

已知条件为：

物 种	H_2O	Zn^{2+}	$Zn(OH)_2$	$Fe(OH)_2$	Fe^{2+}	Fe^{3+}	$Fe(OH)_3$
$\Delta_r G/J\cdot mol^{-1}$	-237.190	-147.209	-554.798	-483.545	-849.315	-105.44	-694.544
γ	—	0.036	—	—	0.75	1	—

12-2 推算二价钴离子水解沉淀的酸碱平衡方程，并求 $a_{Co^{2+}}=2.5\times10^{-4}$时平衡的 pH 值。当溶液中硫酸锌的活度为 6.955×10^{-2} mol/L 时，试问能否用水解沉淀法将二价钴离子从硫酸锌溶液中除去？

12-3 某金属硫化物的溶度积 $K_{sp(MeS)}=1.74\times10^{-16}$，在 298 K 和 $a_{Me^{2+}}=0.1$ mol/L 时，求 MeS 沉淀的平衡 pH 值？

12-4 锌浸出液采用锌粉置换法除去溶液中的铜杂质，已知锌的活度为 6.955×10^{-2} mol/L，问用此法除铜的限度值是多少？

12-5 镍浸出液中 Ni^{2+}含量为 7 g/L，Co^{3+}含量为 2 g/L，试计算：

（1）在 298 K 开始沉淀的 pH 值；

（2）镍钴水解分离的条件和限度；

（3）结果说明了什么？

已知 $K_{sp[Co(OH)_3]}=3\times10^{-41}$，$K_{sp[Ni(OH)_2]}=1.0\times10^{-15}$。Co 的相对原子质量为 58.93，Ni 的相对原子质量为 58.69，$K_w=1\times10^{-14}$（假设活度系数为 1）。

12-6 在 298 K，自 pH=5.5 并且与压力为 101325 Pa 的氢气接触的含 Ni^{2+}的溶液中沉淀镍，平衡时镍离子的浓度为多少？若维持氢的压力不变，将 pH 值升高至 pH=6.5，平衡时镍离子的浓度为多少？若维持 pH 值不变（pH=5.5），而使氢压升到 10132.5 kPa，平衡时镍离子的活度为多少？计算结果说明了什么问题？已知 298 K 时 $\varepsilon^{\ominus}_{Ni^{2+}/Ni}=-0.246$ V。

12-7 在酸性溶液中，加压氢还原沉淀镍和钴的程度取决于 pH 值和氢压。试计算 298 K 时低浓度中的镍钴比，能否进行选择性还原？已知：$\varepsilon_{Co^{2+}/Co}=-0.277$ V；$\varepsilon_{Ni^{2+}/Ni}=-0.250$ V；并设低浓度时各离子的活度系数为 1。

13 结晶过程

本章要点

本章介绍了湿法冶金及湿法制取粉体材料的结晶过程，要点如下：

（1）新相成核过程及晶粒的长大过程；

（2）结晶过程的综合速率；

（3）影响结晶产物性质的因素。

13.1 引言

结晶过程在湿法冶金、湿化学法制取粉体材料以及许多高温冶金过程中都有十分重要的意义，不同情况下往往对结晶体的粒度、形貌、成分有着不同的要求。对湿法冶金过程而言，在沉淀除去杂质或从溶液中回收主金属时，往往要求结晶物的粒度比较粗大，使其具有良好的过滤洗涤性能，同时减少其表面吸附，以保证有好的回收率和产品质量。对湿化学法或高温法制取粉体材料（如纳米碳酸钙、过渡金属硫化物半导体、超细金属粉末等）而言，则根据用户的不同，要求产品有一定的粒度、粒形以及粒度组成，有时甚至要求为单晶体。对金属（或冶金中间产品如铜镍锍）的冷凝铸锭或金属粉末的致密化过程而言，视后续工序的不同，也对产出的坯锭中的结晶情况有不同的要求。所有这些都涉及新相的生成和长大过程，为此正确控制上述过程得到所期望的产品形态，掌握这些规律性至关重要。

考虑到不论是从水溶液中结晶或从高温气相中结晶，还是熔体中的冷却结晶过程，其原理都大同小异，本章以水溶液中的结晶过程为代表，说明其共同的规律性。

13.2 新相成核

过饱和溶液是由于微细颗粒的溶解度大于大颗粒的溶解度而造成的，据开尔文（Kelvin）公式，液滴的饱和蒸气压与液面曲率半径的关系式为

$$\ln\frac{p_1}{p_2}=\frac{2\sigma M}{RT\rho}\left(\frac{1}{r_2}-\frac{1}{r_1}\right) \tag{13-1}$$

式中，σ 为液滴的表面张力；M 为液滴的摩尔质量；ρ 为液滴的密度；r_1、r_2 为液滴的半径，p_1、p_2 为半径为 r_1、r_2 的液滴对应的饱和蒸气压。

从均相的饱和蒸气（或过饱和溶液）中开始凝结出的液滴或固体颗粒总是微小的，其蒸气压及化学势大，与正常饱和蒸气不平衡，即正常饱和蒸气对微小液滴不饱和，微小

液滴将蒸发消失，要使蒸气凝结析出，只有使蒸气过饱和才有可能实现；相反地，从液体中产生气泡的沸腾或气化过程，因为开始产生的气泡很小，而小气泡凹面的饱和蒸气压比平面的小，要使气泡从均相流体中开始形成长大并逸出，必须使得微小气泡内的饱和蒸气压与外压相等，才可能实现。相应的体系温度应高于正常沸点或者说应过热。

同理，在溶液中析出微小固体颗粒时，由于微小固体颗粒的蒸气压将大于粗颗粒的蒸气压，同时根据亨利定律，稀溶液中溶质的蒸气压与其浓度成正比，则有：

$$\frac{p_2}{p_1}=\frac{c_2}{c_1}=\frac{S_2}{S_1} \tag{13-2}$$

式中，p_1、p_2 为半径分别为 r_1、r_2 颗粒的蒸气压；c_1、c_2 为半径分别为 r_1、r_2 颗粒的平衡浓度，即半径为 r_1、r_2 颗粒的溶解度 S_2、S_2。因而：

$$\ln\frac{S_2}{S_1}=\frac{2\sigma M}{RT\rho}\left(\frac{1}{r_2}-\frac{1}{r_1}\right) \tag{13-3}$$

设对应于大颗粒的溶液的饱和浓度为 S_0，对应于半径为 r 的微小颗粒的溶液的饱和浓度为 S，当大颗粒的半径足够大时，则式（13-3）可改写为：

$$\ln\frac{S}{S_0}=\frac{2\sigma M}{RT\rho r} \tag{13-4}$$

式中，S/S_0 称为过饱和率。

式（13-3）和式（13-4）都表明，微小固体颗粒或溶液的溶解度比大颗粒的大。例如，对 $BaSO_4$ 而言，其摩尔质量、密度、在水溶液中的界面张力分别为 233 g/moL、4.5 g/cm^3、0.52 N/m，不同 r 时的 S/S_0 计算值如表 13-1 所示。

表 13-1 不同 r 时的 S/S_0 计算

r/mm	10^{-3}	10^{-4}	10^{-5}
S/S_0	1.022	1.242	8.71

实际测定表明，25 ℃时大颗粒的 $BaSO_4$ 晶体的溶解度约为 10^{-5} mol/L，而粒度分别为 3.6×10^{-3} mm 和 2.0×10^{-4} mm 的 $BaSO_4$ 晶体的溶解度分别为 2.2×10^{-3} mol/L 和 4.15×10^{-3} mol/L。

上述情况也说明，只有在过饱和溶液的条件下才可能产生结晶过程。

从过饱和溶液中结晶首先要形成核心，一般有两种途径：一种是自动形成，称为均相成核；另一种是以溶液中的夹杂物颗粒或其他固相表面（如容器的表面等）为结晶的核心，称为异相成核。实际过程中两种方式都有，当溶液的过饱和率小时，以异相成核为主，随着过饱和率增加，均相成核增加，逐渐变为以均相成核占优势。下面讨论两种成核方式的条件。

13.2.1 均相成核

过饱和溶液中均相成核时，其吉布斯自由能的变化主要包含两项：生成新界面引起的界面能增加 ΔG_s；以及溶液过饱和度降低趋于稳定而使吉布斯自由能变化 ΔS_v。因而：

$$\Delta G=\Delta G_s+\Delta G_v \tag{13-5}$$

显然 ΔG_s 和 ΔG_v 都是晶核半径 r 的函数，ΔG_s、ΔG_v 与半径的关系如图 13-1 所示。从图 13-1 可知，随着半径的增加，ΔG 存在最大值。所对应的半径用 r^* 表示。对于半径为 r^* 的晶核来说，溶解或长大的过程都是吉布斯自由能减少的过程，因此都是自动过程。也只有当颗粒的半径 $r \gg r^*$ 时，它才能从饱和溶液中自动长大，因此，r^* 称为晶核的临界半径。对简单无机物的结晶过程而言，r^* 为 $10^{-7} \sim 10^{-5}$ mm。

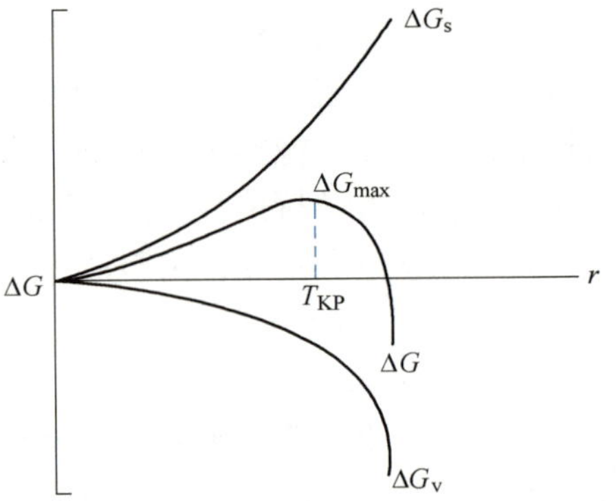

图 13-1 形成晶核的吉布斯自由能变化与其半径的关系

r^* 与两相的界面张力及过饱和率有关，具体分析如下。式（13-5）中：

$$\Delta G_v = n(\mu_{S_0} - \mu_S) \quad (13\text{-}6)$$

式中，n 为结晶的溶质的物质的量；μ_S 为浓度为 S 的过饱和溶液中溶质的化学势，$\mu_S = \mu^\ominus + RT\ln\gamma_1 S_0$；$\mu_{S_0}$ 为饱和溶液中溶质的化学势。γ_1 为饱和溶液中溶质的活度系数。

溶解度与粒径有关，因此严格说来，在结晶过程中物质的溶解度（饱和浓度）随粒径而变，这里的饱和浓度应与平衡的粒径相对应。但为简单起见，在温度一定时视其为常数，并近似采用大颗粒的饱和溶解度。这样，

$$\mu_{S_0} = \mu^\ominus + RT\ln\gamma_2 S_0 \quad (13\text{-}7)$$

代入得：

$$\Delta G_v = n(\mu_{S_0} - \mu_S) = nRT\ln(\gamma_2 S_0/\gamma_1 S) \quad (13\text{-}8)$$

对球形颗粒而言：

$$n = \frac{4}{3}\pi r^3 \rho / M \quad (13\text{-}9)$$

式中，ρ、M 分别为结晶物质的密度和摩尔质量。

如果浓度变化范围不大，活度系数 γ 可视为不变，即 $\gamma_1 = \gamma_2$，那么：

$$\Delta G_v = \frac{4}{3}\pi r^3 RT\ln(S_0/S)\rho/M \quad (13\text{-}10)$$

已知

$$\Delta G_s = 4\pi r^2 \sigma_{s-l} \quad (13\text{-}11)$$

式中，σ_{s-l} 为结晶颗粒与溶液间的界面张力。

将 ΔG_s 和 ΔG_v 代入式（13-5）得：

$$\Delta G = 4\pi r^2 \sigma_{s-l} + \frac{4}{3}\pi r^3 RT\ln(S_0/S)\rho/M \quad (13\text{-}12)$$

将 ΔG 对 r 微分，同时令 $d(\Delta G)/dr = 0$ （13-13）

可以求得：

$$r^* = 2\sigma_{s-l} M / [\rho RT\ln(S_0/S)]^2 \quad (13\text{-}14)$$

对照可知，式（13-14）与式（13-3）其实是相同的。

将式（13-14）代入式（13-12），得：

$$\Delta G_{max} = \frac{16}{3}\pi\sigma_{s-1}^{3}M^{2}/[\rho RT\ln(S_{0}/S)]^{2} \tag{13-15}$$

式中，ΔG_{max} 为形成临界晶核所需的吉布斯自由能变化。

由式（13-14）和式（13-15）可知，临界半径 r^*、形成临界半径晶核的吉布斯自由能变化与固-液界面张力、晶体的密度以及过饱和率（S/S_0）密切相关。两相间界面张力小时，临界半径及生成晶核所需的能量都小，易于自动成核；溶液过饱和率大时，r^* 及 ΔG_{max} 都小，也易于自动成核。

均相成核的速率（单位时间内单位体积过饱和溶液中产生的晶核数）可用下式表示：

$$J = k\exp[-\Delta G_{max}/(RT)] \tag{13-16}$$

式中，k 为比例常数。

对生成球形晶核而言，将式（13-15）代入得：

$$J = k\exp\left\{-\frac{16}{3}\frac{\pi\sigma_{s-1}^{3}M^{2}}{\rho^{2}(RT)^{3}[\ln(S_{0}/S)]^{2}}\right\} \tag{13-17}$$

由式（13-17）可知，增大过饱和率 S/S_0 有利于提高成核速率。

温度升高，原子迁移加剧，有利于成核。但温度升高，某些物质的溶解度是增加的，不利于成核；而还有些物质的溶解度降低，则有利于成核。

13.2.2 异相成核

溶质结晶时，也可以溶液中的夹杂物或其他固相表面为基底形成核心，此时结晶过程所需的表面能远比自动成核小，从而即使过饱和率较小也能形核、结晶。

异相成核的难易程度主要取决于夹杂物粒度的大小、基底晶格与结晶物晶格的相容性，即两者晶体组成、结构越相近，异相成核越容易。因此，加入待结晶物的晶体作为成核的基底是最理想的。例如，在氧化铝生产中分解 $NaAlO_2$ 溶液制备 $Al(OH)_3$ 时，可加入 $Al(OH)_3$ 晶种以强化过程。

13.3 晶粒的长大

晶粒长大过程实质上是过饱和溶液中溶质分子（或离子）运动到晶核上并结晶的多相过程。溶质分子（或离子）的结晶过程经历下列步骤：

（1）通过对流、扩散到达晶体表面。

（2）在晶体表面吸附。

（3）吸附分子或离子在表面迁移。

（4）结合进入晶格，晶粒长大。

结晶生长的速率取决于其中最慢的步骤。步骤（1）最慢时称为扩散控制，步骤（2）或（3）（4）最慢则称为界面生长控制。

关于结晶的控制步骤的问题，A. E. Nielsen 认为，对粒度大于 5~10 μm 的晶粒的生长而言，当生长速率对搅拌强度很敏感时，控制步骤为传质过程；如不敏感，则为界面生长控制。当粒度小于 5 μm 左右时（具体值取决于溶液与晶体的密度差），在搅拌过程中，晶体与溶液几乎同步运动，溶液与晶体表面的相对速率很小而不足以改变扩散速率，故长大速率往往几乎与搅拌速率无关。

扩散控制时，结晶速率取决于扩散速率，根据菲克第一定律 $\frac{dQ}{dt}=D\frac{c-c_0}{\delta}$，这里 c_0 为饱和浓度，即 S_0；c 为过饱和浓度，即 S。故影响结晶速率的主要因素是绝对过饱和度，即过饱和浓度 S 与饱和浓度 S_0 之差，以及扩散系数 D 和温度。这些参数增加时，结晶速率随之增加。

界面生长控制的主要影响因素是温度和相对过饱和度 $\gamma\left(\gamma=\frac{S-S_0}{S_0}\right)$，温度升高，则生长速率增加；相对过饱和度 γ 增加，生长速率也增加，生长速率 v 的具体关系式则随其中最慢过程而异，当最慢过程为表面吸附时，生长速率与 γ 成正比；当界面螺旋生长过程最慢时，与 γ^2 成正比。

13.4 结晶过程的综合速率

在过饱和溶液中结晶时，同时发生两个过程：一是随着时间的推移，不断产生新的晶核，即晶核不断增加；二是已有晶核在不断长大。结晶分数因这两个过程而不断增加。本节综合考虑这两个过程，研究结晶分数 R 与时间的关系。

晶核形成速率是指单位时间内单位质量待结晶溶质形成的核心数，符号为 J。设过饱和溶液中共含有待结晶溶质质量为 m_0，经 t 时刻后其中有分数 R 转变为固相。为简化分析，设晶体粒子的生长为各向同性，这意味着生成的晶体呈球形。

在 dt 时间内形成的晶核数应当与溶液中尚存的溶质的质量 $(1-R)m_0$ 成正比，也与形成新相的速率 J 成正比。因此得到 dt 时间内形成的晶核数为：

$$N_t=(1-R)m_0J\mathrm{d}t \tag{13-18}$$

在 dt 时间内形成的晶体的质量为：

$$\mathrm{d}m=m_{\mathrm{cry}}N_t \tag{13-19}$$

式中，m_{cry} 为一个晶粒的质量。

若球形晶体半径的增长速率为 v，则 t 时间后一个晶体的质量为：

$$m_{\mathrm{cry}}=\frac{4}{3}\pi(vt)^3\rho \tag{13-20}$$

式中，ρ 为晶体的密度。

将式（13-18）和式（13-20）代入式（13-19）得：

$$\mathrm{d}m\,\frac{4}{3}\pi v^3t^3\rho m_0(1-R)J\mathrm{d}t \tag{13-21}$$

两边同除以 m_0 得：

$$\frac{\mathrm{d}m}{m_0}=\frac{4}{3}\pi v^3t^3\rho(1-R)J\mathrm{d}t \tag{13-22}$$

由于 $R=\frac{m}{m_0}$，求导得：

$$dR = \frac{dm}{dm_0} \tag{13-23}$$

代入式（13-22）得：

$$dR = \frac{4}{3}\pi v^3 t^3 \rho (1 - R) J dt \tag{13-24}$$

整理得：

$$\frac{dR}{1 - R} = \frac{4}{3}\pi v^3 t^3 \rho J dt \tag{13-25}$$

当成核速率 J 以及晶体半径的生长速率 v 为常数时，积分式（13-25）得：

$$-\ln(1 - R) = \frac{1}{3}\pi J \rho v^3 t^4 \tag{13-26}$$

$$R = 1 - \exp\left(-\frac{1}{3}\pi J \rho v^3 t^4\right) \tag{13-27}$$

这就是溶液中结晶生长过程的动力学方程式，它最早是由 Avrami 推导出来的，称为 Avrami 方程。Avrami 方程是相对于球形粒子的，若新相晶体呈薄片状，生长只能在二维方向进行，则新相颗粒的质量 $m_{cry} \propto (vt)^2$。相应地，可以导出 $R = f(t^3)$ 形式 Avrami 方程。对于针状结晶，生长只在一维方向进行，可以预料方程式为 $R = f(t^2)$ 形式。

Avrami 方程在推导时认为 J 和 v 为常数，实际上随着时间推移，溶液的过饱和度随结晶而不断下降，成核及晶体生长的推动力也在下降。因此，J 和 v 本身也是时间的函数，即 R 不是单纯随 t 的 4 次方（对球形粒子）或 3 次方（对片状物）而变，故 Christian 对此进行了修正，得出如下公式：

$$R = 1 - e^{-kt^n} \tag{13-28}$$

式中，k 为与新相成核速率及晶体生长速率有关的系数；n 为 Avrami 指数。

根据式（13-27）或式（13-28），以 R 对 t 作图可得如图 13-2 所示的“S”形曲线。初期由于可供生长的界面较小，转化速率很低，出现所谓诱导期。当过程进行到一定程度时，一方面原有晶核已获得不同程度的长大；另一方面又不断有新的晶核生成，界面面积显著增大，使结晶速率出现转折，进入快速增长期。到反应后期，由于可供构筑晶体的溶质已消耗殆尽，速率逐渐减慢而趋于 0，结晶率保持不变。

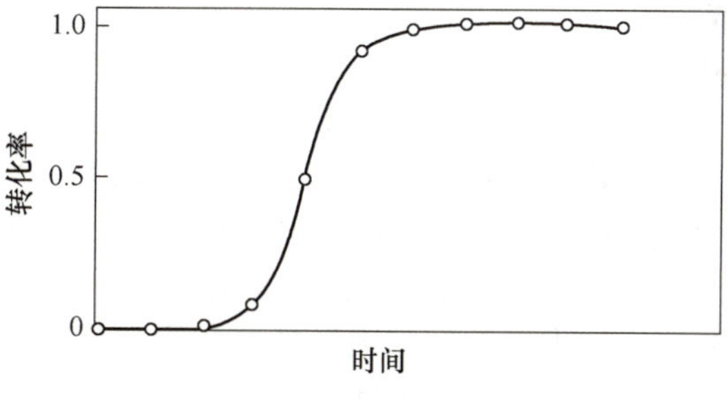

图 13-2 综合考虑新相晶核的形成与长大步骤控制时，转化率与时间的“S”形曲线关系

对式（13-28）进行变换：

$$1 - R = e^{-kt^n},\ \ln(1 - R) = -kt^n$$

$$\ln[-\ln(1 - R)] = \ln k + n\ln t \tag{13-29}$$

那么以 $\ln[\ln(1 - R)]$ 对 $\ln t$ 作图应得一直线，由直线斜率和截距可确定参数 n 和 k。

13.5 影响产物化学组成、粒度和形貌的因素

13.5.1 化学组成

关于这个问题的理论分析比较复杂，且涉及因素较多，在此借具体实例加以分析。

当溶液中存在多种离子时，加入反号离子沉淀剂则溶度积小的离子优先沉淀析出。例如，25°C 时 CuS 的溶度积为 8.9×10^{-36}，NiS(α) 的溶度积为 2.8×10^{-21}。向含 $CuSO_4$ 的 $NiSO_4$ 溶液中加入 S^{2-}离子，可以选择性地将杂质铜以硫化物沉淀形式除去。但当溶液对各离子的过饱和度都极大或者溶液中不同离子沉淀的溶度积相差不大时，离子往往以共沉淀的形式结晶析出。例如，向上述含 Cu^{2+}的 $NiSO_4$ 溶液中加入大量 S^{2-}离子，则溶度积较大的 NiS 也与 CuS 共同析出；再如，稀土元素性质极为相似，它们的氢氧化物、草酸盐等的溶度积相差无几，总是以共同沉淀的形式析出。

另外，有些溶液（如含钙和磷酸根离子的过饱和溶液）可以生成一系列磷酸钙沉淀，分别是 $CaHPO_4\cdot2H_2O$、$Ca_3(PO_4)_2$、$Ca_5(PO_4)_3OH$ 等，它们的溶解度依次大幅度减小。应该说生成 $Ca_5(PO_4)_3OH$ 的热力学趋势最大，而生成 $CaHPO_4\cdot2H_2$ 的趋势较小。但是当这种溶液呈中性或弱酸性时，溶液中磷主要以 HPO_4^{2-} 和 $H_2PO_4^-$ 形式存在，HPO_4^{2-} 与 Ca^{2+}相遇并结合生成 $CaHPO_4\cdot2H_2O$ 的概率，比起溶液中很少的 PO_4^{3-} 与 Ca^{2+}相结合生成 $Ca_3(PO4)_2$ 的概率要大得多。而 $Ca_5(PO_4)_3OH$ 的形成还需要溶液中浓度更低的 OH^-离子参加，概率更小。因而结晶时最容易生成的是 $CaHPO_4\cdot2H_2O$，随时间的延长再进一步转化为 $Ca_3(PO_4)_2$，直至形成 $Ca_5(PO_4)_3OH$。这一转化过程随温度的增加、pH 值的提高而加快。实际沉淀过程中，因操作条件不同可以得到某一沉淀或它们的混合物。其他一些生成系列盐类的沉淀过程也遵循同样的规律。

13.5.2 粒度

结晶过程实际是一个形核与生长的竞争过程，粒度就受到这两个过程相互消长的影响。根据式（13-17）可知，溶液的过饱和率大，虽有利于晶体生长，但成核速率更快，溶液中将形成更多的结晶核心，得到的结晶更分散，粒度更细；反之则得到较粗的颗粒。许多物理因素实际上都是通过影响溶液的过饱和率来影响结晶的粒度的。例如，增加溶液的浓度或加大沉淀剂的用量导致过饱和率增加，从而得到细粒沉淀。pH 值的影响就比较复杂，有些盐类的过饱和率因 pH 值的增加而增加（如磷酸盐），则 pH 值的提高有利于得到细粒；而有些盐类的过饱和率则因 pH 值的增加而减小（如铝酸钠溶液），则 pH 值的提高有利于得到粗颗粒。温度的影响也有类似规律。

加入晶种成为结晶核心，可以迅速降低过饱和率而抑制成核，有利于得到粗粒。有些添加剂则可以吸附在晶体表面抑制晶体生长，或者抑制某些晶面的生长，有利于得到细颗粒。

结晶的微环境也会影响到粒度，如在油包水形式的微乳液中形成的沉淀。一个微乳液滴实际就是一个超微反应器，由于受到反应器几何尺寸及其中待结晶物质的量的限制，只能得到微粉。

由式（13-3）可知，小颗粒溶解度大而大颗粒溶解度小。这样如果将粒度不同的晶体放在溶液中，则小颗粒将逐渐溶解，进而扩散到大颗粒附近，因其浓度超过大颗粒的溶解

度，故在大颗粒上结晶，使大颗粒自动长大。这一“杀贫济富”的效应称为 Ostwald 陈化。因此，由于陈化作用，一般沉淀后保温一段时间，往往有利于改善沉淀的过滤性能。同时，由于颗粒长大，减小了比表面积，有利于减少由于共沉淀及表面吸附带来的杂质。

13.5.3 形貌

溶液的饱和率和离子强度会强烈影响结晶的形貌。图 13-3 所示为它们对 $BaSO_4$ 结晶形貌的影响。可能是由于这些条件变化时会影响到晶体中不同晶面的表面能，那些表面能高的晶面因生长迅速而在最终的形貌中不显露，而那些表面能低、生长速率慢的晶面则得以显露。

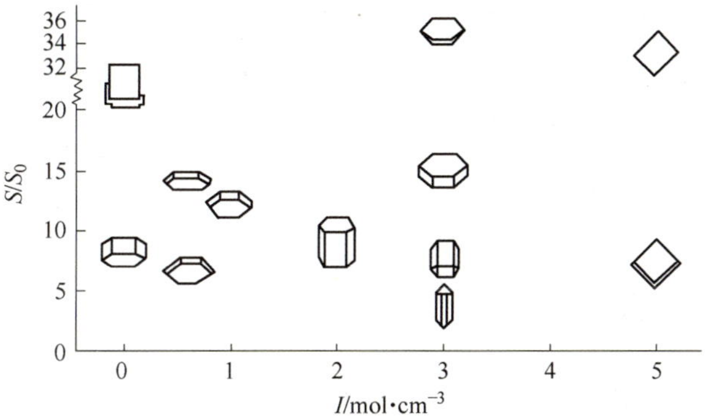

图 13-3 饱和率（S/S_0）和离子强度（I）对 $BaSO_4$ 结晶形貌的影响

随溶液条件（如 pH 值、浓度等）的不同，溶液中的离子可以不同的离子或离子团形式存在。这些离子团可能就是构成晶体的基本元件，称为生长基元。正如建房所用的砖，不同的砖可以砌出不同式样的建筑结构。不同的生长基元以不同的形式堆砌也可得到不同的晶体结构。

添加剂也可以改变晶体的生长行为，如无添加剂时 $CaCO_3$ 结晶呈斜方六面体，而溶液中添加 Li^+后，改变了不同晶面间的相对生长速率，所得晶体成为平面板状。添加剂还可与溶液中的离子配位，在晶体生长时限制离子的某一种堆砌方式而促进另一种方式，从而影响结晶的晶型，这称为“模板效应”。添加剂好比一个模子，利用它“铸”出所需晶型的沉淀。例如，水解法制锑白时，一般情况下得到的是单斜晶系，而加入酒石酸后则可得到理想的立方晶系。

习题与思考题

13-1 在某一温度下，实验测得一水溶液中沉淀过程的沉淀率 r 与沉淀时间 t 的关系如下：

t/min	10	20	30	40	50	60	70
R/%	0.4	6.5	27.0	63.2	92.3	99.0	100

试求此沉淀过程的动力学方程，并初步判断其成核机理。

13-2 简述在沉淀结晶过程中如何控制粒度。

13-3 是否可以借用 Avrami 方程描述浸出过程的动力学？

14 电解过程

本章要点

本章涉及电解的相关知识及其应用，主要包含以下两方面的内容：

(1) 电解的基本概念及基本原理；

(2) 阳极、阴极、电解质的含义，电极过程理论基础及其应用。

14.1 引言

14.1.1 电化学中的基本概念

电化学是研究化学能和电能之间相互转化的科学，它在冶金中有许多应用，如利用可逆电池对热力学函数（如 $\Delta_r G^{\ominus}$、活度等）的测定、金属的电解沉积和提纯等。

电能与化学能之间的转化，靠电池反应来实现。由外加电能促使发生变化的称为电解池；靠发生化学变化向外提供电能的称为原电池。实现电能与化学能之间转换的介质称为电解质溶液，其导电主要靠离子迁移。

无论是对电解池还是原电池，发生氧化反应的电极都为阳极，发生还原反应的都为阴极。阴离子总是移向阳极，而阳离子总是移向阴极。

原电池和电解池的基本原理如图 14-1 所示。

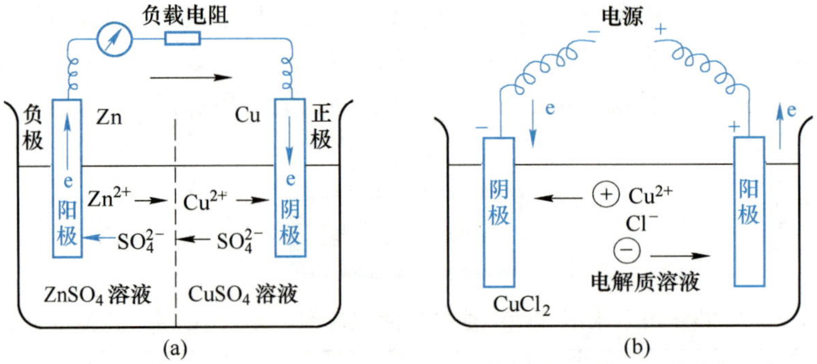

图 14-1 原电池和电解池

(a) 丹尼尔电池；(b) 电解池

在图 14-1 (a) 所示的原电池中，有：

阴极—负极—氧化极：　　$Zn - 2e \xlongequal{} Zn^{2+}$

阳极—正极—还原极：　　　　$Cu^{2+} + 2e = Cu$

在图 14-1（b）所示的电解池中，有：

阴极—负极—还原极：　　　　$Cu^{2+} + 2e = Cu$

阳极—正极—氧化极：　　　　$2Cl^- - 2e = Cl_2$

14.1.2 电解的应用

有色金属的电解应用主要在三个方面：

（1）从浸出（或经净化）的溶液中提取金属。

（2）从粗金属、合金或其他冶炼中间产物（如锍）中提取金属。

（3）将某些金属的盐类熔融作为电解质进行电解，以提取和提纯金属。从浸出（或经净化）的溶液中提取金属，是采用不溶性阳极进行电解，叫作电解沉积；从粗金属、合金或其他冶炼中间产物（如锍）中提取金属，是采用可溶性阳极进行电解，称为电解精炼；将某些金属的盐类熔融作为电解质进行电解，以提取和提纯金属，称为熔盐电解。

以上电解是有差别的，但它们的理论基础都遵循电化学规律及电解的基本理论。

14.2 电解的基本理论

14.2.1 法拉第定律

法拉第定律：当有电流通过电解质溶液时，电极上的化学反应量与电量成正比；若各反应物质的量采用的基本单元的电量相同，则当线路上通过一定的电量时，不同电极上起反应的物质的量均为 1 mol。

电量和析出物质的量的关系为：

$$Q = nzF \tag{14-1}$$

式中，n 为物质的量；z 为反应式中的电子计量数；F 为法拉第常数，为 96500 C/mol 。

14.2.2 可逆电池的热力学

14.2.2.1 电动势与反应自由能变化的关系

由热力学原理可知，等温、等压条件下，化学反应的 $\Delta_r G$ 应等于可逆条件下所做的最大功。对于电池反应，应为可逆条件下所做的最大电功。1 mol 电池反应所做的可逆电功为：

$$W = \Delta_r G = -zEF \tag{14-2}$$

式中，E 为电动势。若电池处于标准态，则：

$$\Delta_r G^{\ominus} = -zE^{\ominus}F \tag{14-3}$$

14.2.2.2 电动势和 ΔS 和 ΔH 的关系

因为 $\left(\frac{\partial G}{\partial T}\right)_p = -\Delta S$，$\Delta_r G = -zEF$，故有：

$$\Delta S = zF\left(\frac{\partial G}{\partial T}\right)_p \tag{14-4}$$

又由 $\Delta_r G=\Delta H-T\Delta S$ 可得：

$$\Delta H = -zEF + zFT\left(\frac{\partial G}{\partial T}\right)_p \tag{14-5}$$

14.2.2.3 电动势与反应物、活度的关系

若电池反应可以写成：

$$aA + bB = gG + rR \tag{14-6}$$

由于

$$\Delta G = \Delta G^{\ominus} + RT\ln\frac{a_G^g \cdot a_R^r}{a_A^a \cdot a_B^b} \tag{14-7}$$

根据自由能和电动势的关系有：

$$E = E^{\ominus} - \frac{RT}{zF}\ln\frac{a_G^g \cdot a_R^r}{a_A^a \cdot a_B^b} \tag{14-8}$$

以上各关系式建立了热力学函数和电池反应的联系，可以用于电化学反应方向和限度的判定与计算，也常被用于热力学函数值的直接测量。

14.2.3 电极电势

当电极与溶液接触时，由于离子或电子的迁移，会在其相界面处产生电势差。由于静电力的作用，这种迁移会达到一种平衡态，这时的电位差即为电极电势（电极电位），用 ε 表示。

电池电动势即为各相界面电位差之和，其中主要是电池两极电极电势的和，所以电池电势常表示为 $E=\varepsilon_{左}-\varepsilon_{右}$，式中，$\varepsilon_{左}$ 和 $\varepsilon_{右}$ 分别表示两电极的还原电极电势。

由于无法确知电极的绝对电势，只能测定由两个电极构成电池的电势，所以只要能够选定一个电极作为相对标准，即参比电极，规定其电极电势为零，即可确定各种电极的相对电极电势。进一步就可方便地确定任意电池的电动势。现一般采用氢电极为标准电极，与待测电极构成电池，这个电池的电动势即为待测电池的相对电极电势。

一个电池反应是由两个电极对应构成的，电极电势也存在相应的能斯特公式，一个电极的还原电极电势可表示为：

$$\varepsilon_{M^+/M} = \varepsilon_{M^+/M}^{\ominus} - \frac{RT}{F}\ln\frac{a_M}{a_{M^+}} \tag{14-9}$$

或

$$\varepsilon_{M^+/M} = \varepsilon_{M^+/M}^{\ominus} - \frac{RT}{F}\ln\frac{a_{还原态}}{a_{氧化态}} \tag{14-10}$$

不同电极的还原电极电势可在有关的电化学手册中查到。

金属电极的还原电极电势越正，表明其离子还原趋势越大；反之，溶解趋势越大。

14.2.4 电极极化

有电流通过时实际电动势 E_{ir} 或电极电势 ε_{ir} 对平衡值 E_r 或 ε_r 的偏离称为极化。对电极极化而言，二者之差称为超电势 η。即：

$$\eta = |\varepsilon_{ir} - \varepsilon_r| \text{ 或超电压 } \Delta U = |E_{ir} - E_r| \tag{14-11}$$

超电压和通电电流、电解质类型等有关。

电势对原电池而言，将导致对外提供的电压低于理论值；对电解池而言，外界提供的电压将高于理论值。要使正离子在阴极析出，外加电极电势必须高于可逆电极电势；要使负离子在阳极析出，必须使阳极电势比可逆电势更低一些。即有：

阳极上：
$$\varepsilon_r = \varepsilon_{ir} - \eta \tag{14-12}$$

阴极上：
$$\varepsilon_r = \varepsilon_{ir} + \eta \tag{14-13}$$

如果溶液同时存在几种可能放电的金属离子，则决定它们放电次序的先后的，不仅是它们的还原电极电势，而且还须考虑各离子在电极上的超电势。其反应顺序是：实际还原电极电势越正的离子越先在阴极析出；还原电极电势越负的离子越优先在阳极上发生反应。改变离子的活度（调整浓度或加入配合剂等）、更换电极材料、调整电流密度等可改变超电势，均能使实际电极电势发生变更，从而调整反应顺序。这正是湿法冶金和电冶金的主要研究内容。

14.2.5 分解电压

在可逆情况下使电解质有效组元分解的最低电压称为理论分解电压（E_e）。理论分解电压是阳极平衡电极电位（$\varepsilon_{e(A)}$）与阴极平衡电极电位（$\varepsilon_{e(K)}$）之差。

$$E_e = \varepsilon_{e(A)} - \varepsilon_{e(K)} \tag{14-14}$$

当电流通过电解槽，电极反应以明显的速率进行时，电极反应将会明显偏离平衡状态，而成为一种不可逆状态，这时的电极电位就是不平衡电位，阳极电位偏正，阴极电位偏负。这时，能使电解质熔体连续不断地发生电解反应所必需的最小电压叫作电解质的实际分解电压。显然，实际分解电压要比理论分解电压大，有时甚至大很多。实际分解电压简称分解电压（E），是阳极实际析出电位（$\varepsilon_{(A)}$）和阴极析出电位（$\varepsilon_{(K)}$）之差。

$$E = \varepsilon_{(A)} - \varepsilon_{(K)} \tag{14-15}$$

显而易见，得知阴极、阳极在实际电解时的偏离值（称为超电位），就可以算出某一电解质的实际分解电压。分解电压符合能斯特方程，可以表示为如下形式：

$$\varepsilon = \varepsilon^{\ominus} + \frac{RT}{zF}\ln\frac{a_{氧化态}}{a_{还原态}} \tag{14-16}$$

式中，ε，$\varepsilon^{\ominus}$分别表示实际和标准状态下组元的电极电势；R 为理想气体常数，8.314472 J/(K·mol)；a 为组元的活度（活度=浓度×活度系数）；z 为组元在熔盐中的化合价（半反应式的电子转移数）；F 为法拉第常数，$1F$=96485.3399 C/mol。

可以看出，温度和电解质组成均会影响分解电压。表 14-1 所示为镁电解质中部分组元的分解电压。

表 14-1 镁电解质中各组元的分解电压（800 ℃）

电解质组元	分解电压/V	温度系数	电解质组元	分解电压/V	温度系数
LiCl	3.30	1.2×10^3	KCl	3.37	1.7×10^3
NaCl	3.22	1.4×10^3	$MgCl_2$	2.51	0.8×10^3
$CaCl_2$	3.23	1.7×10^3	$BaCl_2$	3.47	4.1×10^3

注：温度系数大表示分解电压随温度的变化较大。

14.3 水溶液电解阴极过程

当直流电通过阴极和阳极导入装有水溶液电解质的电解槽时，水溶液电解质中的正离子、负离子便会分别向阴极和阳极迁移，并同时在两个电极与溶液的界面上发生还原与氧化反应，从而分别产出还原物与氧化物。在电极与溶液的界面上发生的反应叫作电极反应。

在阴极上发生的反应是物质得到电子的还原反应，称为阴极反应。水溶液电解质电解过程的阴极反应主要是金属阳离子的还原，结果在阴极上沉积出金属，例如：

$$Cu^{2+} + 2e = Cu \tag{14-17}$$

$$Zn^{2+} + 2e = Zn \tag{14-18}$$

在阴极反应的过程中，也有可能发生氢离子还原析出氢的副反应：

$$2H^{+} + 2e = H_2\uparrow \tag{14-19}$$

在湿法冶金的电解过程中，工业上通常是用固体阴极进行电解，其主要过程是金属阳离子的中和反应：

$$Me^{z+} + ze = Me$$

除了主要反应以外，还可能发生氢的析出、由于氧的离子化而形成氢氧化物、杂质离子的放电以及高价离子还原为低价离子等过程，如以下各反应所示：

$$H_3O^{+} + e = \frac{1}{2}H_2 + H_2O(\text{在酸性介质中}) \tag{14-20}$$

$$H_2O + e = \frac{1}{2}H_2 + OH^{-}(\text{在碱性介质中}) \tag{14-21}$$

$$O_2 + 2H_2O + 4e = 4OH^{-} \tag{14-22}$$

$$Me^{z+} + ze = Me \tag{14-23}$$

$$Me^{z+} + (z-n)e = Me^{n+} \tag{14-24}$$

上述电化学过程可以分为三个类型。属于第一类型的过程有：

（1）在阴极析出的产物，呈气泡形态从电极表面移去，并在电解液中呈气体分子形态溶解。

（2）中性分子转变为离子状态。

属于第二类型的是在阴极析出形成晶体结构物质的过程。最后，在阴极上不析出物质而只是离子价降低的过程属于第三类型。下面分别讨论关于氢和金属在阴极析出的基本原理及其应用问题。

14.3.1 氢的阴极析出

按照现代观点，作为物质质点存在于水溶液中的氢离子，是由与水分子化学结合着的阳离子组合而成的：

$$H = H^{+} + e \tag{14-25}$$

$$H^{+} + H_2O = (H_3O)^{+} \tag{14-26}$$

荷正电的质点 $(H_3O)^{+}$由于静电作用而吸引几个水分子。因此，在水及水溶液中存

在着水化 $(H_3O)^+$离子，这种离子简称为氢离子。

氢在阴极上的析出分为以下四个过程：

（1）水化 $(H_3O)^+$离子的去水化。这是因为在阴极电场的作用下，水化 $(H_3O)^+$离子会从其水化离子中游离出来。

$$[(H_3O)\cdot xH_2O]^+ = (H_3O)^+ + xH_2O \tag{14-27}$$

（2）去水化后的 $(H_3O)^+$离子的放电，也就是质子氢离子与水分子之间的化合终止，以及阴极表面上的电子与其相结合，结果便有为金属（电极）所吸附的氢原子生成。

$$(H_3O)^+ = H_2O + H^+ \tag{14-28}$$

$$H^+ + e = H_{(Me)} \tag{14-29}$$

（3）吸附在阴极表面上的氢原子相互结合成氢分子。

$$H_{(Me)} + H_{(Me)} = H_{2(Me)} \tag{14-30}$$

（4）氢分子的解吸及其进入溶液，由于溶液过饱和，以致引起阴极表面上生成氢气泡而析出。

$$xH_{2(Me)} = Me + xH_{2(溶解)} \tag{14-31}$$

$$xH_{2(溶解)} = xH_{2(气体)} \tag{14-32}$$

如果上述过程之一的速率受到限制，就会出现氢在阴极上析出时的超电位现象。现代观点认为氢在金属阴极上析出时产生超电位的原因，是氢离子放电阶段缓慢，这已被大多数金属的电解实践所证实。

氢离子在阴极上放电析出的超电位具有很大的实际意义。这是因为氢离子放电速率的快慢，对很多水溶液电解生产都有很大的影响。就电解水制取氢而言，氢的超电位高是不利的，因为它会消耗过多的电能。但是对于有色金属冶金，如锌、铜等的水溶液电解，较高的氢的超电位对金属的析出是有利的。甚至可以说，正因为氢具有较高的超电位，某些金属才有可能采用水溶液电解质电解以提取金属，如锌的电解沉积。

氢离子在水溶液中的迁移速率较快，因而扩散过程不会影响电极的反应速率，所以说氢的超电位属于电化学极化超电位。氢的超电位与许多因素有关，主要包括阴极材料、电流密度、电解液温度、溶液的成分等，它服从于塔费尔方程式：

$$\eta_{H_2} = a + b\ln D_k \tag{14-33}$$

式中，η_{H_2}为电流密度为 D_k时氢的超电位，V；D_k为阴极电流密度，A/m^2；a 为常数，即阴极上通过 1 A/m^2 电流密度时的氢的超电位，随阴极材料、表面状态、溶液组成和温度而变；b 为 $2\times2.3RT/F$，随电解温度而变。

实践证明，就大多数金属的纯净表面而言，式（14-33）中，经验常数 b 具有几乎相同的数值（0.1~0.14 V）。这说明表面电场对氢析出反应的活化效应大致相同。有时也有较高的 b 值（>0.14 V），原因之一可能是电极表面状态发生了变化，如氧化现象的出现。式中，常数 a 对不同材料的电极，其值是很不相同的，表示不同的电极表面对氢析出过程有着不同的催化能力。按 a 值的大小，可将常用的电极材料大致分为三类：

（1）高超电位金属，其 a 值在 1.0~1.5 V，主要有 Pb、Cd、Hg、Ti、Zn、Ga、Bi、Sn 等。

（2）中超电位金属，其 a 值在 0.5~0.7 V，主要有 Fe、Co、Ni、Cu、W、Au 等。

（3）低超电位金属，其 a 值在0.1~0.3 V，其中最主要的是Pt和Pd等铂族元素。

表14-2列出了在不同金属上，氢阴极析出的塔菲尔常数 a、b 值，温度为293 K。

表14-2 氢在某些金属上的塔费尔常教

金属	酸性溶液		碱性溶液	
	a	b	a	b
Ag	0.95	0.10	0.73	0.12
Al	1.00	0.10	0.64	0.14
Au	0.40	0.12	—	—
Be	1.08	0.12	—	—
Bi	0.84	0.12	—	—
Cd	1.40	0.12	1.05	0.16
Co	0.62	0.14	0.60	0.14
Cu	0.87	0.12	0.96	0.12
Fe	0.70	0.12	0.76	0.11
Ge	0.97	0.12	—	—
Hg	1.41	0.114	1.54	0.11
Mn	0.80	0.10	0.90	0.12
Mo	0.66	0.08	0.67	0.14
Nb	0.80	0.10	—	—
Ni	0.63	0.11	0.65	0.10
Pb	1.56	0.11	1.36	0.25
Pd	0.24	0.03	0.53	0.13
Pt	0.10	0.03	0.31	0.10
Sb	1.00	0.11	—	—
Sn	1.20	0.13	1.28	0.23
Ti	0.82	0.14	0.83	0.14
Tl	1.55	0.14	—	—
W	0.43	0.10	—	—
Zn	1.24	0.12	1.20	0.12

下面讨论各种因素对氢的超电位的影响。

（1）电流密度的影响。氢的超电位 η_{H_2} 与电流密度 D_k 之间存在着线性关系，即氢的超电位随着电流密度的提高而增大。

表14-3列出了298 K时不同电流密度下，氢在某些金属上的超电位值。

（2）电解液温度的影响。温度升高，氢的超电位降低，容易在阴极上放电析出。值得注意的是，从 $b=2\times2.3RT/F$ 得知，当温度升高时，b 值是应该升高的，氢的超电位

η_{H_2}也应该升高。这与实际刚好相反，其原因是当温度升高时，a 值是降低的，比较 a 值与 b 值对氢的超电位的影响，a 值下降是主要的影响因素，所以导致氢的超电位随着温度的升高而下降。

（3）电解液组成的影响。不同的电解液的组成与活度对氢的超电位影响是不同的，这是由于溶液中某些杂质在阴极析出后局部地改变了阴极材料的性质，从而使得局部阴极上氢的超电位有所改变。如当溶液中铜、钴、砷、锑等杂质的含量超过允许含量时，它们将在阴极析出，氢的超电位大大降低。

表 14-3　298 K 时氢的超电位

电流密度 /A·m^{-2}		1	10	20	50	100	500	1000	2000	5000	10000	15000
超电位/V	Au	0.122	0.24	—	0.322	0.390	0.507	0.588	0.688	0.770	0.798	0.807
	Cd	0.651	0.981	—	1.086	1.134	1.211	1.216	1.228	1.246	1.254	1.257
	Cu	0.351	0.479	—	0.548	0.584	—	0.801	0.988	1.186	1.254	1.269
	铂黑 Pt	0.0034	0.0154	0.0208	0.0272	0.0300	0.0376	0.0405	0.0420	0.0448	0.0483	0.0495
	光滑 Pt	—	0.024	0.034	0.051	0.068	0.186	0.288	0.355	0.573	0.676	0.768
	Al	0.499	0.565	0.625	0.745	0.826	0.968	1.066	1.176	1.237	1.286	1.292
	石墨	0.3166	0.5995	0.6520	0.7250	0.7788	0.9032	0.9774	1.0794	1.1710	1.2200	1.2208
	Ag	0.2981	0.4751	0.5987	0.6922	0.7618	0.8300	0.8749	0.9379	1.0300	1.0890	1.0841
	Sn	0.3995	0.8561	0.9469	1.0258	1.0767	1.1851	1.2230	1.2342	1.2380	1.2380	1.2286
	Fe	0.2183	0.4036	0.4474	0.5024	0.5571	0.7000	0.8134	0.9854	1.2561	1.2915	1.2908
	Zn	—	0.716	0.726	0.726	0.746	0.926	1.064	1.168	1.201	1.229	1.243
	Bi	—	0.78	—	—	1.05	1.15	1.14	1.20	1.21	1.23	1.29
	Ni	—	0.563	0.633	0.633	0.747	0.890	1.084	1.130	1.280	1.244	1.254
	Pb	—	0.52	—	—	1.090	1.168	1.179	1.217	1.235	1.262	1.290

（4）阴极表面状态的影响。阴极表面状态对氢的超电位的影响是间接影响。阴极表面越粗糙，则阴极的真实表面积越大，这就意味着真实电流密度越小，从而使得氢的超电位越小。

通过以上分析得知，某些金属的电极电位虽然较氢更负，但由于氢的超电位很大，而某些金属（如锌）的超电位又很小，这就使得氢的实际析出电位较负，从而使得金属析出，而氢不析出。因此，氢的超电位的大小对某些较负电性金属电解的电流效率影响很大，通过提高氢的超电位就能相应地提高电流效率。

14.3.2 金属的阴极析出

金属从溶液中的析出，主要由以下三个阶段构成：

（1）水合金属阳离子由溶液本体迁移到双电层中；

（2）放电过程在双电层密集部分阳离子脱水并吸附在电极表面，进而与电子结合而转变为原子；

（3）金属中性原子进入金属晶格中或生成新的晶核。

14.3.2.1 金属离子的阴极还原

如前所述，某些较负电性的金属可以通过水溶液电解来提取。但是，由于氢析出超电位有一定限度，在水溶液中氢强烈析出的电位不会比−2.0～−1.8 V 更负，所以不是所有负电性金属都可以通过水溶液电解实现其阴极还原过程的。如果某些金属的析出电位比−2.0～−1.8 V 还要负，则采用水溶液电解方法来制取这些金属（如镁、铝）就十分困难。

若周期表中金属元素是按其活泼性大小顺序排列的，如表 14-4 所示，就可以利用周期表来比较实现金属离子还原过程的可能性。一般来说，周期表中越靠近左边的金属元素的性质越活泼，在水溶液中的阴极上还原电沉积的可能性也越小，甚至不可能；越靠近右边的金属元素，阴极上还原电沉积的可能性也越大。在水溶液中，对简单金属离子而言，大致以铬分族元素为界线，位于铬分族左方的金属元素不能在水溶液中的阴极上还原电沉积，铬分族各元素除铬能较容易地自水溶液中在阴极上还原电沉积外，钨、钼的电沉积就极困难；位于铬分族右方的金属元素都能较容易地自水溶液中在阴极上还原电沉积出来。

表 14-4 按周期表比较金属离子从水溶液中电积的可能性

周期	元素																	
第三	Na	Mg	Al											Si	P	S	Cl	Ar
第四	K	Ca	Se	Ti	V	Cr	Mn	Fe	Co	Ni	Cu	Zn	Ga	Ge	As	Se	Br	Kr
第五	Rb	Sr	Y	Zr	Nb	Mo	Te	Ru	Rh	Pd	Ag	Cd	In	Sn	Sb	Te	I	Xe
第六	Cs	Ba	稀土金属	Hf	Ta	W	Re	Os	Ir	Pt	Au	Hg	Ti	Pb	Bi	Po	At	Rn
							从水溶液中有可能电积				从氰化物溶液中可以电积					非金属		

这一分界线的位置主要是根据实验而不是根据热力学数据确定的。因此，除热力学因素外，还受一些动力学因素的影响。例如，若只从热力学数据来考虑，则 Ti^{2+}、V^{2+} 等离子的还原电沉积也应该是可能实现的，但由于动力学的原因实际是不可能的。

需要指出的是，若涉及的过程不是简单水合离子在电极上以纯金属形态析出，则分界线的位置可以大大不同。最常遇到的有以下几种情况：

（1）若通过还原过程生成的不是纯金属而是合金，则由于生成物的活度减小而有利于还原反应的实现。最突出的例子是当电解过程生成物是汞齐时，碱金属、碱土金属和稀土金属都能自水溶液中很容易地电解出来。

（2）若溶液中金属离子以比水合离子更稳定的络合离子形态存在，则由于析出电位变负而不利电解。例如，在氰化物溶液中只有铜副族元素及其在周期表中位置比它更右的金属元素才能在电极上析出，而铁、镍等元素则不能析出。

（3）在非水溶液中，金属离子的溶剂化能与水化能相差很大。因此，在各种非水溶剂中金属活动性顺序可能与在水溶液中的不同。如果还考虑到溶剂本身的分解电压也可能不同，就不难理解为什么某些在水溶液中不能析出的金属（如铝、镁等）可以在适当的有机溶剂中电解出来。

14.3.2.2 金属在阴极上析出的极化曲线

金属在阴极上析出的电位值与其一系列性质（交换电流、零电荷电势、表面状况等）

有关，也受电解条件，如电解液的成分和温度等的影响。

图 14-2 所示为金属阳离子放电的极化曲线。从图中可以看出，对 Hg、Cu、Pb、Zn 等交换电流较大的金属的阳离子而言，放电速率甚至在极化值很小的情况下都很大；而为了提高交换电流小的铁族金属（Fe、Co、Ni）阳离子的放电速率，则需要更大的极化值。

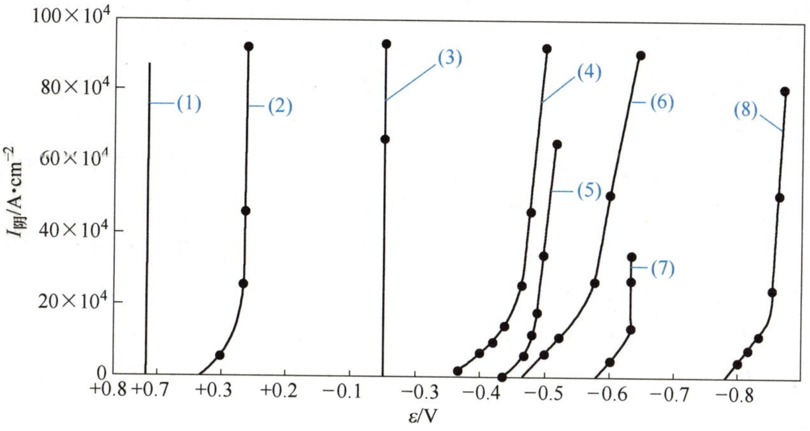

图 14-2 汞、铜、铅、锌、镉、钴、镍、铁等的阳离子在室温下放电的极化曲线

(1)—Hg：0. 1 mol/L HNO_3+0. 06 mol/L $HgNO_3$；(2)—Cu：0. 5 mol/L $CuSO_4$；(3)—Pb：0. 5 mol/L $PbSiF_6$；(4)—Co：0. 5 mol/L $CoSO_4$+0. 5%H_3BO_3；(5)—Cd：0. 5 mol/L $CdSO_4$；(6)—Ni：0. 5 mol/L $NiCl_2$+0. 5%H_3BO_3；(7)—Fe：0. 5 mol/L $FeSO_4$+0. 5%H_3BO_3；(8)—Zn：0. 5 mol/L $ZnSO_4$

另外，升高温度有利于降低极化电势。如果金属在溶液中呈配合离子形态存在，则为了提高电流密度（提高阳离子在阴极上还原的速率），要求具有特别大的极化电势，如图 14-3 所示。

14. 3. 2. 3 金属的电结晶

在水溶液电解过程中，有时要求得到致密平整的阴极沉积表面。粗糙的阴极表面会对电解过程产生不良的影响，它会降低氢的超电势和加速已沉积金属的逆溶解作用。此外，由于沉积表面不平而会产生许多凸出部分，容易造成电极之间的短路，从而引起电流效率降低。但当电解的目的是制取金属粉末时，往往要求粉末有特定的粒度、粒形和粒度分布。因此，了解阴极沉积物形成的条件以及各种影响因素，具有很大的意义。

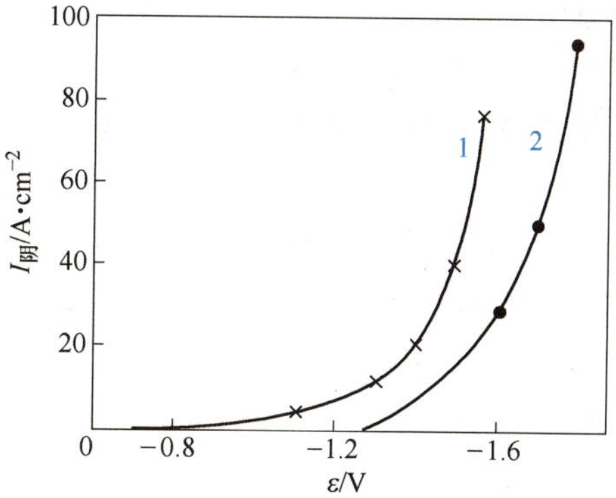

图 14-3 在阴极上从含配合阴离子的溶液中析出金属的极化曲线

1—从 0. 25 mol/L CuCN+0. 6 mol/L NaCN+0. 5 mol/L Na_2CO_3 溶液中析出铜；2—从 0. 5 mol/L $Zn(CN)_2$+4. 3 mol/L NaCN 溶液中析出锌

在阴极沉积物形成的过程中，有两个平行进行的过程，即晶核的形成和晶体的长大。在结晶开始时，金属并不在阴极整个表面上沉积，而只是在对阳离子放电活化能最小的个别点上沉积。被沉积金属的晶体，首先在阴极主体金属晶体的棱角上生成。电流只通过这些点传

送，这些点上的实际电流密度要比整个表面的平均电流密度大得多。

而在这些正在生长的晶体附近的电解液中，被沉积金属的离子浓度贫化，于是在其边缘离子浓度大的区域放电，产生新的晶核。分散的晶核数量逐步增加，直到阴极的整个表面为沉积物所覆盖。

沉积物的粒度和形状取决于晶核形成与晶体长大的相对速率，实际上，在电解过程中，有一部分原子形成晶核，而另一部分则使晶体长大。设形成晶核的原子数和使晶体长大的原子数分别为 N_n 和 N_g，当 $N_n \gg N_g$ 时，在阴极上将产生细结晶沉积物；如果 $N_n \ll N_g$，则得到粗结晶沉积物。

阴极晶粒的大小首先与金属本身交换电流密度有关，在金属从简单盐溶液中电结晶的情况下，交换电流密度大的金属，则产生粗结晶沉积物。属于这一类的金属有 Ag、Pb、Cd、Zn、Sn、Tl 等。交换电流小以及极化值相当大的金属，照例形成细结晶沉积物。属于这一类的金属有 Fe、Ni、Co。

有些金属如 Ag、Cu、Zn，如果它们在溶液中呈配合离子形态存在，则由于还原超电势相当大，故呈极细结晶沉积物形态析出，而且极化值越大，沉积物析出的结晶颗粒越细。

此外，晶体的成长和沉积物的结构与电解过程的参数有关，影响参数如下：

（1）电流密度：在电流密度小的情况下，靠近已生成晶体的地方，由于扩散作用能及时补充由放电引起的阳离子的减少，从而溶液中阳离子的贫化现象并不显著，因此已生成的晶体能无阻地继续成长，结果得到由分散的粗粒结晶所组成的沉积物。当电流密度大时，在晶体生成后不久，靠近晶体部分的电解液就会发生局部贫化现象，晶体的成长暂时停止而产生新的晶核，在此情况下得到细结晶的沉积物。

然而当电流密度很大时，阴极附近的电解液会发生急剧的贫化现象，从而可能引起其他阳离子，特别是氢离子强烈的放电，所得沉积物为松软和海绵状。

对给定的电解体系而言，往往存在一个最佳电流密度，其具体数值随温度、金属离子浓度及搅拌条件而异，温度较高、浓度较大、传质条件好，则最佳电流密度大。因此，应结合电解的其他参数（如温度、浓度）以及技术经济指标（如电流效率等）综合选定最适宜的电流密度。

（2）金属离子浓度：根据实验，晶核数 N_n 与电流密度及溶液中金属离子浓度的关系可近似用下式表示：

$$N_n = K\frac{i_{阴}}{c_{Me}} \qquad (14\text{-}34)$$

式中，K 为与金属特性及搅拌、温度等有关的常数。在 $AgNO_3$ 溶液中电积 Ag 时，能很好地符合式（14-34），如图 14-4 所示。因此，在电流密度一定时，增加溶液中金属离子的浓度，有利于得到粗颗粒产品。

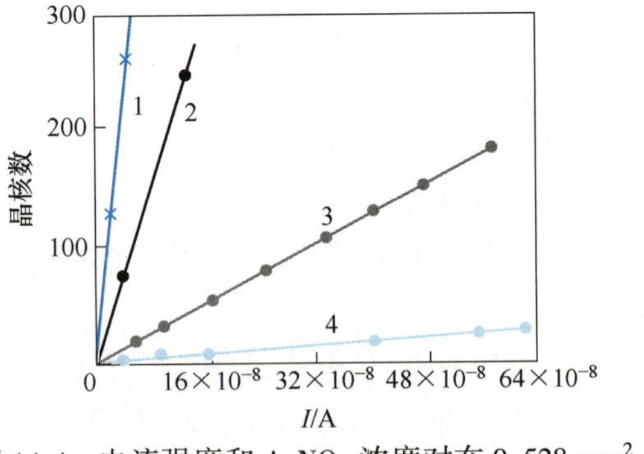

图 14-4 电流强度和 $AgNO_3$ 浓度对在 0.528 mm^2 阴极面积上形成的晶荷数的影响

1—0.001 mol/L $AgNO_3$ 溶液；2—0.01 mol/L $AgNO_3$ 溶液；3—0.1 mol/L $AgNO_3$ 溶液；4—1 mol/L $AgNO_3$ 溶液

（3）温度：温度的升高会引起溶液的

许多性质改变，如电导率增大、溶液中离子活度以及放电电势改变、金属析出和氢气放出的超电势都降低等。故温度的影响极为复杂，在不同情况下的表现也不相同。

首先，温度的升高使扩散速率加快，从而使阴极附近溶液不易产生贫化层。此外，金属的超电势也降低。因此，能促使获得粗结晶的沉积物。另外，温度升高使氢的超电势降低，致使氢的析出变得容易。

（4）搅和速率：搅和溶液能使阴极附近的离子浓度均衡，从而使极化降低，极化曲线有更陡峭的趋势，所有这些情况都会导致形成晶粒较粗的沉积物。另一方面，搅和电解液可以消除浓度的局部不均衡与局部过热等现象，可以提高电流密度而不会发生沉积物成块和不整齐现象。也就是说，提高电流密度，可以消除由于加快搅和速率引起的粗晶粒。

以上分析说明，当采用高的电流密度时，必须提高电解液的搅和速率，即加强电解液的循环，才能得到致密的阴极沉积物。

（5）氢离子浓度：氢离子的浓度或者说溶液的 pH 值是影响电结晶晶体结构的重要因素。在一定范围内提高溶液的酸度，可以改善电解液的导电性，而使电能消耗降低。但若氢离子浓度过高，则有利于氢的放电析出，在阴极沉积物中氢含量增大。生产实践表明，在氢气大量析出的情况下，将不可能获得致密的沉积物。只有在采取了有利于提高氢的超电位，防止氢析出的措施时，才能适当提高电解液的酸度。

但是氢离子的浓度也不能过低，过低时会形成海绵状沉积物，不能很好地黏附到阴极上，有时甚至会从阴极上掉下来。

（6）添加剂：为了获得致密而平整的阴极沉积物，常在电解液中加入少量作为添加剂的胶体物质，如树胶、动物胶和硅酸胶以及 α-萘酚、苯磺酸、胺盐等表面活性物质。

各种添加剂对于阴极沉积物质量的有利影响，在于胶质主要是被吸附在阴极表面的凸出部分，形成导电不良的保护膜，使这些突出部分与阳极之间的电阻增大，从而消除了阳极至阴极凹入部分与阳极至阴极凸出部分之间的电阻差额，结果，阴极表面上各点的电流分布均匀，产出的阴极沉积物也就较为平整致密。

14.3.2.4 阳离子在阴极上的共同放电

在实际生产过程中，电解液的组成不可能是单一而纯净的，其他金属（杂质）的存在使电解变得复杂化。对于电解精炼或电解沉积提取纯金属的工艺来说，重要的是如何防止杂质金属阳离子与主体金属阳离子同时在阴极上放电析出，而对生产合金（合金电镀）来说，问题是如何创造条件使合金元素按一定的比例同时在阴极上放电析出。

（1）金属阳离子同时放电。根据电极过程的基本原理，只有当阴极电位达到金属阳离子的析出电位时，离子才有可能在阴极上放电析出。显然，要使两种金属阳离子共同放电析出，必要的条件是它们的析出电位相等。已知阴极析出电位 $\varepsilon_K = \varepsilon_{e(K)} - \eta$。对于反应：

$$Me^{z+} + ze = Me \tag{14-35}$$

其析出电位为：

$$\varepsilon_{Me(K)} = \varepsilon^{\ominus}_{Me} - \frac{RT}{zF}\ln\frac{a_{Me}}{a_{Me^{z+}}} - \eta_{Me(K)} \tag{14-36}$$

根据共同放电条件 $\varepsilon_{Me_1} = \varepsilon_{Me_2}$ 可得：

$$\varepsilon_{Me}^{\ominus} - \frac{RT}{zF}\ln\frac{a_{Me_1}}{a_{Me^{z+}}} - \eta_{Me_1(K)}$$

$$= \varepsilon_{Me_2}^{\ominus} - \frac{RT}{zF}\ln\frac{a_{Me_2}}{a_{Me_2^{z+}}} - \eta_{Me_2(K)} \tag{14-37}$$

由式（14-36）可知，两种离子共同放电与四个因素有关，即与金属标准电位、放电离子在溶液中的活度及其析出于电极上的活度、放电时的超电位有关。由于两种金属的标准电位是一定的，故可以靠调节溶液中离子的活度与极化作用，使它们的放电电位相等而共同析出。当只需要一种金属放电析出时，两种金属的放电电位应有较大差值，这时，放电电位较正的金属就会放电析出，而放电电位较负的金属则不能放电析出。在生产实践中，常常通过控制电解液成分、温度、电流密度等来实现金属阳离子共同放电析出。

（2）金属离子与氢离子共同放电。这两种离子在放电过程中互不干扰，各自遵循自己的放电规律。这类体系有以下四种可能的情况：

1）金属的析出电位比氢的析出电位明显负得多。在这种情况下，首先是氢离子的还原析出，当电流密度很大，电极电位达到金属的析出电位时，才可能有金属析出。此时，大部分电流用于氢的析出，只有一小部分电流用于金属析出，所以电流效率很低。例如高电流密度下从水溶液中电解沉积铝、镁就是这种情况。由于电流效率很低，致使不能实现正常生产。

2）金属的析出电位与氢的析出电位相比显著更正。在这种情况下。开始时只有金属析出，只有当电流密度增大，电极电位达到氢的析出电位时，才有可能发生氢离子的放电析出。在一般情况下，这类电解过程的电流效率都较高。

3）金属的析出电位与氢的析出电位比较接近，但仍然较正。在这种情况下，不需要很大的电流密度，氢就有可能与金属同时放电析出。

4）金属的析出电位与氢的析出电位比较接近，但却较氢为负。在这种情况下，只要适当控制电解过程的条件，也可使金属离子优先于氢离子放电析出。锌、镉和铁族金属在不同酸度下的电解就属于此类。

以上分析表明，在实际电解生产作业中，要在阴极上获得纯净的金属，必须使电解液中杂质含量通过净化降至规定的限度以下，尤其是那些较主体金属为正电性的杂质，更应严格控制其含量，才能尽量减少其析出。关于氢离子，只有在与主体金属的析出电位相接近时，才有可能在阴极放电析出，致使电流效率降低。生产实践中，常通过控制各种生产条件，使氢的超电位值增高，以减少氢离子的放电析出。

14.4 水溶液电解阳极过程

水溶液电解过程中，在阳极上发生的反应是物质失去电子的氧化反应，称为阳极反应。阳极有可溶与不可溶两种。

可溶性阳极反应是粗金属等中的金属氧化溶解，即阳极中的金属失去电子，变为离子进入溶液，例如：

$$Cu - 2e == Cu^{2+} \tag{14-38}$$

$$Ni - 2e == Ni^{2+} \tag{14-39}$$

不可溶性阳极反应，表现为水溶液电解质中的阴离子在阳极上失去电子的氧化反应，例如：

$$2OH^- - 2e = H_2O + 1/2O_2\uparrow \tag{14-40}$$

$$2Cl^- - 2e = Cl_2\uparrow \tag{14-41}$$

水溶液中可能发生的阳极反应可分为以下几个基本类型：

（1）金属的溶解，如：

$$Cu - 2e = Cu^{2+} \tag{14-42}$$

（2）金属氧化物的形成，如：

$$Cu + 2H_2O - 2e = Cu(OH)_2 + 2H^+ \tag{14-43}$$

$$Cu(OH)_2 = CuO + H_2O \tag{14-44}$$

（3）氧的析出，如：

$$2H_2O - 4e = O_2\uparrow + 4H^+ \tag{14-45}$$

$$4OH^- - 4e = O_2\uparrow + 2H_2O \tag{14-46}$$

（4）离子价升高，如：

$$Fe^{2+} - e = Fe^{3+} \tag{14-47}$$

（5）阴离子的氧化，如：

$$2Cl - 2e = Cl_2\uparrow \tag{14-48}$$

$$S^{2-} - 2e = S \tag{14-49}$$

$$S^{2-} + 4H_2O - 8e = SO_4^{2-} + 8H^+ \tag{14-50}$$

14.4.1 金属的阳极溶解

如前所述，可溶性阳极反应为：

$$Me - ze = Me^{z+} \tag{14-51}$$

即金属阳极发生氧化，成为金属离子进入溶液中，其溶解电位为：

$$\varepsilon_A = \varepsilon^{\ominus}_{Me^{z+}/Me} + \frac{RT}{zF}\ln\frac{a_{Me^{z+}}}{a_{Me}} + \eta_A \tag{14-52}$$

式中，ε_A 为溶解电位，V；η_A 为溶解超电位，V；其他符号含义同前。

由式（14-42）可以看出，金属溶解电位的大小除与金属本性（$\varepsilon^{\ominus}_{Me^{z+}/Me}$）有关外，还与溶液中该金属离子的活度（$a_{Me^{z+}}$）、金属在可溶阳极上的活度（$a_{Me}$）以及该金属的氧化超电位（$\eta_A$）等因素有关。

很显然，金属的 $\varepsilon^{\ominus}_{Me^{z+}/Me}$ 越高，该金属在溶液中的 $a_{Me^{z+}}$ 越高，在阳极中 a_{Me} 越低，超电位 η_A 越大的金属，其溶解电位就越高，就越不容易溶解；反之，就易溶解。提高阳极的极化电位，可以提高金属的溶解速率。

14.4.2 合金的溶解

电解生产中所使用的阳极，并非是单一金属，常常含有一些比主体金属较正电性或较负电性的元素，构成合金阳极。合金阳极是多元的，在这里只讨论二元体系。二元合金大致可分为三类：

（1）两种金属晶体形成机械混合物的合金；

（2）形成连续固溶体的合金；

（3）形成金属互化物的合金。

在电解精炼的实践中，一般是处理第（1）类和第（2）类的合金体系。在第（1）类合金中，可以举出形成共晶混合物的 Sn-Bi 二元体系作为例子。图 14-5 所示为 Sn-Bi 合金的电位随其成分变化的关系曲线。从图中可以看出，含铋达 95%（原子）的合金保持着锡的电位。在此情况下，锡的晶体看来未完全被铋屏蔽，从而保持了较负电性相（这里是指锡）的电位。铋含量进一步提高使得合金的电位向正的一方发生急剧变化。

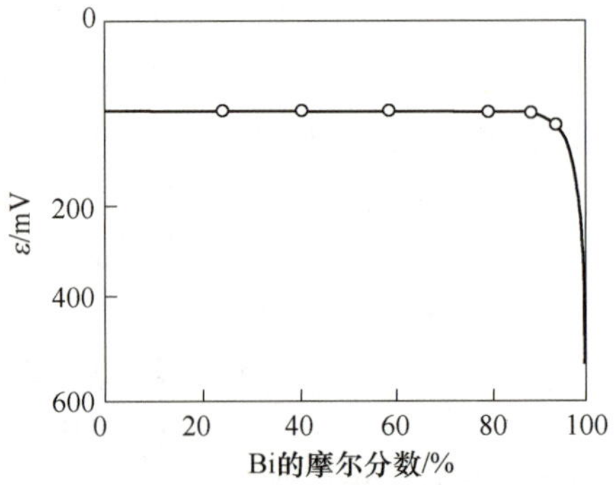

图 14-5 Sn-Bi 合金在 0.05 mol 的 HCl 溶液中的电位随组分含量变化的关系

Sn-Bi 合金的阳极行为与它们在合金中的含量比值有关，这类合金的阳极溶解可归结以下两个基本类型：

（1）如果合金含较正电性相较少，则在阳极上进行较负电性金属的溶解过程。同时，较正电性金属则形成所谓的阳极泥。如果这种阳极泥从阳极掉下或者是多孔物质，则溶解可无阻地进行。

（2）如果经受溶解的阳极是含较负电性相很少的合金，那么表面层中的较负电性金属便会迅速溶解，表面变得充满着较正电性金属的晶体，阳极电位升高到两种金属开始溶解的数值，这时两种金属按合金成分成比例地进入溶液中。

关于连续固溶体合金（例如 Cu-Au 二元体系），其特性是每个合金成分具有其固有的电位，这个电位介于形成合金的两种纯金属电位之间。较负电性金属的含量较高时，固溶体的电位与这种金属在纯态时的电位差别很小，随着较正电性组分含量的增大，固溶体就显示出更正的电位。

在上述情况下，含较正电性金属占优势的合金（例如含少量铜的 Cu-Au 合金）的阳极溶解过程很简单，相当于贵金属的电位值的电位立即在阳极上建立起来。两种金属由于阳极氧化的结果便将自己的离子转入溶液中。在有配位体（例如氯离子）存在的情况下，金的络合离子便在阴极上放电析出金，而铜离子则在电解液中积累。

如果固溶体合金中含较负电性金属占优势，则其溶解机理较复杂。例如含金银的铜与含铂族金属的镍进行电解精炼时，溶解过程中形成的所有过剩量的较正电性离子受阳极合金的接触所取代呈金属析出成为阳极泥。生产实践中，这些贵金属和铂族金属在粗金属中含量的 98%以上进入阳极泥，要另外进行回收处理。

又如 Ni-Cu 合金，其溶解机理认为是较负电性的金属镍首先进行溶解。随着电解过程的进行，阳极表面铜含量增多，电位就由镍的电位向铜的电位变化，在达到铜的电位时便开始铜的溶解，最后，镍和铜进行共同溶解。

14.4.3 阳极钝化

14.4.3.1 钝化现象

在阳极极化时，阳极电极电位将对其平衡电位偏离，则发生阳极金属的氧化溶解。随着电流密度的增大，极化程度的提高，则偏离越大，金属的溶解速率也越大。

当电流密度增大至某一值，极化达到一定程度时，金属的溶解速率不但不提高，反而剧烈地降低。这时，金属表面由“活化”溶解状态转变为“钝化”状态。这种由“活化态”转变为“钝化态”的现象，称为阳极钝化现象。图 14-6 所示为阳极钝化曲线示意图。

由图 14-6 可以看出，*AB* 段为金属阳极的正常溶解阶段，即随着极化电位的增大，电流密度也增大，金属溶解速率就加快；*BC* 段是发生了金属钝化的过程，这时金属的溶解速率随着电极电位变正而减小；在 *CD* 段，电极处于比较稳定的钝化状态，这时往往可以观察到几乎与电极电位无关的极限溶解电流；到 *DE* 段，电流又重新增大，这时的极化电流主要消耗于某些新的电解过程，如氧的析出、高价离子的生成等，而阳极金属溶解过程本身却减慢了，甚至不能进行。

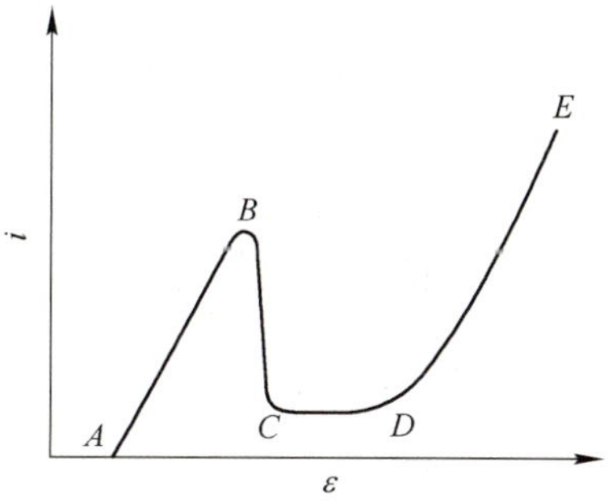

图 14-6 阳极钝化曲线的示意图

研究钝化现象有很大的实际意义。在某些情况下，可以利用钝化现象来降低金属的自然溶解或阳极金属的溶解速率；在另外一些场合下，为了保持一定的阳极反应速度，又必须避免钝化现象的出现。例如，在锌电积时用铝板作阴极，铅或铅银合金板作阳极，这时正希望阳极出现钝化。然而在镍电解精炼时，由于粗镍出现钝化，使得电位升高，而不利于生产。

14.4.3.2 钝化理论

关于产生钝化的原因，目前有两种并存的理论，即成相膜理论与吸附理论。成相膜理论认为，金属阳极钝化的原因是阳极表面上生成了一层致密的覆盖良好的固体物质，它以一个独立相把金属和溶液分隔开来。吸附理论认为，金属钝化并不需要形成新相固体产物膜，而是由于金属表面或部分表面上吸附某些粒子形成了吸附层，致使金属与溶液之间的界面发生变化，阳极反应活化能升高，导致金属表面的反应能力降低。吸附的粒子有人认为是 OH^-，也有人认为是 O^{2-}，更多的人认为是氧原子。

成相膜理论与吸附理论都能解释一部分钝化现象，但不能解释全部。很可能在某些情况下，金属钝化是由成相膜层引起的；而在另一些情况下，则是由吸附层引起的；也很可能这两种作用同时存在。

为了防止钝化的发生或把钝化了的金属重新活化，常采取一些措施，例如加热、通入还原性气氛、进行阴极极化、改变溶液的 pH 值或加入某些活性阴离子。在这些方法中，值得注意的是加入卤素阴离子，其中氯离子更为突出，因为它既有效，又经济。卤素阴离子对金属钝化作用的影响被认为具有双重作用，即当金属处于活化状态时，它们与吸附的粒子在电极表面上进行竞争吸附，延缓或阻止钝化过程的发生；当金属表面上存在成相的钝化膜时，它们又可以在金属氧化物与溶液之间的界面上吸附，并由于扩散及电场的作用进入氧化物膜内，从而显著地改变膜的导电性，使金属的氧化速率加快。因此，某些金属（如镍）的电解精炼，其电解液成分常为氯化物或者是氯化物与硫酸盐的混合体系。铜的电解精炼，由于加入少量的 HCl，也能防止阳极钝化。但是，对于不溶性阳极的电解沉积来说，例如锌的电解沉积，这些活性阴离子的存在将是有害的。

14.4.4 氧的析出

氧的析出在冶金和化学工业中经常遇到，如电解水制氢和氧、采用不溶阳极进行金属电沉积时都会涉及氧的析出。在碱性溶液中，氢氧根离子在阳极放电而析出氧：

$$4OH^- - 4e \longrightarrow O_2 + 2H_2O \tag{14-53}$$

在酸性溶液中，则是由水分子在阳极放电而析出：

$$2H_2O - 4e \longrightarrow O_2 + 4H^+ \tag{14-54}$$

而中性水溶液中，则取决于具体条件，或是氢氧根离子或是水分子放电。氧析出或还原时，超电势总是很高的。实验证明，它也服从塔费尔公式：

$$\eta = a + b\lg ID_e \tag{14-55}$$

式中，a 和 b 的物理意义和前面讨论的相同；D_e 为电流密度。

这里特别说明采用不溶阳极进行金属电沉积时的阳极上进行的过程，不溶性阳极通常采用以下材料：

（1）具有电子导电能力和不被氧化的石墨（碳）。

（2）电位在电解条件下，位于水的稳定状态图中氧线以上的各种金属，其中首先是铂。

（3）在电解条件下发生钝化的各种金属，如硫酸溶液中的铅、碱性溶液中的镍和铁。

下面仅就在硫酸溶液中，采用铅或铅银合金作阳极进行讨论。当铅在硫酸溶液中发生阳极极化时，便可能进行下列各种阳极过程：

（1）金属铅按下列反应氧化成二价的硫酸铅：

$$Pb + SO_4^{2-} - 2e \longrightarrow PbSO_4 \quad \varepsilon^\ominus = -0.356\ V$$

（2）二价的硫酸铅氧化成四价的二氧化铅：

$$PbSO_4 + 2H_2O - 2e \longrightarrow PbO_2 + H_2SO_4 + 2H^+ \quad \varepsilon^\ominus = +1.685\ V$$

（3）金属铅直接氧化成四价的二氧化铅：

$$Pb + 2H_2O - 4e \longrightarrow PbO_2 + 4H^+ \quad \varepsilon^\ominus = +0.655\ V$$

（4）氧的析出：

$$4OH^- - 4e \longrightarrow O_2 + 2H_2O \quad \varepsilon^\ominus = +0.401\ V$$

（5）SO_4^{2-} 放电，并形成过硫酸：

$$2SO_4^{2-} - 2e \longrightarrow S_2O_8^{2-} \quad \varepsilon^\ominus = +2.01\ V$$

铅在硫酸溶液中阳极极化的行为，曾经有过实验研究，如图14-7所示。当阳极电流密度 D_A 为 0.2 A/m² 时，全部电流均用于铅溶解成二价离子，当 D_A 增大到 0.2 A/m² 以上时，阳极电位 ε_A 急剧增大，同时硫酸铅转变为二氧化铅。当电流密度继续增大时，才有氧析出。

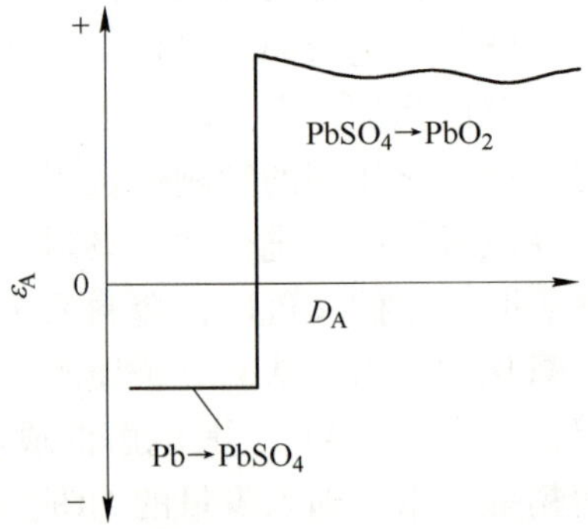

图14-7 铅在电流密度增大时的阳极氧化

因此，铅阳极在电流作用下的行为可表述如下：当电流通过时，铅便溶解。由于硫酸铅的溶解度很小，故在阳极附近迅速出现电解液为硫酸铅过饱和的现象，于是硫酸铅便开始在阳极表面结晶。这样一来，与电解液相接触的金属铅表面减小，使得铅离子转入电解液增多，并且也使得更多的硫酸铅在阳极上结晶，直到电导率很小的硫酸铅膜几乎覆盖整个阳极表面时为止，结果铅阳极上的实际电流密度增大，从而阳极电位便急剧地增大。

根据标准电极电位（还原电位）判断，除了铅氧化成二价铅离子外，阳极上先是进行氢氧离子的放电，但因氧的放电析出超电位很大，故实际上先是二价铅离子的再氧化和铅本身直接氧化成四价状态，伴随生成四价铅的盐，此盐发生水解而生成 PbO_2。PbO_2 开始是在硫酸铅组成的阳极膜的孔隙中生成；然后硫酸铅逐步为二氧化铅膜所替代；最后，PbO_2 成为进行阳极基本过程，即氧的析出过程的工作表面。

需要指出的是，PbO_2 膜的形成，电积时铅阳极被破坏的过程并不会终止。这是由于 PbO_2 的多孔性，经过这些孔隙，电解液仍可以直接通向铅的表面，在铅阳极表面上，进行着所有上述各种氧化和离子放电过程。

在孔隙中生成和消失的 PbO_2 及铅的其他化合物具有很不相同的比容，致使 PbO_2 膜变得松散，甚至可以脱离阳极，这在生产实践中叫作阳极泥脱落。

生产实践表明，铅阳极的稳定性较差，从而要求寻找更为稳定的阳极材料，其中包括铅基合金。研究结果认为，银的摩尔分数为 0.019 的铅银合金比较稳定。

下面讨论氧在铅或铅银合金阳极上的析出问题。

在阳极上，氧的析出要在比氧电极平衡电位正得多的电位下才能发生，这是由氧在阳极析出的超电位很大所致。研究氧的超电位现象最大的障碍是氧的电极平衡电位的不可重现性，这样就阻碍了氧超电位的测定。所以，在很多情况下是利用实测的阳极电位。

表 14-5 所列为利用已预先在浓度为 1 mol/L 的 H_2SO_4 溶液中进行阳极极化并已覆盖着二氧化铅膜的铅和铅银合金阳极进行实验测定出的阳极电位数据。

表 14-5 铅与铅银合金阳极的电位与电流密度和温度的关系

电流密度 /A·m^{-2}	电位/V					
	铅			铅银合金（银的摩尔分数为 0.019）		
	298 K	322 K	348 K	298 K	322 K	348 K
50	1.99	1.9	1.83	1.91	1.86	1.82
100	2.02	1.95	1.86	1.94	1.89	1.85
200	2.04	1.98	1.9	1.99	1.92	1.88
400	2.07	2.01	1.95	2.02	1.96	1.9
600	2.09	2.02	1.96	2.03	1.97	1.92
1000	2.12	2.05	1.98	2.05	2	1.94
2000	2.15	2.09	2.01	2.1	2.05	1.96
3000	2.18	2.12	2.03	2.15	2.09	1.96
4000	2.23	2.18	2.06	—	—	—
5000	2.27	2.2	2.09	2.19	2.17	1.99

从表 14-5 可以看出，铅和铅银合金在硫酸溶液中的阳极电位是相当高的，这就证明氧在覆盖着二氧化铅的阳极上的超电位很大。铅银阳极的电位稍低于铅阳极的电位（视条件而定，差额在 0.01~0.1 V），这是由于氧在铅银阳极上的超电位较低。

氧在阳极上的析出，通常认为是由于氢氧离子按下列反应进行放电：

$$4OH^- - 4e \Longrightarrow 2H_2O + O_2 \tag{14-56}$$

这一反应在浓度为 2.10 mol/L 的硫酸溶液中发生，当硫酸浓度增大到 4.96～8.76 mol/L时，阳极上便开始 SO^{4-} 的放电，并可能有 $S_2O_8^{2-}$ 生成，如下列反应式所示：

$$2SO_4^{2-} - 2e \Longrightarrow S_2O_8^{2-} \tag{14-57}$$

有关氧在各种阳极材料上析出的超电位列于表 14-6 中，以供参考和使用。

表 14-6 298 K 时氧在不同电极材料上的超电位与电流密度的关系

电流密度 /A·m^{-2}	超电位/V							
	石墨	Au	Cu	Ag	光滑 Pt	铂黑 Pt	光滑 Ni	海绵 Ni
10	0.525	0.673	0.442	0.58	0.721	0.398	0.353	0.414
50	0.705	0.927	0.546	0.674	0.80	0.480	0.461	0.511
100	0.896	0.963	0.580	0.729	0.85	0.521	0.519	0.563
200	0.963	0.996	0.605	0.813	0.92	0.561	—	—
500	—	1.064	0.637	0.912	1.16	0.605	0.670	0.653
1000	1.091	1.224	0.660	0.984	1.28	0.638	0.726	0.687
2000	1.142	—	0.687	1.038	1.34	—	0.775	0.714
5000	1.186	1.527	0.735	1.080	1.43	0.705	0.821	0.740
10000	1.240	1.63	0.793	1.131	1.49	0.766	0.853	0.762
15000	1.282	1.68	0.836	1.14	1.38	0.786	0.871	0.759

14.5 电解的槽电压、电流效率、电能效率

14.5.1 槽电压

对一个电解槽来说，为使电解反应能够进行，所必须外加的电压称为槽电压。阳极实际电位（ε_A）与阴极实际电位（ε_K）之差，即电解槽两极端点电位差或所谓实际分解电压 E，是槽电压的一个组成部分。E 由两部分组成，即：

$$E = E_e + E_\eta = (\varepsilon_{e(A)} - \varepsilon_{e(K)}) + (\eta_{(A)} + \eta_{(K)}) \tag{14-58}$$

式中，E_e 为为了电解的进行而必须施加于电极的最小外电压，也可称为相应原电池的电动势；$E_\eta = \eta_{(A)} + \eta_{(K)}$ 这部分外加电动势，叫作极化电动势。

除此以外，还有由电解液的内阻所引起的欧姆电压降 E_Ω 以及由电解槽各接触点、导电体等外阻所引起的电压降 E_R，也都需要附加的外电压补偿。因此，槽电压是所有这些项目的总和，并可以下式表示：

$$E_T = E + E_\Omega + E_R \tag{14-59}$$

式中，E 所包括的 E_e 由能斯特公式求出；E_η 中的 $\eta_阳$ 和 $\eta_阴$ 的理论分析和计算常利用塔费尔公式或通过交换电流数据进行计算，也可从有关书刊中引用已知数据。E_Ω 无论是在电解沉积或是在电解精炼中都是槽电压的组成部分，它与电解液的比电阻、电流密度或电

流强度、阳极到阴极的距离（即极距）、两极之间的电解液层的纵截面积以及电解液的温度等因素皆有关系。

在水溶液电解实践中，每个电解槽内的电极都是按一块阳极一块阴极相间地排列着的，最后一块也是阳极，故阳极板比阴极板多一块。但是，靠电解槽两边的两块阳极各自只有一个表面起电极反应，从而进行电极过程的阳极表面和阴极表面的数目是相等的。电解槽与电解槽是串联的，但每个槽内的相同电极则是并联的，从而构成了一个所谓的复联电解体系。在这样的电解体系中，每个电解槽内全部电解液所呈现的电阻与一个极间电解液层所呈现的电阻彼此有以下的关系：

$$\frac{1}{R}=\frac{1}{r_1}+\frac{1}{r_2}+\cdots=\frac{n_{\mathrm{d}}}{r} \tag{14-60}$$

式中，R 为一个电解槽内全部电解液所呈现的电阻，Ω；r_1、r_2、…分别为第 1 个，第 2 个，…极间的电解液层所呈现的电阻，并且 $r_1=r_2=\cdots=r$，Ω；n_{d} 为一个电解槽内的极间数目，等于起反应的电极表面的数目，亦即 $n_{\mathrm{d}}=2n_{阴}=2(n_{阳}-1)$，其中 $n_{阴}$ 和 $n_{阳}$ 分别为每个电解槽内的阴极板和阳极板的块数。

每个极间电解液层所呈现的电阻与极距成正比，而与其截面积（实际上可以电极表面积替代）成反比，亦即 $r\propto\frac{l}{A}$。由此，得到以下的关系：

$$r=\rho_{\mathrm{r}}\times\frac{l}{A} \tag{14-61}$$

式中，ρ_{r} 为比例系数，也叫作比电阻，Ω · cm；l 为两极之间的距离，简称极距，cm；A 为起反应的电极的表面积，$\mathrm{cm^2}$。

将式（14-61）代入式（14-60），便可得到：

$$R=\frac{r}{n_{\mathrm{d}}}=\frac{1}{n_{\mathrm{d}}}\times\rho_{\mathrm{r}}\times\frac{l}{A} \tag{14-62}$$

温度对 R 的影响是：随着温度的升高，电解液的电阻降低。它们的关系可用下式表示：

$$R_t=R_0\left[1-\frac{\mathrm{d}R}{\mathrm{d}t}(t-t_0)\right] \tag{14-63}$$

式中，$\frac{\mathrm{d}R}{\mathrm{d}t}$为电解液电阻的温度系数。

至此，得出用于计算一个电解槽内电解液欧姆电压降的关系式如下：

$$E_{\Omega}=IR=I\times\frac{1}{n_{\mathrm{d}}}\times\rho_{\mathrm{r}}\times\frac{l}{A} \tag{14-64}$$

式中，I 为通入电解槽的电流强度，A。

若不用电流强度而用电流密度，而且往往是指阴极电流密度，则在此情况下有：

$$D_{\mathrm{K}}=\frac{I}{2n_{阴}A_{阴}}=\frac{I}{n_{\mathrm{d}}A_{阴}} \tag{14-65}$$

式中，D_{K} 的单位通常是 $\mathrm{A/m^2}$。这样一来，式（14-64）可改写成如下形式：

$$E_{\Omega}=\frac{D_{\mathrm{K}}}{10000}\times\rho_{\mathrm{r}}\times l \tag{14-66}$$

式中，D_K 为阴极电流密度，A/m^2；ρ_r 为比电阻，$\Omega \cdot cm$；l 为极距，cm。

比电阻 ρ_r 可以通过实测，也可以通过计算求出。

至于水溶液电解槽电压组成部分中的接触电压降，通常不是用公式进行计算，而是取以下各个数值：阳极上的电压降可取 0.02 V，节点上的电压降可取 0.03 V，阴极棒中的电压降可取 0.02 V，而槽帮导电板的电压降是 0.03 V，阳极泥中的电压降可取电解液欧姆电压降的 25%~35%。

14.5.2 电流效率

电流效率是指阴极上金属的析出量与在相同条件下按法拉第定律计算出的理论量之比。因为阴极沉积物是主要的生产成品，所以电流效率通常是指阴极电流效率。电流效率按下式进行计算：

$$\eta_i(\%) = \frac{b}{qIt} \times 100\% \tag{14-67}$$

式中，η_i 为以百分数表示的电流效率，%；b 为阴极沉积物的实际质量，g；I 为电流强度，A；t 为通电时间，h；q 为电化当量，g/(A·h)。

表 14-7 所示为某些金属的电化当量。

表 14-7 某些金属的电化当量

元素	原子价	原子量	电化当量	
			1 C 析出的物量/mg	1 A·h 析出的物量/g
Al	3	26.89	0.0932	0.3356
Bi	3	208.98	0.7219	2.5995
Fe	2	55.85	0.2894	1.0420
	3		0.1929	0.6947
Au	1	197.00	2.0415	7.3507
	3		0.6805	2.4502
Cd	2	112.41	0.5824	2.0972
Co	2	58.94	0.3054	1.0996
Mg	2	24.32	0.1260	0.4537
Mn	2	54.94	0.2847	1.0250
Cu	1	63.54	0.6584	2.3709
	2		0.3292	1.1854
Ni	2	58.71	0.3042	1.0953
Sn	2	118.70	0.6150	2.2416
	4		0.3075	1.1013
Pb	2	207.21	1.07360	3.8659
Ag	1	107.88	1.1179	4.0254
Cr	3	52.01	0.1797	0.6469
	6		0.0898	0.3234
Zn	2	65.38	0.3388	1.2198

还有阳极电流效率，它与阴极电流效率并不相同。这种差别对可溶性阳极电解有一定的意义。所谓阳极电流效率，是指金属从阳极上溶解的实际量与相同条件下按法拉第定律计算应该从阳极上溶解的理论量之比（以百分数表示）。一般来说，在可溶性阳极的电解过程中，阳极电流效率稍高于阴极电流效率。在此情况下，电解液中被精炼金属的浓度逐渐增加，如铜的电解精炼就有此种现象发生。

实验证明，法拉第定律对熔盐电解过程仍然适用。但是，在实际电解过程中，电流效率一般都低于100%，有的甚至只有50%~70%。为什么会出现这种偏差呢？原因有三个方面：（1）电解产物的逆溶解损失；（2）电流空耗；（3）几种离子共同放电。

在这三种损失中，第一种形式的电流损失是主要的。除以上三方面电流损失外，还有由于金属与电解质分离不好而造成的金属机械损失，金属与电解槽材料的相互作用以及低价化合物的挥发损失等。

对法拉第定律出现偏差的第二种原因是电流空耗。电流空耗有两种途径：一种是离子的不完全放电，例如 $Al^{3+}+2e = Al^{+}$ 和 $Mg^{2+}+e = Mg^{+}$，低价离子仍然存在于电解质中，由于挥发或歧化等原因而造成电流空耗；电流空耗的另一种形式就是电子导电，这种电流损失形式是熔盐电解过程中所独具的。

第三种电流损失的原因是几种离子在阴极上共同放电。当体系中几种离子析出电位较为接近时，容易出现这种情况。各种离子的析出电位取决于自身的标准电位、浓度及电极极化程度。例如，在 $MgCl_2$-KCl 熔体中电解制取镁时，在电流密度为 0.5 A/cm^2 的情况下，镁与钾共同析出时 $MgCl_2$ 的临界浓度为7%，低于这个浓度就会因钾放电而造成电流损失。又如在铝电解过程中，钠离子在石墨上放电比在铝上放电更容易，因此要设法避免石墨的电解槽衬露出，防止因钠离子放电造成电流损失。

影响电流效率的主要因素有以下几个方面：

（1）温度。温度过高，电流效率会降低。这是由于温度升高，增加了金属在电解质中的溶解度，加速了阴极、阳极产物扩散，加剧了金属低价化合物的挥发等。但温度又不能过低，因为温度过低会使电解质黏度增大，从而使金属的机械损失增大。温度与电流密度的关系可用图14-8所示的曲线表示。为了降低电解温度，同时保持电解质流动性良好，实际电解时常在体系中加入熔点较低的添加剂。如镁电解中所采用的电解质体系通常是四元系 $MgCl_2$-KCl-NaCl-$CaCl_2$。

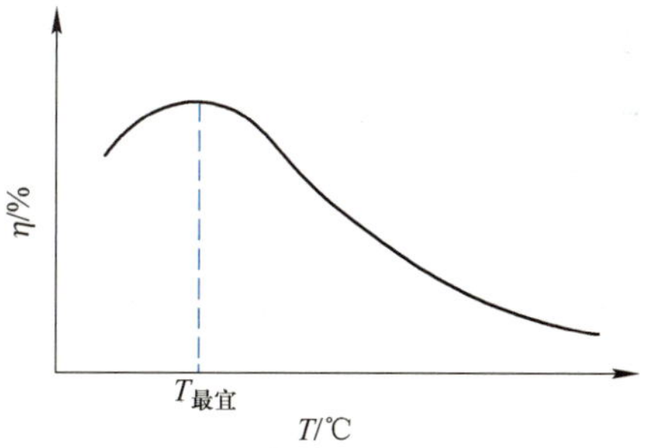

图14-8 电解熔盐时电流效率与温度的关系

（2）电流密度。一般来说，电流密度增大，则电流效率提高，但是只能适可而止。这是因为电流密度过高将会引起多种离子共同放电，反而会降低电流效率。此外，电流密度过高，会使熔盐过热，导线和各接点上电压降增大，造成不必要的电能消耗，如图14-9所示。

（3）极间距离。极间距离对电流效率的影响，主要表现为金属产物的溶解速率与极间距离有关。极间距离增大，使得阴极附近溶解下来的金属向阳极区扩散的路程加长，因而减少了金属溶解损失，而使电流效率提高。但是，极间距增大，电解质中电压降也增大，电能消耗增大，电解质也可能过热。所以，必须在改善电解质导电性能的情况下调整极间距离。

（4）电解槽结构。电解槽内的结构直接影响到电解质在槽内的循环对流情况，影响到阳极气体是否易从槽内排出，影响到阳极气体是否易与阴极产物发生作用，还影响到槽内温度、电解质浓度的均匀性，因此对电流效率有很大影响。实践中研究合理的电解槽结构（槽型）是提高电流效率及其他指标的重要途径。

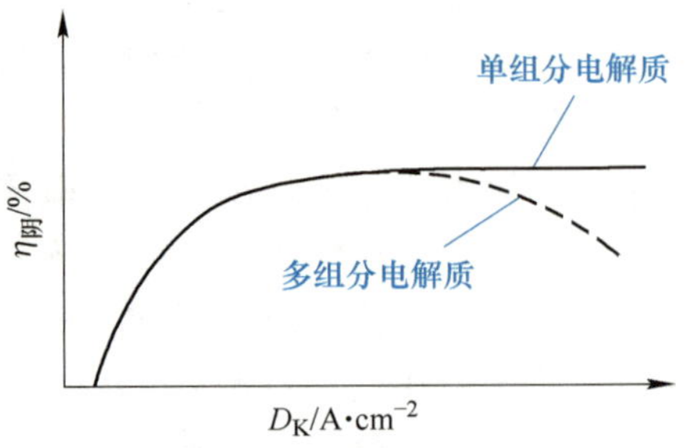

图 14-9 电解熔盐时电流效率与阴极电流密度的关系

（5）电解质组成。体系的一系列物理化学、电化学性质，如密度、黏度、表面张力、金属的溶解度、电导、离子迁移性等，都与电解质组成有关。所以改变电解质组成必然影响电流效率。

上述说明，影响电流效率的因素是很复杂的。在研究电流效率时应该全面考虑各种因素的影响，重要的是，要找出影响电流效率的主要因素，以便采取改进措施，提高电流效率。

14.5.3 电能效率

电能效率是指在电解过程中为生产单位产量的金属理论上所必需的电能 W' 与实际消耗的电能 W 的比值（以百分数表示），即为：

$$\omega(\%) = \frac{W'}{W} \times 100\% \tag{14-68}$$

因为，电能=电量×电压，所以得：

$$W' = I't \times E_e \tag{14-69}$$

$$W = It \times E_T \tag{14-70}$$

将式（14-69）和式（14-70）代入式（14-68），便得到：

$$\omega(\%) = \frac{I' \cdot E_e}{I \cdot E_T} \times 100\% \tag{14-71}$$

式中，$\frac{I'}{I} = \eta_i$ 即电流效率。

因此，式（14-71）可改写成以下形式：

$$\omega(\%) = \eta_i \times \frac{E_e}{E_T} \times 100\% \tag{14-72}$$

必须指出，电流效率与电能效率是有差别的，不要混为一谈。如前所述，电流效率是指电量的利用情况，在工作情况良好的工厂，很容易达到90%～95%，在电解精炼中有时可达95%以上。而电能效率所考虑的则是电能的利用情况，由于实际电解过程的不可逆性以及不可避免地在电解槽内会发生电压降，所以在任何情况下，电能效率都不可能达到 100%。

从式（14-72）中可以看出，若要提高电能效率，除了可以通过提高电流效率以外，还可以通过降低槽电压的途径。为此，降低电解液的比电阻，适当提高电解液的温度，缩短极间距离，减小接触电阻以及减少电极的极化以降低槽电压，是降低电能消耗、提高电能效率的一些常用方法。

还应当指出，通常说的“电能效率”并不能完全正确地说明实际电解过程的特征，因为电能效率计算式的分子部分并未考虑成为电能消耗不可避免的极化现象。因此，在确切计算电能效率时，应当以消耗于所有电化学过程的电能 W''替代 W'。这样便得到：

$$\omega'(\%) = \frac{W''}{W} \times 100\% = \eta_{\mathrm{i}} \frac{E}{E_{\mathrm{T}}} \times 100\% \tag{14-73}$$

14.6 熔盐电解过程

熔盐也称熔融盐，它是盐的熔融态液体。通常所说的熔盐一般都是指高温熔盐，是由一种或多种无机盐构成的熔融体。熔盐实际上是一种特殊组成的炉渣，由于其由离子组成，因而具有电解质特征，其电解过程遵循电化学的基本规律。

熔盐电解是利用电能加热并转化为化学能，将某些金属的盐类熔融作为电解质进行电解，以提取和提纯金属的冶金过程。

在现代冶金中，熔盐电解是生产一系列有色金属的重要方法之一。对于熔盐电解来讲，其主要任务是获得其他介质（如水溶液）所不能得到的某些活泼金属。在制取轻金属冶炼中，熔盐电解不仅是基本的工业生产方法，也是唯一的方法。如镁、铝、钙、锂、钠等金属，都是用熔盐电解法制得的，铝、镁的熔盐电解已形成大规模的工业生产。许多稀有金属，如钍、钽、铌、锆、钛也可用熔盐电解法制得。

熔盐电解质电解的最大特点是：高温过程，电解质为熔盐。这使得其具有不同于水溶液电解的特点，如阳极效应现象、熔盐与金属的相互作用、去极化明显、电流效率低等。

14.6.1 阳极效应

阳极效应是熔盐电解中采用碳阳极时发生的一种特殊现象。以铝熔盐电解为例，当冰晶石氧化铝体系熔体对炭素电极润湿良好时，阳极反应所产生的气体能够很快地离开阳极表面，电解能够正常进行。若润湿不好，则阳极会被阴极反应生成的气体形成一层气膜覆盖，不能和电解质正常接触，这时将会发生阳极效应。发生阳极效应时，电解过程的槽电压会急剧上升，电流强度则急剧下降。同时，在电解质与浸入其中的阳极之间的界面上出现细微火花放电的光环。覆盖在阳极上的气膜并不是完全连续的，在某些点，阳极仍与周围的电解质保持简短的接触，在这些点上，会产生很大的电流密度。

产生阳极效应的最大电流密度称为临界电流密度。临界电流密度和许多因素有关，其中主要有熔盐的组成和性质、表面活性离子的存在、阳极材料以及熔盐温度等。

表 14-8 为部分熔盐用碳作阳极时的临界电流密度值，为了比较，还列入了各种熔盐在碳表面上的润湿角数据。

表 14-8 部分熔盐的临界电流密度和润湿角数据

熔盐	温度/K	临界电流密度/A · cm^{-2}	润湿角/(°)
KCl	1073.15	6.30	28
NaCl	1123.15	3.28	78
LiCl	923.15	2.03	—
$BaCl_2$	1273.15	0.83	116
KF	1123.15	6.33	49
NaF	1273.15	4.12	75
LiF	1123.15	0.48	134
Na_3AlF_6	1273.15	0.45	134
95% Na_3AlF_6+5% Al_2O_3	1273.15	8.65	109

从表 14-8 中可以看出，熔盐氯化物的临界电流密度（考虑到温度的差别）比熔融氟化物的临界电流密度大；碱金属氯化物的特点是临界电流密度比碱土金属氯化物的临界电流密度大，并且各种碱金属卤化物的临界电流密度按 LiX →NaX →KX 顺序递增，这个顺序与这些盐在熔体—碳界面上的界面张力随阳离子半径由 Li^+向 K^+增大而降低的顺序一致。因此，临界电流密度与润湿角处于相反的关系，也就是说，熔盐润湿阳极表面越良好，即熔盐与阳极界面上的界面张力越低，则临界电流密度越高，亦即阳极效应发生的可能性越小，反之亦然。

在二元熔盐体系中，临界电流密度随着熔体中表面活性组分浓度的增大而增大，这些表面活性组分能降低熔盐与固体表面间的界面张力，也就是能改善电解质对阳极的润湿性。例如，Na_3AlF_6-Al_2O_3 体系的润湿边界角变化曲线与临界电流密度变化曲线的反向进程，如图 14-10 所示，可说明阳极效应与电解质润湿边界角的直接关系。在这个体系中，Al_2O_3 便是能降低熔融冰晶石与碳界面上的界面张力的表面活性组分。从图 14-10 中可以看出，随着熔体中 Al_2O_3 含量的增高，临界电流密度增大，而润湿边界角却降低；相反，在非表面活性的氟化钙和氟化镁（Ca^{2+}和 Mg^{2+}离子）的影响下，冰晶石的临界电流密度则会降低，而润湿边界角却相应增大。就阳极材料来说，一种盐对某种材料润湿性越好，则临界电流密度也越大。研究结果表明，熔盐对非碳质材料（如金属、氧化物等）的润湿边界角要比对碳质材料的润湿边界角小得多。因此，临界电流密度在用非碳质材料进行熔盐电解时要比用碳质阳极时高，温度升高时熔盐的流动性增大，从而熔盐对固体表面的润湿性得到改善。因此，升高电解质的温度将导致临界电流密度增大。

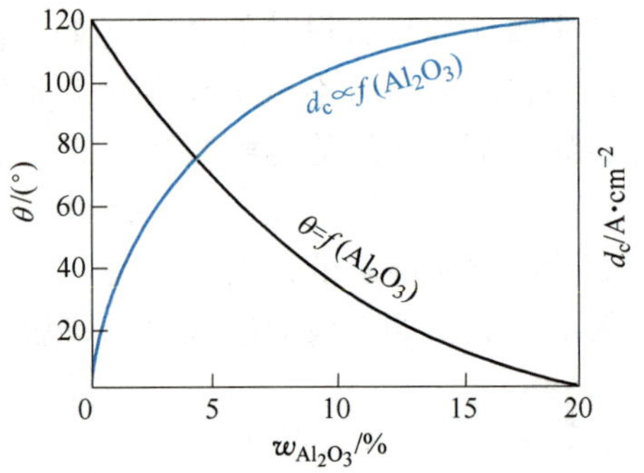

图 14-10 冰晶石氧化铝熔体的临界电流密度和润湿边界角与 Al_2O_3 浓度的关系

由上述可知，电解质与阳极的润湿性对阳极效应的发生起着决定性作用。例如冰晶石氧化铝的熔盐电解，当熔体中有足够量的 Al_2O_3 时，电解可以在相当大的阳极电流密度

（在工业条件下为 0.8~1.0 A/cm²）下进行。在此情况下，由于阳极电解质之间的界面张力的数值很小（即润湿边界角很小），故阳极气体不能保持在阳极表面上，而是呈小气泡形状离开阳极，如图 14-11（a）所示。随着电解的进行，溶解在电解质中的氧化铝的浓度相应降低，电解质与阳极间的界面张力（润湿边界角）便增大，因而气泡变大难于与阳极分离，如图 14-11（b）所示，开始发生阳极效应。当向熔体中加入氧化铝时，阳极效应即可消失，于是正常的电解又可恢复。

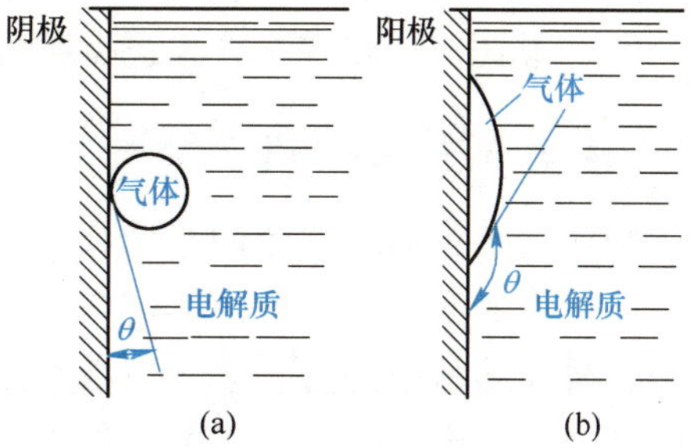

图 14-11 阳极上气泡的形状

（a）正常电解时；（b）发生阳极效应时

14.6.2 去极化

去极化作用是熔盐电解过程中特有的现象之一。所谓去极化作用，是指降低超电位，使电极过程向平衡方向移动。熔盐电解过程中，阴极的去极化现象是比较显著的。去极化和极化是电极过程中的一对矛盾过程，彼此是相互制约的，凡是能使电极过程的最慢步骤的速率变慢的影响因素都会加强极化，相反，凡是能加快最慢步骤速率的因素都能去极化。增大浓度和升高温度可以加快扩散步骤的速率，它们对浓差极化有去极化作用。通常为了降低浓差极化超电位，就可以适当采取这些措施。关于电化学反应步骤，促使其变化的影响因素比较多，也比较复杂。

在熔盐电解中，阴极去极化作用由下列各种原因引起：（1）已析出的金属在电解质中溶解。如果在阴极析出的金属能显著地溶解于熔盐之中，在阴极电流密度小时，几乎全部金属都溶解在电解质中，金属在电极表面的活度将降低，因此阴极的电极电位朝着正方向移动。这种现象在电解碱金属和碱土金属熔盐时，表现得特别明显，因为这些金属在熔盐中的溶解度大。（2）金属离子有时不发生形成原子的放电反应，而是进行高价离子还原成低价离子的过程，此时显示出一个与中间还原阶段对应的电位，这种阴极的电极电位也朝着正方向移动。（3）如果金属沉积在一种液态金属上并溶解于其中形成合金，阴极的去极化作用会非常显著，而离子放电也变得容易了。去极化作用在电解制取铝镁、钠铅、钙锡、锌镁等合金时，具有特别的意义。

阳极过程同样也有降低超电位，使电极过程向平衡方向移动的去极化作用发生。造成这种现象的原因是：（1）阳极产物（卤素、氧等）可以同电解质相互作用生成高价化合物。此外，阳极产物也可能溶解于电解质中。（2）阳极产物与阳极材料间相互作用，即阳极析出的卤素、氧能与阳极材料作用生成相应的化合物。例如，采用碳阳极时，会生成 CO、CO_2、CF_4 等产物。

考虑到电极上的去极化作用，析出电位应由平衡电位（ε_e）、超电位（η）和去极化电位（Δ）组成，亦即：

$$\varepsilon = \varepsilon_e - \eta - \Delta \tag{14-74}$$

去极化现象的出现往往伴随着不利于电解生产的因素，如金属产物溶解损失、浸蚀并消耗电极材料等。所以，在研究电极极化时，总是力求消除上述原因所引起的去极化现象。但是去极化现象也为人们带来了好处。比如，人们用液态低熔点金属作阴极进行电解，使电解产物溶解在阴极材料中形成合金，可降低槽电压，从而节省电能。电解得到的合金可以用真空蒸馏方法分离，得到纯金属产物。

14.6.3 熔盐与金属的相互作用

熔盐与金属的相互作用是熔盐电解时必须加以注意的特征现象。这种作用将导致在阴极上已析出的金属在熔盐中溶解，致使电流效率降低。

金属在熔盐中的溶解多少以溶解度来量度。所谓金属在熔盐中的溶解度，是指在一定温度和有过量金属时，在平衡条件下溶入密闭空间内的熔盐中的金属量。在非密闭的空间中，所溶解的金属会向熔体与空气的界面上或者向熔体与阳极气体的界面上迁移，并在那里不断地受到氧化。这样，平衡便被破坏，所溶解的金属因氧化而减少的量不断地被继续溶解的金属所补充。因此，尽管溶解度本身在多数情况下是个不大的数值，但是，由于熔盐与金属的上述相互作用，仍然会导致大量的金属损失。

根据现代观点，金属在熔盐中溶解是由于化学作用，并且这种作用可分为两类：

（1）金属与该金属熔盐或是与含有该金属阳离子的熔体之间的相互作用。

（2）金属与不含同名阳离子的熔盐之间的相互作用。

第一类相互反应的结果是在熔体中有低价化合物（阳离子）形成。

$$MeX_2 + Me = 2MeX \tag{14-75}$$

或者

$$Me^{2-} + Me = 2Me^- \tag{14-76}$$

式中，X 为卤素阴离子。

钙在熔融氯化钙中的溶解（$CaCl_2 + Ca = 2CaCl$）以及铝与氟化铝的相互作用（$AlF_3 + 2Al = 3AlF$）是第一类相互作用的典型例子。

金属与其熔盐形成低价化合物（离子）的原因，是金属原子能够在一定条件下不完全失去价电子，而是失去与原子核结合较弱的电子。

在第二类的相互作用中，金属在熔盐中的溶解是由于发生一种金属被另一种金属所取代的金属热还原反应：

$$Me'X + Me = MeX + Me' \tag{14-77}$$

或者

$$(Me')^+ + Me = Me^+ + Me' \tag{14-78}$$

结果，Me 呈相应的离子形态进入熔体中。

对于这类相互作用来说，AlF_3 与 Mg 之间的反应（$2AlF_3 + 3Mg = 2Al + 3MgF_2$）可作为典型例子。

通常，因为在熔盐电解时与被溶金属同名的阳离子在电解质中经常有足够高的浓度，所以第一类导致形成低价化合物（离子）的相互作用是主要的金属溶解反应。

金属在熔盐中的溶解度与一系列因素有关，其中主要的因素包括所溶解金属的原子或阳离子的半径、温度以及金属熔盐界面上的界面张力。随着金属原子（或阳离子）半径的增大以及电子壳的复杂化，外层价电子与核的结合更微弱，金属原子更容易失去外层电子，因而其在熔盐中的溶解度增大。显然，金属在其熔盐中的溶解度应随着温度的降低、金属熔盐界面张力的增大以及熔盐中同名阳离子浓度的降低而降低。

前面已经提到，在熔盐电解的条件下，电解质中所溶解金属的平衡浓度经常会由于氧化作用（例如$3Al^+ + 1.5O_2$(空气中)$= 3Al^{3-} + 3O^{2-}$ 和$3Al^+ + 3CO_2$(阳极析出的气体)$=$

$3CO + 3Al^{3+} + 3O^{2-}$）而受到破坏，从而金属的损失量总是比溶解度的数值高。影响金属损失的因素，除了上面已说过的影响溶解度的那些以外，还有其他一些，如金属与盐相接触的时间、电解槽的结构等都会影响到溶解度。

熔盐电解时的金属系处在一定的阴极电位下，所以与此有关的阴极电流密度对金属的损失有很大影响，在金属的损失与阴极电流密度的关系曲线上有最高点出现，如图 14-12 所示。图中 a 点相当于阴极电流密度为零（相应地阴极电位也为零）时的金属损失，随着阴极电流密度（阴极电位）的升高，金属的损失起初是增大，并在 b 点达到最大值。在 b 点，形成低价阳离子的反应（$Me^{z+}+(z-1)Me=zMe^{+}$）得到最大的发展。问题在于，当阴极电流密度逐渐升高时，阴极电位也相应地增大，并且高价离子在阴极层中的浓度越来越大；在相当于 b 点的电流密度下，只可能发生离子的价随着阴极金属的溶解而降低，这就导致了最大的金属损失。

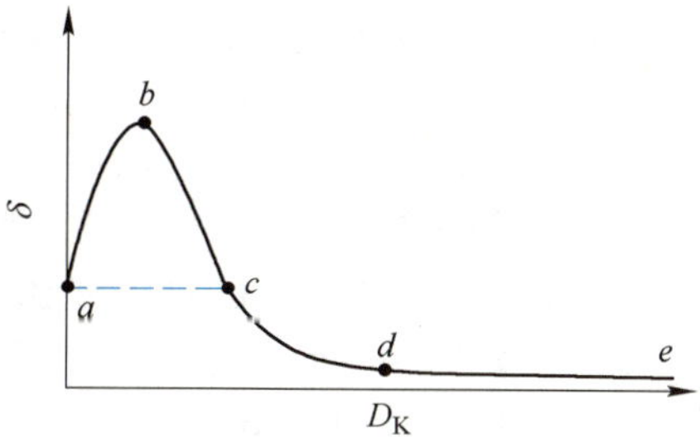

图 14-12 金属在熔盐中的损失（δ）与阴极电流密度的关系曲线的特点

当电流密度继续增大时，阴极电位便变得足以使低价离子放电：$Me^{+}+e═Me$。因此，金属反过来变为离子状态的可能性减小，而且金属的损失随着电流密度的增大相应地降低，并在 c 点达到相当于零电位时的数值。

在适当的阴极电流密度下，当阴极电位达到足以使正常价的阳离子（例如 Al^{3+} 或 Mg^{2+}）完全放电的数值时，金属的损失可降低很多，但以后电流密度的继续升高只能使金属损失减少一些（如 d-e 线段）。后面的这种情况是因为电解质中低价阳离子的平衡浓度由于氧化作用而受到破坏，从而引起相应数量的阴极金属溶解，以恢复电解质中金属离子的平衡浓度。

习题与思考题

14-1 名词解释：电极电位，超电位，理论分解电压，实际分解电压，极化和去极化，电流效率，电能效率。

14-2 试比较原电池和电解池中的极化作用，并说明各自的特点。

14-3 在电位序中电性最负的一些金属，如铝、镁，为什么不能用电解法从其盐类的水溶液中析出，却能用熔盐电解法制取？

14-4 求含 56 g/L 锌、150 g/L 硫酸的硫酸锌溶液的理论分解电压与实际分解电压。已知溶液温度为 313 K，使用铅银合金作阳极，铅作阴极，电流密度为 500 A/m²，阳极为 OH^{-} 放电析出氧，其 $\varepsilon^{\ominus}=0.401$ V，阴极为锌析出，其 $\varepsilon^{\ominus}=-0.763$ V。设氧在阳极上的超电位为 0.76 V，锌在阴极上的超电位为 0.02 V。

14-5 某电解锌厂，一个电解槽 24 h 析出 240 kg 锌，28 个电解槽串联成为一列，通过此列的电流强度为 9000 A，列的电压降为 92 V。试求：(1) 锌的电流效率；(2) 锌的电能效率。已知锌的电积反应：$Zn^{2+} + H_2O ═ Zn + 1/2O_2 + 2H^{+}$，在该厂生产条件下的 $\Delta_r G=384.380$ kJ/mol。

14-6 电解 $CuSO_4$ 溶液，在阳极可能有两种反应：

(1) $Cu ═ Cu^{2+} + 2e$

(2) $2H_2O \equiv O_2 + 4H^+ + 4e$

通过1.00 A电流，历时2 h，铜阳极损失量为1.50 g。问：(1) 如果电流全部用于反应 (1)，应有多少Cu起了反应？(2) 用于生产Cu的电流占百分之多少？(3) 未用于产生Cu的电流能释放多少摩尔O_2？

14-7 铅电解精炼使用始极片作阳极，其有效面积为5577.18 cm^2，阴、阳极间的电压降为0.4 V，平均电流密度为199.14 A/cm^2。试计算：(1) 电流效率为85%时，每一始极片沉积190.51 kg铅所需的时间；(2) 精炼1 kg铅的能耗。

14-8 在25 ℃时用铜片作阴极、石墨作阳极对中性的0.1 mol$CuCl_2$溶液进行电解。若电流密度为10 mA/cm^2，则在阴极上首先析出什么物质（氢的超电位可用20 ℃常数按塔费尔公式计算）；在阳极上析出什么物质？已知氧在石墨电极上的超电位为0.896 V，氯在石墨上的超电位可以忽略。

14-9 某溶液含有Fe^{2+}(1 mol) 和Zn^{2+}(1 mol)。氢在铁上的超电位为0.4 V。今用此溶液镀铁，要使H^+变成H_2而不使Zn^{2+}变成Zn沉积出来。问溶液的pH值应为多少？

14-10 溶液中含有活度均为1的Zn^{2+}和Fe^{2+}。已知氢在铁上的超电位为0.40 V。如果要使离子的析出次序为Fe、H_2、Zn，则25 ℃时溶液的pH值最大不超过多少；在此最大pH值溶液中氢开始放电时，Fe^{2+}浓度为多少？已知：$\varepsilon^{\ominus}_{Fe^{2+}/Fe} = -0.44$ V。

14-11 什么是熔盐电解过程的阳极效应？

14-12 以铝熔盐电解为例，试说明什么是临界电流密度，并分析其主要影响因素有哪些。

14-13 在铝的电解中，总反应为$2Al_2O_3 + 3C = 4Al + 3CO_2$，已知槽电压为5 V，电流效率为90%，求生产1 t铝所需的Al_2O_3、C和电耗。

附　　录

附录 1　常用（常数）单位与国际单位的转换表

(1) 单位转换表

量	厘米-克-秒单位制（cm·g·s）			国际单位制（SI）			转换
	中文名称	英文名称	符号	中文名称	英文名称	符号	
能、功热量	卡尔格	calorie erg	cal erg	焦［耳］ 焦［耳］	Joule Joule	J J	1 cal=4.184 J 1 erg=10^{-7} J
力	达因	dyne	dyn	牛［顿］	Newton	N	1 dyn=10^{-5} N
压力（压强）	大气压	atmosphere bar torr	atm bar borr	帕［斯卡］ 帕［斯卡］ 帕［斯卡］	Pascal Pascal Pascal	Pa=N/m^2 Pa=N/m^2 Pa=N/m^2	1 atm=1.013×10^5 N/m^2 1 bar=10^5 N/m^2 1 torr=133.32 N/m^2
浓度	克分子分数	mole fraction	mol/L	摩尔分数	Mole fraction	mol/m^3	1 mol/L=10^3 mol/m^3
表面张力	达因/厘米	dyne/cm	dyn/cm	牛［顿］/米	Newton/meter	N/m	1 dyn/cm=10^{-3} N/m
黏度	泊斯 托克斯	poise stokes	P St	帕［斯卡］·秒 平方米/秒	Newton·sec/m^2	Pa·s m^2/s	1 poise=1 dyn·s/cm^2 1 poise=0.1 Pa·s 1 stokes=1 cm^2/s 1 stokes=10^{-4} m^2/s
质量	克 克分子	gram gram-mole	g g-mol	千克 摩［尔］	kilogram mole	kg mol	1g=10^{-3} kg 1 g-mol=1 mol
电流密度	安培/平方厘米	Ampere/cm^2	amp/cm^2	安/平方米		A/m^2	1 amp/cm^2=10^4 A/m^2
扩散系数			cm^2/s	平方米/秒		m^2/s	1 cm^2/s=10^{-4} m^2/s
传质系数			cm/s	米/秒		m/s	1 cm/s=10^{-2} m/s

（2）常用常数的单位与国际单位转化

常 数	厘米-克-秒单位制（cm·g·s）	国际单位制（SI）
阿伏加德罗（Avogadro）常数	6.02×10^{23}分子/克分子	6.02×10^{23}/mol
玻尔兹曼（Boltzmann）常数	3.3×10^{-24}卡/摄氏度 1.38×10^{-16}尔格/摄氏度	1.38×10^{-23} J/K
法拉第（Faraday）常数	96487 库伦/克当量 23061 卡/(伏·克当量)	96485.309 C/mol 9.6485×10^{4} C/mol

附录 2 元素与 1 molO_2 反应生成氧化物的标准吉布斯自由能 $\Delta_r G^{\ominus}$

反 应	T/K	$\Delta_r G^{\ominus}$/J·mol^{-1}
$\frac{4}{3}Al(s)+O_2=\frac{2}{3}Al_2O_3(s)$	298~932	$-1115450+209.20T$
$\frac{4}{3}Al(l)+O_2=\frac{2}{3}Al_2O_3(s)$	932~2345	$-1120480+214.22T$
$\frac{4}{3}As(s)+O_2=\frac{2}{3}As_2O_3(s)$	298~589	$-435140+178.66T$
$\frac{4}{3}As(s)+O_2=\frac{2}{3}As_2O_3(l)$	585~730	$-364430+57.74T$
$\frac{4}{3}As(s)+O_2=\frac{2}{3}As_2O_3(g)$	730~886	$-439740+161.08T$
$\frac{4}{3}As(g)+O_2=\frac{2}{3}As_2O_3(g)$	886~2500	$-423420+142.67T$
$\frac{4}{3}B(s)+O_2=\frac{2}{3}B_2O_3(s)$	298~723	$-838890+167.78T$
$4B(s)+O_2=\frac{2}{3}B_2O_3(l)$	723~2313	$-830940+156.48T$
$2Ba(s)+O_2=2BaO(s)$	298~983	$-1108760+182.84T$
$2Ba(l)+O_2=2BaO(s)$	983~1895	$-1104580+179.08T$
$2Ba(g)+O_2=2BaO(s)$	1895~ 2191	$-1408330+339.32T$
$2Ba(s)+O_2=2BaO(s)$	298~1556	$-1196620+199.16T$
$2Ba(l)+O_2=2BaO(s)$	1556~2843	$-1150180+196.03T$
2C(石墨)$+O_2=2CO(s)$	298~3400	$-232630-167.78T$
C(石墨)$+O_2=CO_2(s)$	298~3400	$-395390+0.08T$
$2Ca(s)+O_2=2CaO(s)$	298~1123	$-1267750+201.25T$
$2Ca(l)+O_2=2CaO(s)$	1123~1756	$-1279470+211.71T$
$2Ca(g)+O_2=2CaO(s)$	1756~2887	$-1557700+369.87T$
$\frac{4}{3}Ce(s)+O_2=\frac{2}{3}Ce_2O_3(s)$	298~1077	$-1195370+189.12T$

续附录 2

反　　应	T/K	$\Delta_r G^{\ominus}$/J·mol^{-1}
$2Co(s)+O_2=2CoO(s)$	298~1768	$-477810+171.96T$
$2Co(l)+O_2=2CoO(s)$	1768~2078	$-519650+195.81T$
$\frac{4}{3}Cr(s)+O_2=\frac{2}{3}Cr_2O_3(s)$	298~2176	$-746840+170.29T$
$4Cu(s)+O_2=2Cu_2O(s)$	298~1357	$-334720+144.77T$
$4Cu(l)+O_2=2Cu_2O(s)$	1357~1509	$-324680+137.65T$
$4Cu(l)+O_2=2Cu_2O(l)$	1509~2500	$-235140+78.24T$
$2Fe(s)+O_2=2FeO(s)$	298~1642	$-519230+125.10T$
$2Fe(s)+O_2=2FeO(l)$	1642~1809	$-441410+77.82T$
$2Fe(l)+O_2=2FeO(l)$	1809~2000	$-459400+87.45T$
$\frac{4}{3}Fe(s)+O_2=\frac{2}{3}Fe_2O_3(s)$	298~1809	$-540570+170.29T$
$\frac{3}{2}Fe(s)+O_2=\frac{1}{2}Fe_3O_4(s)$	198~1809	$-545590+156.48T$
$\frac{3}{2}Fe(l)+O_2=\frac{1}{2}Fe_3O_4(s)$	1809~1867	$-589110+180.33T$
$2H_2+O_2=2H_2O(g)$	298~3400	$-499150+114.22T$
$2Mg(s)+O_2=2MgO(s)$	298~923	$-119660+208.36T$
$2Mg(l)+O_2=2MgO(s)$	923~1376	$-1225910+240.16T$
$2Mg(g)+O_2=2MgO(s)$	1376~3125	$-1428840+387.44T$
$2Mn(s)+O_2=2MnO(s)$	298~1517	$-769860+148.95T$
$2Mn(l)+O_2=2MnO(s)$	1517~2054	$-803750+171.57T$
$\frac{2}{3}Mo(s)+O_2=\frac{2}{3}MoO_3(s)$	298~1068	$-505080+168.62T$
$\frac{2}{3}Mo(s)+O_2=\frac{2}{3}MoO_3(l)$	1068~1530	$-448110+117.5T$
$\frac{2}{3}Mo(s)+O_2=\frac{2}{3}MoO_3(g)$	1530~2500	$-346850+51.88T$
$4Na(s)+O_2=2Na_2O(s)$	273~371	$-824250+236.81T$
$4Na(l)+O_2=2Na_2O(s)$	371~1156	$-843080+287.86T$
$4Na(g)+O_2=2Na_2O(s)$	1156~1193	$-902490+339.32T$
$4Na(g)+O_2=2Na_2O(l)$	1193~1600	$-1197040+585.76T$
$4Na(g)+O_2=2Na_2O(g)$	1600~2250	$-897890+399.15T$
$Nb(s)+O_2=NbO_2(s)$	298~3043	$-786590+149.79T$
$2Ni(s)+O_2=2NiO(s)$	298~1725	$-476980+168.62T$
$2Ni(l)+O_2=2NiO(s)$	1725~2257	$-457310+157.32T$
$\frac{2}{5}P_2(g)+O_2=\frac{2}{5}P_2O_5(s)$	298~631	$-594130+311.71T$

续附录 2

反　应	T/K	$\Delta_rG^\ominus$/J·mol^{-1}
$\frac{2}{5}P_2(g)+O_2=\frac{2}{5}P_2O_5(l)$	631~704	−469860+114.64T
$\frac{2}{5}P_2(g)+O_2=\frac{2}{5}P_2O_5(g)$	704~2500	−472790+118.83T
$2Pb(s)+O_2=2PbO(s)$	298~601	−435140+192.05T
$2Pb(l)+O_2=2PbO(s)$	601~1159	−425090+179.08T
$2Pb(l)+O_2=2PbO(l)$	1159~1745	−407940+164.01T
$2Pb(l)+O_2=2PbO(g)$	1745~2016	+40170−92.47T
$\frac{1}{2}S_2(s)+O_2=SO_2(g)$	298~3400	−362330+71.96T
$\frac{1}{3}S_2(g)+O_2=\frac{2}{3}SO_3(g)$	298~2500	−304600+107.95T
$Si(s)+O_2=SiO_2(s)$	298~1685	−905840+175.73T
$Si(l)+O_2=SiO_2(s)$	1685~1696	−866510+152.30T
$Si(l)+O_2=SiO_2(l)$	1696~2500	−940150+195.81T
$Sn(s)+O_2=SnO_2(s)$	298~505	−580740+205.43T
$Sn(l)+O_2=SnO_2(s)$	505~2140	−584090+212.55T
$Ti(s)+O_2=TiO_2(s)$	298~1940	−943490+179.08T
$Ti(l)+O_2=TiO_2(s)$	1940~2128	−941820+178.24T
$\frac{4}{3}V(s)+O_2=\frac{2}{3}V_2O_3(s)$	298~2190	−820900+165.27T
$\frac{2}{3}W(s)+O_2=\frac{2}{3}WO_3(s)$	298~1743	−556470+158.57T
$\frac{2}{3}W(s)+O_2=\frac{2}{3}WO_3(l)$	1743~2100	−484510+117.15T
$2Zn(s)+O_2=2ZnO(s)$	298~693	−694540+193.30T
$2Zn(l)+O_2=2ZnO(s)$	693~1180	−709610+241.64T
$2Zn(g)+O_2=2ZnO(s)$	1180~2240	−921740+394.55T
$Zr(s)+O_2=ZrO_2(s)$	298~2125	−1096210+189.12T

附录 3　元素与 1 mol S_2、N_2、C、Cl_2 反应生成化合物的标准吉布斯自由能变化 $\Delta_rG^\ominus=A+BT$

反　应	A	B	T/K
$4Ag(s)+S_2=2Ag_2S(s)$	−187400	79.5	298~1115
C(石墨)$+S_2=CS_2(g)$	−12970	−7.1	298~2500
$2Ca(s)+S_2=2CaS(s)$	−1083200	190.8	298~673

续附录 3

反应	A	B	T/K
$2Ca(l)+S_2 = 2CaS(s)$	-1084000	192.0	673~1124
$2Cd(s)+S_2 = 2CdS(s)$	-439300	181.2	298~594
$2Cd(l)+S_2 = 2CdS(s)$	-451000	200.8	594~1038
$4Cu(s)+S_2 = 2Cu_2S(s)$	-262300	61.1	298~1356
$2Cu(s)+S_2 = 2CuS(s)$	-225900	143.5	298~900
$2Fe(s)+S_2 = 2FeS(s)$	-304600	156.9	298~1468
$2Fe(s)+S_2 = 2FeS(l)$	-112100	25.9	1468~1809
$2Fe(s)+S_2 = 2FeS(s)$	-180700	186.6	298~1200
$2H_2+S_2 = 2H_2S(g)$	-180300	98.7	298~2500
$2Mn(s)+S_2 = 2MnS(s)$	-535600	130.5	298~1517
$Mo(s)+S_2 = MoS_2(s)$	-362300	203.8	298~1780
$4Na(l)+S_2 = 2Na_2S(s)$	-880300	263.2	371~1156
$3Ni(s)+S_2 = Ni_3S_2(s)$	-328000	159.0	298~800
$2Pb(s)+S_2 = 2PbS(s)$	-317100	157.7	298~600
$2Pb(l)+S_2 = 2PbS(s)$	-327200	174.5	600~1392
$2Zn(s)+S_2 = 2ZnS(s)$	-487900	161.1	298~693
$2Al(s)+N_2 = 2AlN(s)$	-603800	194.6	298~932
$2B(s)+N_2 = 2BN(s)$	-507900	182.8	298-2300
$4Cr(s)+N_2 = 2Cr_2N(s)$	-184100	100.4	298~2176
$8Fe(s)+N_2 = 2Fe_4N(s)$	-242700	102.5	298~1809
$3Mg(s)+N_2 = Mg_3N_2(s)$	-458600	198.7	298~923
$3H_2+N_2 = 2NH_3(g)$	-100800	228.4	298~2000
$\frac{3}{2}Si(s)+N_2 = \frac{1}{2}Si_3N_4(s)$	-376600	168.2	298~1680
$2Ti(s)+N_2 = 2TiN(s)$	-671500	187.9	298~1940
$2V(s)+N_2 = 2VN(s)$	-348500	166.1	298~2190
$4Al(s)+3C = Al_4C_3(s)$	-215900	41.8	298~932
$4Al(l)+3C = Al_4C_3(s)$	-266500	96.2	932~2000
$3Fe(s)+C(s) = Fe_3C(s)$	26690	-2.48	463~1115
$3Fe(l)+C(s) = Fe_3C(s)$	10530	-10.2	1809~2000
$Si(s)+C(s) = SiC(s)$	-63760	7.2	1500~1686
$Si(l)+C(s) = SiC(s)$	-114400	37.2	1686~2000
$Ti(\alpha)+C(s) = TiC(s)$	-183100	10.1	298~1155
$Ti(\beta)+C(s) = TiC(s)$	-186600	13.2	1155~2000

续附录 3

反 应	A	B	T/K
$W(s) + C(s) = WC(s)$	-37660	1.7	298~2000
$Zr(s) + C(s) = ZrC(s)$	-184500	9.2	298~2000
$2Ag(s) + Cl_2 = 2AgCl(s)$	-251000	106.7	298~728
$\frac{2}{3}Al(s) + Cl_2 = \frac{2}{3}AlCl_3(s)$	-464000	161.9	298~465
$\frac{2}{3}Al(s) + Cl_2 = \frac{2}{3}AlCl_3(l)$	-455200	143.5	465~500
$\frac{1}{2}C(s) + Cl_2 = \frac{1}{2}CCl_4(s)$	-51460	66.5	298~2500
$C(s) + \frac{1}{2}O_2 + Cl_2 = COCl_2(g)$	-221800	39.3	298~2000
$Cu(s) + Cl_2 = CuCl_2(s)$	-200400	129.3	298~500
$H_2 + Cl_2 = 2HCl_2(s)$	-188300	12.1	298-2500
$Hg(l) + Cl_2 = HgCl_2(s)$	-223400	155.2	298~550
$Mg(s) + Cl_2 = MgCl_2(s)$	-631800	158.6	298~932
$Mg(l) + Cl_2 = MgCl_2(s)$	509600	26.4	932~987
$Mg(l) + Cl_2 = MgCl_2(l)$	-610900	128.9	987~1367
$\frac{1}{2}Si(s) + Cl_2 = \frac{1}{2}SiCl_4(l)$	-307100	88.7	298~330
$\frac{1}{2}Si(s) + Cl_2 = \frac{1}{2}SiCl_4(g)$	-297500	59.4	330~1653
$\frac{1}{2}Ti(s) + Cl_2 = \frac{1}{2}TiCl_4(l)$	-400000	110.5	298~409
$\frac{1}{2}Ti(s) + Cl_2 = \frac{1}{2}TiCl_4(g)$	-379500	60.7	409~1940
$Y(s) + \frac{3}{2}Cl_2 = YCl_3(s)$	-967760	227.2	298~994
$Zn(l) + Cl_2 = ZnCl_2(l)$	-402500	131.4	693~1005
$Zr(s) + 2Cl_2 = ZrCl_4(g)$	-871070	116.3	609~2273

附录 4 元素溶于金属液的标准溶解吉布斯自由能 $\Delta_{sol}G_i^{\ominus}$

（1）元素溶于铁液生成 $w_{[i]}$ = 1% 溶液的标准溶解吉布斯自由能 $\Delta_{sol}G_i^{\ominus}$

元素 i	$\Delta_{sol}G_i^{\ominus} = RT\ln\gamma_i^{\ominus}\frac{0.05585}{100M_i}$ /J·mol^{-1}	$\gamma_i^{\ominus}$（1873 K）
Ag(l)	$82420-43.76T$	200
Al(l)	$-63180-27.91T$	0.029
B(s)	$-65270-21.55T$	0.022

续附录 4

元素 i	$\Delta_{sol}G_i^{\ominus}=RT\ln\gamma_i^{\ominus}\frac{0.05585}{100M_i}$/J·mol^{-1}	$\gamma_i^{\ominus}$ (1873 K)
C（石墨）	22590−42.26T	0.57
Ca(g)	−39460+49.37T	2240
Ce(l)	−54390−46.02T	0.032
Co(l)	1000−38.74T	1.07
Cr(l)	−37.70T	1.0
Cr(s)	19250−46.86T	1.14
Cu(l)	33470−39.37T	8.6
1/2H_2(g)	36480+30.46T	—
Mg(g)	117400−31.40T	91
Mn(l)	4080−38.16T	1.3
Mo(l)	−42.80T	1.0
Mo(s)	27610−52.38T	1.86
1/2N_2(g)	3600+23.89T	—
Nb(l)	−42.68T	1.0
Nb(s)	−23000−52.30T	1.4
Ni(l)	23000−31.05T	0.66
1/2O_2(g)	−117150−2.89T	—
1/2P_2(g)	−122170−19.25T	—
Pb(l)	212550−106.27T	1400
1/2S_2(g)	−135060+23.43T	—
Si(l)	−131500−17.24T	0.0013
Sn(l)	15980−44.43T	2.8
Ti(l)	−40580−37.03T	0.074
Ti(s)	−25100−44.98T	0.077
U(l)	−56060−50.21T	0.027
V(l)	−42260−35.98T	0.08
V(s)	−20710−45.61T	0.1
W(l)	−48.12T	1.0
W(s)	31380−63.60T	1.2
Zr(l)	−80750−34.77T	0.014
Zr(s)	−64430−42.38T	0.016

（2）元素溶于铜液生成 $w_{[i]}=1\%$ 溶液的标准溶解吉布斯自由能 $\Delta_{sol}G_i^{\ominus}$

元素 i	$\Delta_{sol}G_i^{\ominus}=RT\ln\gamma_i^{\ominus}\dfrac{0.06355}{100M_i}$/J · mol^{-1}	$\gamma_i^{\ominus}$（1473 K）
Ag(l)	16320−44.02T	3.23
Al(l)	−36110−57.91T	0.0028
As(g)	−93510−39.50T	4.8×10^{-4}
Au(l)	−19370−50.58T	0.14
Bi(l)	24940−63.18T	1.25
C（石墨）	35770+50.21T	1.4×10^{5}
Ca(l)	−92880−34.31T	5.1×10^{-4}
Cd(g)	−107530+53.14T	15.6
Cd(l)	−7780−42.68T	0.53
Co(s)	33470−37.66T	15.4
Cr(s)	46020−36.48T	43
Fe(s)	54270−47.45T	24.1
Fe(l)	38910−38.79T	19.5
1/2H_2(g)	43510+31.38T	—
Mg(l)	−36280−31.51T	0.044
Mg(g)	−168200−63.18T	0.08
Mn(s)	6490−46.61T	0.53
Mn(l)	−8160−36.94T	0.51
Ni(s)	27410−48.12T	2.66
Ni(l)	9790−37.66T	2.22
1/2O_2(g)	−85350+18.54T	—
Pb(l)	36070−58.62T	5.27
Pt(s)	−42680−43.81T	0.05
1/2S_2(g)	−119660+25.23T	—
Sb(l)	−52300−43.51T	0.014
Si(s)	−121340−61.42T	0.01
Si(l)	−62760−31.38T	0.006
Sn(l)	−37240−43.51T	0.048
V(s)	117570−75.73T	130
Zn(l)	−23600−38.37T	0.146

（3）元素溶于镍液生成 $w_{[i]}=1\%$ 溶液的标准溶解吉布斯自由能 $\Delta_{sol}G_i^{\ominus}$

元素 i	$\Delta_{sol}G_i^{\ominus}$(纯物质标准态)/J · mol^{-1}	$\Delta_{sol}G_i^{\ominus}$(1%溶液标准态)/J · mol^{-1}	$\gamma_i^{\ominus}$ (1873 K)	T/℃
Al(l)	−15480+12.46832T	−154808−19.29T	0.0002	1600
Au(l)	7531.2	7531.2−48.28T	1.62	1460
B(s)	−59412.8−21.84084T	−59412.8−46.02T	0.0016	1600
B(l)	−109620.8	−109620.8−24.18T	(0.009)	1600
C(s)	20836.32−20.96184T	20836.32−45.98T	0.31	1560
Ca(l)	−8033.28	−8033.28−35.02T	(0.6)	1477
Ca(g)	−186271.68+101.462T	−186271.68+66.44T	1.27	1477
Co(l)	1255.2−7.28016T	1255.2−45.52T	0.45	1600
Cr(s)	10460−11.96624T	10460−49.58T	0.46	1550~1600
Cr(l)	−9204.8−2.88696T	−9204.8−40.08T	(0.39)	1550~1600
Cu(l)	12133.6	12133.6−38.87T	2.18	1550
Fe(l)	−41840+13.72352T	−41840−24.06T	0.36	1510~1700
Ge(l)	30961.6	−31254.48−39.96T	0.13	1450
$1/2H_2$(g)	—	20083.2+34.98T	—	1450~1700
Mg(l)	−17572.8	−17572.8−30.88T	(0.32)	650~850
Mg(g)	−162799.44+93.47056T	−162799.44+62.59T	2.2	650~850
Mn(l)	0	−37.66T	1	1600
Mo(s)	32551.52−11.25496T	32551.52−53.51T	2.1	—
Mo(l)	0	−42.26T	(1)	—
$1/2N_2$(g)	—	27865.44+39.71T	—	1550~2200
$1/2O_2$(g)	—	−71002.48+1.41T	—	1500~1700
Pb(l)	5020.8	5020.8−48.66T	1.4	1600
Pd(s)	4686.08	4686.08−43.14T	1.35	1500~1600
$1/2S_2$(g)	—	104600+15.15T	—	1500~1650
Si(l)	−175728−1.79912T	−118574.56−30.29T	0.000015	1550~1600
Sn(l)	−104600+39.58064T	−175728−4.47T	0.14	1300
Ti(l)	−118407.2−8.07512T	−104600−44.60T	0.00019	1550~1700
V(s)	−52090.8−9.6232T	−118407.2−46.65T	0.011	1600
V(l)	−73638.4	−52090.8−37.02T	(0.009)	1600
W(s)	69036−15.2716T	69036−62.92T	13.5	1600
W(l)	37656	37656−47.66T	(11.3)	1600
Zr(s)	−288696+74.76808T	−288696+32.93T	0.00007	1550~1700

（4）元素溶于硅液的标准溶解吉布斯自由能 $\Delta_{sol}G_i^{\ominus}$

元素 i	$\Delta_{sol}G_i^{\ominus}$(1687K)/J·mol^{-1}	$\gamma_i^{\ominus}$(1687 K)
Ag(l)	−145518.12	3.61
Al(l)	−871643.34	0.49
Au(l)	−152400.96	0.081
B(l)	−3129.75	3.9
Ca(l)	−96900.26	0.0014
Co(l)	−153001.08	0.0041
Cr(l)	−160926.95	0.0089
Cu(l)	−115302.61	0.3
Fe(l)	−162753.66	0.016
Mg(l)	—	0.089
Mn(l)	−177197.88	0.0063
Mo(l)	—	0.0015
Nb(l)	—	0.000093
Ni(l)	−158688.02	0.0015
P(l)	−13945.1	0.35
Pb(l)	—	45.81
Sb(l)	−60910.97	5.37
Ta(l)	—	0.00073
Ti(l)	−186330.01	0.00014
V(l)	—	0.0028
W(l)	—	0.0049
Zn(l)	−155330.21	1.49
Zr(s)	—	0.000013

（5）关于溶于钴液的标准溶解吉布斯自由能 $\Delta_{sol}G_i^{\ominus}$

元素 i	$\Delta_{sol}G_i^{\ominus}$(纯物质标准态)/J·mol^{-1}	$\Delta_{sol}G_i^{\ominus}$(1%溶液标准态)/J·mol^{-1}	$\gamma_i^{\ominus}$(1873 K)	T/℃
Al(l)	$-91211.2+4.64424T$	$-91211.2-27.15T$	0.005	1600
Au(l)	18409.6	$18409.6-48.11T$	3.3	1380~1580
C (gr)	$20878.16+4.68608T$	$20878.16-20.42T$	6.7	1350~1700
Cr(s)	$6987.28-7.9496T$	$6987.28-45.56T$	0.6	1600
Cr(l)	−9957.92	$-9957.92-37.24T$	0.53	1600
Fe(l)	$12049.92+10.33448T$	$-12049.92-27.49T$	1.6	1600
Ge(l)	−33053.6	$-33053.6-39.99T$	0.12	1450
$1/2H_2$(g)	—	$35564+31.51T$	—	1500~1700
Mn(l)	0	$-37.69T$	1.0	1600

续附录 4

元素 i	$\Delta_{sol}G_i^{\ominus}$(纯物质标准态)/J·mol^{-1}	$\Delta_{sol}G_i^{\ominus}$(1% 溶液标准态)/J·mol^{-1}	$\gamma_i^{\ominus}$(1873 K)	T/℃
1/2N_2(g)	—	41840+21.92T	—	1500~1700
Ni(l)	1255.2−5.89944T	1255.2−44.14T	0.53	1250~1600
Ni(s)	18828−16.0666T	18828−54.39T	0.47	1250~1600
1/2O_2(g)	—	−61630.32−9.71T	—	1500~1700
Pb(l)	92048	92048−48.74T	370	1550~1650
Pd(l)	29288−10.46T	29288−53.56T	1.9	1600
Ft(s)	−54392	−54392−48.12T	0.03	—
1/2S_2(g)	—	−135143.2+30.25T	—	1540
Si(l)	−146440+25.104T	−146440−7.03T	0.0017	1550~1650
Sn(l)	−16736	−16736−43.93T	0.34	1500~1600
Ti(l)	−108784	−108784−36.57T	0.0009	1600
Ti(s)	−94056.32−7.94976T	−94056.32−44.43T	0.00091	1600
V(l)	−47237.36	−47237.36−36.99T	0.0048	1600
V(s)	−25689.76−9.6232T	−25689.76−46.61T	0.06	1600
W(l)	5397.36	5397.36−47.61T	1.4	1600
W(s)	40794−9.6232T	40794−57.24T	4.3	1600

附录 5　溶于铁液中各元素的相互作用系数 e_i^j（1600 ℃）

第二元素 i	第三元素 j							
	Ag	Al	As	Au	B	C	Ca	Ce
Ag	(−0.04)	−0.08				0.22		
Al	−0.017	0.045				0.091	−0.047	
As						0.25		
Au								
B					0.038	0.22		
C	0.028	0.043	0.043		0.24	0.14	−0.097	−0.0026
Ca		−0.072				−0.34	(−0.002)	
Ce						−0.077		−0.003
Co		0.017				0.021		
Cr	(−0.002)	0.045				−0.12		
Cu		0.014				0.066		
H		0.013			0.05	0.06		0

续附录 4

第二元素 *i*	第三元素 *j*							
	Ag	Al	As	Au	B	C	Ca	Ce
La						0.03		
Mg		-0.27				(0.15)		
Mn		0.07			-0.236	-0.07	-0.023	0.054
Mo						-0.097		
N		-0.028	0.018		0.094	0.13		
Nb						-0.49		
Ni		0.013				0.042	-0.067	
O		-3.9		-0.005	-0.315	-0.45	-515	-0.57
P		0.056				0.13	-3.1	
Pb		0.021				0.066		
S		0.035	0.0041	0.004	0.13	0.11	-110	-0.231
Sb				2				-9.1
Si		0.058			0.2	0.18	-0.067	
Sn						0.37		
Ta						-0.37		
Ti		0.12				-0.165		
U		0.059						
V		0.10				-0.34		
W						-0.15		
Zr								

第二元素 *i*	第三元素 *j*							
	Co	Cr	Cu	H	La	Mg	Mn	Mo
Ag	(-0.01)							
Al	0.017	0.012		0.24		-0.13	-0.004	
As								
Au								
B				0.49			-0.0009	
C	0.0076	-0.024	0.016	0.67	0.0066	(0.07)	-0.012	0.0083
Ca		0.014					-0.0156	
Ce				-0.60			0.13	
Co	0.0022	-0.022		-0.14				
Cr	-0.019	-0.0003	0.016	-0.33				0.0018
Cu		0.018	-0.023	-0.24				

续附录 5

第二元素 i	第三元素 j							
	Co	Cr	Cu	H	La	Mg	Mn	Mo
H	0.0018	−0.0022	0.000	0	−0.027		−0.0014	0.0022
La			5	−4.3	−0.0078		0.28	
Mg		0.022				0		
Mn		0.0039		−0.31	0.014		—	0.0045
Mo				−0.2			0.0006	
N	0.011	−0.0003						−0.011
Nb		−0.047	0.009	−0.61			−0.02	
Ni				−0.25				
O	0.008	−0.0003		−3.1	−0.57	—	−0.021	0.0035
P		−0.04	−0.013	0.21		1.98	0	
Pb	0	−0.03	0.024				−0.023	0
S	0.0026	0.02	−0.028	0.12	−18.3		−0.026	0.0027
Sb		−0.011	—					
Si	(0.0013)		0.008	0.64			0.002	0.11
Sn		−0.0003	4	0.12				
Ta		0.015		−4.4				
Ti			0.014	−1.1			−0.043	
U		0.055						
V				−0.59				
W								
Zr				0.088				

第二元素 i	第三元素 j							
	N	Nb	Ni	O	P	Pb	S	Sb
Ag								
Al	−0.058		−0.0376	−6.6		0.0065	0.03	
As	0.077						0.0037	
Au				−0.11			0.0037	
B	0.074			−1.8			0.048	
C	0.11	−0.06	0.012	−0.34	0.051	0.0079	−0.046	
Ca			−0.044	−1293			−138	
Ce				−5.03			−39.8	
Co	0.032			0.018		0.003	0.0011	
Cr	−0.19		0.0002	−0.14	−0.053	0.0083	−0.02	
Cu	0.026			−0.065	0.044	−0.0056	−0.021	

续附录 5

第二元素 i	第三元素 j							
	N	Nb	Ni	O	P	Pb	S	Sb
H		−0.0023	0	−0.19	0.011		0.008	
La				−4.98			−79.3	
Mg			−0.033	−3				
Mn	−0.091		−0.0072	−0.083	−0.0035	−0.0029	−0.048	
Mo	−0.10			−0.0007		0.0023	−0.0005	
N	0	−0.06	0.01	0.05	0.045		0.007	0.008
Nb	−0.42	(0)		−0.83			−0.047	8
Ni	0.028		0.0009	0.01	−0.0035	−0.0023	−0.0037	
O	0.057	−0.14	0.006	−0.20	0.07		−0.133	
P	0.094	−0.012	0.0002	0.13	0.062	0.011	0.028	—
Pb		0.036	−0.019		0.048		−0.32	0.023
S	0.01	−0.013	0	−0.27	0.029	−0.046	−0.028	
Sb	0.043			−0.20			0.0019	
Si	0.09	0.04	0.005	−0.23	0.11	0.01	0.056	0.003
Sn	0.027			−0.11	0.036	0.35	−0.028	7
Ta	−0.47			−1.29			−0.021	
Ti	−1.8		0.0105	−1.8	(−0.064)		−0.11	
U				−6.61				
V	−0.35			−0.97	(−0.041)		−0.028	
W	−0.072			−0.052		0.0005	0.035	
Zr	−4.1			−2.53			−0.16	

第二元素 i	第三元素 j							
	Si	Sn	Ta	Ti	U	V	W	Zr
Ag								
Al	0.0056				0.011			
As								
Au								
B	0.078							
C	0.08	0.041	−0.021			−0.077	−0.0056	
Ca	−0.097							
Ce								
Co								
Cr	−0.0043	0.009		0.059				
Cu	0.027							

续附录 5

第二元素 i	第三元素 j							
	Si	Sn	Ta	Ti	U	V	W	Zr
H	0.027	0.0053	-0.02	-0.019		-0.0074	0.0048	
La								
Mg	0.096			-0.64				
Mn	-0.0002							
Mo								
N	0.047	0.007	-0.032	-0.53		-0.093	-0.0015	-0.63
Nb								
Ni	0.0057							
O	-0.131	—	-0.11	-0.6	-0.44	-0.3	-0.0085	-0.44
P	0.12	0.0111						
Pb	0.048						0	
S	0.063	0.013	—	-0.072		-0.016	0.0097	-0.052
Sb		0.057	0.000					
Si	0.11	-0.0044	2	0.84		0.025		
Sn	0.057							
Ta		0.017						
Ti	1.43	0.0016		0.013				
U			0.002		0.013			
V	0.042					0.015		
W								
Zr								0.022

附录 6 Cu-i-j 系活度相互作用系数

j	Cu-H-j			Cu-O-j			Cu-S-j		
	e_H^j	e_j^H	T/℃	e_O^j	e_j^O	T/℃	e_S^j	e_j^S	T/℃
Ag	0.0006	-0.4	1225	0 -0.005	-0.025	1100~1200 1550			
Al	0.0058	1.4	1225						
Au	0.0003	-0.8	1225	0.015	0.14	1200~1550	0.012	0.053	1150~1200
Co	0.015	-1.1	1150	-0.32 -0.0064 -0.15	-1.2	1200 1550 1600	-0.023	-0.046	1300~1500

续附录 6

j	Cu-H-j			Cu-O-j			Cu-S-j		
	e_H^j	e_j^H	T/℃	e_O^j	e_j^O	T/℃	e_S^j	e_j^S	T/℃
Cr	0.0092	−0.7	1550						
Fe	−0.015	−1.1	1150~1550	$-20000/T$ $+10.8$	$-70000/T$ $+37.7$	1200~1350	$-125/T$ $+0.042$	$-248/T$ $+0.08$	1300~1500
				−0.226 −0.27		1550 1600			
Mn	−0.006	−0.6	1150						
Ni	−0.026	−1.8	1150~1240	$-169/T$ $+0.079$	$-621/T$ $+0.292$	1200~1300	$-159/T$ $+0.069$	$-290/T$ $+0.122$	1300~1500
				−0.0029 −0.035		1550 1600			
F	0.088	2.6	1150	$6230/T$ $+3.43$	$-12100/T$ $+6.63$	1150~1300			
Pb	0.031	5.5	1100	−0.007	−0.14	1100			
Pt	−0.0084	−2.5	1225	0.057 0.010	0.65	1200 1550	0.019	0.095	1200~1500
S	0.073	2.2	1150	−0.164	−0.33	1206			
Sb	0.031	3.2	1150						
Si	0.042	1.1	1150	−62	−110	1250	0.062	0.055	1200
Sn	0.016	1.4	1100~1300	−0.009	−0.09	1100			
Te	−0.012	−2.1	1150						
Zn	0.029	1.6	1150						

附录 7 常用物质的等压热容及在 298 K 的 $\Delta H_{298}^{\ominus}$、$\Delta G_{298}^{\ominus}$、$S_{298}^{\ominus}$

物 质	$-\Delta H_{298}^{\ominus}$ /kJ·mol^{-1}	$-\Delta G_{298}^{\ominus}$ /kJ·mol^{-1}	$S_{298}^{\ominus}$ /J·(mol·K)$^{-1}$	$c_p = a + bT + c'T^{-2} + cT^2$/J·(mol·K)$^{-1}$				
				a	$b \times 10^3$	$c' \times 10^{-5}$	$c \times 10^6$	温度范围/K
Ag(s)	0.00	0.00	42.70	21.30	8.535	1.506	—	298~1234
AgCl(s)	127.03	109.66	96.11	62.36	4.484	−11.30	—	298~728
Ag_2CO_3(s)	81.17	12.24	167.4	79.37	108.160	—	—	298~450
Ag_2O(s)	30.57	0.84	121.71	59.33	40.80	−4.184	—	298~500
Al(s)	0.00	0.00	28.32	20.67	12.38	—	—	298~932
$AlCl_3$(s)	705.34	630.20	110.70	77.12	47.83	—	—	273~466

续附录 7

物 质	$-\Delta H^{\ominus}_{298}$ /kJ·mol^{-1}	$-\Delta G^{\ominus}_{298}$ /kJ·mol^{-1}	$S^{\ominus}_{298}$ /J·(mol·K)$^{-1}$	$c_p = a + bT + c'T^{-2} + cT^2$/J·(mol·K)$^{-1}$				
				a	$b \times 10^3$	$c' \times 10^{-5}$	$c \times 10^6$	温度范围/K
$AlF_3(s)$	1489.50	1410.01	66.53	72.26	45.86	−9.623	—	298~727
$Al_2O_3(s)$	1674.43	1674.43	50.99	114.77	12.80	−35.443	—	298~1800
As(s)	0.00	0.00	35.15	21.88	9.29	—	—	298~1090
$As_2O_3(s)$	652.70	576.66	122.70	35.02	203.30	—	—	273~548
B(s)	0.00	0.00	5.94	19.81	5.77	−9.21	—	298~1700
$B_2O_3(s)$	1272.77	1193.62	53.85	57.03	73.01	−14.06	—	298~723
Ba(a)	0.00	0.00	67.78	22.73	13.18	−0.28	—	298~643
$BaCl_2(s)$	859.39	809.57	123.60	71.13	13.97	—	—	298~1195
$BaCO_3(s)$	1216.29	1136.13	112.10	86.90	48.95	−11.97	—	298~1079
BaO(s)	553.54	523.74	70.29	53.30	4.35	−8.30	—	298~1270
Be(s)	0.00	0.00	9.54	19.00	8.58	−3.35	—	298~1556
BeO（无定形）	598.73	569.55	14.14	21.22	55.06	−8.68	−26.34	298~1000
Bi(s)	0.00	0.00	56.53	22.93	10.13	—	—	298~545
Bi_2O_3 (a)	574.04	493.84	151.50	103.50	33.47	—	—	298~800
$Br_2(g)$	−30.91	−3.166	245.30	37.36	0.46	−1.29	—	298~2000
$Br_2(l)$	0.00	0.00	152.20	71.55	—	—	—	273~334
C（石墨）	0.00	0.00	5.74	17.16	4.27	−8.79	—	298~2300
C（金刚石）	−1.90	−2.901	2.38	9.12	13.22	−6.20	—	298~1200
$C_2H_2(g)$	−226.73	−20.923	200.80	43.63	31.65	−7.51	−6.31	298~2000
$C_2H_4(g)$	−52.47	−68.407	219.20	32.63	59.83	—	—	298~1200
$CH_4(g)$	74.81	50.749	186.30	12.54	76.69	1.45	−18.00	298~200
$C_6H_6(l)$	−49.04	−124.45	13.20	136.10	—	—	—	298~
$C_2H_5OH(l)$	277.61	174.77	160.71	111.4	—	—	—	298~
CO(g)	110.50	137.12	197.60	28.41	4.10	−0.46	—	298~2500
$CO_2(g)$	393.52	394.39	213.70	44.14	9.04	−8.54	—	298~2500
$COCl_2(g)$	220.08	205.79	283.70	65.01	18.17	−11.14	−4.98	298~2000
Ca(s)	0.00	0.00	41.63	21.92	14.64	—	—	298~737
$CaC_2(s)$	59.41	64.53	70.29	68.62	11.88	−8.66	—	298~720
$CaCl_2(s)$	800.82	755.87	113.80	71.88	12.72	−2.51	—	600~1045
$CaCO_3$ (s)（方解石）	1206.87	1127.32	88.00	104.5	21.92	−25.94	—	298~1200
$CaF_2(s)$	1221.31	116.88	68.83	59.83	30.64	1.97	—	298~1424
CaO(s)	634.29	603.03	39.75	49.62	4.52	−6.95	—	298~2888

续附录 7

物　质	$-\Delta H_{298}^{\ominus}$ /kJ·mol⁻¹	$-\Delta G_{298}^{\ominus}$ /kJ·mol⁻¹	$S_{298}^{\ominus}$ /J·(mol·K)⁻¹	$c_p = a + bT + c'T^{-2} + cT^2$/J·(mol·K)⁻¹				
				a	$b\times10^3$	$c'\times10^{-5}$	$c\times10^6$	温度范围/K
$Ca(OH)_2(s)$	986. 21	898. 63	83. 39	105. 3	11. 95	-18. 97	—	298~1000
$CaS(s)$	476. 14	471. 05	56. 48	42. 68	15. 90	—	—	273~1000
$CaSiO_3(s)$	1584. 06	1559. 93	82. 00	111. 5	15. 06	27. 28	—	298~1463
$Ca_2SiO_4(s)$	2255. 08	2138. 47	120. 50	113. 6	82. 01	—	—	298~948
$CaSO_4(s)$	1432. 60	1334. 84	160. 70	70. 21	98. 74	—	—	298~1400
$Ca_3(PO_4)_2(s)$	4137. 55	3912. 66	236. 00	201. 8	166. 00	-20. 92	—	298~1000
$Ca_2CO_3\cdot MgCO_3(s)$	2326. 30	2152. 59	118. 00	156. 2	80. 50	-21. 59	—	—
$Cd(s)$	0. 00	0. 00	51. 46	22. 22	12. 30	—	—	298~594
$CdCl_2(s)$	391. 62	344. 25	115. 50	66. 94	32. 22	—	—	298~841
$CdO(s)$	255. 64	226. 09	54. 81	40. 38	8. 70	—	—	298~1200
$CdS(s)$	149. 36	145. 09	69. 04	53. 97	3. 77	—	—	298~1300
$Cl_2(g)$	0. 00	0. 00	223. 01	36. 9	0. 25	-2. 85	—	298~3000
$Co(s)$	0. 00	0. 00	30. 04	19. 83	16. 74	—	—	298~700
$CoO(S)$	238. 91	215. 18	52. 93	48. 28	8. 54	1. 67	—	298~1800
$Cr(s)$	0. 00	0. 00	23. 77	19. 79	12. 84	-0. 259	—	298~2176
$CrCl_3(s)$	405. 85	366. 67	115. 30	63. 72	22. 18	—	—	298~1088
$Cr_2O_3(s)$	1129. 68	1048. 05	81. 17	119. 37	9. 20	-15. 65	—	298~1800
$Cu(s)$	0. 00	0. 00	33. 35	22. 64	6. 28	—	—	298~1357
$CuSO_4(s)$	769. 98	660. 87	109. 20	73. 41	152. 90	-12. 31	-71. 59	298~1078
$CuO(s)$	155. 85	120. 85	42. 59	43. 83	16. 77	-5. 88	—	298~1359
$CuS(s)$	48. 53	48. 91	66. 53	44. 35	11. 05	—	—	273~1273
$Cu_2O(s)$	170. 29	147. 56	92. 93	56. 57	29. 29	—	—	298~1509
$Cu_2S(s)$	79. 50	86. 14	120. 90	81. 59	—	—	—	298~376
$F_2(g)$	0. 00	0. 00	203. 30	34. 69	1. 84	-3. 35	—	298~2000
$Fe(s)$	0. 00	0. 00	27. 15	17. 49	24. 77	—	—	273~1033
$FeCl_2(s)$	342. 25	303. 49	120. 10	79. 25	8. 70	-4. 90	—	298~950
$FeCl_3(s)$	399. 40	334. 03	142. 30	62. 34	115. 10	—	—	298~577
$FeCO_3(s)$	740. 57	667. 69	95. 88	48. 66	112. 10	—	—	298~800
FeS (α)	95. 40	97. 87	67. 36	21. 72	110. 50	—	—	298~411
FeS (β)	86. 15	96. 14	92. 59	72. 80	—	—	—	411~598
$FeS_2(s)$	177. 40	166. 06	52. 93	74. 81	5. 52	-12. 76	—	298~1000
$FeSi(s)$	78. 66	83. 54	62. 34	44. 85	17. 99	—	—	298~900

续附录 7

物　质	$-\Delta H_{298}^{\ominus}$ /kJ · mol^{-1}	$-\Delta G_{298}^{\ominus}$ /kJ · mol^{-1}	$S_{298}^{\ominus}$ /J · (mol · K)$^{-1}$	$c_p = a + bT + c'T^{-2} + cT^2$/J · (mol · K)$^{-1}$				
				a	$b \times 10^3$	$c' \times 10^{-5}$	$c \times 10^6$	温度范围/K
$FeTiO_3(s)$	1246. 41	1169. 09	105. 90	116. 60	18. 24	−20. 04	—	298～1743
$FeO(s)$	272. 04	251. 50	60. 75	50. 80	8. 61	−3. 31	—	298～1650
$Fe_2O_3(s)$	825. 50	743. 72	87. 44	98. 28	77. 82	−14. 85	—	298～953
$Fe_3O_4(s)$	1118. 38	1015. 53	146. 40	86. 27	208. 90	—	—	298～866
$Fe_2SiO_4(s)$	1479. 88	1379. 16	145. 20	152. 80	39. 16	−28. 03	—	298～1493
$Fe_3C(s)$	−22. 59	−18. 39	101. 30	82. 17	83. 68	—	—	273～463
$Ga(s)$	0. 00	0. 00	40. 88	25. 90	—	—	—	298～303
$Ge(s)$	0. 00	0. 00	31. 17	25. 02	3. 43	−2. 34	—	298～1213
$H_2(g)$	0. 00	0. 00	130. 60	27. 28	3. 26	0. 50	—	298～3000
$HCl(g)$	92. 31	95. 23	186. 60	26. 53	4. 60	2. 59	—	298～2000
$H_2O(g)$	242. 46	229. 24	188. 70	30. 00	10. 71	0. 33	—	298～2500
$H_2O(l)$	285. 84	237. 25	70. 08	75. 44	—	—	—	273～373
$H_2S(g)$	20. 50	33. 37	205. 70	29. 37	15. 40	—	—	298～1800
$Hg(l)$	0. 00	0. 00	76. 02	30. 38	−11. 46	10. 15	—	298～630
$Hg_2Cl_2(s)$	264. 85	210. 48	192. 50	99. 11	23. 22	−3. 64	—	298～655
$HgCl_2(s)$	230. 12	184. 07	144. 50	69. 99	20. 28	−1. 89	—	298～550
$I_2(s)$	0. 00	0. 00	116. 14	−50. 64	246. 91	27. 97	—	298～387
$I_2(g)$	−62. 42	−19. 37	260. 60	37. 40	0. 57	−0. 62	—	298～2000
$In(s)$	0. 00	0. 00	57. 82	21. 51	17. 57	—	—	298～249
$K(s)$	0. 00	0. 00	71. 92	7. 84	17. 19	—	—	298～336
$KCl(s)$	436. 68	406. 62	82. 55	40. 02	25. 47	3. 65	—	298～1044
$La(s)$	0. 00	0. 00	56. 90	25. 82	6. 69	—	—	298～1141
$Li(s)$	0. 00	0. 00	29. 08	13. 94	34. 36	—	—	298～454
$LiCl(s)$	408. 27	384. 05	59. 30	41. 42	23. 40	—	—	298～883
$Mg(s)$	0. 00	0. 00	32. 68	22. 30	10. 25	−0. 43	—	298～923
$MgCO_3(s)$	1096. 21	1012. 68	65. 69	77. 91	57. 74	−17. 41	—	298～750
$MgCl_2(s)$	641. 41	591. 90	89. 54	79. 08	5. 94	−8. 62	—	298～987
$MgO(s)$	601. 24	568. 98	26. 94	48. 98	3. 14	−11. 44	—	298～3098
$MgSiO_3(s)$	1548. 92	1462. 12	67. 78	92. 25	32. 90	−17. 88	—	298～903
$Mn(s)$	0. 00	0. 00	32. 01	23. 85	14. 14	−1. 57	—	298～990
$MnCO_3(s)$	894. 96	817. 62	85. 77	92. 01	38. 91	−19. 62	—	298～700
$MnCl_2(s)$	482. 00	441. 23	118. 20	75. 48	13. 22	−5. 73	—	298～923

续附录 7

物质	$-\Delta H^{\ominus}_{298}$ /kJ · mol^{-1}	$-\Delta G^{\ominus}_{298}$ /kJ · mol^{-1}	$S^{\ominus}_{298}$ /J · (mol · K)$^{-1}$	$c_p = a + bT + c'T^{-2} + cT^2$/J · (mol · K)$^{-1}$				
				a	$b \times 10^3$	$c' \times 10^{-5}$	$c \times 10^6$	温度范围/K
MnO(s)	384.93	362.67	59.83	46.48	8.12	-3.68	—	298~1800
MnO_2(s)	520.07	465.26	53.14	69.45	10.21	-16.23	—	298~528
Mo(s)	0.00	0.00	28.58	21.71	6.94	—	—	298~2890
MoO_3(α)	745.17	668.19	77.82	75.19	32.64	-8.79	—	298~1068
N_2(g)	0.00	0.00	191.50	27.87	4.28	—	—	298~2500
NH_3(g)	46.19	16.58	192.30	29.75	25.10	-1.55	—	298~1800
NH_4Cl(s)	314.55	203.25	94.98	38.87	160.20	—	—	298~458
NO(g)	-90.29	-86.77	210.66	27.58	7.44	-0.15	-1.43	298~3000
NO_2(g)	-33.10	-51.24	239.91	35.69	22.91	-4.70	-6.33	298~1500
N_2O_4(g)	-9.08	-97.68	304.26	128.32	1.60	-128.60	24.78	298~3000
Na(s)	0.00	0.00	51.17	14.79	44.23	—	—	298~371
NaCl(s)	411.12	384.14	72.13	45.94	16.32	—	—	298~1074
NaOH(s)	428.02	381.96	64.43	71.76	-110.90	—	235.80	298~568
Na_2CO_3(s)	1130.77	1048.27	138.78	11.02	244.40	24.49	—	298~723
Na_2O(s)	417.98	379.30	75.06	66.22	43.87	-8.13	-14.09	298~1023
Na_2SO_4(s)	1387.20	1269.57	149.62	82.32	154.40	—	—	298~522
Na_2SiO_3(s)	1561.43	1437.02	113.76	130.29	40.17	-27.07	—	298~1362
Na_3AlF_6(s)	3305.36	3140.02	238.49	172.27	158.5	—	—	298~834
Nb(s)	0.00	0.00	36.40	23.72	2.89	—	—	298~2740
Nb_2O_5(s)	1902.04	1768.50	137.24	154.39	21.42	-25.52	—	298~1785
Ni(s)	0.00	0.00	29.88	32.64	-1.80	-5.59	—	298~630
$NiCl_2$(s)	305.43	258.98	97.70	73.22	13.22	-4.98	—	298~1303
NiO(s)	248.58	220.47	38.07	50.17	157.23	16.28	—	298~525
NiS(s)	92.88	94.54	67.36	38.70	53.56	—	—	298~600
O_2(g)	0.00	0.00	205.04	29.96	4.184	-1.67	—	298~3000
P（黄）	-17.45	-12.01	41.09	19.12	15.82	—	—	298~317
P（赤）	0.00	0.00	22.80	16.95	14.89	—	—	298~870
P_4(g)	-128.74	—	279.90	81.85	0.68	-13.44	—	298~2000
P_2O_5(s)	1548.08	1422.26	135.98	—	—	—	—	—
Pb(s)	0.00	0.00	64.81	23.55	9.74	—	—	298~601
PbO(s)	219.28	188.87	65.27	41.46	15.33	—	—	298~762
PbO_2(s)	270.08	212.48	76.57	53.14	32.64	—	—	298~1000

续附录 7

物　质	$-\Delta H_{298}^{\ominus}$ /kJ · mol^{-1}	$-\Delta G_{298}^{\ominus}$ /kJ · mol^{-1}	$S_{298}^{\ominus}$ /J · (mol · K)$^{-1}$	$c_p = a + bT + c'T^{-2} + cT^2$/J · (mol · K)$^{-1}$				
				a	$b \times 10^3$	$c' \times 10^{-5}$	$c \times 10^6$	温度范围/K
PbS(s)	100.42	98.78	91.21	46.43	10.26	—	—	298~1387
$PbSO_4$(s)	918.39	811.62	148.53	45.86	129.70	15.57	—	298~1139
Rb(s)	0.00	0.00	75.73	13.68	57.66	—	—	298~312
S（斜方）	0.00	0.00	31.92	14.98	26.11	—	—	298~369
S（单斜）	−2.07	−0.249	38.03	14.90	29.12	—	—	298~388
S(g)	−278.99	−238.50	167.78	21.92	−0.46	1.86	—	298~2000
S_2(g)	−129.03	−72.40	228.07	35.73	1.17	−3.31	—	298~2000
SO_2(g)	296.90	298.40	248.11	43.43	10.63	−5.94	—	298~1800
SO_3(g)	395.76	371.06	256.6	57.15	27.35	−12.91	—	298~2000
Sb(s)	0.00	0.00	45.52	22.34	8.954	—	−7.728	298~903
Sb_2O_5(s)	971.94	829.34	125.10	45.81	240.9	—	—	298~500
Se(s)	0.00	0.00	41.97	15.99	30.20	—	—	298~423
Si(s)	0.00	0.00	18.82	22.82	3.86	−3.54	—	298~1685
SiC(s)	73.22	78.85	16.61	50.79	1.950	−49.20	—	298~3259
$SiCl_4$(l)	686.93	620.33	41.36	140.16	—	—	8.20	298~331
$SiCl_4$(g)	653.88	587.05	341.97	106.24	0.96	−14.77	—	298~2000
SiO_2（α）	910.36	856.50	41.46	43.92	38.81	−9.68	—	298~847
SiO（β）	875.93	840.42	104.71	58.91	10.04	—	—	847~1696
SiO(g)	100.42	127.28	211.46	29.82	8.24	−2.06	—	298~2000
Sn（白）	0.00	0.00	51.55	21.95	18.16	—	−2.28	298~505
Sn（灰）	−2.51	−4.53	44.77	18.49	26.36	—	—	298~505
$SnCl_2$(s)	325.10	281.82	129.70	67.78	38.74	—	—	298~520
SnO(s)	285.77	256.69	56.48	39.96	14.64	—	—	298~1273
SnO_2(s)	580.74	519.86	52.3	73.89	10.04	−21.59	—	298~1500
Sr(s)	0.00	0.00	52.3	22.22	13.89	—	—	298~862
$SrCl_2$(s)	829.27	782.02	117.15	76.15	10.21	—	—	298~1003
SrO(s)	603.33	573.40	54.39	51.63	4.69	−7.56	—	298~1270
SrO_2(s)	654.38	593.90	54.39	73.97	18.41	—	—	—
Th(s)	0.00	0.00	53.39	24.15	10.66	—	—	298~800
$ThCl_4$(s)	1190.35	1096.45	184.31	126.98	13.56	−9.12	—	298~679
ThO_2(s)	1226.75	1169.19	65.27	69.66	8.91	−9.37	—	298~2500
Ti(s)	0.00	0.00	30.65	22.16	10.28	—	—	298~1155

续附录 7

物 质	$-\Delta H_{298}^{\ominus}$ /kJ · mol⁻¹	$-\Delta G_{298}^{\ominus}$ /kJ · mol⁻¹	$S_{298}^{\ominus}$ /J · (mol · K)⁻¹	$c_p = a + bT + c'T^{-2} + cT^2$/J · (mol · K)⁻¹				
				a	$b \times 10^3$	$c' \times 10^{-5}$	$c \times 10^6$	温度范围/K
TiC(s)	190.37	186.78	24.27	49.95	0.98	-14.77	1.89	298~3290
$TiCl_2$(s)	515.47	456.91	87.36	65.36	18.02	-3.46	—	298~1300
$TiCl_4$(l)	804.16	737.33	252.40	142.79	8.71	-0.16	—	298~409
$TiCl_4$(g)	763.16	726.84	354.80	107.18	0.47	-10.55	—	298~2000
TiO_2（金红石）	944.75	889.51	50.33	62.86	11.36	-9.96	—	298~2143
U(s)	0.00	0.00	51.46	10.92	37.45	4.90	—	298~941
V(s)	0.00	0.00	28.79	20.50	10.79	0.84	—	298~2190
V_2O_5(s)	1557.70	1549.02	130.96	194.72	-16.32	-55.31	—	298~943
W(s)	0.00	0.00	32.66	22.92	4.69	—	—	298~2500
WO_3(s)	842.91	764.14	75.90	87.65	16.17	-17.50	—	298~1050
Zn(s)	0.00	0.00	41.63	22.38	10.04	—	—	298~693
Zn(l)	—	—	—	31.38	—	—	—	693~1184
Zn(g)	—	—	—	20.79	—	—	—	298~2000
ZnO(s)	348.11	318.12	43.51	48.99	5.10	-9.12	—	298~1600
ZnS(s)	201.67	196.96	57.74	50.89	5.19	-5.69	—	298~1200
Zr(s)	0.00	0.00	38.91	21.97	11.63	—	—	298~1135
ZrC(s)	196.65	193.27	33.32	51.12	3.38	-12.98	—	298~3500
$ZrCl_4$(s)	981.98	889.03	173.01	133.45	0.16	-12.12	—	298~710
ZrO_2(s)	1094.12	1036.43	50.36	69.62	7.53	-14.06	—	298~1478

附录 8 铁液中组元的自扩散系数与活化能

扩散组元 $w_{[i]}$	系统 $w_{[i]}$	温度范围/℃	$D_0 \times 10^8$/m² · s⁻¹	E_D/kJ · mol⁻¹	D 值实例 /10⁹m² · s⁻¹
H	Fe	1550~1640	18.6	39.2	150(1600)
H	Fe	1560~1560	521	41.8	330(1560)
H	Fe	—	32	13.8	132(1600)
H	Fe	1550~1720	25.7	17.2	85.6(1600)
H	Fe	—	43.7	17.3	144(1600)
H	Ni	—	—	—	148(1600)
H	Ni+Al	—	—	—	469(1600)
H	Ni+Cu	—	—	—	1094(1600)
H	Ni	1478~1600	74.7	35.8	—

续附录 8

扩散组元 $w_{[i]}$	系统 $w_{[i]}$	温度范围/℃	$D_0 \times 10^8/m^2 \cdot s^{-1}$	E_D/kJ · mol^{-1}	D 值实例 /$10^9 m^2 \cdot s^{-1}$
C(0. 36%)	Fe	—	—	—	7. 5(1700)
C(0. 58%)	Fe	—	—	—	58. 5(1430)
$C_{浓}$	Fe	1153～1180	—	—	5(1150)
C(2. 5%)	Fe	1190～1450	390	67. 0	17. 5(1500)
C(<0. 1%)	Fe	1550～1680	47600	159. 0	10(1600)
C(1. 5%)	Fe	1190～1450	160	58. 6	11(1500)
C(2. 0%)	Fe	1400～1500	17. 4	38. 5	12. 7(1500)
C(3. 0%)	Fe	1400～1500	63	57. 5	7(1400)
C	Fe-Si(3%)	—	—	74. 1	25. 7(1575)
C(2. 7%)	Fe-Si(0. 9%)	1350～1500	128	51. 9	30. 5(1400)
C(2. 7%)	Fe-Si(2. 1%)	1350～1500	730	68. 6	54(1400)
C(2. 0%)	Fe-Si(3%)	1370～1500	570	66. 5	5. 2(14500)
C	Fe-P (8%)	—	—	125. 5	19. 5(1575)
C(2. 5%)	Fe-s(0. 08%)	1350～ 1500	17. 4	31. 7	18 (1400)
C(2. 6%)	Fe-Ti(0. 1%)	—	—	—	25(1400)
C(3. 0%)	Fe-V(1. 9%)	1350～1450	1600	83. 7	46(1450)
C	Fe-Cr(3. 2%)	—	—	46. 0	5. 6 (1190)
C(2. 6%)	Fe-Mn(6%)	1410～1450	470	72. 0	32(1450)
C	Fe-Ni(25%)	—	—	—	38(1575)
C	Ni	—	—	—	48(1575)
N	Fe	1560～1700	10. 7	46. 0	5. 5(1600)
N	Fe	—	—	—	5. 6(1600)
N	Fe	1550～1700	183	96. 7	3. 7(1600)
N	Fe	—	—	73. 2	9. 2(1600)
N	Fe	1550～1700	—	—	14. 9(1600)
O	Fe	1550～1680	33. 4	50. 2	12. 2(1550)
O	Fe	1550～1660	525	104. 6	5. 2(1550)
O(0. 07%)	Fe-C	1550～1650	29. 6	36. 0	29. 2(1000)
O(0. 016%)	Fe-工业纯铁	—	—	—	280(1630)
O	Fe	—	—	—	22(1600)
O	Fe	1560～1660	55. 9	81. 6	2. 6(1560)
O	Fe	—	—	—	12(1610)
O	Co	—	—	—	310(1530)

续附录 8

扩散组元 $w_{[i]}$	系统 $w_{[i]}$	温度范围/℃	$D_0 \times 10^8/m^2 \cdot s^{-1}$	E_D/kJ · mol^{-1}	D 值实例 /$10^9 m^2 \cdot s^{-1}$
O	Ni	1470～1510	3200	75. 3	164(1470)
Al	Fe	—	—	—	3. 5(1600)
Al	Fe	—	—	—	2. 5(1600)
Al	Fe+O(0. 012%)	—	—	—	12. 4(1700)
Al	Fe-$C_{饱}$	1250～1500	100	54. 4	24. 7(1500)
Si(2. 5%)	Fe	1550～1650	—	42. 7	3. 1(1600)
Si	Fe	1260～1420	—	133. 9	1. 1(1260)
Si(4. 4%)	Fe	—	—	—	237(1740)
Si(0. 02%)	Fe	1480～1700	14. 0	99. 2	1. 9(1560)
Si(2. 2%)	Fe	1550～1725	5. 1	38. 3	4. 1(1560)
Si(12. 5%)	Fe	1550～1725	21	55. 2	5. 7(1560)
Si(20%)	Fe	1550～1725	28	49. 8	10. 5(1560)
Si(0. 3%)	Fe	1500～ 1600	7. 4	58. 6	1. 42(1530)
Si(0. 7%)	Fe-$C_{饱}$	1226～1412	13	30. 1	15(1350)
Si(2. 5%)	Fe-$C_{饱}$	1400～ 1600	2. 4	34. 3	1. 9(1350)
Si(0. 3%)	Fe-$C_{饱}$	1220～1440	12. 7	38. 1	7. 6(1350)
Si(0. 1%)	Fe-$C_{饱}$	1300～ 1500	23	49. 0	8. 5(1350)
Si	Fe-$C_{饱}$	1480～1700	1. 07	41. 8	0. 44(1300)
Si(9. 3%)	Fe-$C_{饱}$	—	—	—	6. 7(1530)
Si(0. 02%)	Fe-$C_{饱}$	1400～ 1500	140	99. 2	—
Si	Fe-$C_{饱}$	1370～1450	16	50. 2	3. 5(1425)
P	Fe	—	—	71. 1	3. 1(1100)
P(0. 02%)	Fe	—	134	99. 2	1. 9(1550)
P(1. 5%)	Fe-$C_{饱}$	1256～1412	31	46. 0	9. 1(1350)
p	Fe-$C_{饱}$	1400～1600	393	99. 2	4. 6(1500)
P	Fe-$C_{饱}$	1223～1480	37	46. 0	12. 2(1350)
S(1%)	Fe	1560～1650	4. 9	36. 0	4. 5(1550)
S(0. 02%)	Fe	—	271	99. 2	3. 9(1550)
S	Fe	—	—	—	17(1660)
S	Fe-$C_{饱}$	1370～1550	1. 6	15. 9	5. 1(1430)
S(0. 64%)	Fe-$C_{饱}$	1390～1570	2. 8	31. 4	3. 5(1550)
S(0. 9%)	Fe-$C_{饱}$	1300～1430	74	87. 9	1. 1(1550)
S(2. 2%)	Fe-$C_{饱}$	—	—	—	13. 5(1400)

续附录 8

扩散组元 $w_{[i]}$	系统 $w_{[i]}$	温度范围/℃	$D_0 \times 10^8/m^2 \cdot s^{-1}$	E_D/kJ · mol^{-1}	D 值实例 /$10^9 m^2 \cdot s^{-1}$
S(1%)	Fe-$C_{饱}$	1550~1650	86.5	94.1	2.1(1600)
S(0.02%)	Fe-$C_{饱}$	—	—	—	1.2(1420)
S(0.02%)	Fe-$C_{饱}$	1350~1450	163	119.2	0.4(1450)
Ti	Fe	—	7.47	43.1	0.4(1570)
Ti	Fe+O(0.01%)	1550~1700	83.3	211.7	6(1600)
Ti	Fe-$C_{饱}$	1216~1440	3.2	26.8	4.5(1350)
Ti	Fe-$C_{饱}$	1250~1500	102	73.2	4.4(1350)
Ti	Fe-$C_{饱}$	1480~1700	50	71.1	3(1300)
V (0.3%)	Fe-$C_{饱}$	1240~1450	6.2	30.1	6.6(1350)
V	Fe-$C_{饱}$	1320~1480	81.5	73.2	—
Cr	Fe	—	0.74	29.3	0.4(1570)
Cr	Fe-$C_{饱}$	1350~1550	26.7	66.9	3.3(1550)
Cr	Fe-$C_{饱}$	1480~1700	18.5	60.2	1.8(1300)
Cr	Fe-$C_{饱}$	1380~1480	21.5	64.9	2.1(1420)
Cr	Fe	1430~1480	36.2	72.8	—
Mn	Fe	—	—	—	22(1600)
Mn	Fe	—	46	70.3	3.9(1500)
Mn(0.4%)	Fe	1550~1700	18	54.4	5(1560)
Mn(0.3%)	Fe	1500~1600	2.2	33.5	2.4(1530)
Mn(4.8%)	Fe-$C_{饱}$	—	—	—	8.7(1620)
Mn(2.5%)	Fe-$C_{饱}$	1300~1600	1.93	24.3	3.9(1550)
Mn(1.5%)	Fe-$C_{饱}$	1192~1400	10	36.8	6.4(1350)
Ma(0.2%)	Fe-$C_{饱}$	1300~1500	31.4	43.1	—
Fe	Fe-C(2.5%)	1340~1400	100	65.7	9(1400)
Fe	Fe-C(4.6%)	1240~1360	43	51.0	10(1400)
Co	Mn-C	1240~1400	—	123.4	24.5(1500)
Co	Fe	1568~1638	9.4	46.0	4.6(1550)
Co(1%)	Fe-$C_{饱}$	—	194	87.4	4.3(1450)
Co	Fe-$C_{饱}$	1480~1700	20	225.9	2.9(1300)
Ni(1.5%)	Fe-$C_{饱}$	1280~1430	0.9	16.3	3.7(1350)
Ni	Fe-$C_{饱}$	1480~1700	75	58.6	9.7(1350)
Ni	Fe-$C_{饱}$	1350~1550	49.2	67.8	4.3(1450)
Zr	Fe-	1550~1700	55800	151.0	4.3(1600)

续附录 8

扩散组元 $w_{[i]}$	系统 $w_{[i]}$	温度范围/℃	$D_0\times10^8/m^2\cdot s^{-1}$	$E_D/kJ\cdot mol^{-1}$	D 值实例 $/10^9m^2\cdot s^{-1}$
Ce	O(0.01%)	1550~1700	29.5×10^4	205.0	4.6(1550)
La	Fe-	1550~1700	17.6×10^4	188.3	5.1(1550)
Nb(0.3%)	O(0.01%)	1240~1450	4.5	31.8	4.8(1450)
Mo	Fe-	—	19.5	73.2	0.55(1570)
Mo	O(0.01%)	—	—	—	1(1600)
Mo	Fe-$C_{饱}$	1480~1700	60	90.0	0.5(1300)
W	Fe	—	85	100.4	1.2(1570)
W	Fe	—	—	—	1(1600)
W	Fe-$C_{饱}$	1240~1500	—	146.4	1.1(1500)
W	Fe	1480~1700	1250	146.4	0.2(1300)
	Fe				
	Fe-$C_{饱}$				
	Fe-$C_{饱}$				

附录 9 二元系金属溶液中组元的自扩散系数

(1)				
扩散组元	系 统	温度范围/℃	$D_0/m^2\cdot s^{-1}$	$E_D/kJ\cdot mol^{-1}$
	Pb 中 $w_{[cd]}$			
Cd	0.025	241~41	19.400×10^{-8}	23.41
Cd	0.0913	290~410	18.530×10^{-8}	22.13
Pb		289~411	4.923×10^{-8}	15.93
Cd	0.174	290~410	11.910×10^{-8}	19.03
Pb		291~411	6.573×10^{-8}	17.63
Cd	0.31	290~411	8.428×10^{-8}	17.91
Pb		292~457	4.214×10^{-8}	14.70
Cd	0.45	290~407	10.480×10^{-8}	18.23
Pb		290~456	3.353×10^{-8}	12.93
Cd	0.69	290~410	6.800×10^{-8}	17.05
Pb		291~455	13.420×10^{-8}	20.99
Pb	0.97	340~434	23.660×10^{-8}	24.69
	Bi 中 $w_{[pb]}$			
Bi	0.00255	281~414	465×10^{-8}	33.88

续附表 9

(1)				
扩散组元	系　统	温度范围/℃	D_0/m^2·s^{-1}	E_D/kJ·mol^{-1}
Pb		281~414	1200×10^{-8}	40.49
	In 中 $w_{[pb]}$			
In	0.0050	249~544	2.64×10^{-8}	9.926
Pb		218~544	2.10×10^{-8}	9.287
In	0.015	303~500	3.04×10^{-8}	10.67
	In 中 $w_{[Sn]}$			
In	0.010	238~460	3.35×10^{-8}	10.90
Sn		237~464	3.19×10^{-8}	10.35
In	0.10	200~600	2.44×10^{-8}	9.55
In	0.20	200~600	3.26×10^{-8}	12.27
Sn		200~600	3.34×10^{-8}	11.29
In	0.34	200~600	3.15×10^{-8}	10.88
Sn		200~600	2.39×10^{-8}	9.61
Sn	0.40	200~600	1.60×10^{-8}	7.60
In	0.47	222~386	4.25×10^{-8}	11.59
Sn		217~349	1.17×10^{-8}	5.77
Sn	0.99	263~467	3.74×10^{-8}	12.17
	Hg 中 $w_{[Zn]}$			
Zn	0.00103	10~60	1.1×10^{-8}	4.183
Hg	0.00104	10~50	7.8×10^{-8}	10.46
Hg	0.00473	10~50	2.7×10^{-8}	7.948
Zn	0.00488	10~60	1.8×10^{-8}	6.275
Hg	0.01456	10~50	1.5×10^{-8}	6.693
Zn	0.01630	10~60	3.4×10^{-8}	7.948
	Pb 中 $w_{[Zn]}$			
Zn	0.001	400~550	4.0×10^{-8}	13.39
Zn	0.005	400~550	11.0×10^{-8}	19.24
Zn	0.010	400~550	19×10^{-8}	20.50
Zn	0.015	400~550	13×10^{-8}	16.73

(2)					
扩散组元	系　统	温度范围/℃	D_0/m^2·s^{-1}	E_D/kJ·mol^{-1}	D 值实例/m^2·s^{-1}
Fe	Mg	800~900	17×10^{-8}	10.5	—
Fe	Al	700~900	37×10^{-8}	16.7	—

续附录 9

(2)					
扩散组元	系 统	温度范围/℃	D_0/m²·s⁻¹	E_D/kJ·mol⁻¹	D 值实例/m²·s⁻¹
Fe	Zn	470~900	270×10^{-8}	36.4	—
Fe	Sn	500~900	19×10^{-8}	12.6	—
Fe	Ag	975~1400	11.6×10^{-8}	40.0	—
Fe	Cu	—	57×10^{-8}	50.2	9.6×10^{-9}（1200）
Co	Ag	975~1400	5.8×10^{-8}	32.8	—
Co	Cu	—	2.4×10^{-8}	37.7	0.9×10^{-9}（1100）
Co	Mn	1240~1400	—	155	13.4×10^{-9}（1350）
O	Cu	—	160×10^{-8}	77	12×10^{-9}（1400）
O	Ni	—	—	—	12.6×10^{-9}（1511）
O	Ag	—	22×10^{-8}	33	12.2×10^{-9}（1100）
H	Cu	—	109×10^{-8}	8.8	126×10^{-9}~525×10^{-9}（1200）
H	Ni	—	500×10^{-8}	40.6	66×10^{-9}~320×10^{-9}（1500）
		—	75×10^{-8}	35.6	
H	Ag	—	450×10^{-8}	5.9	2760×10^{-9}（1100）

(3)				
系 统	温度范围/℃	D_0/m²·s⁻¹	E_D/kJ·mol⁻¹	D 值实例/m²·s⁻¹
Pb 中 Bi（痕量）-Pb	337~657	9.63×10^{-8}	17.0	3.5×10^{-9}（343）
Bi 中 Pb（x=0.0025）-Pb	281~414	465×10^{-8}	33.9	6.8×10^{-9}（343）
Pb 中 Bi（x=0.017）-Pb	345~518	3.37×10^{-8}	11.3	4.0×10^{-9}（350）
Pb 中 Bi（x=0.527）-Pb	356~560	4.1×10^{-8}	39.7	200×10^{-9}（350）
Bi-Pb	336~552	6.5×10^{-8}	34.1	90×10^{-9}（350）
Pb 中 Bi（少量）-Pb	450~600	9.6×10^{-8}	17.6	6.3×10^{-9}（500）
Sn 中 Bi（少量）-Sn	450~600	13×10^{-8}	20.9	4.7×10^{-9}（500）
Pb 中 Bi（x=0.1~0.8）-Pb	500	—	—	8.3×10^{-9}（x=0.65）
Sn 中 Bi（x=0.1~0.9）-Bi	500	—	—	5.8×10^{-9}（x=0.70）
Pb 中 Sn（少量）-Pb	450~600	12×10^{-8}	24.7	3.2×10^{-9}（500）
Bi 中 Sn（少量）-Bi	450~600	5.2×10^{-8}	13.4	6.6×10^{-9}（500）
Pb 中 Sn（x=0.1~0.7）-Pb	510	—	—	1.7×10^{-9}（x=0.55）
Sn（x=0.1）在 PbBi（$w_{[Bi]}$=10%~20%）	510	—	—	3.5×10^{-9}（10%Bi）
Bi 中 Pb（x=0.0025）-Bi	281~414	0.12×10^{-8}	40.5	4.7×10^{-9}（343）
Pb 中 Cd（$w_{[Cd]}$=1%）-Pb	450~600	11×10^{-8}	20.1	5.0×10^{-9}（500）
Pb 中 Sb（少量）-Pb	450~600	25×10^{-8}	26.8	4.1×10^{-9}（500）

续附录 9

(3)				
系 统	温度范围/℃	D_0/$m^2 \cdot s^{-1}$	E_D/$kJ \cdot mol^{-1}$	D 值实例 /$m^2 \cdot s^{-1}$
Sn 中 Sb（少量）-Sn	450～600	3.3×10^{-8}	11.7	5.6×10^{-9}（500）
Tl（痕量）In 中	156.5～157.8	—	—	2.27×10^{-9}（157.5）
Hg 中 Zn(x=0.0163)-Hg	30	—	—	1.70×10^{-9}
HgZn(x=0.0142)-HgZn(x=0.0279)	30	—	—	1.31×10^{-9}
HgZn(x=0.0162)-HgZn(x=0.0264)	30	—	—	1.39×10^{-9}
HgZn(x=0.0287)-HgZn(x=0.0430)	30	—	—	1.22×10^{-9}

附录 10 熔渣、 熔锍中组元的扩散系数

扩散组元	体系（$w_2/w_2/\cdots/w_n$）	温度范围/℃	D_0/$m^2 \cdot s^{-1}$	E_D/$kJ \cdot mol^{-1}$	D 值实例 /$10^{10}m^2 \cdot s^{-1}$
Ca	$CaO-Al_2O_3-SiO_2$（0.40/0.20/0.40）	1350～1450	—	126～293	0.67（1400）
					1.9（1500）
Ca	$CaO-Al_2O_3-SiO_2$（0.38/0.20/0.42）	1450～1500	—	134	5.5（1500）
		1300～1600		134	4.1（1450）
Ca	$CaO-SiO_2$（0.55/0.45）	1485～1530	—	~210	0.7（1500）
Ca	$CaO-SiO_2-Al_2O_3$(0.429/0.35/0.211)	1300～1500	—	—	2.9（1500）
Ca	$CaO-SiO_2-Al_2O_3-MgO$（0.434/0.316/0.195/0.054）	1485～1530	—	—	0.98（1510）
Ca	$CaO-SiO_2-Al_2O_3-FeO-MgO$（0.21/0.399/0.098/0.191/0.102）	1250～1400	—	140～190	6.5（1400）
Ce	$CaO-SiO_2-Al_2O_3$（0.3982/0.3895/0.2105）	1350～1450	0.136×10^{-4}	146	4.0（1400）
					5.4（1450）
	$CaO-SiO_2-Al_2O_3-CeO_2$（0.3594/0.3633/0.2520/0.0305）	1350～1450	0.017×10^{-4}	136	1（1450）
Al	$CaO-SiO_2-Al_2O_3$（0.44/0.44/0.12）	1400～1520	5.4×10^{-4}	250	0.7（1500）
O	$CaO-SiO_2-Al_2O_3$（0.40/0.40/0.20）	1350～1450	4.7×10^{-4}	356	6（1430）
					19（1500）
Si	$CaO-SiO_2-Al_2O_3$（0.40/0.40/0.20）	1350～1450	—	283	0.1（1430）
					0.2（1500）
F	$CaO-SiO_2-Al_2O_3$（0.38/0.42/0.20）	1450～1500		89	30（1500）

续附录10

扩散组元	体系（$w_2/w_2/\cdots/w_n$）	温度范围/℃	D_0/$m^2 \cdot s^{-1}$	E_D/kJ·mol^{-1}	D值实例/$10^{10}m^2 \cdot s^{-1}$
P	$CaO-SiO_2-Al_2O_3$（0.40/0.39/0.21）	1300～1500	—	195	2（1400）
P	$CaO-SiO_2-Al_2O_3$（0.429/0.35/0.211）	1300～1500			4.4
S	$CaO-SiO_2-Al_2O_3$（0.503/0.393/0.104）	1415～1530	1.4×10^{-4}	210	2.6（1530）
S	$CaO-SiO_2-Al_2O_3$（0.429/0.35/0.211）	1300～1500			26（1400）
					62（1500）
Ni	$CaO-SiO_2-Al_2O_3-FeO-MgO$（0.21/0.399/0.098/0.191/0.102）	1250～1400		142～188	7.8（1400）
Fe	$CaO-SiO_2-Al_2O_3$（0.30/0.55/0.15）	1500			2.4～3.1（1500）
Fe	$CaO-SiO_2-Al_2O_3$（0.43/0.35/0.22）	1500			2.1～5.0（1500）
Fe	$CaO-SiO_2-Al_2O_3-CaF_2-FeO$（0.258/0.24/0.16/0.254/0.0724）	1320～1420	0.017×10^{-4}	120	2.9（1420）
Fe	$FeO-SiO_2$（0.61/0.39）	1250～1305		167	96（1275）
Fe	Fe-S（w(S)=0.335）	1150～1238	—	56.9	52.2（1152）
Fe	Fe-Cu-S（0.32/0.40/0.28）	1168～1244	—	57.3	29.4（1168）
Cu	Cu-S（w(S)=0.198）	1160～1256	—	53.5	74.9（1160）
Cu	Fe-Cu-S（0.32/0.40/0.28）	1160～1245	—	82.4	55.2（1160）

参 考 文 献

[1] 郭汉杰. 冶金物理化学 [M]. 北京：高等教育出版社，2021.
[2] 李文超. 冶金与材料物理化学 [M]. 北京：高等教育出版社，2001.
[3] 张家芸. 冶金物理化学 [M]. 北京：高等教育出版社，2004.
[4] 田彦文，翟秀静，刘奎仁. 冶金物理化学简明教程 [M]. 2 版. 北京：化学工业出版社，2011.
[5] 沈峰满. 冶金物理化学 [M]. 北京：高等教育出版社，2017.
[6] 董元篪，王海川. 冶金物理化学 [M]. 合肥：合肥工业大学出版社，2011.
[7] 蔡文娟. 物理化学 [M]. 北京：冶金工业出版社，1997.
[8] 梁连科，车荫昌，杨怀. 冶金热力学和动力学 [M]. 沈阳：东北大学出版社，1996.
[9] 毛裕文. 冶金熔体 [M]. 北京：冶金工业出版社，1994.
[10] 陈国发，李运刚. 相图原理与冶金相图 [M]. 北京：冶金工业出版社，2002.
[11] 朱永峰，张传情. 硅酸盐熔体结构学 [M]. 北京：地质出版社，1996.
[12] 陈新民. 火法冶金过程物理化学 [M]. 2 版. 北京：冶金工业出版社，2002.
[13] 郑溪娟. 冶金物化原理 [M]. 北京：冶金工业出版社，2012.
[14] 曲英. 炼钢学原理 [M]. 北京：冶金工业出版社，1980.
[15] 陈家祥. 炼钢学手册 [M]. 北京：冶金工业出版社，2010.
[16] 李洪桂. 冶金原理 [M]. 北京：科学出版社，2005.
[17] 卢宇飞，黄卉. 冶金原理 [M]. 2 版. 北京：冶金工业出版社，2018.
[18] 韩明荣，张生芹，陈建斌，等. 冶金原理 [M]. 北京：冶金工业出版社，2008.
[19] 张生芹，黄青云，向小艳，等. 冶金原理 [M]. 2 版. 北京：冶金工业出版社，2023.
[20] 刘韶华. 冶金原理 [M]. 北京：冶金工业出版社，2015.
[21] 周兰花，刘松利，向国齐，等. 冶金原理 [M]. 2 版. 重庆：重庆大学出版社，2021.
[22] 赵俊学，李林波，李小明，等. 冶金原理 [M]. 北京：冶金工业出版社，2012.
[23] 王常珍. 冶金物理化学研究方法 [M]. 北京：冶金工业出版社，2013.
[24] 傅崇说. 有色冶金原理 [M]. 北京：冶金工业出版社，2005.
[25] 黄希祜. 钢铁冶金原理 [M]. 北京：冶金工业出版社，2010.
[26] 黄兴无. 有色冶金原理 [M]. 北京：冶金工业出版社，1993.
[27] 杨显万，邱定番. 湿法冶金 [M]. 北京：冶金工业出版社，1998.
[28] 马荣骏. 湿法冶金原理 [M]. 北京：冶金工业出版社，2007.
[29] 李洪桂，张启修，郑清远，等. 湿法冶金学 [M]. 长沙：中南大学出版社，2002.
[30] 赵玉祥，沈颐身. 现代冶金原理 [M]. 北京：冶金工业出版社，1993.
[31] 何炳林，黄文强. 离子交换与吸附树脂 [M]. 上海：上海科技教育出版社，1995.
[32] 段淑贞，乔芝郁. 熔盐化学——原理和应用 [M]. 北京：冶金工业出版社，1990.
[33] 谢刚. 熔融盐理论与应用 [M]. 北京：冶金工业出版社，1998.
[34] 李荻. 电化学原理 [M]. 北京：北京航空航天大学出版社，2008.
[35] 刘业翔，李劼. 现代铝电解 [M]. 北京：冶金工业出版社，2008.
[36] 张密林. 熔盐电解镁锂合金 [M]. 北京：科学出版社，2009.
[37] 张羡夫，李运刚. 冶金原理习题解 [M]. 北京：冶金工业出版社，2008.
[38] 黄希祜. 钢铁冶金原理习题解答 [M]. 北京：冶金工业出版社，2007.
[39] 曾崇泗. 有色冶金原理例题及习题 [M]. 北京：冶金工业出版社，1994.
[40] 刘长友. 冶金原理简明教程 [M]. 北京：冶金工业出版社，2022.